Visual C++ 网络编程案例实战

梁 伟 等编著

清华大学出版社
北 京

内 容 简 介

本书结合 21 个实战开发案例，全面、系统地介绍了 Visual C++网络开发所涉及的各种技术。读者可以以本书中的案例为基础，编写出功能更加强大的网络应用。另外，作者专门为本书录制了大量的配套教学视频，以帮助读者更好地学习本书内容。这些视频和书中的实例源代码一起收录于本书的配书光盘中。

本书共 15 章，分为 3 篇。第 1 篇介绍了 Visual C++网络开发基础知识，包括 Visual C++网络编程概述、Socket 套接字编程和多线程与异步套接字编程。第 2 篇介绍了 7 大类网络开发典型应用案例的实现，包括 FTP 客户端实现之一、FTP 客户端实现之二、网页浏览器、网络通信器、邮件接收和发送客户端之一、邮件接收和发送客户端之二、网络文件传输器、Q 版聊天软件和聊天室。第 3 篇介绍了 Visual C++串口通信开发，包括串口通信基础、串口通信编程应用和 VC 发送手机短信实战案例。

本书适合用 Visual C++进行网络程序开发的人员阅读，也适合想进一步提升 Visual C++网络编程水平的人员阅读。另外，本书非常适合大中专院校的学生作为毕业设计和课题设计的参考书。

图书在版编目（CIP）数据

Visual C++网络编程案例实战 / 梁伟等编著. —北京：清华大学出版社，2013（2022.6 重印）
ISBN 978-7-302-31809-5

Ⅰ. ①V… Ⅱ. ①梁… Ⅲ. ①C 语言－程序设计 Ⅳ. ①TP312

中国版本图书馆 CIP 数据核字（2013）第 062970 号

责任编辑： 夏兆彦
封面设计： 欧振旭
责任校对： 胡伟民
责任印制： 朱雨萌

出版发行： 清华大学出版社
网　址：http://www.tup.com.cn, http://www.wqbook.com
地　址：北京清华大学学研大厦 A 座　　邮　编：100084
社 总 机：010-83470000　　邮　购：010-62786544
投稿与读者服务：010-62776969，c-service@tup.tsinghua.edu.cn
质 量 反 馈：010-62772015，zhiliang@tup.tsinghua.edu.cn
印 装 者： 三河市龙大印装有限公司
经　销： 全国新华书店
开　本： 185mm×260mm　　**印　张：** 26.5　　**字　数：** 665 千字
附光盘 1 张
版　次： 2013 年 9 月第 1 版　　**印　次：** 2022 年 6 月第 9 次印刷
定　价： 59.00 元

产品编号 050594-01

前　言

随着计算机的普及，网络的应用也越来越广泛。如今人们正在享受着各种网络服务带来的便利，例如，在门户网站看新闻，通过下载工具获取网络资源，通过即时通讯软件联系好友等。

由于微软的操作系统 Windows 一直都在个人计算机领域有着广泛的应用和市场占有率，所以 Windows 网络编程技术也受到了越来越多的程序员和软件公司的青睐。为了便于大家更好地学习 Windows 网络编程技术，笔者编写了本书。

本书以 Visual C++为开发环境，系统地讲解了 Windows 网络编程所涉及的各种技术。书中穿插了 21 个实战开发案例，帮助读者身临其境地体验实际的项目案例开发过程，从而提高开发水平。为了帮助读者高效而直观地学习本书内容，笔者专门为本书录制了大量的配套多媒体教学视频辅助读者学习。阅读完本书，相信读者对书中的项目案例适当修改，即可编写出功能更加强大的网络应用。

本书中的案例除了适合广大的 Windows 网络编程爱好者学习之外，还是大中专院校相关专业的学生做毕业设计和课题设计的绝佳参考。

本书有何特色

1．配多媒体教学视频光盘

本书提供了大量的多媒体语音教学视频，让读者更加直观地理解本书内容，提高学习效率。另外，配书光盘中还提供了本书涉及的实例源程序，以方便读者使用。

2．由浅入深，循序渐进

本书首先从 C/S 网络模型等网络编程基础知识开始向读者讲解，并在读者不断学习的过程中，引进新的知识点，鼓励读者独立修改各章中的实例程序。然后重点通过 21 个实战案例让读者进一步掌握 Visual C++网络编程的各种技术。

3．案例精讲，实战为王

本书突出实用性强的特点，第 4~12 章以及第 14 章和第 15 章都提供了典型的网络开发案例精讲，涵盖了网络编程应用的主流应用，既涉及与服务器的交互，如 FTP 服务器、邮箱服务器，又涉及 S/C 结构应用的搭建，如聊天室、文件传输器等。

4．提供教学PPT，方便老师教学

本书适合能力培养型的院校和职业学校作为教学用书，所以专门制作了教学 PPT，以

方便各院校的老师教学时使用。

本书内容安排

第1篇 Visual C++网络开发基础（第1～3章）

本篇主要内容包括 Visual C++网络编程概述、Socket 套接字编程和多线程与异步套接字编程，让读者对网络编程有个系统的认识，有利于本书后面章节的学习。

第2篇 Visual C++网络开发典型应用（第4～12章）

本篇主要内容包括 FTP 客户端、网页浏览器、网络通信器、邮件接收和发送客户端、网络文件传输器、Q 版聊天软件和聊天室等开发案例，让读者学会如何使用 Visual C++编写软件。

第3篇 Visual C++串口通信开发（第13～15章）

本篇主要内容包括串口通信基础及应用和 VC 发送手机短信，让读者了解计算机串口，然后学会通过串口来控制计算机外围设备。本篇介绍通过串口给另一台计算机和短信猫发送数据来完成相应的功能。

本书读者对象

- Windows 网络编程爱好者；
- 想提高 Visual C++编程水平的人员；
- 大中专院校的学生；
- 相关培训班的学员。

本书作者

本书主要由梁伟编写。其他参与编写的人员有陈世琼、陈欣、陈智敏、董加强、范礼、郭秋滟、郝红英、蒋春蕾、黎华、刘建准、刘霄、刘亚军、刘仲义、柳刚、罗永峰、马奎林、马味、欧阳昉、蒲军、齐凤莲、王海涛、魏来科、伍生全、谢平、徐学英、杨艳、余月、岳富军、张健和张娜。

如果你在学习中遇到什么问题，可以通过技术论坛 http://www.wanjuanchina.net 和 book@wanjuanchina.net 或 bookservice2008@163.com 和我们取得联系。

编著者

目　录

第1篇　Visual C++网络开发基础

第 2 篇 Visual C++网络开发典型应用

第 3 篇 Visual C++串口通信开发

第 1 篇　Visual C++网络开发基础

第 1 章　Visual C++网络编程概述

Visual C++（本书简称为 VC）网络编程是指用户使用 MFC 类库在 VC 编译器中编写程序，以实现网络应用。用户通过 VC 编程实现的网络软件可以在网络中不同的计算机之间互传文件、图像等信息。本章将向用户介绍基于 Windows 操作系统的网络编程基础知识，其开发环境是 VC。在 VC 编译器中，使用 Windows Socket 进行网络程序开发是网络编程中非常重要的一部分。

1.1　网络基础知识

如果用户要进行 VC 网络编程，则必须首先了解计算机网络通信的基本框架和工作原理。在两台或多台计算机之间进行网络通信时，其通信的双方还必须遵循相同的通信原则和数据格式。本节将向用户介绍 OSI 七层网络模型、TCP/IP 协议，以及 C/S 编程模型。

1.1.1　OSI 七层网络模型

OSI 网络模型是一个开放式系统互联的参考模型。通过这个参考模型，用户可以非常直观地了解网络通信的基本过程和原理。OSI 参考模型如图 1.1 所示。

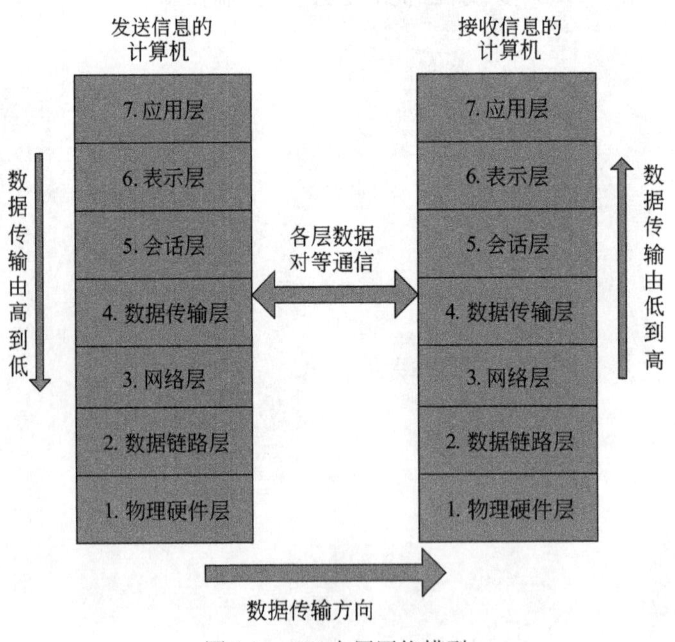

图 1.1　OSI 七层网络模型

用户从 OSI 网络模型可以很直观地看到，网络数据从发送方到达接收方的过程中，数据的流向以及经过的通信层和相应的通信协议。事实上在网络通信的发送端，其通信数据每到一个通信层，都会被该层协议在数据中添加一个包头数据。而在接收方恰好相反，数据通过每一层时都会被该层协议剥去相应的包头数据。用户也可以这样理解，即网络模型中的各层都是对等通信。在 OSI 七层网络模型中，各个网络层都具有各自的功能，如表 1.1 所示。

表 1.1　各网络层的功能

协 议 层 名	功 能 概 述
物理硬件层	表示计算机网络中的物理设备。常见的有计算机网卡等
数据链路层	将传输数据进行压缩与加压缩
网络层	将传输数据进行网络传输
数据传输层	进行信息的网络传输
会话层	建立物理网络的连接
表示层	将传输数据以某种格式进行表示
应用层	应用程序接口

注意：在表 1.1 中列出了 OSI 七层网络模型中各层的基本功能概述。用户根据这些基本的功能概述会对该网络模型有一个比较全面的认识。

1.1.2　TCP/IP 协议

TCP/IP 协议实际上是一个协议簇，包括很多协议。例如，FTP（文本传输协议）、SMTP（邮件传输协议）等应用层协议。TCP/IP 协议的网络模型只有 4 层，包括数据链路层、网络层、数据传输层和应用层，如图 1.2 所示。

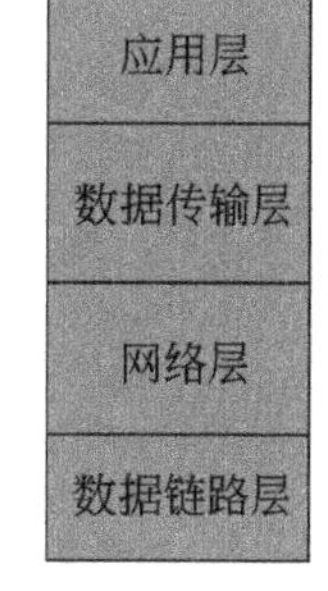

图 1.2　TCP/IP 网络协议模型

在 TCP/IP 网络编程模型中，各层的功能如表 1.2 所示。

表 1.2　TCP/IP网络协议各层功能

协 议 层 名	功 能 概 述
数据链路层	网卡等网络硬件设备以及驱动程序
网络层	IP 协议等互联协议
数据传输层	为应用程序提供通信方法，通常为 TCP、UDP 协议
应用层	负责处理应用程序的实际使用的协议，可以是 FTP、SMTP 等

在数据传输层中，包括了 TCP 和 UDP 协议。其中，TCP 协议是基于面向连接的可靠的通信协议。其具有重发机制，即当数据被破坏或者丢失时，发送方将重发该数据。而 UDP 协议是基于用户数据报协议，属于不可靠连接通信的协议。例如，当用户使用 UDP 协议发送一条消息时，并不知道该消息是否已经到达接收方，或者在传输过程中数据已经丢失。但是在即时通信中，UDP 协议在一些对时间要求较高的网络数据传输方面有着重要的作用。

1.1.3　C/S 编程模型

C/S 编程模型是基于可靠连接的通信模型。在通信的双方必须使用各自的 IP 地址以及端口进行通信。否则，通信过程将无法实现。通常情况下，当用户使用 C/S 模型进行通信时，其通信的任意一方称为客户端，则另一方称为服务器端。

服务器端等待客户端连接请求的到来，这个过程称为监听过程。通常，服务器监听功能是在特定的 IP 地址和端口上进行，然后，客户端向服务器发出连接请求，服务器响应该请求则连接成功，否则，客户端的连接请求失败。C/S 编程模型如图 1.3 所示。

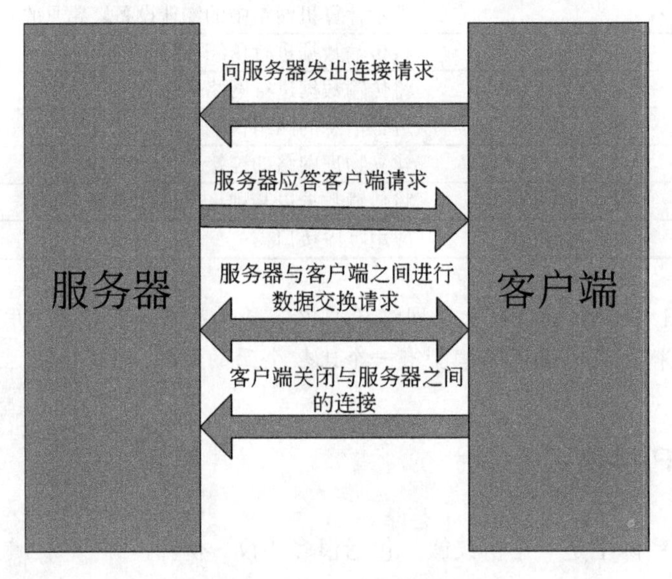

图 1.3　C/S 编程模型

由于客户端连接服务器时，需要使用服务器的 IP 地址和监听端口号才能完成连接。所以，服务器的 IP 地址和端口必须是固定的。在这里，向用户介绍部分协议所使用的端口号码。例如，HTTP 协议（网页浏览服务）所使用的端口号为 80，FTP 协议（文本传输）所使用的端口号是 21。

注意：用户在实际编程中，通信双方的连接以及数据通信均是基于 Socket（套接字）进行的。

1.2　网络编程基础

网络应用程序可以使用 MFC 中封装的套接字类进行编程，也可以使用 Windows API 函数进行程序开发。相比较而言，MFC 网络编程较简单一点，用户使用也非常方便。但是，使用 MFC 相关类编程会使用户对网络通信中的基本原理没有清晰的认识。而使用 Windows API 函数则恰好相反，可以使用户熟悉网络通信的基本原理。

1.2.1　Sockets 套接字

用户在 Windows 中编写网络通信程序时，需要使用 Windows Sockets（Windows 套接字）。与 Windows 套接字相关的 API 函数称为 Winsock 函数。

在网络通信的双方，均有各自的套接字，并且该套接字与特定的 IP 地址和端口号相关联。通常，套接字主要有两种类型，分别是流式套接字（SOCK_STREAM）和数据报套接字（SOCK_DGRAM）。其中，流式套接字是专门用于使用 TCP 协议通信的应用程序中，而数据报套接字则是专门用于使用 UDP 协议进行通信的应用程序中。

1.2.2　网络字节顺序

网络字节顺序是指 TCP/IP 协议中规定的数据传输使用格式，与之相对的字节顺序是主机字节顺序。网络字节顺序表示首先将数据中最重要的字节进行存储。例如，当数据 0x358457 使用网络字节顺序进行存储时，该值在内存中的存放顺序将是 0x35、0x84、0x57。因为通信数据可能会在不同的机器之间进行传输，所以通信数据必须以相同的格式进行整理。只有经过格式处理的通信数据，才能在不同的机器之间进行传输。

在 Winsock 中，已经提供了相关的函数用于处理网络字节顺序的相关问题，这些知识将在第 2 章中具体讲解。

1.3　Windows Sockets 介绍

在 MFC 类库中，几乎封装了 Windows Sockets 的全部功能。在本节中，将介绍两个主要的套接字相关类，分别是 CAsyncSocket 类和 CSocket 类。

1.3.1　CAsyncSocket 类

在微软基础类库中，CAsyncSocket 类封装了异步套接字的基本功能。用户使用该类进行网络数据传输的步骤如下：

（1）调用构造函数创建套接字对象。

（2）如果创建服务器端套接字，则调用函数 Bind()绑定本地 IP 和端口，然后调用函数 Listen()监听客户端的请求。如果请求到来，则调用函数 Accept()响应该请求。如果创建客户端套接字，则直接调用函数 Connect()连接服务器即可。

（3）调用 Send()等功能函数进行数据传输与处理。

（4）关闭或销毁套接字对象。

注意：在 MFC 中，所有类中均有一个变量 m_hWnd 表示该类的实例句柄。

1.3.2　CSocket 类

CSocket 类派生于 CAsyncSocket 类。该类不但具有 CAsyncSocket 类的基本功能，还

具有串行化功能。用户在实际编程中，通过将 CSocket 类与 CSocketFile 类和 CArchive 类一起使用，能够很好地管理数据以及发送数据。用户使用该类进行网络编程的步骤如下：

（1）创建 CSocket 类对象。

（2）如果创建服务器端套接字，则调用函数 Bind()绑定本地 IP 和端口，然后调用函数 Listen()监听客户端的请求。如果请求到来，则调用函数 Accept()响应该请求。如果创建客户端套接字，则直接调用函数 Connect()连接服务器即可。

（3）创建与 CSocket 类对象相关联的 CSocketFile 类对象。

（4）创建与 CSocketFile 类相关联的 CArchive 对象。

（5）使用 CArchive 类对象在客户端和服务器之间进行数据传输。

（6）关闭或销毁 CSocket 类、CSocketFile 类和 CArchive 类的 3 个对象。

1.4　小　　结

本章主要介绍了网络编程有关的网络模型、工作原理、网络协议，以及在 MFC 中使用相关的类进行网络程序编写步骤。通过本章的学习，读者将对网络编程的基础知识有一个大致的了解，同时也为后面的实际编程操作打下基础。如果读者在后面的编程实例中，遇到一些网络编程的基础知识疑问，可以再对本章进行复习、巩固，以便更好地理解网络编程知识。

第 2 章　Socket 套接字编程

套接字是由美国伯克利大学提出并设计的一种在网络中不同主机之间进行数据交换的通信桥梁。在实际生活中，人们所使用的网络通信软件功能均是基于 Socket 套接字作为通信桥梁实现的。所以，套接字在网络编程中，有着非常重要的作用。本章将向用户介绍使用 Socket 套接字编程的相关概念以及实现方法。

2.1　寻址方式和字节顺序

在讲解套接字编程前，用户首先需要了解什么是寻址方式和字节顺序。在 Socket 套接字编程中，为了准确定位通信双方和数据传输的有效性、完整性，编程时必须使用统一的寻址方式和字节排列顺序。

2.1.1　寻址方式

因为套接字需要在各种网络协议中使用，所以为了区分程序所使用的网络协议必须使用统一的寻址方式。例如，在 TCP/IP 协议通信中，用户使用 IP 地址和端口号进行确定通信双方。而在其他的协议中不一定也使用该方式确定通信双方。

在 Winsock（Socket API）中，用户可以使用 TCP/IP 地址家族中统一的套接字地址结构解决 TCP/IP 寻址中可能出现的问题。该套接字地址结构定义如下：

```
struct sockaddr_in
{
    short                   sin_family;      //指定地址家族即地址格式
    unsigned short          sin_port;        //端口号码
    struct   in_addr        sin_addr;        //IP 地址
    char                    sin_zero[8];     //需要指定为 0
};
```

在这个结构中，成员 sin_family 指定使用该套接字地址的地址家族。在这里必须设置为 AF_INET，表示程序所使用的地址家族是 TCP/IP。

注意：该结构的最后一个成员并未实际使用，主要是为了与第一个版本的套接字地址结构大小相同而设置。在实际使用时，将这 8 个字节直接设为 0 即可。

该结构成员变量 sin_addr 表示 32 位的 IP 地址结构。其结构定义如下：

```
struct in_addr
{
```

```
    union
    {
        struct
        {
            unsigned char s_b1, s_b2,s_b3,s_b4;
        } S_un_b;                           //用 4 个 u_char 字符描述 IP 地址
         struct
        {
            unsigned short s_w1,s_w2;
         } S_un_w;                          //用 2 个 u_short 类型描述 IP 地址
         unsigned long S_addr;              //用 1 个 u_long 类型描述 IP 地址
    } S_un;
};
```

通常，用户在网络编程中使用一个 u_long 类型的字符进行描述 IP 地址即可。例如，使用 IP 地址结构 in_addr 进行描述 IP 地址“218.6.132.5”。代码如下：

```
sockaddr_in addr;
addr.sin_addr.S_un.S_addr=inet_addr("218.6.132.5");
```

在程序中，首先定义 sockaddr_in 结构对象 addr，然后为 IP 地址结构 in_addr 中的成员 S_addr 赋值。因为结构成员 S_addr 所描述的 IP 地址均为网络字节顺序，所以程序调用 inet_addr()函数将字符串 IP 转换为以网络字节顺序排列的 IP 地址。

2.1.2　字节顺序

在 Socket 套接字编程中，传输数据的排列顺序以网络字节顺序和主机字节顺序为主。通常情况下，如果用户将数据通过网络发送时，需要将数据转换成以网络字节顺序排列，否则可能造成数据损坏。如果用户是将网络中接收到的数据存储在本地计算机上，那么需要将数据转换成以主机字节顺序排列。从数据存储的角度来讲，网络字节顺序是将数据中最重要的字节首先进行存储，而主机字节顺序则将不重要的字节首先存储。

注意：IP 地址结构 in_addr 中的成员 S_addr 的值均是以网络字节顺序排列。

1．字节顺序转换函数

在 Winsock 中提供了几个关于网络字节顺序与主机字节顺序之间的转换函数。函数定义如下：

```
//将一个 u_short 类型的 IP 地址从主机字节顺序转换到网络字节顺序
u_short htons (u_short hostshort );
//将一个 u_long 类型的 IP 地址从主机字节顺序转换到网络字节顺序
u_long htonl (u_long hostlong );
//将一个 u_long 类型的 IP 地址从网络字节顺序转换到主机字节顺序
u_long ntohl (u_long netlong );
//将一个 u_short 类型的 IP 地址从网络字节顺序转换到主机字节顺序
u_short ntohs (u_short netshort );
//将一个字符串 IP 转换到以网络字节顺序排列的 IP 地址
unsigned long inet_addr (const char FAR * cp);
//将一个以网络字节顺序排列的 IP 地址转换为一个字符串 IP
char FAR * inet_ntoa (struct in_addr in);
```

以上函数的使用均与操作系统平台无关。因此，用户使用这些函数编写的程序能在所有操作系统平台中运行。

2．实例程序

在本节中，将通过编写实例程序向用户讲解字节顺序转换函数的用法。代码如下：

```
...                                         //省略部分代码
sockaddr_in addr;                           //定义套接字地址结构变量
addr.sin_family=AF_INET;                    //指定地址家族为 TCP/IP
addr.sin_port=htons(80);                    //指定端口号
//将字符串 IP 转换为网络字节顺序排列的 IP
addr.sin_addr.S_un.S_addr=inet_addr("127.0.0.1");
//将网络字节顺序排列的 IP 转换为字符串 IP
char addres[]=inet_ntoa(addr.sin_addr.S_un.S_addr);
```

在程序中，用户首先使用函数 inet_addr()将字符串 IP“127.0.0.1”转换为以网络字节顺序排列的 IP 并保存在 IP 地址结构成员 S_addr 中。然后，再使用函数 inet_ntoa()则将该成员所表示的 IP 值转换成字符串 IP。

2.1.3　Socket 相关函数

由于 Windows 网络程序开发均是基于 Windows 套接字实现的，所以本节将重点介绍 MFC 中的 CSocket 类，以及使用 CSocket 类编程的基本流程。

1．创建套接字

使用 CSocket 类创建套接字对象是通过该类的构造函数创建的。其原型如下：

```
CSocket::CSocket( );
```

例如，用户创建 CSocket 类对象，代码如下：

```
CSocket sock;
```

如果用户需要创建套接字对象指针，则应该使用关键字 new 进行创建。代码如下：

```
CSocket *sock;                                  //定义套接字指针对象
sock=new CSocket;                               //使用 new 关键字创建套接字
```

2．绑定地址信息

如果用户创建服务器套接字，那么用户应该调用该类的函数 Bind()将套接字对象与服务器地址信息绑定在一起。其原型如下：

```
BOOL Bind ( const SOCKADDR* lpSockAddr, int nSockAddrLen );
```

该函数的作用是将套接字对象与服务器地址结构绑定在一起。如果函数调用成功，则返回 true；否则，返回 false。参数 lpSockAddr 指定将要绑定的服务器地址结构，参数 nSockAddrLen 表示地址结构的长度。例如，用户将上面创建的套接字对象与地址结构绑定。代码如下：

```
CSocket sock;                                    //创建套接字对象
sockaddr_in addr;                                //定义套接字地址结构变量
addr.sin_family=AF_INET;                         //指定地址家族为 TCP/IP
addr.sin_port=htons(80);                         //指定端口号
//将字符串 IP 转换为网络字节顺序排列的 IP
addr.sin_addr.S_un.S_addr=inet_addr("127.0.0.1");
sock.Bind((SOCKADDR*)addr,sizeof(addr));         //绑定套接字与地址结构
...                                              //省略部分代码
```

在服务器端，当地址信息绑定套接字成功后，还需要调用函数 Listen()在指定端口监听客户端的连接请求。函数 Listen()的原型如下：

```
BOOL Listen( int nConnectionBacklog = 5 );
```

参数 nConnectionBacklog 表示套接字监听客户端请求的最大数目。该参数的有效范围是 1～5。默认为 5，表示该套接字只能监听 5 个客户端所发送的连接请求。例如，套接字监听 5 个客户端的连接请求，代码如下：

```
CSocket sock;                                    //创建套接字对象
sockaddr_in addr;                                //定义套接字地址结构变量
addr.sin_family=AF_INET;                         //指定地址家族为 TCP/IP
addr.sin_port=htons(80);                         //指定端口号
//将字符串 IP 转换为网络字节顺序排列的 IP
addr.sin_addr.S_un.S_addr=inet_addr("127.0.0.1");
sock.Bind((SOCKADDR*)addr,sizeof(addr));         //绑定套接字与地址结构
sock.Listen(5);                                  //监听端口
```

3．连接服务器

客户端创建套接字成功以后，可以调用函数 Connect()向服务器发送连接请求。函数原型如下：

```
BOOL Connect( const SOCKADDR* lpSockAddr, int nSockAddrLen );
```

该函数调用成功，则返回 true；否则，将返回 false。参数 lpSockAddr 表示将连接的服务器地址结构。参数 nSockAddrLen 表示地址结构的长度大小。例如，服务器 IP 地址为“127.0.0.1”，端口为 80，客户端连接服务器，代码如下：

```
CSocket sock;                                    //创建套接字对象
sockaddr_in addr;                                //定义套接字地址结构变量
addr.sin_family=AF_INET;                         //指定地址家族为 TCP/IP
addr.sin_port=htons(80);                         //指定端口号
//将字符串 IP 转换为网络字节顺序排列的 IP
addr.sin_addr.S_un.S_addr=inet_addr("127.0.0.1");
sock.Connect((SOCKADDR*)addr,sizeof(addr));      //连接服务器
```

4．数据交换

无论是服务器，还是客户端都通过函数 Send()和 Receive()进行数据交换。函数原型如下：

```
virtual int Send( const void* lpBuf, int nBufLen, int nFlags = 0 );
virtual int Receive( void* lpBuf, int nBufLen, int nFlags = 0 );
```

其中，函数 Send()用于发送指定缓冲区的数据，函数 Receive()用于接收对方发送的数据，并将数据存放在指定缓冲区中。参数 lpBuf 表示数据缓冲区地址。参数 nBufLen 表示数据缓冲区的大小。参数 nFlags 表示数据发送或接收的标志，一般情况下，该参数均设置为 0。例如，使用这两个函数进行数据的发送和接收。代码如下：

```
...                                          //省略部分代码
char buff[]='a';                             //定义并初始化数据缓冲区
sock.Send(&buff,sizeof(buff),0);             //发送数据缓冲区中的数据
sock.Receive(&buff, sizeof(buff),0);         //接收数据并将数据存放在数据缓冲区中
```

5. 关闭套接字对象

当服务器和客户端的通信完成以后，用户还必须调用函数 Close()将套接字对象关闭。否则，程序可能在退出时发生错误。该函数原型如下：

```
virtual void Close( );
```

例如，客户端关闭套接字对象，代码如下：

```
...                                          //省略部分代码
sock.Close();                                //关闭套接字对象
```

套接字关闭的同时，也将服务器与客户端之间连接关闭了。

本节主要向用户介绍了 CSocket 类的常用函数以及用法。当用户创建 VC 应用程序时，如果没有为应用程序指定支持 Windows Socket，那么用户必须手动添加该类的头文件 afxsock.h。否则，程序将不能使用 CSocket 类。

2.2　Winsock 网络程序开发流程

本节将向用户讲述基于 Windows Socket 的应用程序开发步骤，并将编写实例程序向用户介绍网络应用程序的开发过程，以及 CSocket 类的具体使用方法。本节中的实例程序均在 VC 中进行编写、调试。

2.2.1　VC 中创建工程的步骤

用户在 VC 中使用应用程序向导创建基于套接字的应用程序工程时，必须为该应用程序指定支持 Windows Socket 功能。否则，创建的应用程序不能进行网络通信。

如果用户创建工程项目成功，则在应用程序向导设置的第二步，将询问用户是否需要在项目中支持 Windows Socket 功能，如图 2.1 所示。

如果用户在应用程序的第二步没有选择项目支持 Windows Socket 功能，则在程序中手动添加代码也可以达到同样的目的。其代码如下：

```
#include <afxsock.h>                         //包含 CSocket 类的头文件
```

注意：头文件 afxsock.h 中包含了 CSocket 类的变量以及函数定义。

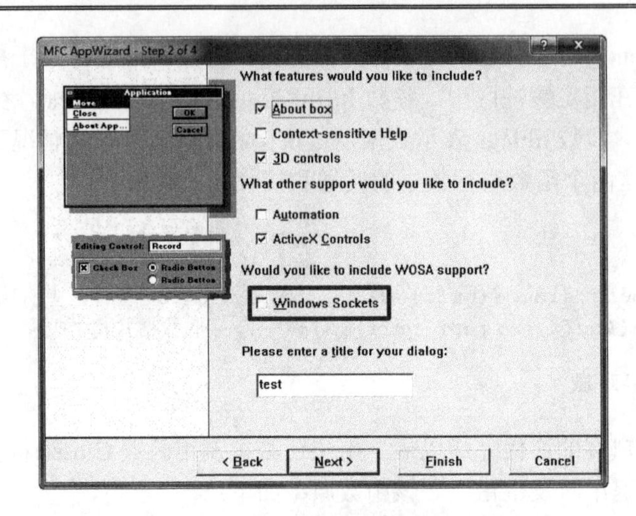

图 2.1　支持 Windows Socket 功能

2.2.2　Winsock 编程流程

在本书的第 1 章中，已经向用户介绍了 Winsock 函数是用于网络编程的 Windows API 函数。在本章前一节中，向用户介绍了 CSocket 类的基本编程流程。所以，在本节中将向用户介绍使用 Socket API 函数进行网络程序开发的基本流程与方法。

1. 初始化和释放套接字库

由于所有的 Winsock 函数均是从动态链接库 WS2_32.DLL 中导出的，但是，VC 在默认情况下并没有与该库进行连接。所以，用户需要在 VC 中进行相关设置，使其连接动态库 WS2_32.DLL。添加方法是选择 Project | Settings 命令，将弹出 Project Settings 对话框，如图 2.2 所示。

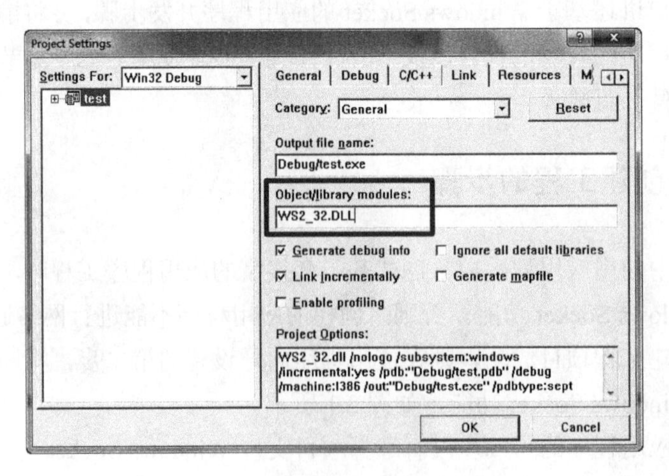

图 2.2　添加动态链接库

用户在工程设置对话框中，可以修改或添加库模块（如图 2.2 所示）。在库模块中添加动态链接库 WS2_32.DLL。这样，程序就可以调用 Winsock 函数了。

用户必须首先从动态链接库中调用函数 WSAStartup()对该库进行初始化，之后才能从该库中继续正确调用其他 Winsock 函数。否则，将出现错误。函数 WSAStartup()的原型如下：

```
int WSAStartup(WORD wVersionRequested,LPWSADATA lpWSAData);
```

如果该函数调用成功，将返回 0。否则，调用函数失败。参数 wVersionRequested 表示当前套接字库的版本号。例如，当前套接字版本号为 2.0，则将该参数设置为 2.0。代码如下：

```
WORD wVersionRequested=MAKEWORD(2,0);
```

参数 lpWSAData 指向结构体 WSADATA 的指针变量，表示获取到的套接字库详细信息。该结构体定义如下：

```
typedef struct WSAData {
        WORD wVersion;                              //库文件建议应用程序使用的版本号
        WORD wHighVersion;                                      //库文件支持的最高版本
        char szDescription[WSADESCRIPTION_LEN+1];   //描述库文件的字符串
        char szSystemStatus[WSASYS_STATUS_LEN+1];   //系统状态字符串
        unsigned short iMaxSockets;                 //同时支持的最大套接字数
        unsigned short iMaxUdpDg;                   //已废弃
        char FAR * lpVendorInfo;                    //已废弃
} WSADATA, FAR * LPWSADATA;
```

用户初始化套接字库，代码如下：

```
WSAData data;                                   //定义 WSAData 变量
WORD wVersionRequested=MAKEWORD(2,0);           //定义套接字库版本号
::WSAStartup (wVersionRequested,&data);         //初始化套接字库
```

当程序退出时，用户还应该调用函数 WSACleanup()释放该套接字库。代码如下：

```
::WSACleanup();
```

2. 创建套接字句柄

在 Socket API 中，创建套接字句柄的函数是 socket()。该函数原型如下：

```
SOCKET socket (
  int af,         //指定套接字所使用的地址格式，在本章中只能设置为 AF_INET
  int type,       //套接字类型
  int protocol    //如果参数 type 已经指定套接字类型为 TCP 或 UDP,则该参数可以设置为 0
);
```

该函数执行成功，将返回新创建的套接字句柄。否则，将返回 INVALID_SOCKET 表示失败。参数 type 的取值如表 2.1 所示。

表 2.1　套接字类型取值

套接字类型取值	含　义
SOCK_STREAM	创建流式套接字（基于 TCP 协议）
SOCK_DGRAM	创建数据报套接字（基于 UDP 协议）
SOCK_RAW	创建原始套接字（本书中未使用）

例如，创建流式套接字的句柄。代码如下：

```
SOCKET s;                                //定义套接字句柄
s=::socket(AF_INET, SOCK_STREAM,0);      //创建并返回套接字句柄
```

3．绑定地址信息

对于服务器而言，套接字创建成功后，还应该将套接字与地址结构信息相关联。实现这一功能的函数是 bind()。该函数原型如下：

```
int bind (
  SOCKET s,                              //套接字句柄
  const struct sockaddr FAR*  name,      //地址结构信息
  int namelen                            //地址结构的大小
);
```

该函数调用成功，则返回 0。否则，函数调用失败。例如，将套接字句柄绑定到本地地址，代码如下：

```
...                                      //省略部分代码
sockaddr_in addr;                        //定义套接字地址结构变量
addr.sin_family=AF_INET;                 //指定地址家族为 TCP/IP
addr.sin_port=htons(80);                 //指定端口号
addr.sin_addr.S_un.S_addr=INADDR_ANY     //表示服务器能够接收任何计算机发来的请求
::bind(s,(sockaddr)&addr,sizeof(addr));//绑定套接字到指定地址结构
```

当服务器程序将套接字句柄绑定套接字地址成功时，则调用函数 listen()实现监听端口的功能。该函数原型如下：

```
int listen (
  SOCKET s,                              //实现监听功能的套接字句柄
  int backlog                            //指定监听的最大连接数量
);
```

该函数仅被用于流式套接字上。如果多个客户端同时向服务器发出连接请求，并且已超过了最大监听数，则客户端将返回错误代码。例如，程序在已创建的套接字 s 上进行监听，代码如下：

```
...                             //省略部分代码
::listen(s,5);                  //在套接字上进行监听，并且将最大监听数指定为 5
```

4．连接

客户端程序连接服务器使用函数 connect()实现。函数原型如下：

```
int connect (
  SOCKET s,                              //套接字句柄
  const struct sockaddr FAR*  name,      //将要连接的服务器地址信息结构指针
  int namelen                            //地址信息结构体长度
);
```

例如，客户端使用该函数连接地址为“127.0.0.1”，端口为 80 的服务器。代码如下：

```
sockaddr_in addr;                                   //定义套接字地址结构变量
addr.sin_family=AF_INET;                            //指定地址家族为 TCP/IP
addr.sin_port=htons(80);                            //指定端口号
addr.sin_addr.S_un.S_addr=inet_addr("127.0.0.1");   //指定服务器地址
```

```
SOCKET s;                                                    //定义套接字句柄
s=::socket(AF_INET,SOCK_STREAM,0);                           //创建并返回套接字句柄
::connect(s,( sockaddr)&addr,sizeof(addr));                  //连接服务器
...                                                          //省略部分代码
```

如果服务器接收到客户端的连接请求，则可以调用函数 accept()接受该请求。函数原型如下：

```
SOCKET accept (
  SOCKET s,                                                  //套接字句柄
  struct sockaddr FAR* addr,                                 //获取连接对方的地址信息
  int FAR* addrlen                                           //地址长度
);
```

该函数如果调用成功，则返回一个新的套接字句柄，用于通信双方数据的传输。

5．数据收发

当用户使用 Winsock 编程时，都是调用函数 send()和 recv()进行数据的发送和接收。函数原型如下：

```
//发送数据函数
int send (SOCKET s, const char FAR * buf, int len, int flags);
//接收数据函数
int recv (SOCKET s, char FAR* buf, int len, int flags);
```

两个函数的各个参数表示的意义均相同。参数 buf 是指向数据缓冲区的指针变量；参数 flags 通常设置为 0。

注意：如果服务器使用上面的函数进行数据收发，则参数 s 应该为监听函数返回的新套接字句柄。如果客户端使用以上函数进行数据收发，则参数 s 应该为客户端创建的套接字句柄。

6．关闭套接字

当套接字使用完毕或程序退出时，用户应该调用函数 closesocket()关闭套接字句柄。函数原型如下：

```
int closesocket (
  SOCKET s                    //将关闭的套接字句柄
);
```

参数 s 表示即将关闭的套接字句柄。例如，用户关闭前面创建的套接字句柄 s，代码如下：

```
::closesocket(s);
```

本节主要向用户讲述了使用 Winsock 函数进行程序设计的基本流程，并讲解了部分常用函数的用法等知识。希望用户在实际编程的过程中，能不断地对本节知识进行回顾，加深理解。

2.2.3　基于 TCP 的 Sockets 编程

在本节中，将编写一个简单的 TCP 服务器和 TCP 客户端程序，这两个实例程序均为控制台程序窗口。

1. TCP服务器

首先，在 VC 中新建一个基于控制台的应用程序工程，并将该工程命名为“TCP 服务器”，如图 2.3 所示。

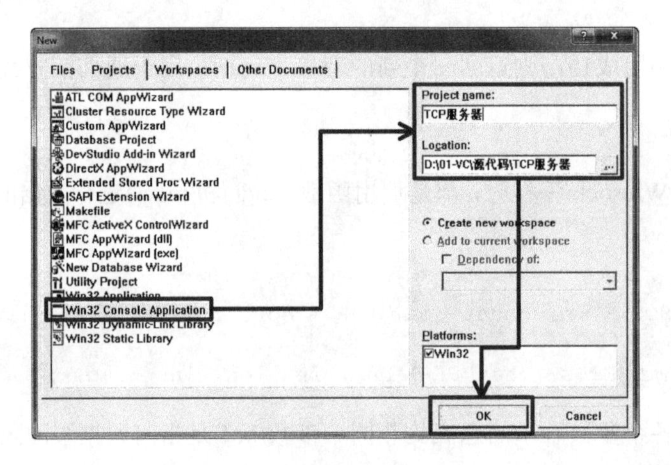

图 2.3　新建控制台应用程序

然后，单击 OK 按钮进行应用程序类型的设置。在本节中，将新建的控制台程序类型指定为一个空工程，如图 2.4 所示。

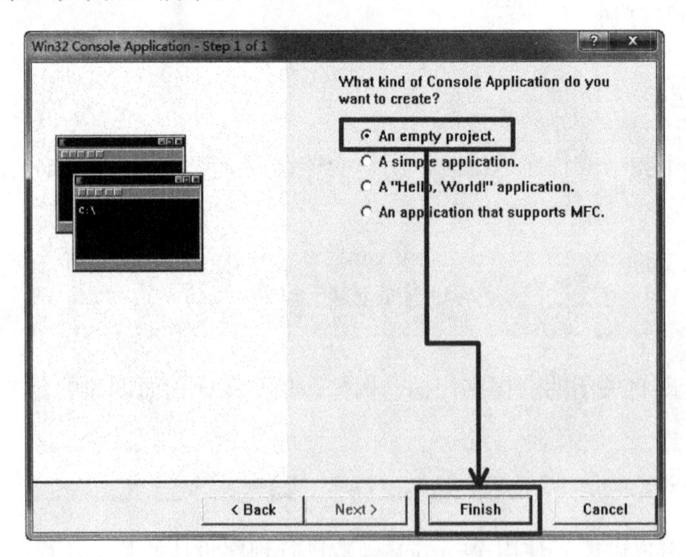

图 2.4　设置空的控制台程序

用户还需要在 VC 中添加一个空白的 C++源文件，名称为 TCPSEVER，如图 2.5 所示。

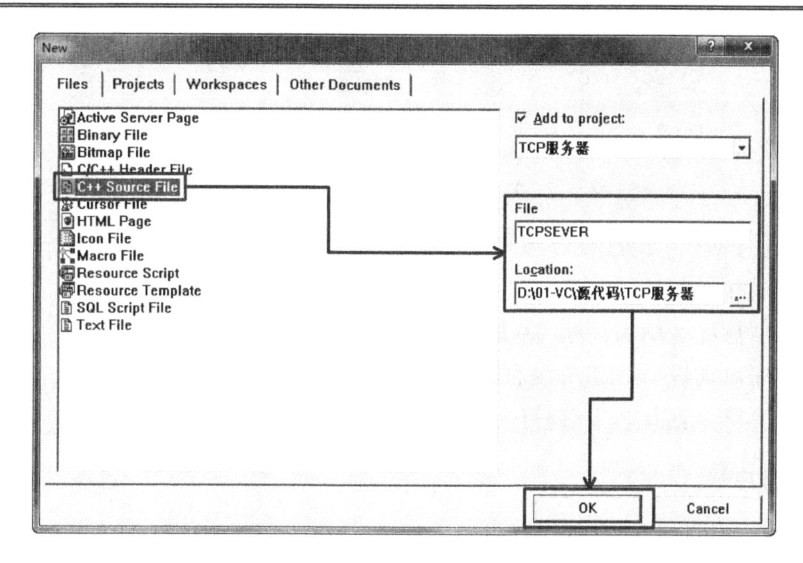

图 2.5　新建 C++源文件

用户在新建的 C++源文件中进行代码编写，代码如下：

```
01  #include<winsock2.h>                              //包含头文件
02  #include<stdio.h>
03  #include<windows.h>
04  #pragma comment(lib,"WS2_32.lib")                 //显式连接套接字库
05
06  int main()                                        //主函数开始
07  {
08      WSADATA data;                                 //定义 WSADATA 结构体对象
09      WORD w=MAKEWORD(2,0);                         //定义版本号码
10      char sztext[]="欢迎你\r\n";        //定义并初始化发送到客户端的字符数组
11      ::WSAStartup(w,&data);  //初始化套接字库
12      SOCKET s,s1;//定义连接套接字和数据收发套接字句柄
13      s=::socket(AF_INET,SOCK_STREAM,0);            //创建 TCP 套接字
14      sockaddr_in addr,addr2;                       //定义套接字地址结构
15      int n=sizeof(addr2);                          //获取套接字地址结构大小
16      addr.sin_family=AF_INET;                      //初始化地址结构
17      addr.sin_port=htons(75);
18      addr.sin_addr.S_un.S_addr=INADDR_ANY;
19      ::bind(s,(sockaddr*)&addr,sizeof(addr));//绑定套接字
20      ::listen(s,5);                  //监听套接字
21      printf("服务器已经启动\r\n");                 //输出提示信息
22
23      while(true)
24      {
25          s1=::accept(s,(sockaddr*)&addr2,&n);//接受连接请求
26          if(s1!=NULL)
27          {
28              printf("%s 已经连接上\r\n",inet_ntoa(addr2.sin_addr));
29              ::send(s1,sztext,sizeof(sztext),0);//向客户端发送字符数组
30          }
31          ::closesocket(s);           //关闭套接字句柄
32          ::closesocket(s1);
33          ::WSACleanup();                   //释放套接字库
34          if(getchar())                             //如果有输入，则关闭程序
```

服务器端编程流程

```
35          {
36              return 0;                              //正常结束程序
37          }
38          else
39          {
40              ::Sleep(100);                          //应用睡眠 0.1 秒
41          }
42      }
43  }
```

编译并运行程序，结果如图 2.6 所示。

服务器程序启动以后，如果没有客户端向其发送连接请求，则服务器将一直等待直到有客户端程序连接。

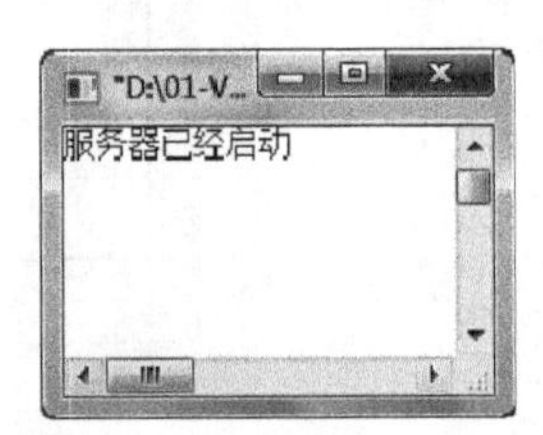

图 2.6　服务器启动界面

2. TCP客户端

在 VC 中创建基于控制台的应用程序，命名为“TCP 客户端”。其方法与 TCP 服务器的创建过程相同。所以，在这里不再赘述，请读者复习前面的相关内容。在新建的 C++源文件 TCPClient 中，用户可以编写客户端的功能代码。代码如下：

```
01  #include<winsock2.h>                        //包含头文件
02  #include<stdio.h>
03  #include<windows.h>
04  #pragma comment(lib,"WS2_32.lib")           //显式连接套接字库
05
06  int main()                                  //主函数开始
07  {
08      WSADATA data;                           //定义 WSADATA 结构体对象
09      WORD w=MAKEWORD(2,0);                   //定义版本号码
10      ::WSAStartup(w,&data);//初始化套接字库
11      SOCKET s;                               //定义连接套接字句柄
12      char sztext[10]={0};
13      s=::socket(AF_INET,SOCK_STREAM,0);//创建 TCP 套接字
14      sockaddr_in addr;                       //定义套接字地址结构
15      addr.sin_family=AF_INET;                //初始化地址结构
16      addr.sin_port=htons(75);
17      addr.sin_addr.S_un.S_addr=inet_addr("127.0.0.1");
18      printf("客户端已经启动\r\n");            //输出提示信息
19      ::connect(s,(sockaddr*)&addr,sizeof(addr));
20      ::recv(s,sztext,sizeof(sztext),0);
21      printf("%s\r\n",sztext);
22      ::closesocket(s);                       //关闭套接字句柄
23      ::WSACleanup();                         //释放套接字库
24      if(getchar())                           //如果有输入，则关闭程序
25      {
26          return 0;                           //正常结束程序
27      }
28      else
29      {
30          ::Sleep(100);                       //程序睡眠
31      }
32  }
```

客户端编程流程

编译并运行程序，如图 2.7 所示。如果用户首先打开服务器程序，再打开客户端程序，则服务器会接受客户端的连接请求，而客户端会显示服务器发送的欢迎信息，如图 2.8 所示。

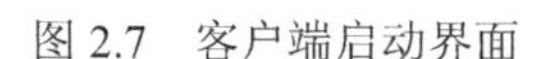
图 2.7　客户端启动界面

图 2.8　打开服务器与客户端

本节向用户讲解了 TCP 服务器与客户端的通信过程，并编写了实例代码。用户在学习的过程中，如果对本章实例有兴趣，可以将随书光盘中的相应的实例代码进行改写，以达到自己的要求。

2.2.4　基于 UDP 的 Sockets 编程

基于 UDP 的网络程序是面向无连接，不可靠的一种应用程序。所以，当程序创建套接字句柄成功以后，便可以直接调用函数进行数据收发，最后，关闭套接字对象。在整个过程中，程序都不用进行调用任何函数连接服务器或者接受客户端的连接等操作。这种类型的应用程序多用在即时通信中。

在 UDP 中进行数据收发的函数是 sendto()和 recvfrom()。函数原型如下：

```
int sendto (                                        //发送函数
  SOCKET s,                                         //套接字句柄
  const char FAR * buf,                         //数据缓冲区
  int len,                                          //数据的长度
  int flags,                                        //一般设置为 0
  const struct sockaddr FAR * to,                   //目标地址结构信息
  int tolen                                         //目标地址结构大小
);
int recvfrom (SOCKET s, char FAR* buf, int len, int flags,
 struct sockaddr FAR* from, int FAR* fromlen);      //接收函数
```

函数 recvfrom()的各个参数与函数 sendto()的参数基本一致。参数 from 是指向地址结构 sockaddr_in 的指针，表示数据发送方的地址信息。参数 fromlen 表示该地址结构的大小。

1. UDP服务器

首先，在 VC 中创建基于控制台程序窗口的应用程序，并命名为“UDP 服务器”，如图 2.9 所示。然后，将该工程类型同样指定为空工程。在新建的工程中新建一个 C++源文件，名称为 UDPSever，如图 2.10 所示。

现在用户可以在该源文件中编写 UDP 服务器的代码，代码如下：

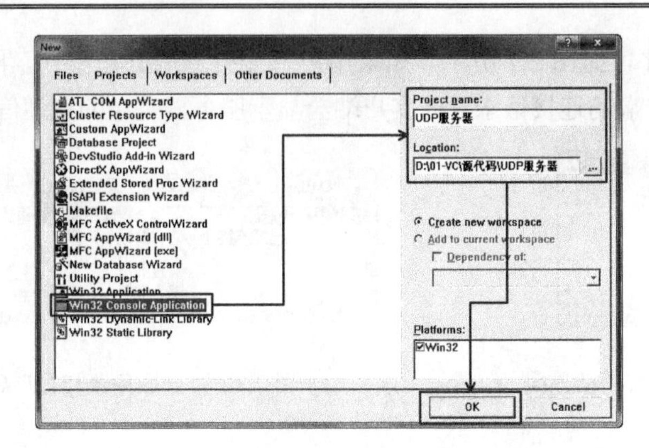

图 2.9　新建 UDP 服务器

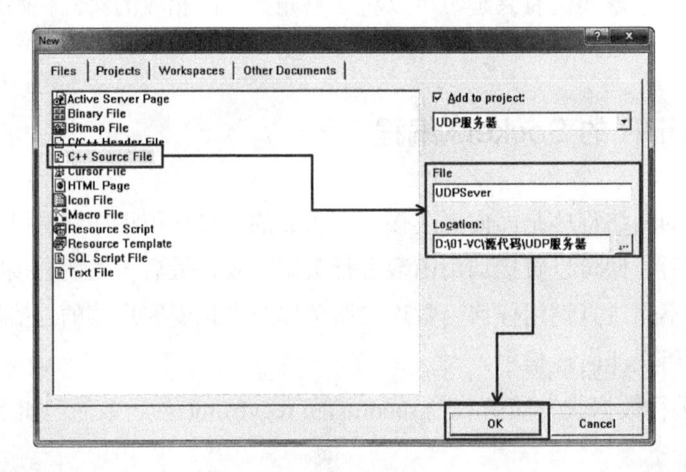

图 2.10　新建 C++源文件

```
01 #include<winsock2.h>                                //包含头文件
02 #include<stdio.h>
03 #include<windows.h>
04 #pragma comment(lib,"WS2_32.lib")                   //连接套接字库
05
06 int main()
07 {
08     WSADATA data;                                   //定义结构体变量
09     WORD w=MAKEWORD(2,0);                           //定义套接字版本
10     char sztext[]="欢迎你\r\n";                     //定义欢迎信息
11     ::WSAStartup(w,&data);                          //初始化套接字库
12     SOCKET s;                                       //定义套接字句柄
13     s=::socket(AF_INET, SOCK_DGRAM,0);              //创建 UDP 套接字
14     sockaddr_in addr,addr2;                         //套接字地址结构变量
15     int n=sizeof(addr2);                            //地址结构变量大小
16     char buff[10]={0};                              //接收数据缓冲区
17     addr.sin_family=AF_INET;
18     addr.sin_port=htons(75);
19     addr.sin_addr.S_un.S_addr=INADDR_ANY;
20     ::bind(s,(sockaddr*)&addr,sizeof(addr));        //绑定套接字
21     printf("UDP 服务器已经启动\r\n");               //显示提示信息
22
```

```
23      while(1)
24      {
25          //接收客户端信息
26          if(::recvfrom(s,buff,10,0,(sockaddr*)&addr2,&n)!=0)
27          {
28              printf("%s 已经连接上\r\n",inet_ntoa(addr2.sin_addr));
29              printf("%s\r\n",buff);
30              //发送数据到客户端
31              ::sendto(s,sztext,sizeof(sztext),0,(sockaddr*)&addr2,n);
32              break;
33          }
34      }
35      ::closesocket(s);                              //关闭套接字对象
36      ::WSACleanup();                                //释放套接字库
37      if(getchar())                                  //如果有输入，则关闭程序
38      {
39         return 0;                                   //正常结束程序
40      }
41      else
42      {
43         ::Sleep(100);                               //应用程序睡眠 0.1 秒
44      }
45  }
```

编译并运行程序，结果如图 2.11 所示。

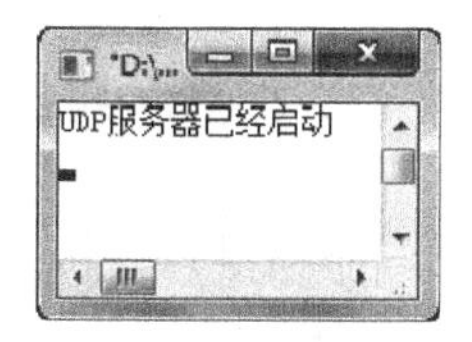

图 2.11　UDP 服务器启动界面

2．UDP客户端

在 VC 中创建 UDP 客户端程序时，与 UDP 服务器相同，工程类型均为空工程。所以，用户只需在 C++源文件中编写代码实现 UDP 客户端。代码如下：

```
01  #include<winsock2.h>                          //包含头文件
02  #include<stdio.h>
03  #include<windows.h>
04  #pragma comment(lib,"WS2_32.lib")             //连接套接字库
05
06  int main()
07  {
08      WSADATA data;                             //定义结构体变量
09      WORD w=MAKEWORD(2,0);                     //初始化套接字版本号
10      ::WSAStartup(w,&data);                    //初始化套接字库
11      SOCKET s;                                 //定义套接字
12      s=::socket(AF_INET,SOCK_DGRAM,0);         //创建 UDP 套接字
13      sockaddr_in addr,addr2;                   //定义套接字地址
14      int n=sizeof(addr2);
15      char buff[10]={0};
16      addr.sin_family=AF_INET;
17      addr.sin_port=htons(75);
18      addr.sin_addr.S_un.S_addr=inet_addr("127.0.0.1");
19      printf("UDP 客户端已经启动\r\n");
20      char sztext[]="你好\r\n";
21      //发送信息
22      if(::sendto(s,sztext,sizeof(sztext),0,(sockaddr*)&addr,n)!=0)
23      {
24          ::recvfrom(s,buff,10,0,(sockaddr*)&addr2,&n);  //接收信息
```

```
25          printf("服务器说: %s\r\n",buff);
26          ::closesocket(s);                          //关闭套接字
27          ::WSACleanup();                            //释放套接字库
28      }
29      if(getchar())                                  //如果有输入，则关闭程序
30      {
31          return 0;                                  //正常结束程序
32      }
33      else
34      {
35          ::Sleep(100);                              //应用程序睡眠 0.1 秒
36      }
37  }
```

编译并运行程序，结果如图 2.12 所示。如果用户先启动 UDP 服务器，再启动 UDP 客户端，则会在服务器界面中显示客户端连接信息。而客户端界面中显示服务器发送的信息，如图 2.13 所示。

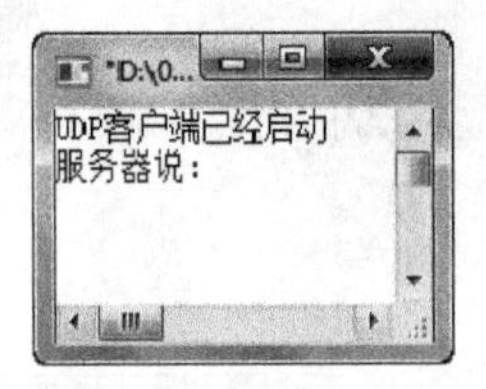

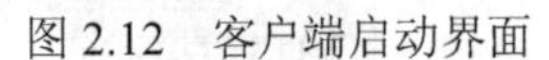

图 2.12　客户端启动界面

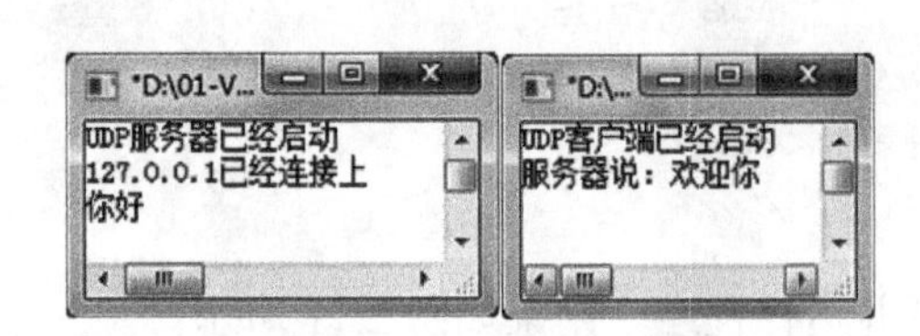

图 2.13　UDP 客户端与服务器进行通信

在本小节中，向用户讲解了在 VC 中使用 Winsock 函数进行网络程序开发，并结合 TCP 与 UDP 实例程序介绍了基于以上两种协议的网络程序编写方法。

2.3　网络程序实例应用

用户通过本章前面两节知识的学习，已经对网络程序的基本原理和程序编写方法有了进一步了解。在本节中，将引导用户在 VC 中编写基于对话框的 TCP 服务器和 TCP 客户端程序并且进行详细讲解。

2.3.1　TCP 客户端程序

在本小节中，将向用户介绍在 VC 中创建基于对话框模式的 TCP 客户端程序界面以及各个功能的实现等。

1. 创建工程

在 VC 中创建一个基于 MFC 的应用程序工程，并且将该工程名修改为“TCP 客户端程序”。步骤如下所述。

（1）选择 File | New 命令，打开 New 对话框，如图 2.14 所示。

（2）单击 OK 按钮，进入应用程序向导设置的第一步，修改应用程序的类型为 Dialog based，如图 2.15 所示。

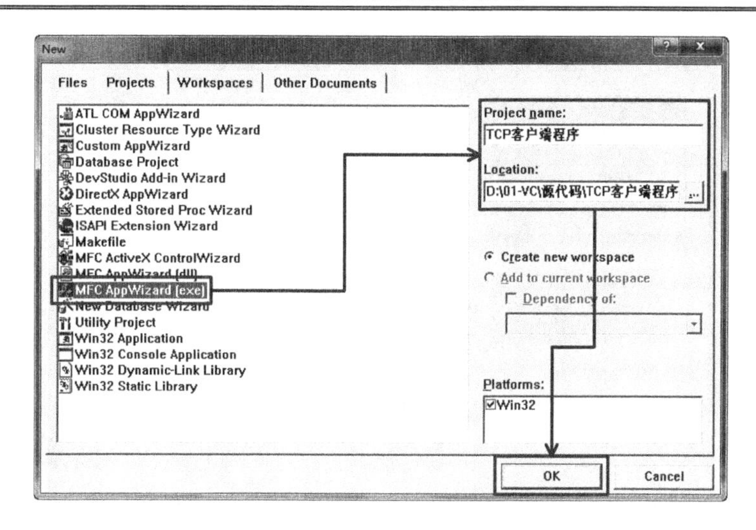

图 2.14　创建 TCP 客户端实例工程

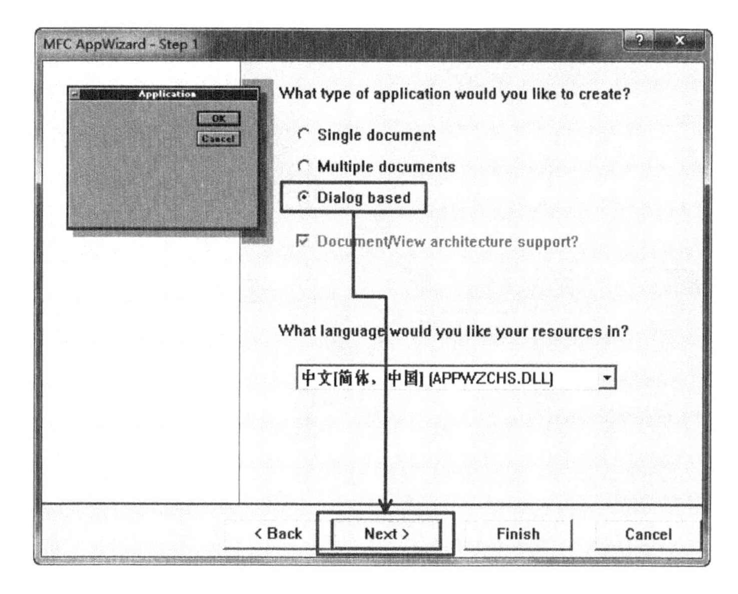

图 2.15　修改应用程序类型为基本对话框

（3）单击 Next 按钮，进入应用程序向导设置的第二步，设置应用程序支持 Windows Sockets 的功能，如图 2.16 所示。

（4）单击 Finish 按钮，完成工程的创建以及相关配置。

现在，用户通过应用程序向导已经完成了 TCP 客户端工程的创建，以及为该工程添加了支持 Windows 套接字功能等相关的一些配置。接下来，用户需要打开该工程的资源管理器进行程序界面的设计。

2．界面设计

当工程创建以后，用户可以打开资源管理器查看该工程的对话框资源，如图 2.17 所示。

用户可以通过向该对话框面板中添加相应的控件，以达到 TCP 客户端程序的基本功能，如图 2.18 所示。

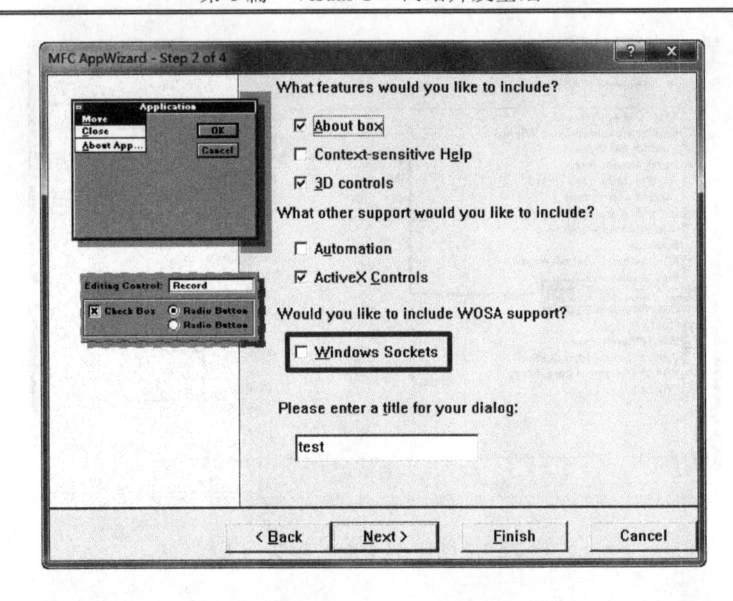

图 2.16　设置应用程序支持套接字功能

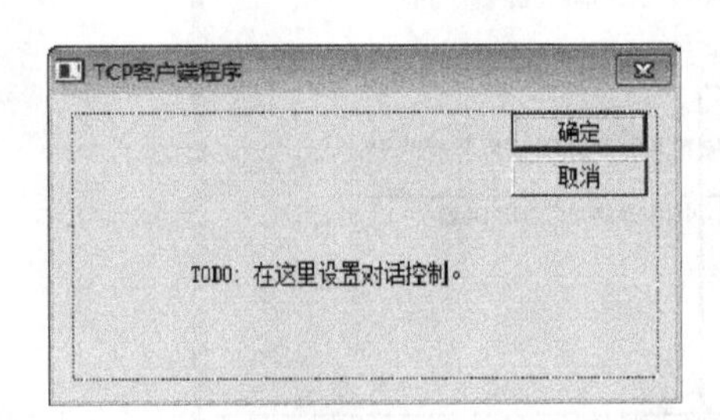

图 2.17　VC 默认情况下的对话框资源

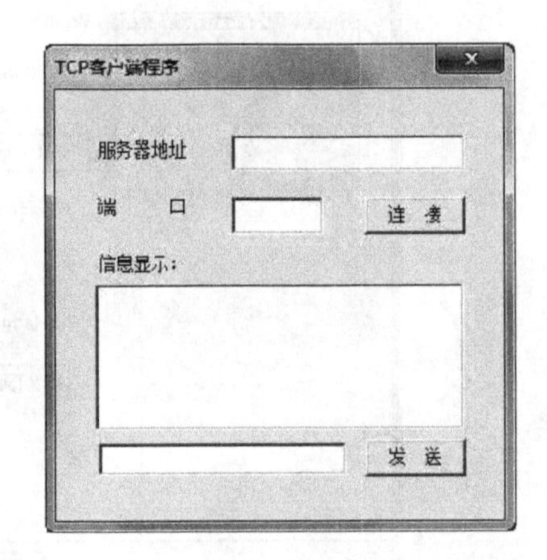

图 2.18　完成设计后的界面效果

其中，用户添加了多个控件，新添加的控件 ID、类型，以及作用，如表 2.2 所示。

表 2.2　控件ID、类型，以及作用

控件 ID	控 件 类 型	控件在实例中的作用
IDC_ADDR	编辑框控件	输入服务器 IP 地址
IDC_PORT	编辑框控件	输入服务器端口
IDC_TEXT	编辑框控件	显示相关信息
IDC_SENDTEXT	编辑框控件	输入发送消息
IDC_SEND	按钮控件	发送消息按钮
IDC_CONNECT	按钮控件	连接服务器
IDC_STATIC1	静态控件	标识服务器地址
IDC_STATIC2	静态控件	标识服务器端口

3. 界面初始化

TCP 客户端程序启动时，应该首先连接服务器以后，用户才能通过程序发送消息。所以，该程序初始化时的界面，如图 2.19 所示。

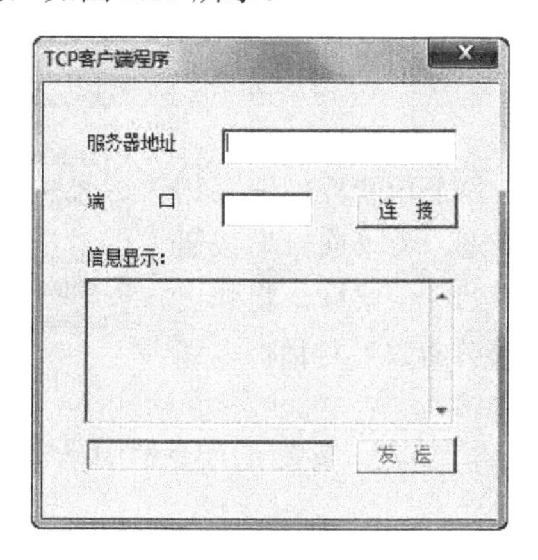

图 2.19　程序初始化界面

在界面初始化时，已经屏蔽了发送消息的功能。所以对于应用程序而言，避免了错误的发生。初始化代码如下：

```
01  BOOL CTCPDlg::OnInitDialog()
02  {
03      CDialog::OnInitDialog();
04      ...                                                 //省略部分代码
05      GetDlgItem(IDC_TEXT)->EnableWindow(false);          //禁用消息显示框
06      GetDlgItem(IDC_SENDTEXT)->EnableWindow(false); //禁用发送消息编辑框
07      GetDlgItem(IDC_SEND)->EnableWindow(false);          //禁用发送消息按钮
08
09      return TRUE;
10  }
```

用户使用函数 GetDlgItem()获取对应 ID 控件的指针，然后使用该指针调用函数 EnableWindow()将控件禁用。函数 EnableWindow()的参数如果为 true，则表示该控件可以被使用；如果该参数为 false，则表示该控件被禁用。

在界面初始化时，除了初始化界面中的各按钮之外，还应该对套接字进行初始化。初始化套接字功能的代码应该在函数 CTCPDlg::OnInitDialog()中实现。代码如下：

```
01  class CTCPDlg : public CDialog                      //类声明
02  {
03  public:
04      CTCPDlg(CWnd* pParent = NULL);
05      ...                                             //省略部分代码
06      SOCKET s;                                       //定义套接字对象
07      sockaddr_in addr;                               //定义套接字地址结构变量
08  }
09  BOOL CTCPDlg::OnInitDialog()
10  {
11  CDialog::OnInitDialog();
12      ...                                             //省略部分代码
```

```
13      s=::socket(AF_INET,SOCK_STREAM,0);          //创建套接字并返回其句柄
14      return TRUE;
15  }
```

在代码中，用户在类中声明了套接字对象和套接字地址结构变量。然后，在初始化函数中创建了 TCP 套接字 s。

4．功能实现

在这一节中，用户可以为各个功能控件编写相应的代码，以实现其功能。首先，为“连接”按钮添加消息响应函数。在该控件上双击鼠标，将弹出 Add Member Function（添加成员函数）对话框，如图 2.20 所示。

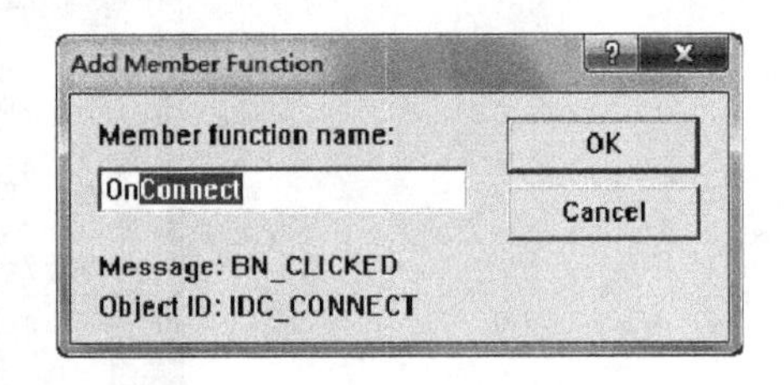

图 2.20　添加成员函数对话框

在该对话框中，用户可以将“连接”按钮的消息响应函数名修改为 OnConnect()。函数代码如下：

```
01  void CTCPDlg::OnConnect()
02  {
03      // TODO: Add your control notification handler code here
04      CString str,str1;                                //定义字符串
05      int port;                                        //定义端口变量
06      GetDlgItem(IDC_ADDR)->GetWindowText(str);        //获取服务器地址
07      GetDlgItem(IDC_PORT)->GetWindowText(str1);       //获取端口号
08      if(str==""||str1=="")                        //判断用户输入是否为 NULL
09      {
10          MessageBox("服务器地址或端口不能为 NULL");       //显示提示信息
11      }
12      else
13      {
14          port=atoi(str1.GetBuffer(1));             //将端口字符串转换为数字
15          addr.sin_family=AF_INET;
16          addr.sin_addr.S_un.S_addr=inet_addr(str.GetBuffer(1));
17          //转换服务器 IP 地址
18          addr.sin_port=ntohs(port);
19      GetDlgItem(IDC_TEXT)->SetWindowText("正在连接服务器......\r\n");
20          //提示用户正在连接服务器
21          if(::connect(s,(sockaddr*)&addr,sizeof(addr)))
22          //连接服务器
23          {
24              GetDlgItem(IDC_TEXT)->GetWindowText(str);//显示提示信息
25              str+="连接服务器成功！\r\n";
26              GetDlgItem(IDC_TEXT)->SetWindowText(str);
27              GetDlgItem(IDC_SENDTEXT)->EnableWindow(true);
28          //设置控件的显示状态
29              GetDlgItem(IDC_SEND)->EnableWindow(true);
30              GetDlgItem(IDC_ADDR)->EnableWindow(false);
31              GetDlgItem(IDC_PORT)->EnableWindow(false);
32          }
33          else                    //连接失败
34          {
35              GetDlgItem(IDC_TEXT)->GetWindowText(str);
36              str+="连接服务器失败！请重试\r\n";
37              GetDlgItem(IDC_TEXT)->SetWindowText(str);
```

```
38              }
39          }
40  }
```

将上面的代码保存以后，进行编译并运行。如果客户端连接服务器成功，则程序会提示用户连接成功，如图 2.21 所示；否则，程序提示用户连接服务器失败，如图 2.22 所示。

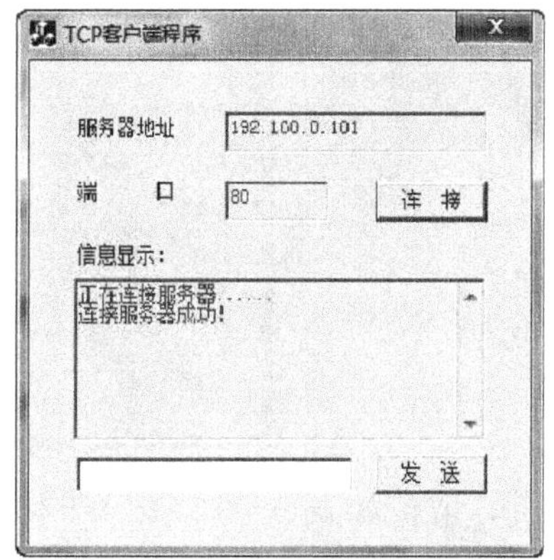

图 2.21　客户端连接服务器成功

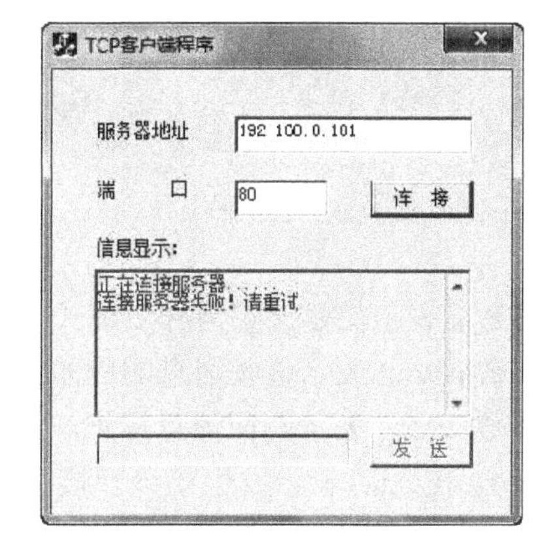

图 2.22　客户端连接服务器失败

当客户端与服务器连接成功之后，用户便可以发送消息到服务器了。现在，用户需要为“发送”按钮添加相应的消息响应函数，并指定该函数名为 OnSend()。该函数相关代码如下：

```
01  void CTCPDlg::OnSend()
02  {
03      // TODO: Add your control notification handler code here
04      CString str,str1;                                 //定义字符串变量
05      GetDlgItem(IDC_SENDTEXT)->GetWindowText(str);
06      //获取用户发送的消息字符串
07      if(str=="")                                       //不允许用户发送空消息
08      {
09          GetDlgItem(IDC_TEXT)->GetWindowText(str1); //获取信息框中的内容
10          str1+="\r\n";                             //添加回车换行符
11          str1+="消息不能为空\r\n";
12          GetDlgItem(IDC_TEXT)->SetWindowText(str1); //设置信息框中的内容
13      }
14      else
15      {
16          ::send(s,str.GetBuffer(1),str.GetLength(),0);
17          //发送信息到指定服务器
18          GetDlgItem(IDC_TEXT)->GetWindowText(str1);
19          //获取信息框中的内容
20          str1+="\r\n";                             //添加回车换行符
21          str1+=str;
22          GetDlgItem(IDC_TEXT)->SetWindowText(str1);
23          //设置信息框中的内容
24      }
25  }
```

在代码中，用户通过调用函数 send()将消息发送到指定的服务器，并将该消息显示在本地的信息显示框中，如图 2.23 所示。

作为客户端，还应该具有接收并显示服务器所发送的消息。在本实例中，将采用异步套接字模式实现该功能。在 VC 中，将套接字设置为异步模式，可以调用函数 WSAAsyncSelect()实现。该函数原型如下：

```
int WSAAsyncSelect (
  SOCKET s,
  HWND hWnd,
  unsigned int wMsg,
  long lEvent
);
```

函数各个参数及说明如下：

- ❑ 参数 s 表示需要设置为异步模式的套接字句柄。
- ❑ 参数 hWnd 表示接收消息响应的窗口句柄。
- ❑ 参数 wMsg 表示响应消息标识。
- ❑ 参数 lEvent 表示发生在该套接字上的事件，取值如表 2.3 所示。

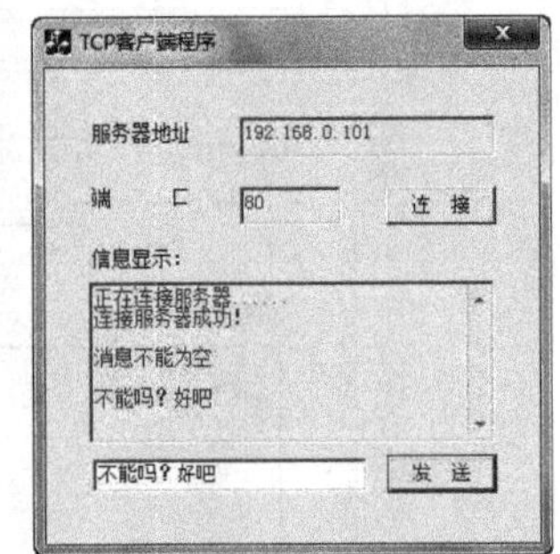

图 2.23　客户端发送消息

表 2.3　套接字事件部分标识及其意义

套接字事件取值	含 义 表 示	套接字事件取值	含 义 表 示
FD_READ	套接字上发生读取事件	FD_ACCEPT	套接字上发生连接事件
FD_WRITE	套接字上发生写入事件	FD_CLOSE	套接字上发生关闭事件

首先，在程序初始化函数 OnInitDialog()中，将套接字设置为异步模式。代码如下：

```
01  BOOL CTCPDlg::OnInitDialog()
02  {
03      ...                                              //省略部分代码
04      GetDlgItem(IDC_TEXT)->EnableWindow(false); //设置各个控件的显示状态
05      GetDlgItem(IDC_SENDTEXT)->EnableWindow(false);
06      GetDlgItem(IDC_SEND)->EnableWindow(false);
07      s=::socket(AF_INET,SOCK_STREAM,0);             //创建套接字
08      ::WSAAsyncSelect(s,this->m_hWnd,WM_SOCKET, FD_READ);
09      //将套接字设置为异步模式
10      return TRUE;
11  }
```

代码中，将异步套接字处理的时间指定为读取事件 FD_READ，并且将该事件的处理消息指定为 WM_SOCKET。该消息是在 CTCPDlg 类头文件中定义的自定义消息。代码如下：

```
#define WM_SOCKET WM_USER+100                          //定义自定义消息
class CTCPDlg : public CDialog
{
    ...                                                //省略部分代码
    protected:
    //自定义消息响应函数
    afx_msg void OnSocket(WPARAM wParam,LPARAM lParam);
}
```

用户自定义消息以及该消息的响应函数成功后，还需要在消息映射表中将消息与响应函数相关联。代码如下：

```
BEGIN_MESSAGE_MAP(CTCPDlg, CDialog)
    //{{AFX_MSG_MAP(CTCPDlg)
    ON_BN_CLICKED(IDC_CONNECT, OnConnect)
    ON_BN_CLICKED(IDC_SEND, OnSend)
    ON_MESSAGE(WM_SOCKET,OnSocket)                    //自定义消息映射项
    //}}AFX_MSG_MAP
END_MESSAGE_MAP()
```

最后，在自定义消息响应函数 OnSocket()中，实现套接字事件的处理。代码如下：

```
01  void CTCPDlg::OnSocket(WPARAM wParam,LPARAM lParam)
02  {
03      char cs[100]="";                              //定义数据缓冲区
04      if(lParam==FD_READ)                           //如果是套接字读取时间
05      {
06          CString num="";                           //定义字符串变量
07          recv(s,cs,100,NULL);                      //接收数据
08          GetDlgItem(IDC_TEXT)->GetWindowText(num);   //获取消息框中的内容
09          num+="\r\n 服务器说：";                        //添加回车换行符
10          num+=(LPTSTR)cs;                        //将接收到的数据转换为字符串
11          GetDlgItem(IDC_TEXT)->SetWindowText(num);   //设置消息框内容
12      }
13  }
```

由于在本实例中，仅处理了套接字的读取事件，所以使用了代码“if(lParam== FD_READ)”。如果用户需要处理的套接字事件比较多，那么应该在代码中使用关键字 switch 进行分类判断。程序运行效果如图 2.24 所示。

到这里，用户基本上完成了客户端应有的功能。在客户端程序中，需要用户注意连接服务器之前，必须首先知道服务器的 IP 地址等相关信息。否则，程序将无法正确连接到服务器。

图 2.24　程序运行效果

2.3.2　TCP 服务器程序

在 2.3.1 节中，已经向用户讲解了制作 TCP 客户端程序的相关方法。所以，在本节中将向用户讲解在 VC 中怎样制作 TCP 服务器程序。

1．创建工程

在 VC 中，创建 TCP 服务器工程的步骤与创建 TCP 客户端工程的步骤一样，只是在修改工程名称时应该为“TCP 服务器程序”，如图 2.25 所示。

其他相关设置步骤均与 TCP 客户端工程的设置步骤一样。所以，在本节中不再对此内容进行讲述，请用户复习上一节中的内容。

注意：用户在 VC 中创建实例工程的步骤大体相同。

2．界面设计

服务器工程创建完成之后，用户可以打开资源管理器中的对话框资源进行界面的设计。本实例中，为了完成服务器的基本功能，在对话框面板上添加如表 2.4 所示的控件，

并调整其位置以及大小。

表 2.4　控件ID、属性，以及作用

控件 ID	控 件 类 型	控件作用描述
IDC_TEXT	编辑框	显示发送与接收到的信息
IDC_SENDTEXT	编辑框	输入发送的字符串
IDC_SEND	按钮	发送信息
IDC_ADDR	静态	显示服务器当前状态

用户将表 2.4 中所示控件添加到对话框面板中后，应该调整各个控件的位置以及大小，达到界面的美化。运行之后的程序界面效果，如图 2.26 所示。

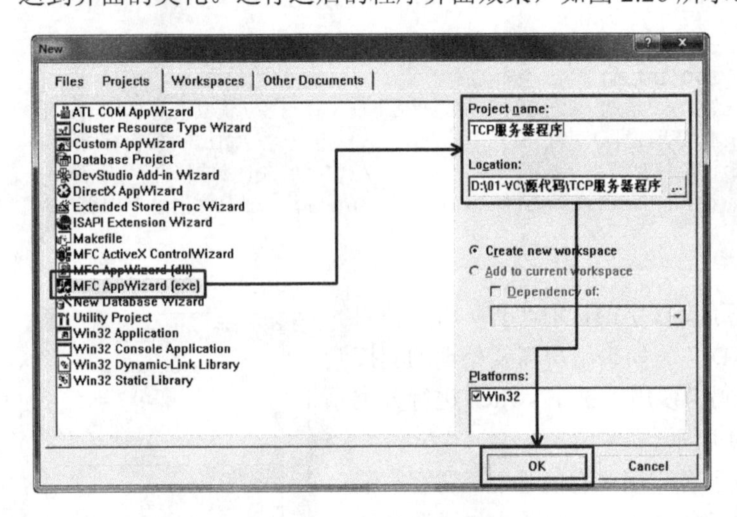

图 2.25　创建 TCP 服务器程序工程

图 2.26　程序界面效果

3．界面初始化

与 TCP 客户端一样，服务器程序启动时也需要界面初始化。不过，服务器界面在初始化时，还应该同时完成套接字的创建以及地址绑定等处理工作。首先，定义套接字相关变量。代码如下：

```
01  class CTCPDlg : public CDialog
02  {
03  public:
04      CTCPDlg(CWnd* pParent = NULL);
05      SOCKET s,s1;                              //定义套接字句柄
06      sockaddr_in addr,add1;                    //定义套接字地址结构变量
07      int n;                                    //记录连接数
08      ...                                       //省略部分代码
09  }
```

然后，在对话框初始化函数中创建套接字并且将套接字绑定到本地地址。代码如下：

```
01  BOOL CTCPDlg::OnInitDialog()
02  {
03      CDialog::OnInitDialog();
04      addr.sin_family=AF_INET;
05      addr.sin_port=htons(80);
```

```
06        addr.sin_addr.S_un.S_addr=INADDR_ANY;
07        s=::socket(AF_INET,SOCK_STREAM,0);
08        ::bind(s,(sockaddr*)&addr,sizeof(addr));
09        ::listen(s,5);
10        GetDlgItem(IDC_TEXT)->EnableWindow(false);
11        GetDlgItem(IDC_ADDR)->SetWindowText("服务器监听已经启动！");
12        return TRUE;
13    }
```

将以上代码保存并编译运行以后，服务器界面初始化运行后的效果，如图 2.27 所示。

图 2.27　服务器界面初始化

4. 功能实现

TCP 服务器应该具有监听、发送和接收数据的功能。首先，用户应该为程序添加监听功能，因为服务器必须等待客户端的连接请求到来之后，才能实现接收和发送数据。将服务器创建的套接字设置为异步模式，并将套接字事件设置为连接和读取事件。代码如下：

```
01  #define WM_SOCKET WM_USER+1000                          //自定义套接字消息
02  class CTCPDlg : public CDialog
03  {
04      ...                                                  //省略部分代码
05  protected:
06      afx_msg void OnSocket(WPARAM wParam,LPARAM lParam);
07      //自定义消息响应函数
08  }
09  BOOL CTCPDlg::OnInitDialog()                            //对话框初始化函数
10  {
11      CDialog::OnInitDialog();
12      addr.sin_family=AF_INET;                            //填充套接字地址结构
13      addr.sin_port=htons(80);
14      addr.sin_addr.S_un.S_addr=INADDR_ANY;
15      s=::socket(AF_INET,SOCK_STREAM,0);
16      ::bind(s,(sockaddr*)&addr,sizeof(addr));            //绑定本地地址
17      ::listen(s,5);                                      //监听端口
18      ::WSAAsyncSelect(s,this->m_hWnd,WM_SOCKET,FD_ACCEPT|FD_READ);
19      //设置异步套接字
20      return TRUE;
21  }
```

用户自定义消息以及该消息的响应函数后，还需要在消息映射表中将消息与响应函数相关联。代码如下：

```
BEGIN_MESSAGE_MAP(CTCPDlg, CDialog)
    //{{AFX_MSG_MAP(CTCPDlg)
    ON_WM_SYSCOMMAND()
    ON_WM_PAINT()
    ON_WM_QUERYDRAGICON()
    ON_BN_CLICKED(IDC_SEND, OnSend)
    ON_MESSAGE(WM_SOCKET,OnSocket)
    //}}AFX_MSG_MAP
END_MESSAGE_MAP()
```

当服务器监听套接字上有相关的事件发生时，程序便会调用自定义的消息响应函数

OnSocket()对该事件进行处理。代码如下：

```
01 void CTCPDlg::OnSocket(WPARAM wParam,LPARAM lParam)
02 {
03     CString str13;
04     char cs[100] = {0};
05     switch (lParam)
06     {
07     case FD_ACCEPT:                  //连接事件
08         {
09             int lenth=sizeof(add1);
10             s1=::accept(s,(sockaddr*)&add1,&lenth);
11             n=n+1;
12             str13.Format("有%d 客户已经连接上了",n);
13             str13+=::inet_ntoa(add1.sin_addr);
14             str13+="\r\n 登录\r\n";
15             GetDlgItem(IDC_TEXT)->SetWindowText(str13);
16         }
17         break;
18
19     case FD_READ:                    //读取事件
20         {
21             CString num="";
22             ::recv(s1,cs,100,0);
23             GetDlgItem(IDC_TEXT)->GetWindowText(num);
24             num+="\r\n";
25             num+=(LPTSTR)::inet_ntoa(add1.sin_addr);
26             num+="对您说：";
27             num+=(LPTSTR)cs;
28             GetDlgItem(IDC_TEXT)->SetWindowText(num);}
29         break;
30         }
31 }
```

用户在以上代码中，实现了服务器的应答客户端的连接请求以及显示信息等功能。当有客户端向服务器发送连接请求时，服务器将显示相关信息，如图 2.28 所示。如果已经连接的客户端发送消息到服务器，则服务器程序调用函数 recv()接收该信息并将该消息显示在信息框中，如图 2.29 所示。

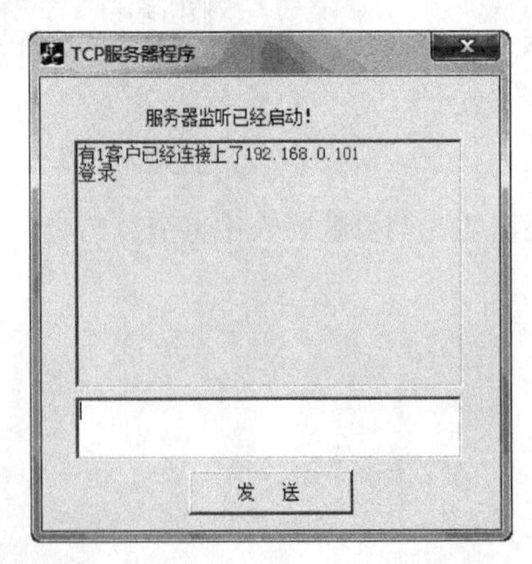

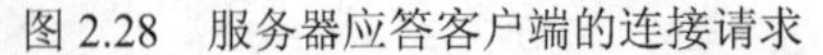
图 2.28　服务器应答客户端的连接请求

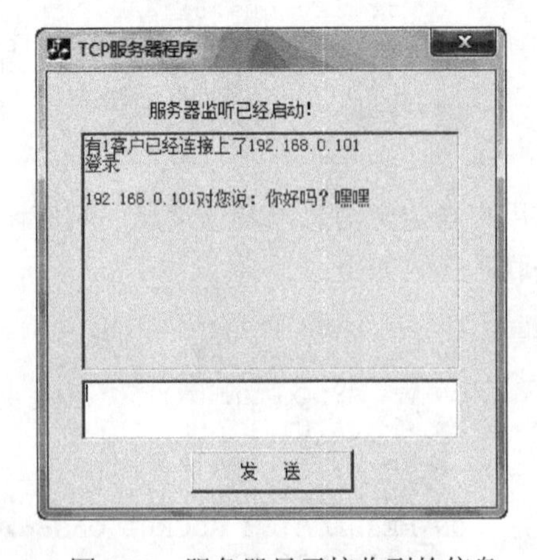

图 2.29　服务器显示接收到的信息

现在，服务器端已经实现了应答服务器连接请求和接收客户端信息的功能。但是，作为服务器还需要具有发送消息的功能。首先，用户可以使用 VC 应用程序向导为“发送”按钮添加消息响应函数，如图 2.30 所示。

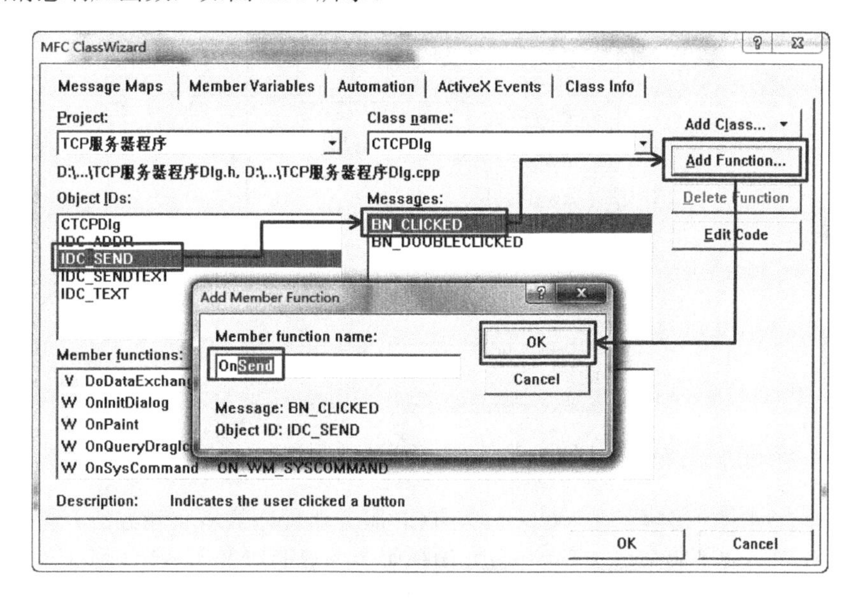

图 2.30　为“发送”按钮添加消息响应函数

用户可以通过 Add Member Funtion 对话框修改消息响应函数的函数名。在该实例中，将该函数名修改为 OnSend()，然后，单击 OK 按钮。

在函数 OnSend()中，服务器程序应该将发送到客户端的消息也显示在服务器端界面中。这样，用户在使用该功能时，对于信息的发送与接收功能的实现的理解就比较直观。代码如下：

```
01  void CTCPDlg::OnSend()
02  {
03      // TODO: Add your control notification handler code here
04      CString str="";
05      GetDlgItem(IDC_SENDTEXT)->GetWindowText(str);
06      if(str=="")
07      {
08          MessageBox("消息不能为空！");
09      }
10      else
11      {
12      if(::send(s1,str.GetBuffer(1),str.GetLength(),0)!=SOCKET_ERROR)
13          {
14              GetDlgItem(IDC_TEXT)->GetWindowText(str);
15              str+="消息已经发送到客户端！\r\n";
16              GetDlgItem(IDC_TEXT)->SetWindowText(str);
17          }
18          else
19          {
20              GetDlgItem(IDC_TEXT)->SetWindowText("消息发送失败！\r\n");
21          }
22      }
23  }
```

在程序中，用户首先调用函数获取发送消息框中的内容并将其存放在字符串变量 str

中。如果发送的消息是空字符串，则提示用户不能发送空消息。接着，程序调用函数 send()将消息发送到客户端，并将该消息显示在客户端界面中，如图 2.31 所示。

图 2.31　服务器发送并显示信息

在本节中，向用户讲解了在 VC 中开发 TCP 服务器程序的步骤和方法。通过编写实例程序向用户分别讲解了服务器工程的创建，构建服务器界面以及服务器各个功能的实现等。如果用户希望进一步学习 TCP 服务器编程，可以在实例程序的基础上进行修改，以便达到更好的学习效果。

2.4　小　　结

在本章中，主要向用户介绍了 Socket 套接字编程中需要使用的基础知识以及相关函数。在介绍套接字相关函数时，主要讲解了函数的原型以及使用等。在 2.2 节和 2.3 节中，通过在 VC 中创建实例工程向用户分别介绍了创建工程、设置工程和实例程序编写的方法。用户通过本章的学习，应该掌握基本的套接字编程方法，以及使用 VC 编译器创建工程等操作。在本章实例中，所有代码均在随书光盘的对应章节中，用户可以通过本书中所讲述的理论知识结合光盘中的实例代码进行学习。这样，可提高用户的学习效率。

第 3 章　多线程与异步套接字编程

在 Windows 操作系统中，线程是系统中最小的功能执行单元，它可以独立地完成某一项功能。所以在进行 Windows 编程中，如果用户使用多线程处理某个功能，那么该功能的处理效率远比单个线程的处理效率高。在本章中，将向用户介绍使用多线程处理异步套接字编程的相关方法。

3.1　多线程技术

在 Windows 操作系统中，所有程序的功能都是由每个程序中的多个线程共同完成的。从某种特定的意义上而言，线程才是计算机真正意义上的功能执行者。而从线程执行的数目而言，线程可以分为单线程和多线程。其中，多线程是由多个单线程组成。如果从线程的执行效率而言，多线程比单线程的执行效率高很多，当用户在编程时，使用多线程技术可以提高程序的执行效率。

3.1.1　基本概念

在本节中，将介绍一些关于计算机进程和线程方面的基本概念。用户通过这些基本概念的学习，将学习到计算机程序的工作原理以及多线程处理方面的基础知识。

1. 计算机进程

在计算机操作系统中，进程是指当可执行文件运行时，系统所创建的内核对象。例如，在计算机中，用户可以通过任务管理器查看当前系统中所有的进程，如图 3.1 所示。

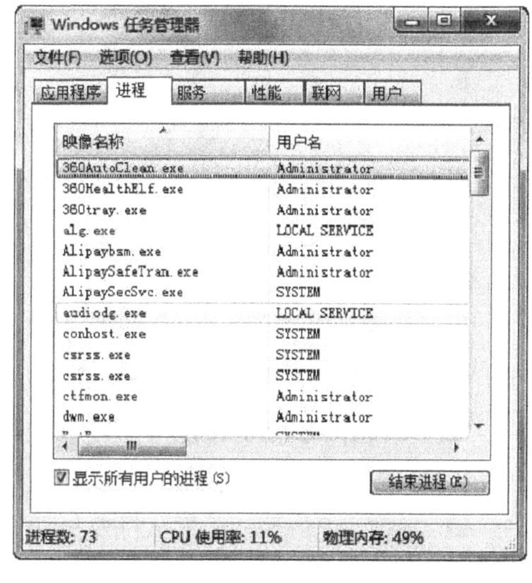

图 3.1　显示系统中所有的进程

在一个以“.EXE”为后缀名的可执行程序中，可以包括一个或多个进程，并且每个进程都有自己的执行地址空间。这些地址空间在逻辑层面上可以被不同的进程重复使用。例如，计算机系统中有两个进程，分别为进程 A 和进程 B。如果进程 A 在某一地址空间中存放了一个数据，而进程 B 可以在同一地址空间中存放另一个数据。当两个进程同时在该地址空间中取出各自对应的数据时，程序不会出现非法访问内存等错误信息。这是因为在进程中真正执行某个功能的应该是该进程中的线程，这些线程只是共享同一个进程的地址空间。

2．计算机线程

线程是计算机中最小的执行单元。通常，当 Windows 应用程序运行时，操作系统都会为其自动创建一个线程，即主线程。通过主线程，用户可以创建多个线程或进程。由于一个进程中的所有线程共享该进程地址空间，所以，在同一个进程中可以实现多个线程间的相互通信。

当用户编程时，为了完成某一项功能可以使用多线程技术创建多个线程共同完成这个功能。这种方法比单线程技术实现同一功能的效率快。实际上，现在很多的 CPU 处理器都只支持单线程技术，但是一个多线程程序为什么仍能运行，这是因为系统程序为系统中的每个线程都分配了执行时间，而且这个执行时间非常短，以至于用户感觉几个线程在同时运行。

在本章中，主要是让用户学习多线程技术的编程方法以及它在网络编程中的使用等。所以，关于多线程技术的其他知识，本书将不再进行深入讲解。

3.1.2　创建线程

用户编程时，使用多线程技术需要首先创建线程，然后再使用这些线程执行相应的功能。如果用户是在 VC 中编写多线程程序，则可以调用 API 函数 CreateThread()创建线程。该函数原型如下：

```
HANDLE CreateThread(
  LPSECURITY_ATTRIBUTES lpThreadAttributes,
  DWORD dwStackSize,
  LPTHREAD_START_ROUTINE lpStartAddress,
  LPVOID lpParameter,
  DWORD dwCreationFlags,
  LPDWORD lpThreadId
);
```

该函数用于创建一个线程，并将返回该线程的句柄。其中，各个参数含义如下：

- ❑ 参数 lpThreadAttributes 是一个指向结构体 SECURITY_ATTRIBUTES 的指针，表示指定新建线程的安全属性。该参数可以设置为 NULL，表示创建线程时使用默认的安全属性。
- ❑ 参数 dwStackSize 指定线程初始化时地址空间的大小。如果这个参数指定为 0，那么新创建线程的地址空间大小与调用该函数的线程地址空间大小一样。
- ❑ 参数 lpStartAddress 将指定该线程的线程函数的地址。当线程创建成功以后，新建线程将调用该线程函数执行某个功能。
- ❑ 参数 lpParameter 表示将要传递给新建线程的命令行参数。新建线程可以根据该命令参数的不同而执行不同的功能。
- ❑ 参数 dwCreationFlags 用于指定新线程创建后是否立即运行。其取值如表 3.1 所示。

表 3.1　线程创建标记

状　态　值	作　　用
CREATE_SUSPENDED	线程创建成功后暂停运行
0	线程创建成功后立即运行

注意：当用户创建线程时，将该参数值指定为 CREATE_SUSPENDED，则线程将处于暂停状态，直到用户调用相关函数将线程恢复运行为止。

- 参数 lpThreadId 表示新建线程的 ID 号。在这里，用户可以将该参数设置为 NULL。

例如，用户在程序中，使用该函数分别创建两个线程，并在这两个线程中分别打印出各自的函数信息。首先，用户打开 VC，并创建一个基于控制台程序窗口的工程，并将工程名修改为“创建线程”，如图 3.2 所示。

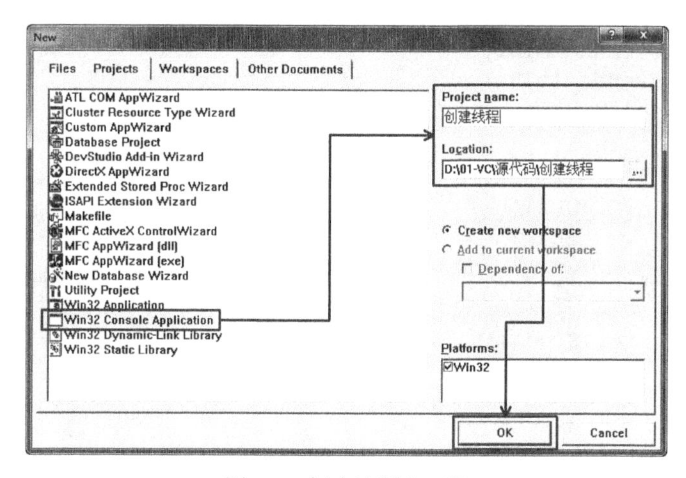

图 3.2　创建控制台工程

然后，单击 OK 按钮，转到工程设置中将该工程设置为一个空的控制台程序，如图 3.3 所示。

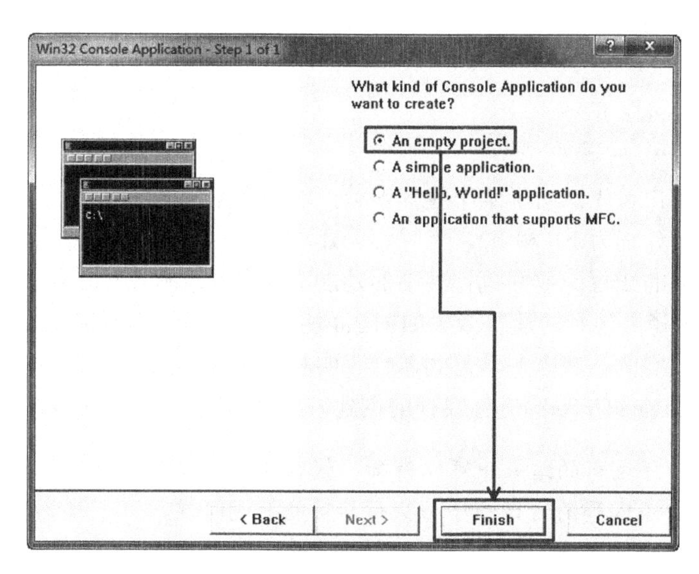

图 3.3　指定该工程为空工程

最后，单击 Finish 按钮，完成该控制台工程的设置，返回到 VC 主界面中。用户在该工程中需要添加一个空白的 C++源文件以便编写代码。创建线程实例，代码如下：

```
01 #include <windows.h>                                    //包含相应头文件
02 #include <stdio.h>
03
04 DWORD WINAPI myfun1(LPVOID lpParameter );               //声明线程函数
05 DWORD WINAPI myfun2(LPVOID lpParameter );
06
07 int main()                                              //主函数
08 {
09     HANDLE h1,h2;                                       //定义句柄变量
10     h1=::CreateThread(NULL,0,myfun1,NULL,0,NULL);       //创建线程 1
11     printf("线程 1 开始运行！\r\n");                      //输出线程 1 运行信息
12     h2=::CreateThread(NULL,0,myfun2,NULL,0,NULL);       //创建线程 2
13     printf("线程 2 开始运行！\r\n");                      //输出线程 2 运行信息
14     ::CloseHandle(h1);                                  //关闭线程句柄对象
15     ::CloseHandle(h2);
16     while(1)
17     {
18         if(getchar()=='q')                              //如果用户输入字符 q
19         {
20             return 0;                                   //程序正常退出
21         }
22         else                                        //如果用户输入的字符不是 q
23         {
24             ::Sleep(100);                               //程序睡眠
25         }
26     }
27 }
28
29 DWORD WINAPI myfun1(LPVOID lpParameter)                 //分别实现线程函数
30 {
31     printf("线程 1 正在运行！\r\n");                      //输出信息
32     return 0;                                           //正常结束线程函数
33 }
34 DWORD WINAPI myfun2(LPVOID lpParameter)
35 {
36     printf("线程 2 正在运行！\r\n");
37     return 0;
38 }
```

在程序中，用户首先声明了两个线程函数，然后在主函数中创建两个线程，分别为 h1 和 h2。当线程创建成功以后，系统会自动调用相应的线程函数并执行其中的功能。将上面的程序在 VC 中进行编译并运行，运行效果如图 3.4 所示。

用户可以从该实例程序中，学习到怎样声明和定义线程函数以及使用函数 CreateThread()进行线程的创建。

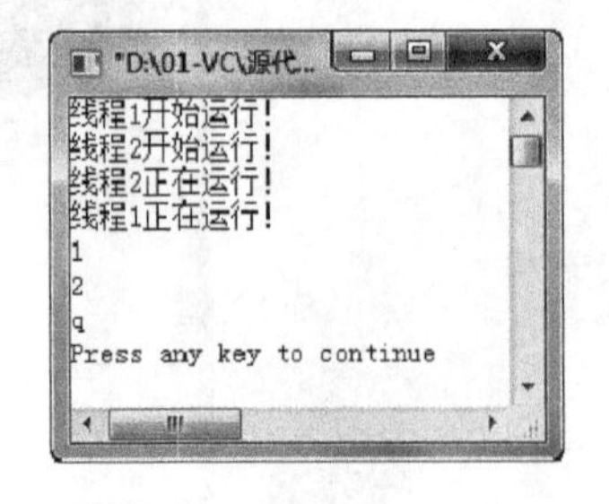

图 3.4　创建线程实例

注意：用户从程序运行的结果中可以得知，线程 1 和线程 2 并没有按照代码的运行顺序而执行其功能。这时候，用户需要使用线程的同步技术避免类似情况的发生。在 3.2 节中，将为用户讲解实现线程同步的编程方法。

3.2　实现线程同步

线程同步是指同一进程中的多个线程互相协调工作达到一致性。当用户编写程序时，有时会使多个代码段同时读取或修改相同地址空间中的共享数据。此时，在操作系统中，可能会出现一个代码段在读取数据，而另一个代码段却正在修改数据。这样的情况会导致程序发生读写错误，造成程序异常退出。用户为了避免出现类似情况，需要使用线程同步技术。即当一个线程程序对资源进行读写时，其他的线程程序则处于等待状态。

3.2.1　临界区对象

临界区对象是指当用户使用某个线程访问共享资源时，必须使代码段独享该资源，不允许其他线程程序访问该资源。待该代码段访问完资源后，其他程序才能对资源进行访问。这样的模式好比某个用户在试衣间里试衣服，而其他用户则只能等待。当试衣间里的用户出来之后，其他用户才能进入试衣间内。在本节中，将向用户分别介绍如何使用 API 函数和 MFC 类对临界区对象进行编程的方法。

1．使用API函数操作临界区

当用户在实际编写程序时，使用临界区对象前必须对临界区进行初始化。在 VC 中进行编程，用户可以调用函数 InitializeCriticalSection()对临界区对象进行初始化。该函数原型如下：

```
void InitializeCriticalSection(
  LPCRITICAL_SECTION lpCriticalSection
);
```

该函数的作用是为应用程序初始化临界区。其中，参数 lpCriticalSection 是指向结构体 CRITICAL_SECTION 的指针变量。由于该参数所标识的结构体对象是由操作系统自动进行维护的，所以用户在编程时可以不用理会该结构体变量的具体操作。例如，用户调用该函数对临界区进行初始化。代码如下：

```
CRITICAL_SECTION m_sec;                   //定义结构体 CRITICAL_SECTION 变量
InitializeCriticalSection(&m_sec);        //初始化临界区
...                                       //省略部分代码
```

在程序中，用户首先定义了结构体 CRITICAL_SECTION 的变量 m_sec，其用于存放临界区的相关信息。然后，调用函数 InitializeCriticalSection()对临界区进行初始化。

当用户对临界区进行初始化以后，程序便可以进入该临界区并拥有该临界区对象的所有权。而其他程序则只能等待进入临界区的程序释放临界区的所有权后，才能进入临界区进行操作。用户实现这个功能可以调用函数 EnterCriticalSection()。该函数原型如下：

```
void EnterCriticalSection(
  LPCRITICAL_SECTION lpCriticalSection
);
```

该函数的作用是使调用该函数的线程程序进入已经初始化的临界区，并拥有该临界区的所有权。如果线程程序获得临界区的所有权成功，则该函数将返回，调用线程继续执行。否则，该函数将一直等待，这样会造成该函数的调用线程也一直等待。

注意：当用户使用临界区对象实现线程同步编程时，不应使函数 EnterCriticalSection()等待的时间过长。因为这样会造成调用线程的等待，使操作系统出现假死现象。

例如，用户调用该函数进入临界区操作被保护的共享资源，同时获取该共享资源的所有权。代码如下：

```
...                                          //省略部分代码
EnterCriticalSection(&m_sec);                //进入已经被初始化的临界区
...                                          //省略部分代码
```

如果调用该函数的线程成功获得临界区所有权，那么该线程将继续执行代码。否则，该线程将一直等待，直到获得临界区的所有权。

当线程使用完共享资源后，必须离开临界区并释放对该临界区的所有权，以便让其他线程也获得访问该共享资源的机会。函数 LeaveCriticalSection()的作用是使已经进入临界区的线程释放对该临界区的所有权并离开临界区。该函数原型如下：

```
void LeaveCriticalSection(
  LPCRITICAL_SECTION lpCriticalSection
);
```

调用该函数的线程将离开指定的临界区并释放该临界区的所有权。当用户使用临界区对象进行编程，一定要在程序不使用临界区时，调用该函数释放临界区所有权。否则，程序将一直等待，造成程序假死。例如，当用户使用完被临界区保护的共享资源后，需要调用函数 LeaveCriticalSection()释放该临界区的所有权。代码如下：

```
...                                          //省略部分代码
LeaveCriticalSection(&m_sec);                //释放临界区所有权并离开该临界区
...                                          //省略部分代码
```

如果调用线程释放临界区的所有权之后，用户应该在程序中调用函数 DeleteCritical Section()将该临界区从内存中删除。该函数原型如下：

```
void DeleteCriticalSection(
  LPCRITICAL_SECTION lpCriticalSection
);
```

该函数的作用是删除程序中已经被初始化的临界区。如果函数调用成功，则程序会将内存中的临界区删除，防止出现内存错误。例如，用户使用临界区相关的 API 函数进行编程。代码如下：

```
01  #include <windows.h>                              //包含头文件
02  #include <stdio.h>
03
04  DWORD WINAPI myfun1(LPVOID lpParameter );         //声明线程函数
05  DWORD WINAPI myfun2(LPVOID lpParameter );
06
07  static int a1=0;                                  //定义全局变量并初始化
08  CRITICAL_SECTION Section;                         //定义临界区对象
09
```

```
10  int main()                                              //主函数
11  {
12      HANDLE h1,h2;                                       //定义线程句柄
13      h1=::CreateThread(NULL,0,myfun1,NULL,0,NULL);       //创建线程 1
14      printf("线程 1 开始运行! \r\n");
15      h2=::CreateThread(NULL,0,myfun2,NULL,0,NULL);       //创建线程 2
16      printf("线程 2 开始运行! \r\n");
17      ::CloseHandle(h1);                                  //关闭线程句柄对象
18      ::CloseHandle(h2);
19
20      InitializeCriticalSection(&Section);                //初始化临界区对象
21      ::Sleep(10000);                                     //程序睡眠 10 秒
22      printf("正常退出程序请按'q'\r\n");
23      while(1)
24      {
25          if(getchar()=='q')                              //如果用户输入字符 q
26          {
27              DeleteCriticalSection(&Section);            //删除临界区对象
28              return 0;
29          }
30      }
31  }
32
33  DWORD WINAPI myfun1(LPVOID lpParameter)                 //线程函数 1
34  {
35      while(1)
36      {
37          EnterCriticalSection(&Section);                 //进入临界区
38          a1++;                                           //变量自加
39          if(a1<10000)                                 //设置变量 a1 小于 10000
40          {
41              ::Sleep(1000);                              //程序睡眠 1 秒
42              printf("线程 1 正在计数%d\r\n",a1);
43              LeaveCriticalSection(&Section);             //离开临界区
44          }
45          else                                            //如果变量大于 10000
46          {
47              LeaveCriticalSection(&Section);             //离开临界区
48              break;                                      //跳出循环
49          }
50      }
51      return 0;
52  }
53  DWORD WINAPI myfun2(LPVOID lpParameter)                 //线程函数 2
54  {
55      while(1)
56      {
57          EnterCriticalSection(&Section);                 //进入临界区
58          a1++;
59          if(a1<10000)
60          {
61              ::Sleep(1000);                              //程序睡眠 1 秒
62              printf("线程 2 正在计数%d\r\n",a1);
63              LeaveCriticalSection(&Section);             //离开临界区
64          }
65          else
66          {
```

```
67              LeaveCriticalSection(&Section);
68              break;
69          }
70      }
71      return 0;                                   //线程函数返回 0
72  }
```

在程序中，用户首先声明临界区对象 Section 和两个线程函数（myfun1()和 myfun2()），然后在主函数中创建两个线程，即 h1 和 h2。主线程调用函数 InitializeCriticalSection()初始化临界区对象并通过函数 Sleep()暂停 10 秒。在线程函数 myfun1()中，程序调用函数 EnterCriticalSection()进入临界区，通过循环使变量 a1 自加，然后输出结果并离开临界区将共享变量 a1 的所有权交给线程函数 myfun2()。在线程函数 myfun2()中实现同样的功能。程序运行结果，如图 3.5 所示。

用户从程序运行的结果中可以看到，线程 1 和线程 2 的线程函数交替执行输出结果并且变量 a1 的值是按照顺序增加的。由于当每个线程进入临界区中操作共享变量时，另一个线程则只能等待，所以，该程序实现了同进程的不同线程之间的相互协调工作。

如果用户将临界区相关代码注释起来，再编译执行程序，运行结果如图 3.6 所示。

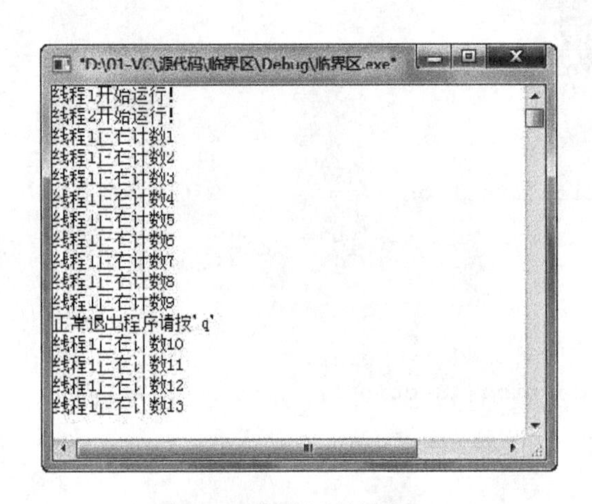

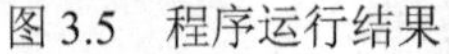

图 3.5　程序运行结果

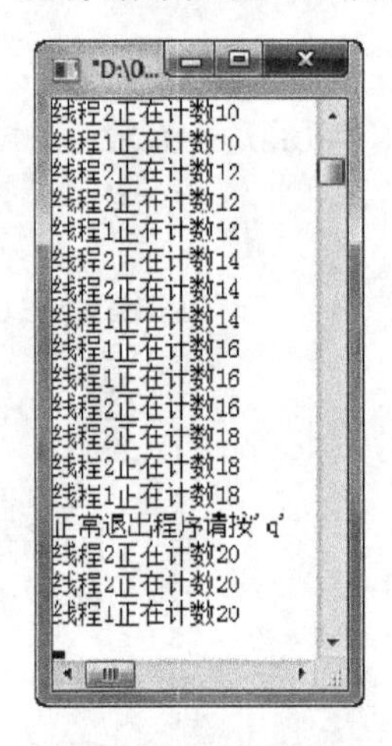

图 3.6　不含临界区对象的程序运行界面

在图 3.6 中，用户会发现两个线程函数并没有交替执行，而且输出的变量结果也未按照顺序增加。所以，在线程同步中临界区对象是非常重要的。

2．使用CCriticalSection类操作临界区

CCriticalSection 类是 MFC 中所定义的临界区类，其作用与临界区相关 API 函数实现的功能一样。本节中，将向用户简要介绍该类在实际编程中的成员函数以及用法。

首先，用户编程时为了方便线程函数访问 CCriticalSection 类对象，必须将该对象定义为全局变量。代码如下：

```
CCriticalSection m_Sec;          //定义全局变量m_Sec
main()
{
...                              //省略部分代码
  }
```

然后，调用该类中成员函数 Lock()对临界区进行锁定。其原型如下：

```
BOOL Lock();                          //锁定临界区
```

函数 Lock()的作用是程序进入临界区执行相关功能并获得该临界区的所有权。如果函数调用成功，则返回 true；否则，函数返回 false。例如，程序根据该函数的返回值判断锁定临界区是否成功。代码如下：

```
...                                      //省略部分代码
if(m_Sec.Lock())                         //调用函数锁定临界区
{
  MessageBox("程序锁定临界区成功！");   //提示信息
}
else                                     //如果锁定失败
{
 MessageBox("程序锁定临界区失败！");
}
...                                      //省略部分代码
```

如果程序不再使用临界区，可以调用成员函数 Unlock()离开临界区并释放其所有权。该函数原型如下：

```
virtual BOOL Unlock();                 //释放临界区
```

该函数调用成功，则返回 true；否则，函数将返回 false。例如，用户使用 CCritical Section 类进行临界区编程。代码如下：

```
01  #include <stdio.h>
02  #include <afxmt.h>        //为了使用 CCriticalSection 类
03
04  DWORD WINAPI myfun1(LPVOID lpParameter);            //声明线程函数
05  DWORD WINAPI myfun2(LPVOID lpParameter);
06  CCriticalSection m_Sec;                             //定义全局变量 m_Sec
07  int a=0;
08                                                      //定义全局变量 a
09  int main()
10  {
11      HANDLE h1,h2;                                   //定义线程句柄
12      h1=::CreateThread(NULL,0,myfun1,NULL,0,NULL);   //创建线程 1
13      printf("线程 1 开始运行！\r\n");
14      h2=::CreateThread(NULL,0,myfun2,NULL,0,NULL);   //创建线程 2
15      printf("线程 2 开始运行！\r\n");
16      ::CloseHandle(h1);                              //关闭线程句柄对象
17      ::CloseHandle(h2);
18      ::Sleep(10000);                                 //程序睡眠 10 秒
19      return 0;
20  }
21  DWORD WINAPI myfun1(LPVOID lpParameter)             //线程函数 1
22  {
23      m_Sec.Lock();                                   //锁定临界区
24      a+=1;                                           //变量加 1
25      printf("%d",a);                                 //输出变量
26      m_Sec.Unlock();                                 //对临界区进行解锁
27      return 0;
28  }
```

```
29  DWORD WINAPI myfun2(LPVOID lpParameter)          //线程函数 2
30  {
31      m_Sec.Lock();                                //锁定临界区
32      a+=1;                                        //变量加 1
33      printf("%d",a);                              //输出变量
34      m_Sec.Unlock();                              //对临界区进行解锁
35      return 0;
36  }
```

用户使用 CCriticalSection 类或者临界区相关的 API 函数进行临界区编程，都可以使线程之间实现同步。在本小节中，主要讲解了怎样使用临界区对象实现线程同步以及与临界区编程相关的 API 函数和 MFC 类。

3.2.2　事件对象

事件对象是指用户在程序中使用内核对象的有无信号状态实现线程的同步。在本节中，将向用户介绍利用事件对象实现线程同步技术的相关 API 函数以及 MFC 类。

1．使用API函数操作事件对象

用户编程时，使用事件对象必须首先创建事件对象。在 API 函数中，用户可以使用函数 CreateEvent()创建并返回事件对象。该函数原型如下：

```
HANDLE CreateEvent(
  LPSECURITY_ATTRIBUTES lpEventAttributes,
  BOOL bManualReset,
  BOOL bInitialState,
  LPCTSTR lpName
);
```

如果该函数调用成功，则返回新创建的事件对象。其参数及含义如下：

- 参数 lpEventAttributes 是结构体 SECURITY_ATTRIBUTES 的指针，表示新创建的事件对象的安全属性。如果该参数为 NULL，则表示程序使用的是默认安全属性。
- 参数 bManualReset 表示所创建的事件对象是人工重置还是自动重置。如果该参数为 true，则表示程序所创建的事件对象为人工重置对象。如果为 flase，则表示创建的事件对象为自动重置对象。
- 参数 bInitialState 表示事件对象的初始状态。如果该参数为 true，则表示该事件对象初始时为有信号状态。否则，表示事件对象初始化时为无信号状态。
- 参数 lpName 表示事件对象的名称。如果该参数为 NULL，则表示程序创建的是一个匿名的事件对象。

注意：如果参数 bManualReset 设置为 true，则表示当调用线程获得其所有权后，用户需要显式地调用函数 ResetEvent()将事件对象设置为无信号状态。如果为自动重置的事件对象，则系统会自动将其设置为无信号状态。所以，一般情况下用户编程时均将事件对象设置为自动重置。

例如，用户创建一个初始化状态为有信号并且是自动重置的事件对象。代码如下：

```
HANDLE hevent;                                  //定义事件对象
```

```
hevent=::CreateEvent(NULL,false,true,NULL);     //创建事件对象
...                                              //省略部分代码
```

在程序中，用户创建了一个初始状态为有信号自动重置并且具有默认安全属性的匿名事件对象。

当用户创建事件对象时，如果将其初始状态设置为无信号，则需要用户手动将其设置为有信号状态。实现该功能可以调用函数 SetEvent()将指定的事件对象设置为有信号状态。该函数原型如下：

```
BOOL SetEvent(HANDLE hEvent);
```

该函数调用成功，则返回 true。否则，将返回 false。参数 hEvent 表示将设置的事件对象句柄。与该函数功能相反，函数 ResetEvent()则将指定的事件对象设置为无信号状态，其参数及意义与函数 SetEvent()相同。

当然，线程也可以通过调用函数 WaitForSingleObject()主动请求事件对象。该函数原型如下：

```
DWORD WaitForSingleObject(
  HANDLE hHandle,
  DWORD dwMilliseconds
);
```

该函数将在用户指定的事件对象上等待。如果事件对象处于有信号状态，函数将返回。否则，函数将一直等待，直到用户所指定的事件到达。各参数及其意义如下：

- 参数 hHandle 表示函数所等待的事件对象句柄。
- 参数 dwMilliseconds 表示该函数将在事件对象上的等待时间，如果该参数为 INFINITE，则该函数将永远等待。该函数的返回值可以表明引起函数返回的原因，其部分返回值如表 3.2 所示。

表 3.2　函数部分返回值

返　回　值	返回值含义
WAIT_TIMEOUT	用户指定的等待时间已过
WAIT_OBJECT_0	线程所请求的对象为有信号状态

例如，用户使用事件对象实现线程同步编程。代码如下：

```
01  #include <windows.h>                                  //包含头文件
02  #include <stdio.h>
03
04  DWORD WINAPI myfun1(LPVOID lpParameter);              //声明线程函数
05  DWORD WINAPI myfun2(LPVOID lpParameter);
06  HANDLE hevent;                                        //定义全局变量 hevent
07  int a=0;                                              //定义全局变量 a
08
09  int main()
10  {
11      HANDLE h1,h2;                                         //定义线程句柄
12      hevent=::CreateEvent(NULL,FALSE,false,NULL);
13      ::SetEvent(hevent);
14      h1=::CreateThread(NULL,0,myfun1,NULL,0,NULL);  //创建线程 1
15      printf("线程 1 开始运行！\r\n");
```

```
16      h2=::CreateThread(NULL,0,myfun2,NULL,0,NULL);  //创建线程 2
17      printf("线程 2 开始运行！ \r\n");
18      ::CloseHandle(h1);                             //关闭线程句柄对象
19      ::CloseHandle(h2);
20      ::Sleep(10000);                                //程序睡眠 10 秒
21      return 0;
22  }
23
24  DWORD WINAPI myfun1(LPVOID lpParameter)            //线程函数 1
25  {
26      while(1)
27      {
28          ::WaitForSingleObject(hevent,INFINITE);    //请求事件对象
29          ::ResetEvent(hevent);                  //设置事件对象为无信号状态
30          if(a<10000)
31          {
32              a+=1;                              //变量自加
33              ::Sleep(1000);                     //线程睡眠 1 秒
34              printf("线程 1: %d\r\n",a);        //输出变量
35              ::SetEvent(hevent);                //设置事件对象为有信号状态
36          }
37          else
38          {
39              ::SetEvent(hevent);                //设置事件对象为有信号状态
40              break;                             //跳出循环
41          }
42      }
43      return 0;
44  }
45  DWORD WINAPI myfun2(LPVOID lpParameter)            //线程函数 2
46  {
47      while(1)
48      {
49          ::WaitForSingleObject(hevent,INFINITE);    //请求事件对象
50          ::ResetEvent(hevent);                  //设置事件对象为无信号状态
51          if(a<10000)
52          {
53              a+=1;
54              ::Sleep(1000);
55              printf("线程 2: %d\r\n",a);                //输出变量
56              ::SetEvent(hevent);
57          }
58          else
59          {
60              ::SetEvent(hevent);            //设置事件对象为有信号状态
61              break;                                     //跳出循环
62          }
63      }
64      return 0;                                          //线程正常退出
65  }
```

在代码中，用户主要使用了函数 WaitForSingleObject()对事件对象进行请求，然后再使用事件对象相关 API 函数设置其有无信号状态。实例程序根据事件对象的信号状态判断线程的执行顺序，以及输出全局变量 a 的值，运行效果如图 3.7 所示。

在本小节中，向用户介绍了事件对象编程的相关 API 函数的原型以及参数含义，并配合实例程序讲解了这些 API 函数的使用方法。

图 3.7　事件对象实现线程同步

2．使用CEvent类实现线程同步

CEvent 类是 MFC 中支持事件对象编程的类。本小节将向用户讲解该类实现线程同步技术的部分常用函数及其使用方法。

首先，用调用该类构造函数创建对象。构造函数原型如下：

```
CEvent( BOOL bInitiallyOwn = FALSE,
        BOOL bManualReset = FALSE,
        LPCTSTR lpszName = NULL,
        LPSECURITY_ATTRIBUTES lpsaAttribute = NULL );
```

在构造函数中，参数及其含义如下：

- ❑ 参数 bInitiallyOwn 表示事件对象的初始化状态。如果该参数为 true，则表示该事件对象为有信号状态。否则，该事件对象为无信号状态。默认为无信号状态。
- ❑ 参数 bManualReset 表示该事件对象是人工重置还是自动重置对象。如果该参数为 true，则事件对象为人工重置。否则，事件对象为自动重置。
- ❑ 参数 lpszName 表示用户为该事件对象的命名。默认情况下为 NULL。
- ❑ 参数 lpsaAttribute 表示该事件对象的安全属性。一般情况下，创建的事件对象均指定为默认安全属性。

例如，用户使用 CEvent 类创建对象。代码如下：

```
...                                         //省略部分代码
CEvent event(true,false,NULL,NULL);         //创建事件类对象
```

将事件对象设置为有信号或无信号状态可以分别调用函数 SetEvent()和 ResetEvent()。函数原型如下：

```
BOOL SetEvent( );                           //设置事件对象为有信号
BOOL ResetEvent( );                         //设置事件对象为无信号
```

以上两个函数若调用成功，则返回 true；否则，将返回 false。例如，用户使用 CEvent 类在程序中实现线程同步。代码如下：

```
01  #include <afxmt.h>                      //使用 CEvent 类要包含的头文件
02  #include <stdio.h>
03
04  DWORD WINAPI myfun1(LPVOID lpParameter);   //声明线程函数
```

```
05  DWORD WINAPI myfun2(LPVOID lpParameter);
06  CEvent event(false,false,NULL,NULL);          //将事件对象定义为全局变量
07  int a=0;                                      //定义全局变量 a
08
09  int main()
10  {
11      HANDLE h1,h2;                                     //定义线程句柄
12      event.SetEvent();
13      h1=::CreateThread(NULL,0,myfun1,NULL,0,NULL);   //创建线程 1
14      printf("线程 1 开始运行！\r\n");
15      h2=::CreateThread(NULL,0,myfun2,NULL,0,NULL);   //创建线程 2
16      printf("线程 2 开始运行！\r\n");
17      ::CloseHandle(h1);                                //关闭线程句柄对象
18      ::CloseHandle(h2);
19      ::Sleep(10000);                                   //程序睡眠 10 秒
20      return 0;
21  }
22
23  DWORD WINAPI myfun1(LPVOID lpParameter)               //线程函数 1
24  {
25      while(1)
26      {
27          ::WaitForSingleObject(event.m_hObject,INFINITE);
28          //请求事件对象
29          event.ResetEvent();           //设置事件对象为无信号状态
30          if(a<10000)
31          {
32              a+=1;                             //变量自加
33              ::Sleep(1000);                    //线程睡眠 1 秒
34              printf("线程 1: %d\r\n",a);       //输出变量
35              event.SetEvent();                 //设置事件对象为有信号状态
36          }
37          else
38          {
39              event.SetEvent();                 //设置事件对象为有信号状态
40              break;                            //跳出循环
41          }
42      }
43      return 0;                                 //线程正常退出
44  }
45  DWORD WINAPI myfun2(LPVOID lpParameter)       //线程函数 2
46  {
47      while(1)
48      {
49          ::WaitForSingleObject(event.m_hObject,INFINITE);
50          //请求事件对象
51          event.ResetEvent();                   //设置事件对象为无信号状态
52          if(a<10000)
53          {
54              a+=1;
55              ::Sleep(1000);
56              printf("线程 2: %d\r\n",a);       //输出变量
57              event.SetEvent();
58          }
59          else
60          {
61              event.SetEvent();                 //设置事件对象为有信号状态
```

```
62                break;                                          //跳出循环
63            }
64        }
65        return 0;                                               //线程正常退出
66    }
```

在上面的程序中，用户主要使用了 CEvent 类的相关函数实现线程的同步。本小节主要向用户讲解如何使用 API 函数或者 CEvent 类创建事件对象，实现线程同步技术的相关方法。

3.2.3　互斥对象

互斥对象与临界区对象和事件对象的作用一样，均用于实现线程同步。但是，互斥对象还可以在进程之间使用。在互斥对象中，包含一个线程 ID 和一个计数器。线程 ID 表示拥有该互斥对象的线程，计数器用于表示该互斥对象被同一线程所使有的次数。在程序中，同样可以使用 API 函数或者 MFC 类操作互斥对象，实现线程同步。

1．使用API函数操作互斥对象

用户可以调用 API 函数 CreateMutex()创建并返回互斥对象。该函数原型如下：

```
HANDLE CreateMutex(
  LPSECURITY_ATTRIBUTES lpMutexAttributes,
   BOOL bInitialOwner,
  LPCTSTR lpName
);
```

如果该函数调用成功，将返回新创建的互斥对象句柄；否则，将返回 NULL。各参数及其含义如下：

- 参数 lpMutexAttributes 指定新创建互斥对象的安全属性。如果该参数为 NULL，表示互斥对象拥有默认的安全属性。
- 参数 bInitialOwner 表示该互斥对象的拥有者。如果为 true，则表示创建该互斥对象的线程拥有其所有权；如果为 false，表示创建互斥对象的线程不能拥有该互斥对象的所有权。
- 参数 lpName 表示互斥对象的名称。若该参数为 NULL，则表示程序创建的是匿名对象。如果用户为该参数指定值，则在程序中可以调用函数 OpenMutex()打开一个命名的互斥对象。

例如，用户创建一个匿名的互斥对象，代码如下：

```
HANDLE hmutex;                                  //声明互斥对象句柄
hmutex=::CreateMutex(NULL,FALSE,NULL):          //创建互斥对象并返回其句柄
...                                             //省略部分代码
```

线程使用完该互斥对象以后，用户应该调用函数 ReleaseMutex()释放对该互斥对象的所有权，也就是让互斥对象处于有信号状态。函数 ReleaseMutex()的原型如下：

```
BOOL ReleaseMutex(HANDLE hMutex);
```

如果该函数调用成功，则返回 true；否则，将返回 false。参数 hMutex 表示将释放的

互斥对象句柄。例如，用户将上面创建的互斥对象句柄 hmutex 与调用该句柄的线程进行分离。代码如下：

```
...                                                  //省略部分代码
::ReleaseMutex(hmutex);                              //释放互斥对象句柄
```

在互斥对象中，线程也可以调用函数 WaitForSingleObject()对该对象进行请求。当互斥对象无信号时，该函数将一直等待，直到该互斥对象有信号或用户所指定的等待时间已过；否则，该函数将返回。由于这个函数在 3.2.2 节中已经详细讲解，所以在这里不再赘述。如果用户对该函数不了解，请复习前面的相关知识。

例如，用户使用互斥对象实现线程的同步，代码如下：

```
01  #include <windows.h>                               //包含头文件
02  #include <stdio.h>
03
04  DWORD WINAPI myfun1(LPVOID lpParameter);          //声明线程函数
05  DWORD WINAPI myfun2(LPVOID lpParameter);
06  HANDLE hmutex;
07  int a=0;                                          //定义全局变量 a
08
09  int main()
10  {
11      hmutex=::CreateMutex(NULL,FALSE,NULL); //创建互斥对象并返回其句柄
12      HANDLE h1,h2;                                     //定义线程句柄
13      h1=::CreateThread(NULL,0,myfun1,NULL,0,NULL);   //创建线程 1
14      printf("线程 1 开始运行！\r\n");
15      h2=::CreateThread(NULL,0,myfun2,NULL,0,NULL);   //创建线程 2
16      printf("线程 2 开始运行！\r\n");
17      ::CloseHandle(h1);                                //关闭线程句柄对象
18      ::CloseHandle(h2);
19      ::Sleep(10000);                                   //程序睡眠 10 秒
20      return 0;
21  }
22
23  DWORD WINAPI myfun1(LPVOID lpParameter)               //线程函数 1
24  {
25      while(1)
26      {
27          ::WaitForSingleObject(hmutex,INFINITE);       //请求互斥对象
28          if(a<10000)
29          {
30              a+=1;                                     //变量自加
31              ::Sleep(1000);                            //线程睡眠 1 秒
32              printf("线程 1：%d\r\n",a);
33              ::ReleaseMutex(hmutex);                   //释放互斥对象句柄
34          }
35          else
36          {
37              ::ReleaseMutex(hmutex);                   //释放互斥对象句柄
38              break;                                    //跳出循环
39          }
40      }
41      return 0;
42  }
43  DWORD WINAPI myfun2(LPVOID lpParameter)               //线程函数 2
```

```
44  {
45      while(1)
46      {
47          ::WaitForSingleObject(hmutex,INFINITE);      //请求互斥对象
48          if(a<10000)
49          {
50              a+=1;
51              ::Sleep(1000);
52              printf("线程 2: %d\r\n",a);              //输出变量
53              ::ReleaseMutex(hmutex);                  //释放互斥对象句柄
54          }
55          else
56          {
57              ::ReleaseMutex(hmutex);                  //释放互斥对象句柄
58              break;                                   //跳出循环
59          }
60      }
61      return 0;                                        //线程正常退出
62  }
```

在程序中，用户首先创建互斥对象并返回其句柄。然后利用该互斥对象句柄实现线程 1 和线程 2 的同步并输出全局变量 a 的值，运行效果如图 3.8 所示。

图 3.8　使用互斥对象实现线程同步

注意：当用户使用互斥对象编程时，应该牢记互斥对象的使用方法是哪个线程拥有其所有权，哪个线程就应该释放该互斥对象。

2. 使用CMutex类

CMutex 类是 MFC 中的互斥对象类。该类是由 CSyncObject 类派生而来，所以使用 CMutex 类时可以调用其父类 CSyncObject 中的成员函数实现指定功能。在本小节中，将向用户讲解使用 CMutex 类实现线程同步技术的方法。

首先，创建 CMutex 类对象是通过其构造函数实现的。构造函数原型如下：

```
CMutex( BOOL bInitiallyOwn=FALSE,
        LPCTSTR lpszName=NULL,
        LPSECURITY_ ATTRIBUTES lpsaAttribute = NULL );
```

该函数的作用是构造 CMutex 类的实例对象。其参数及含义如下：

- 参数 bInitiallyOwn 表示调用线程是否拥有所创建的互斥对象。如果为 true，则表示创建该互斥对象的线程拥有其所有权。如果为 false，表示创建互斥对象的线程不能拥有该互斥对象的所有权。
- 参数 lpszName 表示互斥对象的名称。若该参数为 NULL，则表示程序创建的是匿名对象。
- 参数 lpsaAttribute 指定新创建互斥对象的安全属性。如果该参数为 NULL，表示互斥对象拥有默认的安全属性。

例如，用户通过 CMutex 类创建一个互斥对象。代码如下：

```
...                                     //省略部分代码
```

```
CMutex mex(FALSE,NULL,NULL);                //创建互斥对象
...                                         //省略部分代码
```

用户创建互斥对象成功之后，可以在线程函数中调用函数 Lock()和 Unlock()对该互斥对象所保护的区域进行锁定和解锁，控制其他线程对保护区域的访问权限。这两个函数的原型如下：

```
virtual BOOL Lock( DWORD dwTimeout = INFINITE);
virtual BOOL Unlock(LONG lCount,LPLONG lpPrevCount=NULL);
```

其中，函数 Lock()的作用是锁定保护区域的数据，避免其他线程对该区域数据进行访问，并且将互斥对象设置为无信号。如果该函数调用成功，则返回 true；否则返回 false。其参数 dwTimeout 表示该互斥对象变为有信号状态的时间。如果为 INFINITE，则表示该函数将一直等待，直到互斥对象变为有信号状态。

函数 Unlock()的作用是解除对保护区域数据的锁定，并将互斥对象设置为有信号状态。如果该函数调用成功，则返回 true；否则返回 false。其参数 lCount 是默认参数，用户在使用时可以不为其指定值。参数 lpPrevCount 也是默认参数，默认为 NULL。

例如，用户在程序中使用 CMutex 类创建互斥对象实现线程同步。代码如下：

```
01  #include <afxmt.h>
02  #include <stdio.h>
03
04  DWORD WINAPI myfun1(LPVOID lpParameter);                //声明线程函数
05  DWORD WINAPI myfun2(LPVOID lpParameter);
06  CMutex hmutex(NULL,FALSE,NULL);                         //定义全局互斥对象
07  int a=0;                                                //定义全局变量 a
08
09  int main()
10  {
11      HANDLE h1,h2;                                       //定义线程句柄
12      h1=::CreateThread(NULL,0,myfun1,NULL,0,NULL);       //创建线程 1
13      printf("使用 CMutex 类实现线程同步\r\n");
14      printf("线程 1 开始运行！\r\n");
15      h2=::CreateThread(NULL,0,myfun2,NULL,0,NULL);       //创建线程 2
16      printf("线程 2 开始运行！\r\n");
17      ::CloseHandle(h1);                                  //关闭线程句柄对象
18      ::CloseHandle(h2);
19      ::Sleep(10000);                                     //程序睡眠 10 秒
20      return 0;
21  }
22
23  DWORD WINAPI myfun1(LPVOID lpParameter)                 //线程函数 1
24  {
25      while(1)
26      {
27          hmutex.Lock(INFINITE);                          //锁定互斥对象
28          if(a<10000)
29          {
30              a+=1;                                       //变量自加
31              ::Sleep(1000);                              //线程睡眠 1 秒
32              printf("线程 1: %d\r\n",a);
33              hmutex.Unlock();                            //释放互斥对象
34          }
```

```
35          else
36          {
37              hmutex.Unlock();                              //释放互斥对象
38              break;                                        //跳出循环
39          }
40      }
41      return 0;
42  }
43  DWORD WINAPI myfun2(LPVOID lpParameter)                   //线程函数 2
44  {
45      while(1)
46      {
47          hmutex.Lock(INFINITE);                            //锁定互斥对象
48          if(a<10000)
49          {
50              a+=1;
51              ::Sleep(1000);
52              printf("线程 2: %d\r\n",a);                  //输出变量
53              hmutex.Unlock();                              //释放互斥对象
54          }
55          else
56          {
57              hmutex.Unlock();                              //释放互斥对象
58              break;                                        //跳出循环
59          }
60      }
61      return 0;                                             //线程正常退出
62  }
```

在程序中，用户首先定义了 CMutex 类的全局对象，然后创建两个线程并在线程函数中调用函数 Lock()和 Unlock()实现线程同步。该程序的运行结果如图 3.9 所示。

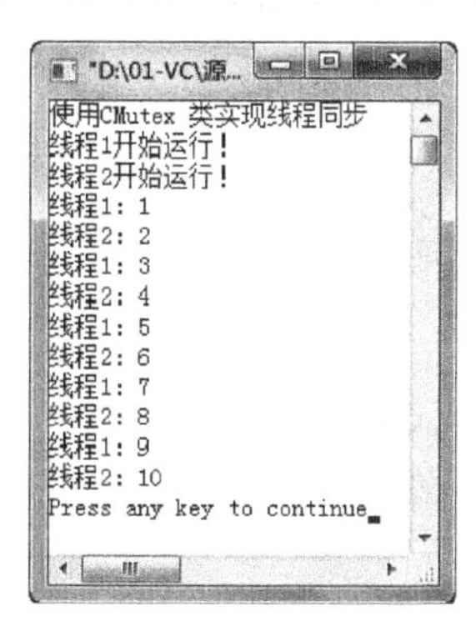

图 3.9　使用 CMutex 类实现线程同步

以上程序实现了在同一进程中的线程同步。但是在前面的内容中向用户介绍过互斥对象还可以在进程之间使用，允许用户在进程中通过创建互斥对象实现程序实例的唯一运行，代码如下：

```
01  #include<windows.h>                                       //包含头文件
02  #include<stdio.h>
03
04  int main()                                                //主函数
05  {
06      HANDLE hmutex;                                        //定义互斥对象句柄
```

```
07       hmutex=::CreateMutex(NULL,true,"VC 网络编程");
08       //创建互斥对象并返回其句柄
09       if(hmutex)                              //判断创建互斥对象是否成功
10       {
11           if(ERROR_ALREADY_EXISTS==GetLastError())    //获取错误
12           {
13               printf("只允许一个实例程序运行！\r\n");    //打印相关信息
14           }
15           else
16           {
17               printf("实例程序运行成功！\r\n");
18           }
19       }
20       ::ReleaseMutex(hmutex);                         //释放互斥对象句柄
21       ::Sleep(100000);                                //使程序睡眠 100 秒
22       return 0;                                       //程序正常结束
23   }
```

在代码中，用户首先创建互斥对象，然后使用函数 GetLastError()获取错误信息。如果获取到的错误信息是 ERROR_ALREADY_EXISTS，则说明程序已经有一个实例在运行了。该程序的运行结果如图 3.10 所示。

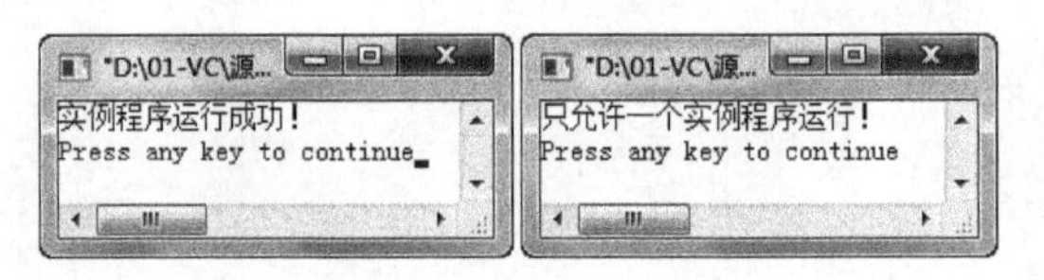

图 3.10　实例程序运行唯一性

在本小节中，主要向用户介绍了使用 API 函数和 CMutex 类创建互斥对象，以及使用互斥对象实现线程同步的方法。

3.3　进程间通信

进程间通信是指在系统中两个或多个进程之间通过第三方进行数据共享。用户在实际编程中，除了可以使用套接字进行网络通信以外，还可以使用进程间的通信方式实现网络通信。例如，邮槽、命名管道等。

在 Windows 操作系统中，当每个进程启动时，系统都会为其分配大约 4GB 的私有地址空间。由于每个进程的地址空间是私有的，所以进程之间不能互相访问对方的数据。但是，在 Windows 操作系统中已经为用户提供了多种进程间通信机制，例如，邮槽、命名管道等。在本节中，将主要向用户介绍这些通信机制的用法以及实现方法等。

3.3.1　邮槽

邮槽是 Windows 系统提供的一种单向通信的机制。即进程中的一方只能写入或读取数据，而另一方则只能读取或写入数据。通过邮槽，用户可以实现一对多或跨网络的进程之间的通信。但是，邮槽能传输的数据非常小，一般在 400KB 左右。如果用户操作的数据过大，可能会导致邮槽不能正常工作。

1. 创建邮槽

用户在实际编程时，可以使用 Windows 邮槽实现进程间通信。但是，用户必须首先创建邮槽。在 Windows 操作系统中，用户可以通过函数 CreateMailslot()创建邮槽。该函数原型如下：

```
HANDLE CreateMailslot(
  LPCTSTR lpName,
  DWORD nMaxMessageSize,
  DWORD lReadTimeout,
  LPSECURITY_ATTRIBUTES lpSecurityAttributes
);
```

该函数的作用是创建邮槽并返回该邮槽的句柄。如果该函数调用成功，将返回创建邮槽的句柄。否则，函数将返回 INVALID_HANDLE_VALUE，表示创建邮槽失败。其参数及含义如下：

- 参数 lpName 表示邮槽的名称。邮槽名称的格式为“\\.\mailslot\name”。其中，name 表示邮槽的名称。用户在 VC 中使用该参数时，应该将其指定为“\\\\.\\mailslot\\name”。如果用户是在不同的主机上运行程序，则需要将名称字符串中的“.”换成对方主机名称。
- 参数 nMaxMessageSize 指定将通过邮槽发送或接收的消息大小的最大值。用户在实际编程时，一般将该参数设置为 0，表示消息的大小为任意值。
- 参数 lReadTimeout 表示程序读取操作的超时时间。如果该参数值为 0，则当邮槽中没有任何消息时，该函数将立即返回。如果该参数值为 MAILSLOT_WAIT_FOREVER，则表示该函数将等待，直到邮槽中有消息，函数才会返回。
- 参数 lpSecurityAttributes 是指向结构体 SECURITY_ATTRIBUTES 的指针，表示邮槽的安全属性。一般情况下，用户将该参数值指定为 NULL，表示邮槽使用默认的安全属性。

一般情况下，函数 CreateMailslot()常被使用在进程通信的服务器方。在客户端则使用函数 CreateFile()打开指定的邮槽之后，再进行相关的操作。

注意：在本节中，将通过邮槽读取数据的通信一方称为服务器，而通过邮槽写入数据的一方称为客户端。

例如，用户在服务器上创建邮槽和在客户端打开邮槽的代码如下：

```
01  ...                                                     //省略部分代码
02  HANDLE mail;                                            //定义邮槽句柄
03  mail=CreateMailslot("\\\\.\\mailslot\\mysolt",0,
04            MAILSLOT_WAIT_FOREVER, NULL);                 //创建邮槽
05  if(mail==INVALID_HANDLE_VALUE)                           //判断邮槽句柄
06  {
07      MessageBox("创建邮槽失败！");                          //提示信息
08  }
09  ...                                                     //省略部分代码
```

```
10 //客户端打开邮槽
11 ...                                                    //省略部分代码
12 HANDLE mail2;                                          //定义文件句柄
13 mail2=CreateFile("\\\\.\\mailslot\\mysolt", GENERIC_WRITE,
14  FILE_SHARE_ READ,NULL, OPEN_EXISTING, FILE_ATTRIBUTE_NORMAL,NULL);
15 //打开文件
16 if(mail2== INVALID_HANDLE_VALUE)
17 {
18   MessageBox("打开邮槽失败！");
19 }
20 ...                                                    //省略部分代码
```

用户首先在服务器方创建邮槽\\\\.\\mailslot\\mysolt，然后，在客户端创建并打开与该邮槽相关联的文件。

注意：如果用户需要在程序中既能读取数据又能写入数据，则只需要在程序中同时实现服务器与客户端的功能即可。

2．操作邮槽

用户对邮槽进行操作包括将数据写入邮槽和从邮槽中读取数据等。在实际编程时，用户操作邮槽与操作文件一样，都是通过调用函数 ReadFile()和 WriteFile()进行读写操作。例如，用户在服务器方通过邮槽读取数据，而在客户端通过邮槽写入数据。代码如下：

```
01 //服务器方读取数据
02 ...                                                 //省略部分代码
03 char text[200];                                     //定义字符数组
04 DWORD readtext;                                     //用于获取实际读取值
05 if(ReadFile(mail,text,200,&readtext,NULL))          //读取数据
06 {
07     MessageBox(text);                               //显示数据
08 }
09 else
10 {
11     MessageBox("数据读取失败!");
12 }
13 ...                                                 //省略部分代码
14 //客户端写入数据
15 ...                                                 //省略部分代码
16 char text[]="this is a message";                    //初始化消息
17 DWORD writetext;                                    //用于获取实际发送值
18 if(WriteFile(mail2,text,sizeof(text),&writetext,NULL)) //写入数据
19 {
20     MessageBox("数据写入成功");                          //数据写入成功
21 }
22 else
23 {
24     MessageBox("数据写入失败");
25 }
26 ...                                                    //省略部分代码
```

在以上代码中，用户实现了简单的邮槽操作。用户在程序中使用完邮槽之后，必须调用函数 CloseHandle()将创建的邮槽关闭。

3. 邮槽实例

首先，在 VC 中创建一个基于控制台程序的窗口工程，名称为“邮槽实例”。然后，在该工程中添加一个 C++源文件，名称修改为“服务器”并添加代码。邮槽服务器代码如下：

```
01  #include<windows.h>                                   //包含头文件
02  #include<stdio.h>
03
04  int main()                                            //主函数
05  {
06      HANDLE mail;                                      //定义邮槽句柄
07      mail=CreateMailslot("\\\\.\\mailslot\\my",0,
08      MAILSLOT_WAIT_FOREVER,NULL);
09
10      //创建邮槽
11      if(mail==INVALID_HANDLE_VALUE)                    //判断邮槽句柄
12      {
13          printf("创建邮槽失败！\r\n");                   //提示信息
14          return 0;
15      }
16      else
17      {
18          printf("创建邮槽成功，正在读取数据……！\r\n");
19          char text[200];                               //定义字符数组
20          DWORD readtext;                               //获取实际读取值
21          while(1)
22          {
23
24              if(ReadFile(mail,text,200,&readtext,NULL)) //读取数据
25              {
26                  printf(text);                         //显示数据
27              }
28          }
29      }
30      Sleep(100000);
31      CloseHandle(mail)
32      return 0;
33  }
```

将上面的代码编译后生成邮槽服务器程序。然后在工程中添加一个 C++源文件，名称修改为“客户端”，并添加代码。客户端代码如下：

```
01  #include<windows.h>                               //包含头文件
02  #include<stdio.h>
03
04  int main()                                        //主函数
05  {
06      HANDLE mail2;                                 //定义邮槽句柄
07      char text[]="您好，this is a message";         //初始化消息
08      DWORD writetext;                              //获取实际发送值
09      mail2=CreateFile("\\\\.\\mailslot\\my",GENERIC_WRITE,
10      FILE_SHARE_READ,
11          NULL, OPEN_EXISTING,FILE_ATTRIBUTE_NORMAL,NULL);
12      //打开文件
13      if(INVALID_HANDLE_VALUE==mail2)
```

```
14      {
15          printf("邮槽打开失败! \r\n");
16      }
17      else
18      {
19          if(WriteFile(mail2,text,sizeof(text),&writetext,NULL))
20          //写入数据
21          {
22              Sleep(1000);
23              printf("数据写入成功\r\n");                    //数据写入成功
24          }
25          else
26          {
27              printf("数据写入失败\r\n");
28          }
29          CloseHandle(mail2);                                //关闭句柄
30      }
31      Sleep(10000);
32      return 0;
33  }
```

当用户实现了邮槽服务器和邮槽客户端的相关功能，便可以编译并运行邮槽服务器和邮槽客户端，运行结果如图 3.11 所示。

图 3.11　邮槽实例程序运行结果

注意：在邮槽实例中，用户必须首先打开服务器程序创建邮槽，然后，使用客户端打开邮槽写入数据。如果用户将两个程序打开的顺序弄反，则会导致程序功能发生错误。

3.3.2　命名管道

命名管道是一种不但能在同一机器上实现两个进程通信，还能在网络中不同机器上的两个进程之间通信的机制。与邮槽不同，命名管道传输数据是采取基于连接并且可靠的传输方式，所以命名管道传输数据只能一对一进行传输。在本节中，将主要向用户介绍命名管道的使用方法。

1．创建命名管道

用户创建命名管道可以调用函数 CreateNamedPipe()进行创建。该函数原型如下：

```
HANDLE CreateNamedPipe(
  LPCTSTR lpName,
  DWORD dwOpenMode,
  DWORD dwPipeMode,
  DWORD nMaxInstances,
```

```
  DWORD nOutBufferSize,
  DWORD nInBufferSize,
  DWORD nDefaultTimeOut,
  LPSECURITY_ATTRIBUTES lpSecurityAttributes
);
```

如果该函数调用成功，则返回创建的命名管道句柄；否则，该函数返回 INVALID_HANDLE_VALUE。各参数及其含义如下：

- 参数 lpName 表示创建的命名管道名称。该名称格式为“\\.\pipe\pipename”。但是，用户在实际编程时，应该将该名称修改为“\\\\.\\pipe\\pipename”。如果用户希望在不同计算机的两个进程之间进行通信，则需要将名称字符串中的符号“.”修改为远程计算机的名称即可。
- 参数 dwOpenMode 表示命名管道的打开模式，包括访问模式、管道句柄的安全访问模式，以及重叠方式等。该参数取值，如表 3.3 所示。

表 3.3　命名管道打开模式取值

模 式 取 值	意　　义
PIPE_ACCESS_DUPLEX	指定双向模式，即服务器与客户端都可以从命名管道中读取或写入数据
PIPE_ACCESS_INBOUND	命名管道的数据只能从客户端到服务器，即用户指定该模式表示服务器只能读取数据而客户端只能写入数据
PIPE_ACCESS_OUTBOUND	命名管道的数据只能从服务器到客户端，即用户指定该模式表示服务器只能写入数据而客户端只能读取数据
FILE_FLAG_WRITE_THROUGH	允许写直通模式。当用户指定该值时，写入数据的一方要等到写入的数据到达另一方的数据缓冲区之后，才会成功返回
FILE_FLAG_OVERLAPPED	允许使用重叠模式。采用该模式可以使一些耗费时间的操作在后台执行，在重叠模式下，一个线程可以在多个管道实例上同时处理输入与输出操作
WRITE_DAC	调用线程对命名管道的任意访问控制列表都可以进行写入操作
WRITE_OWNER	调用者对命名管道的所有者可以进行写入操作
ACCESS_SYSTEM_SECURITY	调用者对命名管道的安全访问控制列表可以进行写入操作

- 参数 dwPipeMode 表示句柄管道的类型、读取，以及等待方式。该参数的具体取值，如表 3.4 所示。

表 3.4　管道句柄、读取，以及等待方式

取　　值	意　　义
PIPE_TYPE_BYTE	数据以字节流的形式写入管道
PIPE_TYPE_MESSAGE	数据以消息流的形式写入管道
PIPE_READMODE_BYTE	以字节流的形式从管道中读取数据
PIPE_READMODE_MESSAGE	以消息流的形式从管道中读取数据
PIPE_WAIT	允许阻塞模式
PIPE_NOWAIT	允许非阻塞方式

- 参数 nMaxInstances 表示管道能够创建实例的最大数目。其取值范围在 1～PIPE_UNLIMITED_INSTANCES。如果将该值设为 PIPE_UNLIMITED_INSTANCES，则创建的管道实例数目仅限于操作系统。

🔔注意：一个客户端只能与一个管道实例进行通信。

- ❑ 参数 nOutBufferSize 表示输出缓冲区的大小。
- ❑ 参数 nInBufferSize 表示输入缓冲区的大小。
- ❑ 参数 nDefaultTimeOut 表示超时值，使用同一管道的不同实例必须将该参数取同样的超时值。
- ❑ 参数 lpSecurityAttributes 是指向结构体 SECURITY_ATTRIBUTES 的指针，表示命名管道的安全属性。

例如，用户使用该函数创建一个命名管道。代码如下：

```
...                                              //省略部分代码
HANDLE hpip;
hpip=CreateNamedPipe("\\\\.\\pipe\\pipename", PIPE_ACCESS_DUPLEX,
                 PIPE_TYPE_BYTE, PIPE_UNLIMITED_INSTANCES,1024,1024,0,
                 NULL);                          //创建命名管道
...                                              //省略部分代码
```

2．连接命名管道

当用户成功创建命名管道以后，便可以调用相关函数连接该命名管道。但是，服务器与客户端连接命名管道的方法并不一样。

对于服务器而言，可以调用函数 ConnectNamedPipe()等待客户端的连接请求。该函数原型如下：

```
BOOL ConnectNamedPipe(
  HANDLE hNamedPipe,
  LPOVERLAPPED lpOverlapped
);
```

该函数只能对命名管道的服务器方进行调用，其作用是等待客户端的连接请求，其参数 hNamedPipe 表示命名管道的句柄。参数 lpOverlapped 是指向结构体 OVERLAPPED 的指针，如果创建的管道是使用 FILE_FLAG_OVERLAPPED 标记打开，那么该参数指向的结构体中必须包含一个人工重置的事件对象。例如，用户在服务器端使用该函数等待客户端的连接请求，代码如下：

```
...                                              //省略部分代码
OVERLAPPED ovi={0};                              //定义结构体变量
if(::ConnectNamedPipe(hpip,&ovi))                //等待客户端的连接请求
{
    MessageBox("客户端连接成功！");               //提示信息
}
...                                              //省略部分代码
```

对于通信的客户端而言，需要在连接服务器创建的命名管道之前判断该命名管道是否可用。用户在程序中实现这个功能可以调用函数 WaitNamedPipe()。该函数原型如下：

```
BOOL WaitNamedPipe(
  LPCTSTR lpNamedPipeName,
  DWORD nTimeOut
);
```

该函数的作用是判断服务器创建的命名管道是否可用。其参数及其含义如下：

- 参数 lpNamedPipeName 表示命名管道的名称。该名称的格式也是“\\\\.\\pipe\\pipen-ame”。如果用户希望在不同计算机的两个进程之间进行通信，则需要将名称字符串中的符号“.”修改为远程计算机的名称。
- 参数 nTimeOut 表示超时的时间间隔。其取值如表 3.5 所示。

表 3.5　参数取值

取　　值	意　　义
NMPWAIT_USE_DEFAULT_WAIT	表示超时时间是服务器创建命名管道时所指定的超时时间
NMPWAIT_WAIT_FOREVER	表示该函数将一直等待，直到出现可用的命名管道

如果该函数调用成功，将返回 true；否则，函数将返回 false。当函数 WaitNamedPipe()调用成功后，用户需要使用函数 CreateFile()将该命名管道打开以获得该管道的句柄。例如，用户在客户端获取服务器创建的命名管道句柄。代码如下：

```
01  ...                                                          //省略部分代码
02  HANDLE hpip;
03  if(WaitNamedPipe("\\\\.\\pipe\\pipename", NMPWAIT_WAIT_FOREVER))
04  //连接命名管道
05  {
06  hpip=CreateFile("\\\\.\\pipe\\pipename", GENERIC_READ| GENERIC_WRITE,
07      0,NULL, OPEN_EXISTING, FILE_ATTRIBUTE_NORMAL,NULL);
08      //打开指定命名管道
09  }
10  else
11  {
12    MessageBox("连接命名管道失败");                                 //提示信息
13  }
```

在本小节中，分别向用户介绍了服务器与客户端连接命名管道的方法。

3．读写命名管道

不论服务器还是客户端，只要双方的命名管道连接成功，用户便可以调用函数 Read File()和 WriteFile()对命名管道进行读写操作。例如，用户通过命名管道读取数据，代码如下：

```
01  ...                                                 //省略部分代码
02  char buf[200];                                      //定义数据缓冲区
03  DWORD readbuf;                                      //获取实际读取字节数
04  if(ReadFile(hpip,buf,200,&readbuf,NULL))            //读取管道数据
05  {
06    MessageBox("数据读取成功");                        //提示信息
07  }
08  else
09  {
10    MessageBox("数据读取失败");
11  }
12  ...                                                 //省略部分代码
```

以上代码的作用是服务器或客户端通过函数 ReadFile()读取命名管道中的数据。如果读取数据成功，则提示用户数据读取成功。

如果用户需要写入数据到命名管道中，可以调用函数 WriteFile()进行数据写入。代码如下：

```
01  ...                                                  //省略部分代码
02  char buf[]="测试程序";                                //定义数据缓冲区
03  DWORD readbuf;                                       //获取实际读取字节数
04  if(WriteFile(hpip,buf,sizeof(buf),&readbuf,NULL))    //写入数据到管道
05  {
06    MessageBox("数据写入成功");                          //提示信息
07  }
08  else
09  {
10    MessageBox("数据写入失败");
11  }
12  ...                                                  //省略部分代码
```

用户使用完命名管道之后，必须调用函数 CloseHandle()将命名管道的句柄删除。代码如下：

```
...                                                      //省略部分代码
CloseHandle(hpip);                                       //关闭命名管道句柄
```

通过以上代码，用户已经可以在实例程序中使用命名管道传输数据了。

4．命名管道实例

在本小节中，将通过命名管道实例程序向用户讲解命名管道的具体使用方法。在 VC 中创建基于控制台的工程，并将工程名修改为“命名管道实例”。然后添加一个 C++源文件，名称为“服务器”，添加代码如下：

```
01  #include<windows.h>                              //包含头文件
02  #include<stdio.h>
03
04  int main()
05  {
06      HANDLE hpip;                                 //定义命名管道句柄
07      OVERLAPPED ovi={0};                          //定义结构体变量
08      char buf[200];                               //定义数据缓冲区
09      DWORD readbuf;                               //获取实际读取字节数
10      hpip=CreateNamedPipe("\\\\.\\pipe\\pipename",PIPE_ACCESS_DUPLEX,
11      PIPE_TYPE_BYTE, PIPE_UNLIMITED_INSTANCES,1024,1024,0,
12          NULL);                                   //创建命名管道
13      printf("创建管道成功，正在等待客户端连接！\r\n");
14      if(::ConnectNamedPipe(hpip,&ovi))            //等待客户端的连接请求
15      {
16          printf("客户端连接成功！\r\n");
17          printf("正在读取数据！\r\n");                 //提示信息
18          if(ReadFile(hpip,buf,200,&readbuf,NULL))   //读取管道数据
19          {
20              printf("数据读取成功\r\n");             //提示信息
21              printf("读取的数据是：%s\r\n",buf);
22          }
23          else
24          {
25              printf("数据读取失败\r\n");
26          }
27      }
28      return 0;
29  }
```

将上面的代码编译之后，会生成命名管道服务器。然后在工程中添加一个 C++源文件，名称修改为“客户端”，添加代码如下：

```
01  #include<windows.h>                                     //包含头文件
02  #include<stdio.h>
03
04  int main()
05  {
06      HANDLE hpip;
07      OVERLAPPED ovi={0};
08      char buf[]="命名管道测试程序";                        //定义数据缓冲区
09      DWORD readbuf;                                      //定义结构体变量
10      printf("正在连接命名管道！\r\n");
11      if(WaitNamedPipe("\\\\.\\pipe\\pipename", NMPWAIT_WAIT_FOREVER))
12          //连接命名管道
13      {
14          hpip=CreateFile("\\\\.\\pipe\\pipename",
15          GENERIC_READ|GENERIC_WRITE,0,NULL,
16          OPEN_EXISTING, FILE_ATTRIBUTE_NORMAL,NULL);
17          //打开指定命名管道
18          if(hpip==INVALID_HANDLE_VALUE)                  //打开命名管道失败
19          {
20              printf("打开命名管道失败\r\n");
21          }
22          else
23          {
24              if(WriteFile(hpip,buf,sizeof(buf),&readbuf,NULL))
25          //写入数据到管道
26              {
27                  printf("数据写入成功\r\n");           //提示信息
28              }
29              else
30              {
31                  printf("数据写入失败\r\n");
32              }
33          }
34      }
35      else
36      {
37          printf("连接命名管道失败\r\n");                  //提示信息
38      }
39      return 0;
40  }
```

用户将客户端代码编译之后，将前面已经编译好的服务器程序打开，可以看到服务器与客户端是如何通过命名管道传输数据的，如图 3.12 所示。

通过本节的学习，用户可以非常熟练地使用命名管道在两个进程之间进行数据传输。用户还可以将书中的实例程序与随书光盘中的实例程序进行对比学习，会使学习效果更好。

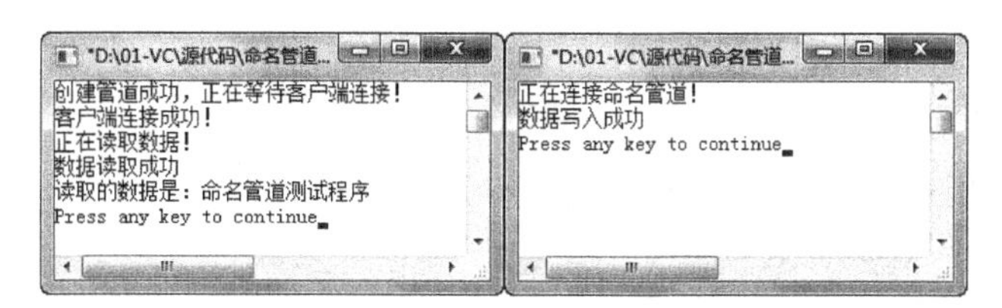

图 3.12 程序通过命名管道传输数据

3.3.3　匿名管道

匿名管道是没有命名的管道，只能被用在父进程与子进程之间进行数据通信。与命名管道相比，匿名管道不能被使用在网络进程之间。在本节中，将向用户讲解使用匿名管道进行数据传输的方法。

注意：子进程是指由父进程调用函数 CreateProcess()所创建的进程。

1．创建匿名管道

在程序中，用户可以调用函数 CreatePipe()创建匿名管道。该函数原型如下：

```
BOOL CreatePipe(
  PHANDLE hReadPipe,
  PHANDLE hWritePipe,
  LPSECURITY_ATTRIBUTES lpPipeAttributes,
  DWORD nSize
);
```

如果该函数调用成功，则返回 true，并将匿名管道的句柄放入用户指定的句柄变量中；否则，函数将返回 false。其参数及其含义如下：

- ❑ 参数 hReadPipe 表示匿名管道的读取句柄。
- ❑ 参数 hWritePipe 表示匿名管道的写入句柄。

注意：以上两个参数均是该函数需要返回的读写句柄。在子进程中，也就是使用这两个句柄通过匿名管道与父进程进行通信。

- ❑ 参数 lpPipeAttributes 是指向结构体 SECURITY_ATTRIBUTES 的指针，表示匿名管道的安全属性。由于在匿名管道中，子进程需要继承父进程的读写句柄，所以不能设置该参数为 NULL。因此用户在实际编程时，应该初始化结构体 SECURITY_ATTRIBUTES 中的成员。该结构定义如下：

```
typedef struct _SECURITY_ATTRIBUTES {
    DWORD nLength;                       //指定该结构体的大小
    LPVOID lpSecurityDescriptor;
     //安全描述符。一般情况下，用户将该成员设置为 NULL
    BOOL bInheritHandle;
     //表示该进程所返回的句柄是否能被一个新进程所继承
} SECURITY_ATTRIBUTES;
```

在该结构中，最重要的成员是第三个。其决定了匿名管道的读写句柄是否能被子进程所继承，所以用户必须将该成员设置为 true。

- ❑ 参数 nSize 表示匿名管道缓冲区的大小。若该参数为 0，则表示系统将使用默认的缓冲区大小。

例如，用户使用函数 CreatePipe()创建一个匿名管道。代码如下：

```
...                                     //省略部分代码
SECURITY_ATTRIBUTES ss;                 //定义结构体 SECURITY_ATTRIBUTES 变量
```

```
ss.nLength=sizeof(ss);              //填充结构体中的各成员
ss.lpSecurityDescriptor=NULL;
ss.bInheritHandle=TRUE;
HANDLE read,write;                  //定义读写句柄
if(CreatePipe(&read,&write,&ss,0))  //创建匿名管道
{
   MessageBox("创建匿名管道成功");
}
```

在代码中，用户需要特别注意在填充结构体 SECURITY_ATTRIBUTES 的成员时，必须将成员 bInheritHandle 设置为 true。否则，子进程将无法继承父进程的读写句柄。

2. 创建子进程

当用户创建匿名管道成功后，便可以调用函数 CreateProcess()创建子进程。该函数原型如下：

```
BOOL CreateProcess(
  LPCTSTR lpApplicationName,
  LPTSTR lpCommandLine,
  LPSECURITY_ATTRIBUTES lpProcessAttributes,
  LPSECURITY_ATTRIBUTES lpThreadAttributes,
  BOOL bInheritHandles,
  DWORD dwCreationFlags,
  LPVOID lpEnvironment,
  LPCTSTR lpCurrentDirectory,
  LPSTARTUPINFO lpStartupInfo,
  LPPROCESS_INFORMATION lpProcessInformation
);
```

该函数如果调用成功，则返回 true；否则，将返回 false。其参数及含义如下：

- 参数 lpApplicationName 表示启动进程的完整路径。如果用户没有为该参数指定完整路径，则函数将在当前目录下搜索启动进程的可执行文件。

注意：当用户使用该参数时，必须加上可执行文件的扩展名。否则，函数将不会主动为其添加扩展名。

- 参数 lpCommandLine 表示传递给新进程的命令行参数。用户在编程时，可以在该参数中指定启动进程的路径。如果用户所指定的进程路径不是一个完整的路径，则函数将在系统的搜索路径下进行搜索并将自动为该启动进程的文件添加扩展名“.exe”。
- 参数 lpProcessAttributes 和 lpThreadAttributes 分别表示启动进程的进程对象以及该进程主线程的安全属性。若用户使用默认的安全属性，则将这两个参数分别设置为 NULL。
- 参数 bInheritHandles 表示启动进程是否能够继承父进程的相关句柄。当用户使用匿名管道编程时，必须将该参数设置为 true。
- 参数 dwCreationFlags 表示启动进程创建时的附加标记。由于在本章中用户仅仅是调用该函数启动一个进程，所以用户将该参数设置为 0 即可。
- 参数 lpEnvironment 表示启动进程所运行的内存环境。如果该参数为 NULL，则表示启动进程将使用调用进程（父进程）的内存环境。

🔔注意：在实例程序中，用户将该参数直接设置为 NULL 即可。

- 参数 lpCurrentDirectory 指定启动进程运行后的路径，该路径必须是完整的路径名。如果该参数为 NULL，则表示子进程与父进程共用相同的路径。
- 参数 lpStartupInfo 是指向结构体 STARTUPINFO 的指针，表示启动进程将如何显示。该结构如下：

```
typedef struct _STARTUPINFO {
    DWORD   cb;                             //该结构体的大小
    ...                                     //省略部分成员
    DWORD   dwFlags;                        //指定该结构体中哪些成员可用
    HANDLE  hStdInput;                      //指定读取句柄
    HANDLE  hStdOutput;                     //指定写入句柄
    HANDLE  hStdError;                      //指定错误句柄
} STARTUPINFO, *LPSTARTUPINFO;
```

由于该结构体的成员非常多，所以在这里只向用户讲解在匿名管道编程中需要使用的几个成员。其中，成员 dwFlags 决定了该结构体中哪些成员可用，如果将其指定为 STARTF_USESHOWWINDOW，则表示结构体中的成员 hStdInput、hStdOutput 和 hStdError 可用。用户也可以通过调用函数 GetStdHandle()获得系统中标准输入、输出和错误句柄。函数 GetStdHandle()的原型如下：

```
HANDLE GetStdHandle(
  DWORD nStdHandle
);
```

其中，参数 nStdHandle 表示用户需要获得的句柄类型。其值如表 3.6 所示。

表 3.6　获取的句柄类型

取　　值	意　　义
STD_INPUT_HANDLE	系统标准输入句柄
STD_OUTPUT_HANDLE	系统标准输出句柄
STD_ERROR_HANDLE	系统标准错误句柄

例如，用户在程序中填充结构体 STARTUPINFO 中的各个成员。代码如下：

```
...                                         //省略部分代码
STARTUPINFO sa={0};                         //定义并初始化结构体
sa.cb=sizeof(sa);                           //填充结构体中的各个成员
sa.dwFlags=STARTF_USESHOWWINDOW;
sa.hStdInput=read;
sa.hStdOutput=write;
sa.hStdError= GetStdHandle(STD_ERROR_HANDLE);
```

- 参数 lpProcessInformation 是指向结构体 PROCESS_INFORMATION 的指针。该参数主要用于接收新进程的相关信息。

例如，用户在程序中使用函数 CreateProcess()创建一个可继承读写句柄的子进程。代码如下：

```
PROCESS_INFORMATION pp={0};                 //定义并初始化结构
...                                         //省略部分代码
```

```
CreateProcess(NULL,"子进程.exe",NULL,NULL,TRUE,0,NULL,NULL,&sa,&pp);
                                                          //创建子进程
```

首先，用户定义并初始化结构体 PROCESS_INFORMATION 变量。然后调用函数 CreateProcess()创建子进程，并将子进程的相关信息保存在变量 pp 中。

注意：用户创建子进程成功以后，可以调用函数 ReadFile()和 WriteFile()对匿名管道进行数据读取和数据写入。

3. 父进程实例

在本小节中，将通过实现父进程实例程序向用户讲解匿名管道通信中父进程端的具体实现方法。首先，在 VC 中创建基于对话框的工程，名称修改为“匿名管道”。

（1）为 CMyDlg 类添加两个私有成员，即匿名管道的读写句柄。

```
01  class CMyDlg : public CDialog
02  {
03  private:
04      HANDLE hRead;
05      HANDLE hWrite;
06  };
```

（2）在 CMyDlg 的构造函数中进行初始化。

```
01  CMyDlg::CMyDlg(CWnd* pParent /*=NULL*/):CDialog(CMyDlg::IDD, pParent)
02  {
03      hRead = NULL;
04      hWrite = NULL;
05  }
```

（3）添加 CMyDlg 的析构函数。

```
01  CMyDlg::~CMyDlg()
02  {
03      if(hRead)
04          CloseHandle(hRead);
05      if(hWrite)
06          CloseHandle(hWrite);
07  }
```

（4）对话框的程序界面设计如图 3.13 所示。

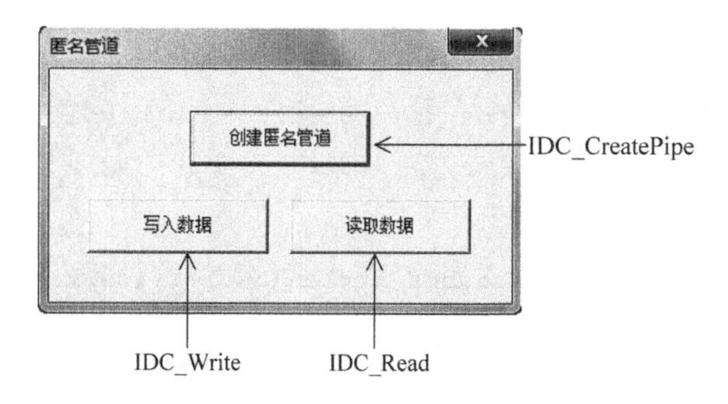

图 3.13　程序设计界面及控件的 ID

（5）添加单击“创建匿名管道”按钮后的消息响应函数，代码如下：

```
01  void CMyDlg::OnCreatePipe()
02  {
03      // TODO: Add your control notification handler code here
04
05      SECURITY_ATTRIBUTES sa;
06      sa.bInheritHandle = TRUE;
07      sa.nLength = NULL;
08      sa.lpSecurityDescriptor = NULL;
09
10      if(CreatePipe(&hRead,&hWrite,&sa,0))//创建匿名管道，返回读写管道的句柄
11      {
12          MessageBox("匿名管道创建成功");
13      }
14      else
15          return ;
16
17      STARTUPINFO si;
18      ZeroMemory(&si,sizeof(STARTUPINFO));    //将结构体成员全部置为零
19      si.cb = sizeof(si);
20      si.dwFlags = STARTF_USESTDHANDLES;
21      si.hStdError = GetStdHandle(STD_ERROR_HANDLE); //获得标准错误句柄
22      si.hStdInput = hRead;
23      si.hStdOutput = hWrite;
24      PROCESS_INFORMATION pi;
25
26      if(CreateProcess("Child\\Debug\\Child.exe",NULL,NULL,NULL,
27              TRUE,0,NULL,NULL,&si,&pi))
28      {
29          MessageBox("进程创建成功！");
30          CloseHandle(pi.hProcess);        //关闭子进程和子线程的句柄
31          CloseHandle(pi.hThread);
32      }
33      else
34      {
35          MessageBox("进程创建失败！");
36          CloseHandle(hRead);
37          CloseHandle(hWrite);
38          hRead = NULL;                    //赋值为 NULL，便于类析构时的判断
39          hWrite = NULL;
40          return ;
41      }
42  }
```

（6）添加单击“写入数据”按钮后的消息响应函数，实现对匿名管道的数据写入。

```
01  void CMyDlg::OnWrite()
02  {
03      // TODO: Add your control notification handler code here
04
05      char    buf[100] = "Parent:What a good day!";
06      DWORD   dwWrite;
07
08      if(!WriteFile(hWrite,buf,strlen(buf)+1,&dwWrite,NULL))
09      {
10          MessageBox("写入数据失败！");
11          return ;
12      }
13      MessageBox("写入数据成功！");
14  }
```

（7）添加按下“读取数据”按钮后的消息响应函数，实现对匿名管道的数据读取。

```
01  void CMyDlg::OnRead()
02  {
03      // TODO: Add your control notification handler code here
04      char    buf[100] = "";
05      DWORD   dwRead;
06
07      if(!ReadFile(hRead,buf,100,&dwRead,NULL))
08      {
09          MessageBox("读取数据失败！");
10          return ;
11      }
12      MessageBox(buf);
13  }
```

4．子进程实例

现在，将通过实现子进程实例程序向用户讲解匿名管道通信中子进程端的具体实现方法。首先，在 VC 中创建基于对话框的工程，名称修改为“Child”。文件目录设置在“匿名管道”工程的主目录下。

（1）为 CChildDlg 类添加两个私有成员变量，即对匿名管道读取和写入的句柄。

```
01  class CChildDlg : public CDialog
02  {
03  private:
04      HANDLE hRead;
05      HANDLE hWrite;
06  };
```

（2）在 CChildDlg 类的构造函数中完成初始化。

```
01  CChildDlg::CChildDlg(CWnd* pParent /*=NULL*/)
02                  : CDialog(CChildDlg::IDD, pParent)
03  {
04      hRead = NULL;
05      hWrite = NULL;
06  }
```

（3）添加 CChildDlg 的析构函数。

```
01  CChildDlg::~CChildDlg()
02  {
03      if(hRead)
04          CloseHandle(hRead);
05      if(hWrite)
06          CloseHandle(hWrite);
07  }
```

（4）对话框的程序界面设计如图 3.14 所示。

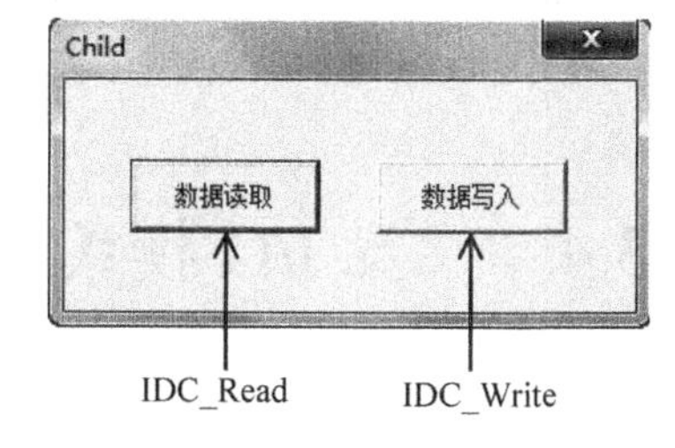

图 3.14　程序设计界面及控件的 ID

（5）在对话框的 OnInitDialog()函数中完成对标准输入输出的获取。

```
01 BOOL CChildDlg::OnInitDialog()
02 {
03     // TODO: Add extra initialization here
04
05     hRead = GetStdHandle(STD_INPUT_HANDLE);
06     hWrite = GetStdHandle(STD_OUTPUT_HANDLE);
07
08     return TRUE;
09     // return TRUE  unless you set the focus to a control
10 }
```

（6）添加按下“数据读取”按钮后的消息响应函数，实现对匿名管道的数据读取。

```
01 void CChildDlg::OnRead()
02 {
03     // TODO: Add your control notification handler code here
04     char buf[100] = "";
05     DWORD dwRead;
06
07     if(!ReadFile(hRead,buf,100,&dwRead,NULL))
08     {
09         MessageBox("数据读取失败！");
10         return;
11     }
12     MessageBox(buf);
13 }
```

（7）添加按下“数据写入”按钮后的消息响应函数，实现对匿名管道的数据写入。

```
01 void CChildDlg::OnWrite()
02 {
03     // TODO: Add your control notification handler code here
04     char buf[] = "Child:You really think so?";
05     DWORD  dwWrite;
06
07     if(!WriteFile(hWrite,buf,strlen(buf)+1,&dwWrite,NULL))
08     {
09         MessageBox("写入数据失败！");
10         return;
11     }
12     MessageBox("写入数据成功！");
13 }
```

编译程序，程序将按如图 3.15 所示的编号顺序运行。

本节主要向用户讲解了实现进程间通信的几种常见方法。其中，邮槽及命名管道不但可以使用在本地进程之间，还可以使用在网络进程之间的数据通信。而匿名管道只能使用在本地进程之间的数据通信。通过本节的学习，用户对进程间通信的方式以及实现方法有了进一步的了解。

3.4　设置 I/O 模式

在本章知识中，主要向用户讲解网络套接字的异步 I/O 模式。通常情况下，当用户使用网络套接字进行程序编写时，为了提高程序的运行效率，则应该使程序在有相关的事件响应时才实现其功能。否则，没有相关事件发生时，则应用程序处于后台运行状态。这样，可以使用户计算机的运行效率大大提高。本节将着重向用户讲解如何设置套接字的 I/O 模式。

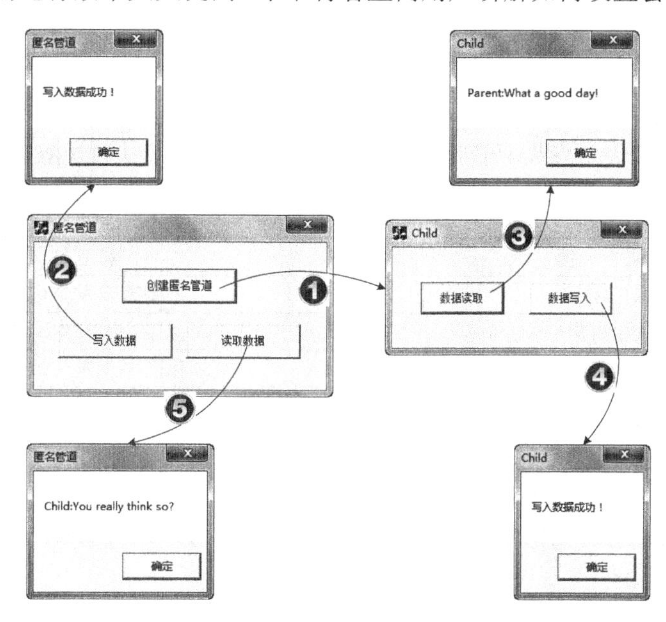

图 3.15　使用匿名管道实现进程间通信

3.4.1　异步 I/O 模式

在套接字编程中，异步 I/O 模式是指当网络中有相关的套接字消息到来时，程序才会调用相关的响应函数对该消息进行处理。否则，程序将在系统后台继续等待相关的消息到来或者实现其他操作。

例如，一个异步套接字程序处理的套接字消息是连接和接收。那么，当该程序在所创建的套接字上监测到有连接消息时，程序会调用连接消息的响应函数对该消息进行相关处理；如果监测到的套接字消息是接收消息，其处理过程也一样。当套接字处理完已经监测到的消息以后，程序会在系统后台中继续监测套接字相关消息。这样，不仅可以降低程序对系统资源的使用频率，还能提高程序的执行效率。

如果用户使用 VC 编写异步套接字程序，可以调用函数 WSAAsyncSelect()将套接字设置为异步模式。关于该函数的具体讲解将在 3.4.2 节中进行。

3.4.2　WSAAsyncSelect 方法

函数 WSAAsyncSelect()的作用是将用户指定的套接字对象设置为异步模式。该函数的原型如下：

```
int WSAAsyncSelect (
  SOCKET s,
  HWND hWnd,
```

```
    unsigned int wMsg,
    long lEvent
);
```

参数及含义如下：

- 参数 s 表示需要设置为异步模式的套接字句柄。
- 参数 hWnd 表示接收消息响应的窗口句柄。
- 参数 wMsg 表示响应消息标识。
- 参数 lEvent 表示发生在该套接字上的事件，其取值如表 3.7 所示。

表 3.7　套接字事件部分标识及其意义

取　　值	意　　义
FD_READ	套接字上发生读取事件
FD_WRITE	套接字上发生写入事件
FD_ACCEPT	套接字上发生连接事件
FD_CLOSE	套接字上发生关闭事件

在使用该函数设置异步套接字之前，用户首先需要定义一个自定义消息并为其关联消息响应函数。例如，在本节中将定义消息 WM_SOCKET，与该消息关联的消息响应函数为 OnSocket()。然后，用户在程序初始化函数中使用函数 WSAAsyncSelect()将套接字设置为异步模式。代码如下：

```
...                                                        //省略部分代码
WSAAsyncSelect(s,this->m_hWnd, WM_SOCKET, FD_ACCEPT| FD_READ)
                                                           //设置异步套接字
```

在上面的代码中，用户设置异步套接字的同时指定了套接字消息需要处理的相关事件。如果用户将异步套接字设置成功后，需要实现套接字消息响应函数 OnSocket()。代码如下：

```
void CMy2Dlg::Onsockt1(WPARAM wParam,LPARAM lParam)
{
    switch(lParam)
    {
     case FD_READ:                                         //处理套接字接收事件
        ...                                                //省略部分代码
     case FD_ACCEPT:                                       //处理套接字连接事件
        ...                                                //省略部分代码
    }
}
```

在上面的代码中，用户根据消息参数 lParam 判断具体发生的套接字事件，然后再根据该事件进行相应的处理。由于在本节中，主要向用户讲解函数 WSAAsyncSelect()的相关用法，所以关于套接字消息响应函数的具体实现将在后面的章节中进行具体讲解。

3.5　小　　结

在本章中，主要介绍了多线程程序的工作原理以及多线程程序的设计方法。通过本章相关内容的学习，用户应该掌握在 Windows 编程中怎样实现多线程程序、线程同步、进程间通信等程序设计方法。下一章将讲解多线程与异步套接字编程。

第 2 篇　Visual C++网络开发典型应用

第 4 章　FTP 客户端实现之一

本章将带领大家编写一个简单的 FTP 客户端程序，实现简单的功能：登录 FTP 服务器，处理服务器上的文件，如上传和下载，然后安全退出服务器。下面先讲解 FTP 工作原理，然后再介绍 FIP 客户端程序的编写。

4.1　FTP 工作原理

FTP 的工作原理跟 TCP 一样，客户端需要先与服务器连接，等待服务器的应答，最后再建立数据通道。所以，FTP 浏览器在和服务器建立连接时也需要经过“三次握手”的过程。这表示客户端与服务器之间的连接是可靠、安全的，这也为数据传输提供了可靠的保证。FTP 的工作原理如图 4.1 所示。

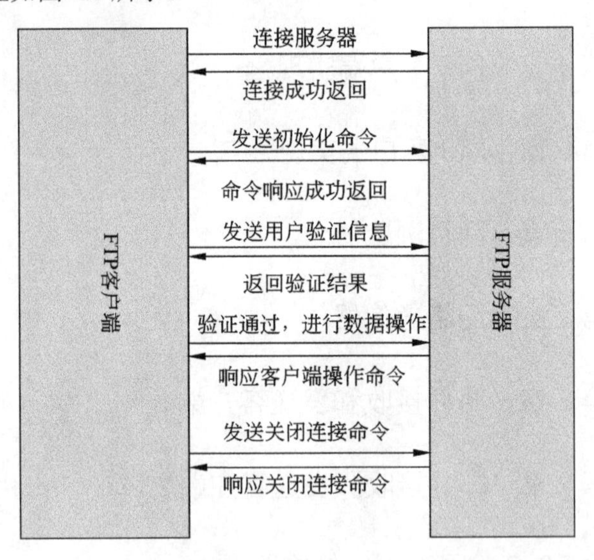

图 4.1　FTP 工作原理图

4.1.1　FTP 数据结构

进行 FTP 编程之前，用户首先需要知道 FTP 有哪些数据结构。由于在某些主机上保存的文件是面向字节的，某些是面向记录的。所以在 FTP 中，除了有不同的数据类型以外，还有几种不同的文件结构类型。这样做的目的是为了在不同的主机之间传送文件时能够相互识别。

- 二进制结构：文件中没有内部结构，一般被看作二进制流。
- 文件式结构：由许多记录组成的文件。
- 页面结构：由不同的索引页组成文件。

注意：一般情况下，如果没有使用 FTP 命令去设置文件的结构，则默认的结构是文件式结构。

4.1.2　FTP 数据传输模式

在 FTP 的数据传输中，传输模式将决定文件数据会以什么方式被发送出去。一般情况下，网络传输模式有 3 种：将数据格式化后传送、压缩后传送、不做任何处理进行传送。当然不论用什么模式进行传送，在数据的结尾处都是以 EOF 结束。在 FTP 中定义的传输模式有以下几种。

1．二进制模式

二进制模式就是将发送数据的内容转换为二进制表示后再进行传送。这种传输模式下没有数据结构类型的限制。

在二进制结构中，发送方发送完数据后，会在关闭连接时标记 EOF。如果是文件结构，EOF 被表示为双字节，其中第一个字节为 0，而控制信息包含在后一个字节内。

本书中如无特别说明，均采用该模式进行传输数据。

2．文件模式

文件模式就是以文件结构的形式进行数据传输。文件结构是指用一些特定标记来描述文件的属性以及内容。一般情况下，文件结构都有自己的信息头，其中包括计数信息和描述信息。信息头大多以结构体的形式出现。

- 计数信息：计数指明了文件结构中的字节总数。
- 描述信息：描述信息是负责对文件结构中的一些数据进行描述。例如，其中的数据校验标记是为了在不同主机间交换特定的数据时，不论本地文件是否发生错误都进行发送。但在发送时发送方需要给出校验码，以确定数据发送到接收方时的完整性、准确性。

在文件结构中，既可以用记录结构，也可以用相对应的数据表示。文件的信息头结构如表 4.1 所示。

表 4.1　文件的信息头结构

文件信息头计数信息大小	文件信息头描述信息大小
计数信息占 16 位字节	描述信息占 8 位字节

描述信息是由字节中的位特定标记值来说明。列举几个特定标记值及其意义，如表 4.2 所示。

表 4.2　特定标记值及意义

标 记 值	意　义
64	表示文件的结束符标记 EOF
32	表示文件中有可疑错误
16	表示具有重发标记的文件

由表 4.2 可知，描述信息中可能存在多个标记值，所以必须将需要用到的标记都进行设置。

3. 压缩模式

在这种模式下，需要传送的信息包括一般数据、压缩数据和控制命令。

- 一般数据：以字节的形式进行传送。
- 压缩数据：包括数据副本和数据过滤器。
- 控制命令：用两个转义字符进行传送。

注意：此种传输模式请参考其他相关书籍，本书不再进行深入讲解。

在 FTP 数据传输时，发送方必须把数据转换为文件结构指定的形式再传送出去，而接收方则相反。因为进行这样的转换很慢，所以一般在相同的系统中传送文本文件时都采用二进制流表示比较合适。

4.1.3　与服务器进行连接

FTP 客户端需要与服务器连接成功后，才能进行文件数据的传输。当连接时，客户端需要用户指定端口、连接模式等操作。

1. 连接所使用的端口

在连接端口的使用上，FTP 与 HTTP 不同。因为 FTP 在与服务器连接时需要用到两个端口，其中一个端口（FTP 的默认端口是 21）作为控制连接端口，它主要用于发送命令给服务器以及等待服务器的响应；另一个端口是数据传输端口，端口号为 20 或者任意有效端口号，用来建立数据传送通道。

2. 连接模式

FTP 客户端连接服务器的模式有两种：PORT 模式和 PASV 模式。

- PORT 模式：PORT 是主动模式。当客户端选择这种模式与服务器进行连接的时候，它需要向服务器提供一个 IP 地址和一个端口号。
- PASV 模式：PASV 是被动模式。当选择这种模式连接时，服务器需要提供给客户端一个 IP 地址和一个端口号。用户平时从网上一个指定的 FTP 地址和端口下载文件就是这种模式的一种实际应用，相反则为 PORT 模式。

注意：在本章中如无特别说明，所选用的连接模式均是主动模式。

4.1.4　登录验证

在连接 FTP 服务器成功之后，用户需要发送相关命令或者是数据流到服务器进行身份验证或其他操作。在本章的 4.1.6 节中，将给出一些常用的 FTP 命令。

1．登录方式

在登录 FTP 时，登录方式有匿名登录、代理登录或者是通过用户名登录等。各种登录方式的不同在于访问文件的权限（只读、只写或者读写），这也是 FTP 的一个重要特点。

注意：在本章中涉及的登录方式主要是以用户名登录为主。

2．验证

客户端将用户名和密码以命令的方式发送到服务器进行验证，例如，用户名为“lymlrl”，密码为“123456”的用户在进行验证时，将其转换成命令流：“USER”+lymlrl+“PASS”+123456；这个命令将作为字符串被发送到服务器，这个工作是通过 CArchive 等类中的函数实现的（具体内容将在 4.3 节中讲解）。

服务器在验证之后会返回结果给客户端。如果返回值的第一个数字为 1、2 或者是 3，则表示返回值正确，否则发生错误。然后提取当前位置的下一条命令值，如果为 EROR 表示出现用户名或密码错误；为 SUSS 则表示验证成功。

4.1.5　关闭数据连接

通常情况下，服务器只负责进行数据连接，并对它进行初始化和关闭。除非客户端在命令控制中主动要求关闭连接时，服务器才会关闭连接。当然，服务器也会在以下情况下关闭数据连接。

- 当服务器发送数据结束时，会通过 EOF 终止传送；
- 客户端发送 ABORT 命令；
- 客户端改变了端口号；
- 控制连接通道被关闭；
- 传输过程中发生严重错误。

但是，在一般情况下客户端与服务器之间的连接都是在数据正常处理完成以后关闭的。

4.1.6　FTP 常用命令

在实际编程中，有些复杂的操作，只是需要客户端发送相关的指令到服务器执行即可。所以，对于用户来说掌握常用的 FTP 命令是非常重要的。下面列举了一些常用的 FTP 命令，如表 4.3 所示。

表 4.3　常用FTP命令及意义

FTP 命令	意　义
LIST	发送当前工作目录下的文件名列表到客户端
PWD	显示服务器的当前工作目录名
RETR	从服务器下载一个文件
STOR	上传文本文件到服务器，如果文件存在会被覆盖
STOU	上传文本文件到服务器，但不会覆盖已经存在的文件
STRU	设置文件的结构
MODE	指定数据的传输模式
ABORT	通知服务器关闭连接

在表 4.3 中，已经列举了部分常用的 FTP 命令。通常情况下，客户端通过 CArchive 类的成员函数 WriteString()可以将这些命令以字符串的形式发送到服务器执行。然后，客户端使用 CArchive 类的成员函数 ReadString()来获取服务器返回的数据。关于这两个函数的用法将在下一节实例中进行讲解。

4.1.7　数据校验与重发控制

FTP 是属于 TCP/IP 簇中的一种具体应用，所以 FTP 也具有数据重发机制。但在 FTP 中，数据重发仅用于文件和压缩模式。一般情况下，重发机制都要求发送者在发送数据时加入特定标记来描述数据的重要信息。并且该标记只针对发送者有意义，其内容大多是用来校验数据的完整性。特定标记可以表示任何可以标记的属性或其他信息。

如果接收方也支持重发机制，那么接收方系统中将会保存这一特定标记。当系统重新启动或者其他原因造成系统重启，用户均可以根据原来的标记继续传送数据。其实，用户经常用到的断点续传就是很好的一个例子。当接收方收到一段数据后，记下标记，如果传送过程中出现错误，那么发送方将会从这个标记点重新传送数据。

4.2　FTP 客户端实例

本节将带领大家一步步完成 FTP 客户端的编写，这是本章的重点。

4.2.1　创建工程

创建基于对话框的应用程序，命名为 FTP_client。程序的界面设计及各个关键控件的 ID 如图 4.2 所示。

部分控件 ID 及关联的变量如图 4.3 所示。

为类 CFTP_clientDlg 定义两个公有的成员变量，代码如下：

```
01  class CFTP_clientDlg : public CDialog
02  {
03      ...
04
```

```
05  // Implementation
06  protected:
07      HICON           m_hIcon;
08      CSocket         sock_client;    //用于向服务器发送命令和接收响应
09      CSocket         sock_temp;      //用于接收和发送数据
10
11      ...
12  };
```

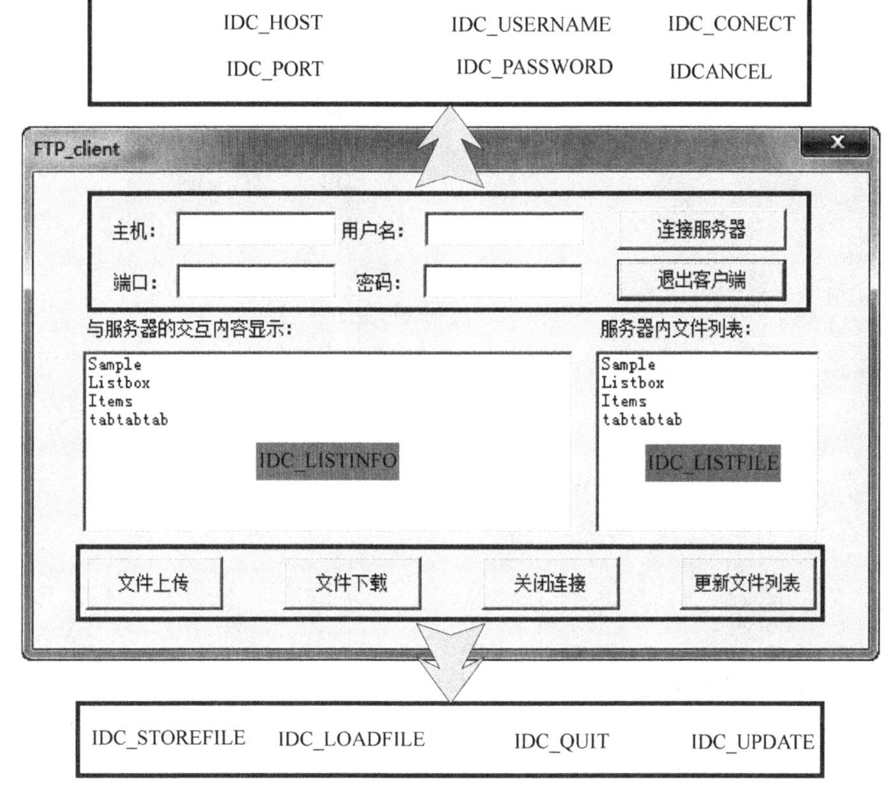

图 4.2　客户端程序界面及控件 ID

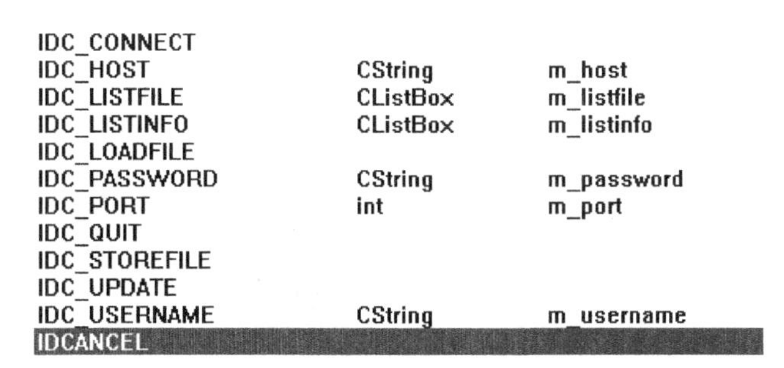

IDC_CONNECT		
IDC_HOST	CString	m_host
IDC_LISTFILE	CListBox	m_listfile
IDC_LISTINFO	CListBox	m_listinfo
IDC_LOADFILE		
IDC_PASSWORD	CString	m_password
IDC_PORT	int	m_port
IDC_QUIT		
IDC_STOREFILE		
IDC_UPDATE		
IDC_USERNAME	CString	m_username
IDCANCEL		

图 4.3　部分控件 ID 及关联的变量

4.2.2　连接和登录验证

用户需要通过客户端来连接 FTP 服务器，然后登录。这样才能对 FTP 服务器上的文件进行操作。

1．实现连接和登录验证

添加“连接服务器”按钮的消息响应函数 OnConnect()，代码如下：

```
01  void CFTP_clientDlg::OnConnect()
02  {
03      // TODO: Add your control notification handler code here
04  
05      //创建 socket
06      if( !sock_client.Create() )
07      {
08          AfxMessageBox("socket 创建失败");
09          return;
10      }
11  
12      UpdateData(true);          //获取用户填写的主机、端口、用户名和密码信息
13  
14      //连接服务器
15      if( !sock_client.Connect(m_host,m_port) )
16      {
17          AfxMessageBox("socket 连接服务器失败");
18          return;
19      }
20      MySockRecv();              //自己封装的函数
21  
22      CString     send_msg;   //专用来发送命令
23  
24      //发送用户名
25      send_msg = "USER ";
26      send_msg += m_username;
27      send_msg += "\r\n";
28      MySockSend(send_msg);   //自己封装的函数
29      MySockRecv();
30  
31      //发送密码
32      send_msg = "PASS ";
33      send_msg += m_password;
34      send_msg += "\r\n";
35      MySockSend(send_msg);
36      MySockRecv();
37  
38      //禁用 4 个文本编辑框，1 个按钮
39      GetDlgItem(IDC_HOST)->EnableWindow(false);
40      GetDlgItem(IDC_PORT)->EnableWindow(false);
41      GetDlgItem(IDC_USERNAME)->EnableWindow(false);
42      GetDlgItem(IDC_PASSWORD)->EnableWindow(false);
43      GetDlgItem(IDC_CONNECT)->EnableWindow(false);
44  }
```

用户使用该软件时，首先应该填写主机、端口、用户名和密码信息，便于与指定的服务器连接，然后完成登录验证。连接和登录的验证过程如图 4.4 所示。

响应函数 OnConnect()用到了 MFC 中的类 CSocket 的对象 sock_client，它的大部分功能继承自类 CAsyncSocket。实际上，代码中 sock_client 对象调用的函数都是继承自类 CAsyncSocket。功能实现过程如下：

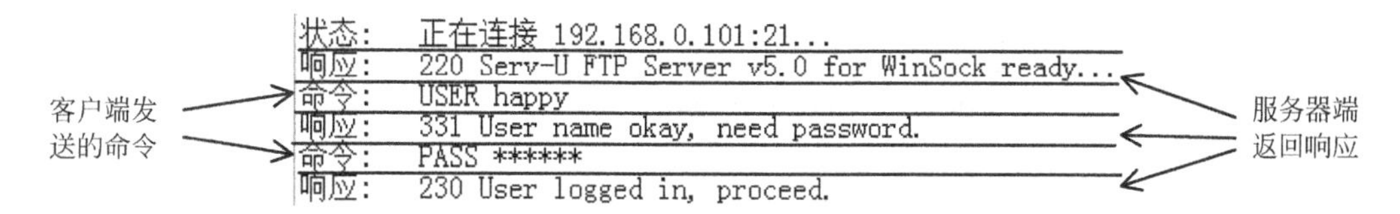

图 4.4　连接和登录验证过程示意图

（1）调用成员函数 Create()创建了 socket，用于向服务器发送命令和接收来自 FTP 服务器的响应。

（2）调用成员函数 Connect()连接 FTP 服务器，需要向函数提供 FTP 服务器的 IP 地址和端口号。

（3）调用将要封装的两个函数 MySockSend()和 MySockRecv()，发送用户名和密码，并接收来自 FTP 服务器的响应。

（4）禁用相关的文本编辑框和按钮，防止用户再做修改困扰相关的程序。

2．封装发送命令函数

为类 CFTP_clientDlg 添加公有成员函数 MySockSend()，用于发送命令信息，代码如下：

```
01  void CFTP_clientDlg::MySockSend(CString send_msg)
02  {
03      if( SOCKET_ERROR == sock_client.Send( send_msg,
04                                     send_msg.GetLength() ) )
05      {
06          AfxMessageBox("数据发送失败");
07          return;
08      }
09
10      //将命令添加到 ListBox 上
11      CString show_msg = "命令: ";
12      show_msg += send_msg;
13      m_listinfo.AddString(show_msg);
14  }
```

函数 MySockSend()以发送的命令为参数，它的功能包括：调用类 CSocket 的成员函数 Send()发送命令；添加命令到 ListBox 上，方便用户知道程序做了什么，这里用到了类 CListBox 的成员函数 AddString()。

3．封装接收响应函数

为类 CFTP_clientDlg 添加公有成员函数 MySockRecv()，用于接收来自 FTP 服务器的响应消息，代码如下：

```
01  void CFTP_clientDlg::MySockRecv()
02  {
03      char buf_recv[128] = "";
04      if( SOCKET_ERROR == sock_client.Receive(buf_recv,127) )
05      {
06          AfxMessageBox("数据接收失败");
07          return;
08      }
09
10      //将信息显示在 ListBox 上
```

```
11      CString show_msg = "响应: ";
12      show_msg += buf_recv;
13      m_listinfo.AddString(show_msg);
14  }
```

函数 MySockRecv()没有参数，它的功能是调用类 CSocket 的成员函数 Receive()接收来自 FTP 服务器的响应消息；添加响应消息到 ListBox 上，方便用户知道服务器的应答。

程序连接 FTP 服务器的运行效果如图 4.5 所示。

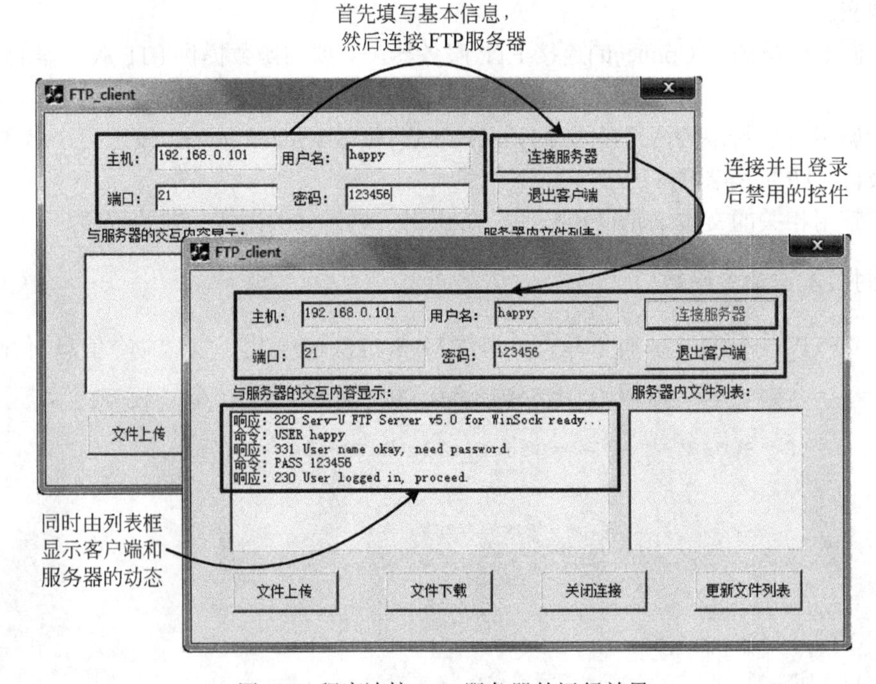

图 4.5　程序连接 FTP 服务器的运行效果

4.2.3　更新文件列表

客户端可以发送命令 LIST 到 FTP 服务器，服务器会告知客户端用户的根目录下到底有哪些文件。文件的信息是通过客户端与服务器端建立的数据连接传送的，传送完连接会被关闭。

1. 让服务器进入被动模式（PASV）

在主动模式（PORT）下，FTP 的客户端只是告诉服务器自己的端口号，让服务器来连接客户端指定的端口。对于客户端的防火墙来说，这是从外部到内部的连接，可能会被阻塞。

为了解决服务器发起到客户端的连接问题，有了另一种 FTP 连接方式，即被动模式。命令连接和数据连接都由客户端发起，这样就解决了从服务器到客户端的数据端口的连接被防火墙过滤的问题。

下面我们要在类 CFTP_clientDlg 中添加公有的成员函数 Pasv_mode()，用来实现这一功能。函数封装如下：

```
01 //使得服务器进入被动模式，用新建的套接字连接新开的数据端口
02 BOOL CFTP_clientDlg::Pasv_mode()
03 {
04     //创建新的 socket
05     if( !sock_temp.Create() )
06     {
07         AfxMessageBox("sock_temp 创建失败");
08         return false;
09     }
10
11     CString send_msg;   //专用于发送信息
12
13     //让服务器进入被动模式，命令：PASV
14     send_msg = "PASV\r\n";
15     MySockSend(send_msg);
16
17     //接收信息
18     char buf_recv[64] = "";
19     if( SOCKET_ERROR == sock_client.Receive(buf_recv,64) )
20     {
21         AfxMessageBox("数据接收失败");
22         sock_temp.Close();
23         return false;
24     }
25
26     //将响应信息添加到列表框中
27     CString show_msg = "响应：";
28     show_msg += buf_recv;
29     m_listinfo.AddString(show_msg);
30
31     //获取新开的端口号，正常情况下返回值类似
32     //227 Entering Passive Mode (192,168,0,101,194,73)
33     //计算公式：新开端口号 = 194*256 + 73
34
35     //解析返回的信息
36     CString parse_str = buf_recv;
37     int index_first = 0,index_mid = 0,index_end = 0;
38
39     //定位所需信息的位置
40     index_end   = parse_str.Find(')');
41     index_mid   = parse_str.ReverseFind(',');
42     index_first = parse_str.Find(',',index_mid-4);
43
44     //获取端口号
45     char port_str[4] = "";
46     int i,j = 0;
47     for(i = index_first+1;i < index_mid;i++)
48     {
49         port_str[j++] = parse_str.GetAt(i);
50     }
51     int port_int = atoi(port_str);
52     j = 0;
53     memset(port_str,0,4);
54     for(i = index_mid+1;i < index_end;i++)
55     {
56         port_str[j++] = parse_str.GetAt(i);
57     }
```

```
58
59        //计算得出新开的端口号
60        port_int = port_int*256 + atoi(port_str);
61
62        //用新的 sock 连接服务器
63        if( !sock_temp.Connect(m_host,port_int) )
64        {
65            AfxMessageBox("sock_temp 连接服务器失败");
66            sock_temp.Close();
67            return false;
68        }
69        return true;
70    }
```

虽然代码看起来有些多，其实客户端和服务器端的交互还是很简单的，如图 4.6 所示。

```
命令:  PASV
响应:  227 Entering Passive Mode (192,168,0,101,204,216)
命令:  LIST
响应:  150 Opening ASCII mode data connection for /bin/ls.
```

图 4.6　客户端和服务器端的交互

函数 Pasv_mode()实现的功能如下：

（1）发送命令让 FTP 服务器进入被动模式（PASV），服务器会新开一个端口号等待客户端的连接。

（2）从服务器返回的响应中取出数据，然后计算端口号。

（3）客户端创建一个临时的套接字 sock_temp 连接服务器新开的端口。

2．更新列表

添加“更新文件列表”按钮的消息响应函数 OnUpdate()，代码如下：

```
01  void CFTP_clientDlg::OnUpdate()
02  {
03      // TODO: Add your control notification handler code here
04
05      //使服务器进入被动模式
06      if( !Pasv_mode() )
07          return;
08
09      //获取当前服务器根目录下的文件名列表，命令：LIST
10      CString send_msg = "LIST\r\n";
11      MySockSend(send_msg);
12      MySockRecv();
13
14      //解析列表信息
15      Parse_list();                    //即将要封装的另一个函数
16
17      //关闭新建立的连接
18      sock_temp.Close();
19  }
```

响应函数 OnUpdate()功能的实现过程是调用我们之前封装的函数 Pasv_mode()使服务器进入被动模式，再向服务器发送 LIST 命令，用新建立的连接接收文件信息数据（封装在了函数 Parse_list()中），接收到的数据信息如图 4.7 所示。最后关闭数据连接。

图 4.7　由数据连接接收的文件信息

在类 CFTP_clientDlg 中添加公有的成员函数 Parse_list ()，实现解析文件信息，获取文件列表的功能。代码如下：

```
01  void CFTP_clientDlg::Parse_list()
02  {
03      //用新的 socket 接收文件信息
04      char  filelist[1024] = "";
05      if( SOCKET_ERROR == sock_temp.Receive(filelist,1024) )
06      {
07          AfxMessageBox("数据接收失败");
08          return;
09      }
10      CString parselist = filelist;
11
12      //获取字符串的长度
13      long len = parselist.GetLength();
14
15      //解析获取所有的文件名
16      char filename[32] = "";
17      int index_rn = parselist.Find("\r\n"); //第一行信息结束的位置
18      int i,j = 0;
19
20      while(len-1 != index_rn+1)
21      {
22          //获取文件名起始位置
23          for(i = index_rn-1;parselist.GetAt(i) != ' ';i--);
24
25          //获取文件名
26          for(i = i+1;i<index_rn;i++)
27          {
28              filename[j++] = parselist.GetAt(i);
29          }
30          j = 0;
31
32          //找到下一行结束的位置
33          index_rn = parselist.Find("\r\n",index_rn+2);
34
35          //忽略“.”和“..”文件
36          if(filename[0] == '.')
37          {
38              memset(filename,0,32);
39              continue;
40          }
41
```

```
42              //将文件名添加到文件列表框中
43              m_listfile.AddString(filename);
44              memset(filename,0,32);
45          }
46
47          //获取最后一个文件名
48          //获取文件名起始位置
49          for(i = index_rn-1;parselist.GetAt(i) != ' ';i--);
50
51          for(i = i+1;i<index_rn;i++)
52          {
53              filename[j++] = parselist.GetAt(i);
54          }
55          if(filename[0] == '.')
56          {
57              return;
58          }
59          m_listfile.AddString(filename);
60  }
```

函数 Parse_list ()功能的实现过程是用临时的数据连接 sock_temp 接收数据（文件信息），然后从数据中筛选出文件名，添加到文件名列表中。

文件信息的每一行以“\r\n”结束，每行的各个信息由空格“ ”连接，文件名放在最后。程序是依据以上特征遍历信息查找到文件名的。

程序窗口中“更新文件列表”按钮的运行效果如图 4.8 所示。

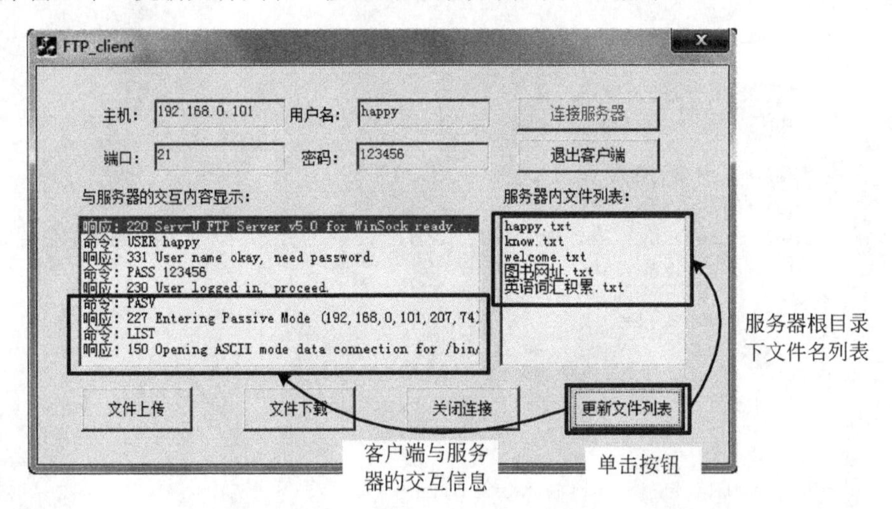

图 4.8 单击“更新文件列表”按钮的运行效果

4.2.4 文件上传

添加“文件上传”按钮的消息响应函数 OnStorefile()，实现选择文件上传到服务器的功能。代码如下：

```
01  void CFTP_clientDlg::OnStorefile()
02  {
03      // TODO: Add your control notification handler code here
04
```

```
05      //显示“打开”文件对话框
06      CFileDialog open_dlg(true);                  //构造函数初始化对象
07
08      CString full_name;                           //保存文件名全路径
09      CString file_name;
10
11      if(open_dlg.DoModal() == IDOK)
12      {
13          full_name = open_dlg.GetPathName();
14          file_name = open_dlg.GetFileName();
15
16          //进入被动模式
17          if( !Pasv_mode() )
18              return;
19
20          //上传文件，发送命令：STOR 文件名
21          CString send_msg = "STOR ";
22          send_msg += file_name;
23          send_msg += "\r\n";
24          MySockSend(send_msg);
25          MySockRecv();
26
27          //打开文件
28          CFile file_read(full_name,CFile::modeRead);
29
30          //发送文件内容
31          char buf_read[128] = "";
32          while( 0 != file_read.Read(buf_read,127) )
33          {
34              //上传文件
35              sock_temp.Send(buf_read,128);
36              memset(buf_read,0,128);
37          }
38
39          //关闭连接
40          sock_temp.Close();
41          file_read.Close();                           //关闭文件
42          AfxMessageBox("上传完毕");
43      }
44  }
```

用户单击“文件上传”按钮后，首先弹出一个“打开”对话框，用户选择要上传的文件，然后单击“确定”按钮，由客户端完成与服务器接下来的交互，如图 4.9 所示（假定用户选择了 know1.txt 文件）。

命令:	PASV
响应:	227 Entering Passive Mode (192,168,0,101,200,85)
命令:	STOR know1.txt
响应:	150 Opening ASCII mode data connection for know1.txt.

图 4.9　客户端上传文件时与服务器的交互过程

响应函数 OnStorefile()的实现过程如下：

（1）弹出“打开”文件对话框，供用户从中选择需要上传的文件。

（2）使 FTP 服务器进入被动模式，建立数据连接（在 Pasv_mode()函数中完成），向服务器发送上传文件的命令（STOR 文件名）。

（3）客户端打开文件读取其内容，依靠数据连接传输内容，文件传输结束时关闭文件和连接，弹出“上传完毕”的提示信息对话框。

单击“文件上传”按钮的运行效果如图 4.10 所示。

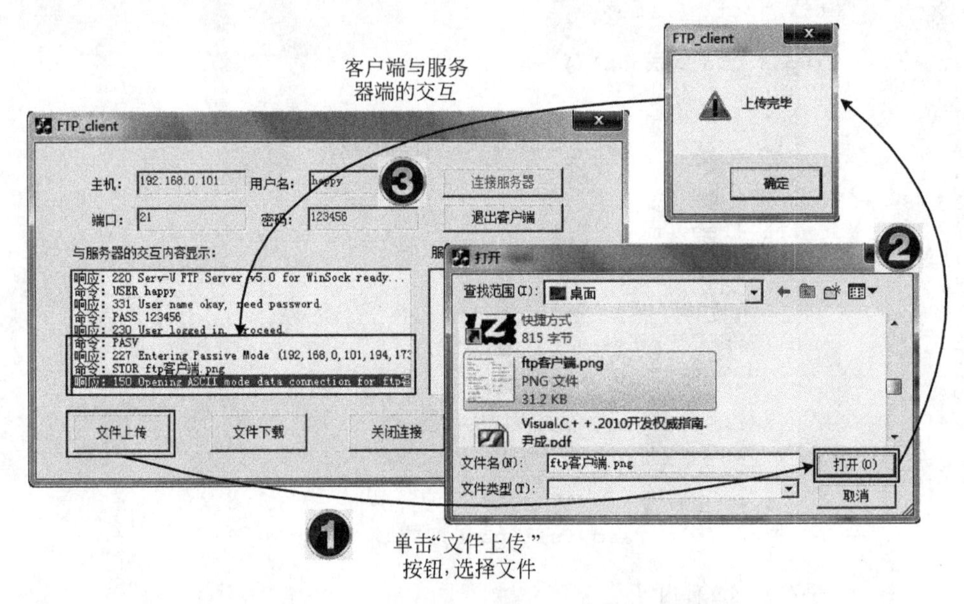

图 4.10　单击“文件上传”按钮的运行效果

4.2.5　文件下载

用户可以通过两种操作来实现“文件下载”的功能：双击服务器文件列表中的文件名；单击选中服务器文件列表中的文件名，再单击“文件下载”按钮。

为文件名列表框添加鼠标双击事件的响应函数 OnDblclkListfile()，实现相应文件下载的功能。代码如下：

```
01  void CFTP_clientDlg::OnDblclkListfile()
02  {
03      // TODO: Add your control notification handler code here
04
05      //服务器进入被动模式
06      if( !Pasv_mode() )
07          return;
08
09      //获取文件列表中的文件名
10      int index = m_listfile.GetCurSel();
11      CString filename = "";
12      m_listfile.GetText(index,filename);
13
14      //下载文件，命令：RETR 文件名
15      CString send_msg = "RETR ";
16      send_msg += filename;
17      send_msg += "\r\n";
18      MySockSend(send_msg);
19      MySockRecv();
20
```

```
21        //写入接收文件内容
22        fileStore(filename);                    //即将封装实现的文件保存函数
23
24        //提示信息
25        AfxMessageBox("文件已保存");
26    }
```

用户通过两种方式下载文件，都会弹出文件“另存为”对话框，选择好保存位置后，客户端开始下载 FTP 服务器上的响应文件，客户端与 FTP 服务器的交互如图 4.11 所示（假定要下载的文件是 welcome.txt）。

```
命令：  PASV
响应：  227 Entering Passive Mode (192,168,0,101,200,77)
命令：  RETR welcome.txt
响应：  150 Opening ASCII mode data connection for welcome.txt (1252 Bytes).
```

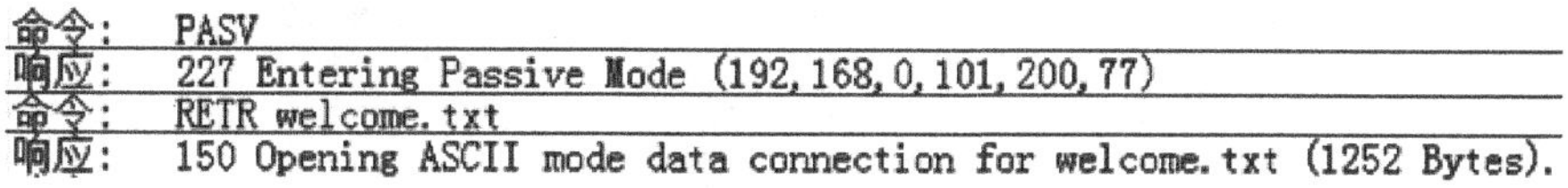

图 4.11　客户端下载文件时与服务器的交互过程

响应函数 OnDblclkListfile ()的实现过程如下：

（1）使 FTP 服务器进入被动模式，建立数据连接（在 Pasv_mode()函数中完成），获取用户选择下载的文件名，向服务器发送下载文件的命令（RETR 文件名）。

（2）调用函数 fileStore()弹出“另存为”对话框，供用户从中选择文件存放的位置。

（3）弹出“文件已保存”的提示信息对话框。

选择要下载的文件名，单击“文件下载”按钮，运行效果如图 4.12 所示。

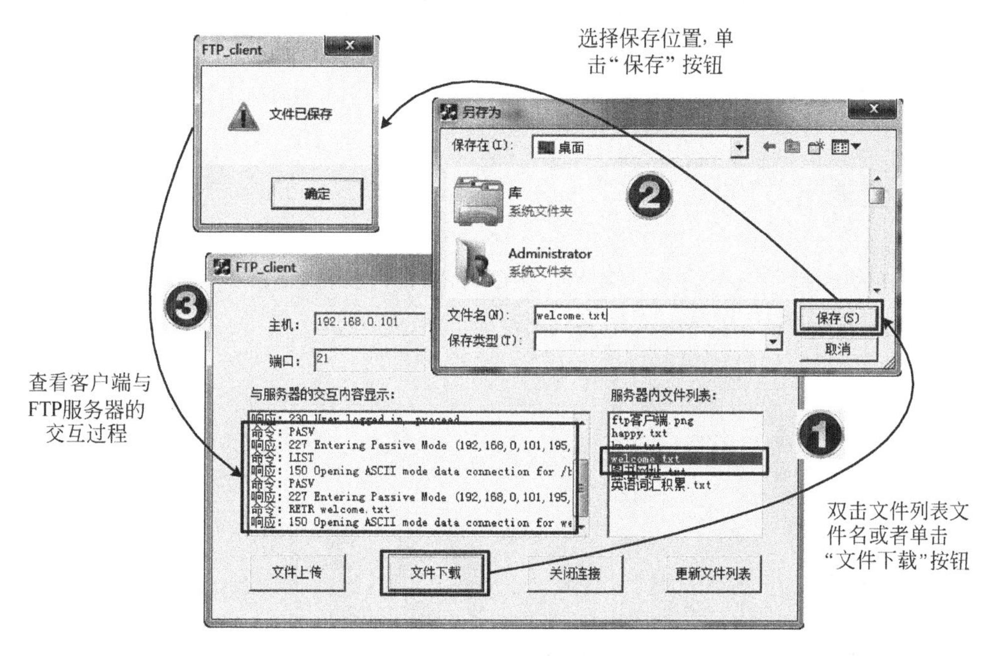

图 4.12　单击“文件下载”按钮的运行效果

为类 CFTP_clientDlg 添加公有成员函数 fileStore()，实现保存文件的功能。代码如下：

```
01  //创建文件，并写入内容
02  void CFTP_clientDlg::fileStore(CString filename)
03  {
04
```

```
05        //“另存为”对话框
06        CFileDialog save_dlg(false,NULL,filename);
07
08        if( save_dlg.DoModal() == IDOK)
09        {
10            CString full_name = save_dlg.GetPathName();
11            //新建文件
12            CFile   file(full_name,
13                    CFile::modeCreate | CFile::modeWrite);
14
15            //用新的 socket 和端口接收文件信息
16            char  fileContext[128] = "";
17            while( 0 != sock_temp.Receive(fileContext,127) )
18            {
19                file.Write(fileContext,strlen(fileContext));
20                memset(fileContext,0,128);
21            }
22            //关闭文件
23            file.Close();
24            //关闭新建立的连接
25            sock_temp.Close();
26        }
27    }
```

函数 fileStore()以要保存的文件名 filename 作为参数，功能的实现过程是弹出“另存为”对话框，选择好保存位置后，会在当前路径下创建该文件，最后关闭文件和数据连接。

提示： 用户也许已经发现，我们每次的数据传输都需要使用 PASV 获取新的端口号，建立新的连接，在接收完数据后需要关闭数据连接。这可以当做与 FTP 服务器交互的一种“规则”。

4.2.6 安全退出

添加“关闭连接”按钮的消息响应函数 OnQuit()，代码如下：

```
01    void CFTP_clientDlg::OnQuit()
02    {
03        // TODO: Add your control notification handler code here
04
05        //发送命令：QUIT
06        CString send_msg = "QUIT\r\n";
07        MySockSend(send_msg);
08        MySockRecv();
09
10        sock_client.Close();
11    }
```

客户端与服务器端断开连接时，需要发送命令 QUIT，FTP 服务器会返回响应。关闭连接的交互过程如图 4.13 所示。

图 4.13　关闭连接的交互过程

单击“关闭连接”按钮的运行效果比较简单，如图 4.14 所示。

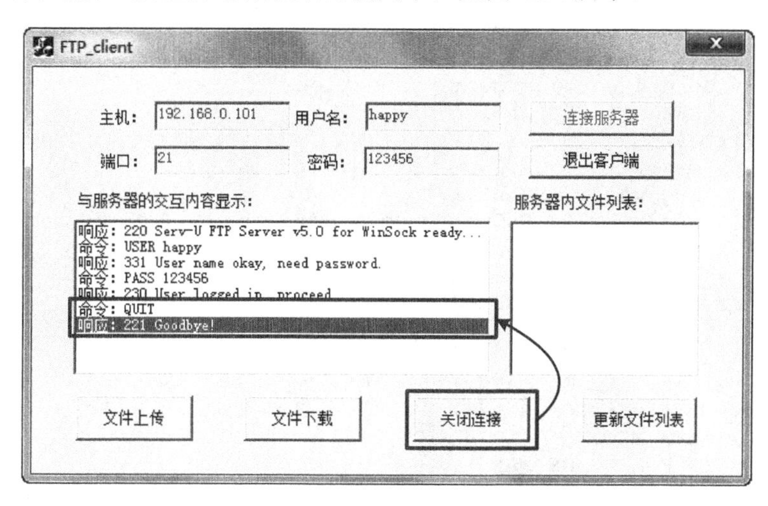

图 4.14　单击“关闭连接”按钮的运行效果

综上所述，多次添加成员函数的类 CFTP_clientDlg 的定义如下：

```
01  class CFTP_clientDlg : public CDialog
02  {
03  // Construction
04  public:
05      CFTP_clientDlg(CWnd* pParent = NULL);  // standard constructor
06
07      //连接控制：命令的发送和消息的接收
08      void MySockRecv();                        //接收信息
09      void MySockSend(CString send_msg);  //发送信息
10
11      //数据接收
12      BOOL Pasv_mode();                         //进入被动模式，接收列表信息
13      void Parse_list();                        //解析文件列表消息
14      void fileStore(CString filename);   //保存文件内容
15
16  // Dialog Data
17      //{{AFX_DATA(CFTP_clientDlg)
18      enum { IDD = IDD_FTP_CLIENT_DIALOG };
19      CListBox    m_listfile;
20      CListBox    m_listinfo;
21      CString m_host;
22      CString m_password;
23      CString m_username;
24      int     m_port;
25      //}}AFX_DATA
26
27      // ClassWizard generated virtual function overrides
28      //{{AFX_VIRTUAL(CFTP_clientDlg)
29      protected:
30      virtual void DoDataExchange(CDataExchange* pDX);
31      // DDX/DDV support
32      //}}AFX_VIRTUAL
33
34  // Implementation
35  protected:
```

```
36      HICON           m_hIcon;
37      CSocket         sock_client;
38      CSocket         sock_temp;
39
40      // Generated message map functions
41      //{{AFX_MSG(CFTP_clientDlg)
42      virtual BOOL OnInitDialog();
43      afx_msg void OnSysCommand(UINT nID, LPARAM lParam);
44      afx_msg void OnPaint();
45      afx_msg HCURSOR OnQueryDragIcon();
46      afx_msg void OnConnect();
47      afx_msg void OnDblclkListfile();
48      afx_msg void OnUpdate();
49      afx_msg void OnStorefile();
50      virtual void OnCancel();
51      afx_msg void OnLoadfile();
52      afx_msg void OnQuit();
53      //}}AFX_MSG
54      DECLARE_MESSAGE_MAP()
55  };
```

4.3　小　　结

本章首先向用户讲解 FTP 的工作原理，然后据此设计实现了一个能与 FTP 服务器交互的客户端程序。用户要理解 FTP 的工作原理，掌握本章实例程序的编写，为以后的学习打下基础。

第 5 章　FTP 客户端实现之二

在第 4 章实现了一个 FTP 客户端程序，那么与本章有什么区别呢？第一，FTP 客户端所基于的应用程序框架不同，第 4 章基于对话框，本章将基于 SDI 开发；第二，开发时的精力分配不同，第 4 章的精力主要集中在与 FTP 服务器的“交流”上，本章将把这种底层的工作交给 MFC 封装的类来实现，主要精力会集中在界面的美化上。

5.1　FTP 客户端简介

本节将会带领大家快速了解本章将要实现的 FTP 客户端的各种功能。包括以树形视图浏览本地文件夹资源、以列表方式显示 FTP 服务器上的文件资源、用拖动文件的方式实现文件的上传和下载。

5.1.1　树形结构的应用

在主窗体的左侧视图中显示选定本地文件夹内的所有文件资源，结构为树形，可以动态地改变本地文件夹的选择，如图 5.1 所示。前方有加号说明路径中还有子路径，单击加号打开此路径，加号变减号，子文件将显示在子树中。鼠标移过此视图时树子项会加亮显示。图标 H 表示文件夹，图标 F 表示文件。

图 5.1　本地文件夹资源显示

5.1.2　列表结构的应用

在主窗体的右侧视图中，将以列表图标的形式显示 FTP 服务器下的所有文件资源，如图 5.2 所示。

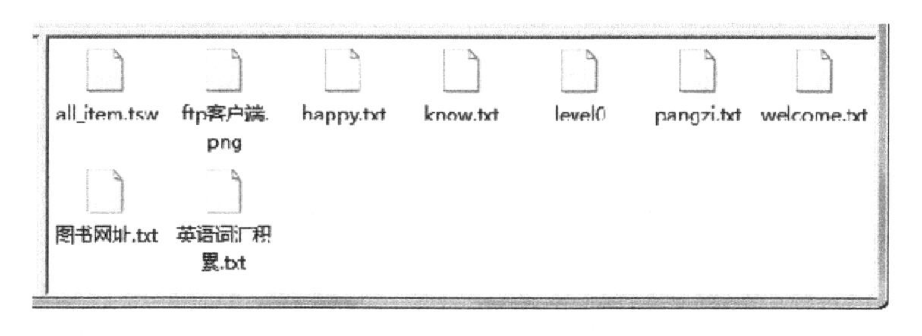

图 5.2　FTP 服务器上的文件资源

5.1.3　信息框的应用

在主窗体的正中央有个信息的显示框，是用于描述用户的一些操作，如图 5.3 所示。

图 5.3　信息显示框

5.1.4　浮动对话框的应用

主程序的最顶端是用来填写本地文件夹路径和连接 FTP 服务器的浮动对话框，如图 5.4 所示。

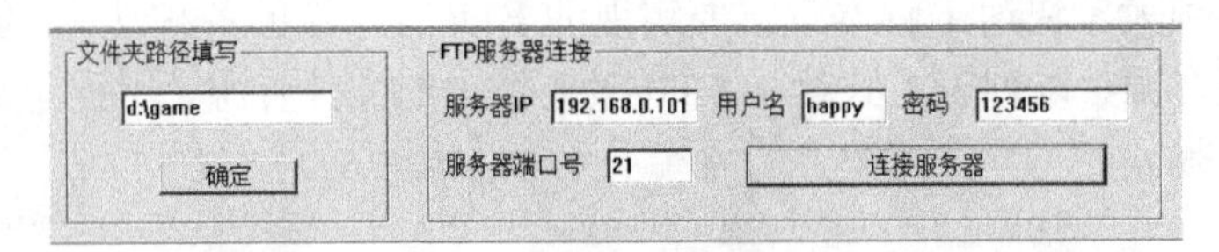

图 5.4　浮动对话框

那么，最后来看一下本章 FTP 客户端的全貌吧，如图 5.5 所示。

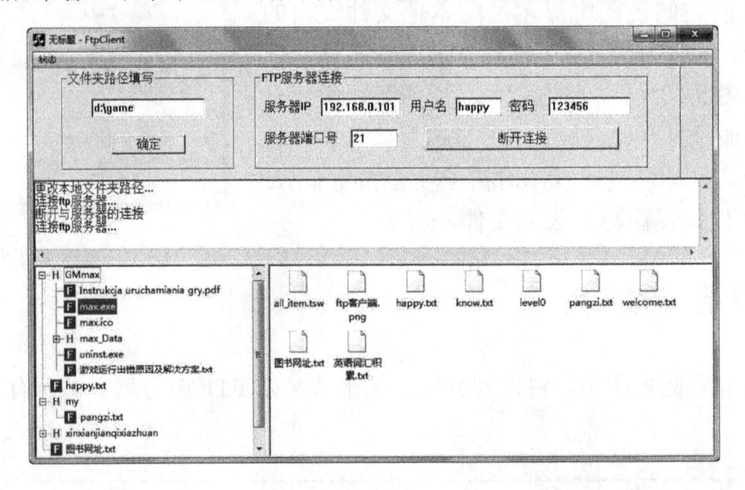

图 5.5　FTP 客户端全貌

5.2　关键技术讲解

本节主要介绍本章要用到的所有关键技术，包括如何制作浮动对话框，然后像工具栏一样加到菜单之下；如何将客户区分栏；如何实现对树形和列表视图项目的拖动。

我们创建的工程是基于 SDI 的，命名为 FtpClient。在向导的第 6 步；选择 CFtpClientView 基于 CLiStView 类，如图 5.6 所示。

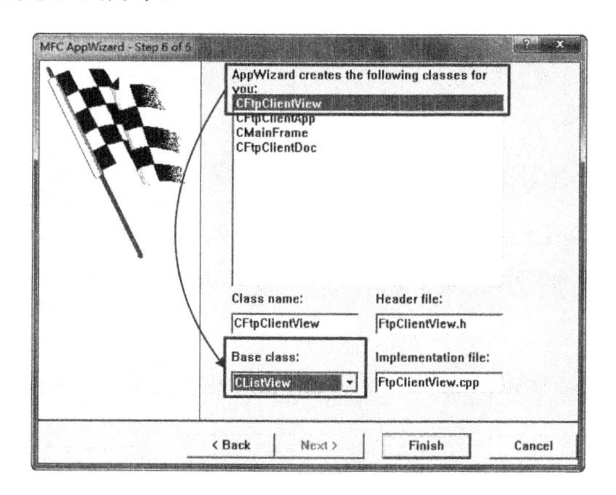

图 5.6　修改 CFtpClientView 的基类

5.2.1　制作、使用浮动对话框

浮动对话框，顾名思义就是可以浮动在主窗体之上。制作方法如下所述。

（1）在资源视图中插入对话框资源，修改 ID 为 IDD_FLOAT_DLG；然后修改属性：去掉对话框的边缘，将 Style 改为 Child。如图 5.7 所示。

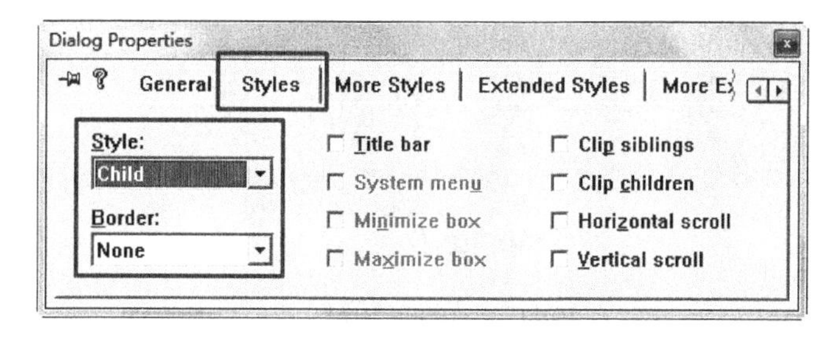

图 5.7　对话框属性设置

（2）为对话框拖放控件，然后进行设计，用户可以根据自己的喜好摆放，笔者的设计如图 5.8 所示。

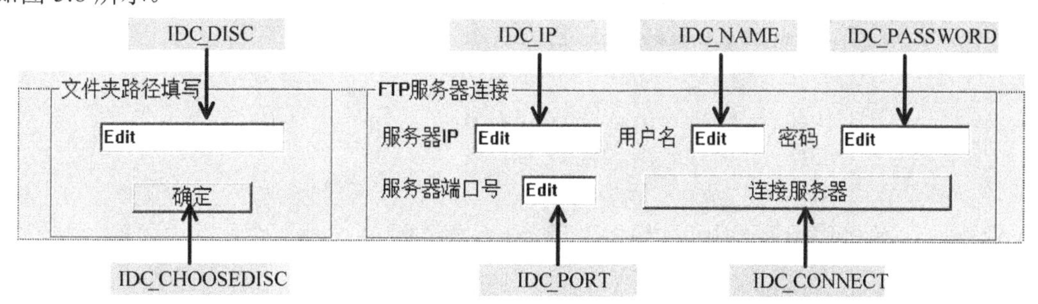

图 5.8　浮动对话框界面设计

（3）在 CMainFrame 中添加一个浮动对话框的变量 m_myDlg。

```
01  class CMainFrame : public CFrameWnd
02  {
03  ...
04  // Attributes
05  public:
06      CDialogBar      m_myDlg;              //浮动对话框
07  ...
08  };
```

在 CMainFrame 的 OnCreate()成员函数中完成两个任务。第一，去掉由向导为我们添加的工具栏和状态栏，它们影响到了程序的美观；第二，添加显示刚才设计的对话框的代码。

```
01  int CMainFrame::OnCreate(LPCREATESTRUCT lpCreateStruct)
02  {
03      if (CFrameWnd::OnCreate(lpCreateStruct) == -1)
04          return -1;
05
06      //注释掉由向导创建的工具栏和状态栏
07  /*  if (!m_wndToolBar.CreateEx(this, TBSTYLE_FLAT,
08           WS_CHILD | WS_VISIBLE | CBRS_TOP
09          | CBRS_GRIPPER | CBRS_TOOLTIPS | CBRS_FLYBY |
10           CBRS_SIZE_DYNAMIC) ||
11          !m_wndToolBar.LoadToolBar(IDR_MAINFRAME))
12      {
13          TRACE0("Failed to create toolbar\n");
14          return -1;      // fail to create
15      }
16
17      if (!m_wndStatusBar.Create(this) ||
18          !m_wndStatusBar.SetIndicators(indicators,
19            sizeof(indicators)/sizeof(UINT)))
20      {
21          TRACE0("Failed to create status bar\n");
22          return -1;      // fail to create
23      }   */            //注释结束的位置
24
25      // TODO: Delete these three lines if you don't want the
26      // toolbar to be dockable
27      //  m_wndToolBar.EnableDocking(CBRS_ALIGN_ANY);
28      //  EnableDocking(CBRS_ALIGN_ANY);
29      //  DockControlBar(&m_wndToolBar);
30
31      //添加我们自己设计的浮动对话框
32      if( !m_myDlg.Create(this,IDD_FLOAT_DLG,
33              CBRS_TOP | CBRS_HIDE_INPLACE,IDD_FLOAT_DLG) )
34      {
35          TRACE0("Failed to create dialog bar m_myDlg\n");
36          return -1;
37      }
38      //设置浮动对话框停靠在框架的顶部
39      m_myDlg.EnableDocking(CBRS_ALIGN_TOP);
40      //设置框架窗口的顶部运行停靠
41      EnableDocking(CBRS_ALIGN_TOP);
42      //框架指定浮动对话框停靠
43      DockControlBar(&m_myDlg);
44
```

```
45      return 0;
46  }
```

程序中去掉了工具栏和状态栏的功能，所以可以将代表两个工具的对象 m_wndStatusBar、m_wndToolBar 也注释掉。它们定义在类 CMainFrame 的头文件中，如下：

```
01  class CMainFrame : public CFrameWnd
02  {
03  ...
04  protected:  // control bar embedded members
05  //  CStatusBar  m_wndStatusBar;
06  //  CToolBar    m_wndToolBar;
07  ...
08  // Generated message map functions
09  protected:
10  };
```

不注释掉也不会影响程序的编译执行，用户可自由处理。通过调用类 CDialogBar 的成员函数 Create()，装载我们设计的对话框资源模版、创建对话框窗口、设置它的样式，最后关联窗口到 CDialogBar 对象 m_myDlg 上。函数原型如下：

```
virtual BOOL Create(
   CWnd* pParentWnd,
   UINT nIDTemplate,
   UINT nStyle,
   UINT nID
);
```

参数及其含义介绍如下。

- pParentWnd：指向装载浮动对话框的父窗口的指针，我们直接使用了 this。
- pIDTemplate：对话框资源的 ID 号。
- nStyle：对话框在框架窗口的位置，可以是 CBRS_TOP、CBRS_BOTTOM 等。
- nID：对话框控件的 ID 号。同参数 pIDTemplate。

其他成员函数如 EnableDocking()的使用很简单，代码中已经加入了注释，此处不再详细讲解。

那么，编译运行程序后就会发现，工具栏和状态栏消失了，取而代之的是我们自己设计的浮动对话框，用鼠标尝试拖动它，会有如图 5.9 所示效果。

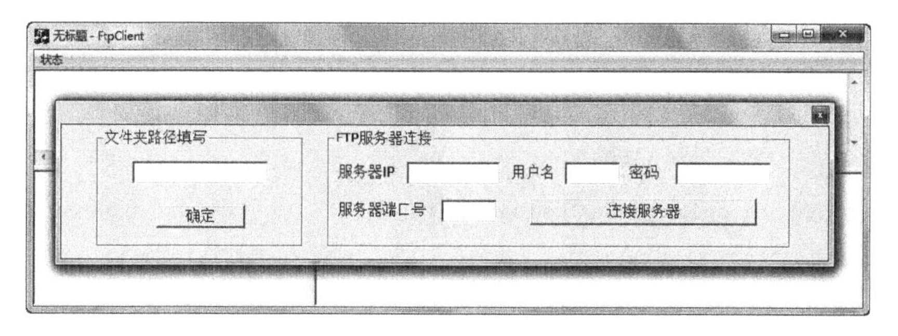

图 5.9　拖动浮动对话框

用户可以任意移动它，如果单击对话框上面的关闭按钮关闭它后，我们需要重新启动程序让它再次显示。因为本程序没有实现再次显示浮动窗口功能，用户可以自己实现。

5.2.2　客户区的分割

将整个客户区分割为 3 个部分：用于显示用户操作的信息窗口、用于显示本地文件夹资源的树形视图窗口和用于显示 FTP 服务器上文件资源的列表视图窗口。效果如图 5.10 所示。

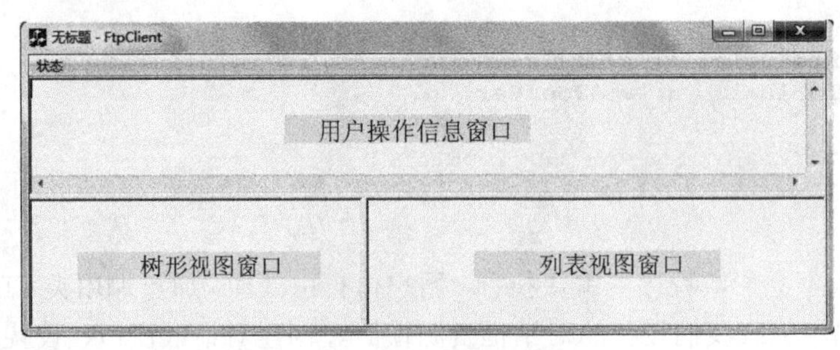

图 5.10　窗口分割效果图

为类 CMainFrame 添加两个成员变量，如下：

```
01  class CMainFrame : public CFrameWnd
02  {
03  ...
04  // Attributes
05  public:
06      CSplitterWnd    m_splitter1;
07      CSplitterWnd    m_splitter2;
08  ...
09  };
```

类 CSplitterWnd 提供了分割窗口的功能，就是一个窗口包含多个窗格。

为类 CMainFrame 添加函数 OnCreateClient()的实现，程序编写如下：

```
01  BOOL CMainFrame::OnCreateClient(LPCREATESTRUCT lpcs,
02                                  CCreateContext* pContext)
03  {
04      // TODO: Add your specialized code
05      // here and/or call the base class
06  
07      //窗口的第一次分割
08      if( !m_splitter1.CreateStatic(this,2,1) )
09      {
10          return false;
11      }
12      if( !m_splitter1.CreateView(0,0,RUNTIME_CLASS(CMsgShow),
13                                  CSize(0,0),pContext) )
14      {
15          return false;
16      }
17      m_splitter1.SetRowInfo(0,100,50);       //设置行高
18  
19      //窗口的第二次分割
20      if( !m_splitter2.CreateStatic(&m_splitter1,1,2,
21          WS_CHILD |WS_VISIBLE,m_splitter1.IdFromRowCol(1,0)) )
22      {
```

```
23          return false;
24      }
25      if( !m_splitter2.CreateView(0,0,RUNTIME_CLASS(CFileTree),
26                                          CSize(0,0),pContext) )
27      {
28          return false;
29      }
30      if( !m_splitter2.CreateView(0,1,RUNTIME_CLASS(CFtpClientView),
31                                          CSize(0,0),pContext) )
32      {
33          return false;
34      }
35      m_splitter2.SetColumnInfo(0,300,50);    //设置列宽
36
37      return true;
38  }
```

调用类 CSplitterWnd 的成员函数 CreateStatic()创建静态的分割窗口，函数原型如下：

```
virtual BOOL CreateStatic(
   CWnd* pParentWnd,
   int nRows,
   int nCols,
   DWORD dwStyle = WS_CHILD | WS_VISIBLE,
   UINT nID = AFX_IDW_PANE_FIRST
);
```

参数及其含义如下所述。

- ❑ pParentWnd：分割窗口的父框架窗口。
- ❑ nRows：分割的行数，要求不大于 16。
- ❑ nCols：分割的列数，要求不大于 16。
- ❑ dwStyle：指定的窗口样式。有默认参数。
- ❑ nID：子窗口的 ID。ID 可以默认为 AFX_IDW_PANE_FIRST，但是当分割窗口是嵌套在其他分割窗口中时，必须是嵌套窗口的 ID。

第一次分割窗口时，父窗口是框架 CMainFrame，分割成 2 行 1 列。第二次分割窗口时，是嵌入在第一次分割的窗口中的，所以父窗口为 m_splitter1，分割为 1 行 2 列，嵌套的窗口 ID 通过类 CSplitterWnd 的成员函数 IdFromRowCol()获得。

类 CSplitterWnd 的成员函数 CreateView()为静态分割窗口创建窗格，原型如下：

```
virtual BOOL CreateView(
   int row,
   int col,
   CRuntimeClass* pViewClass,
   SIZE sizeInit,
   CCreateContext* pContext
);
```

参数及其含义如下所述。

- ❑ row：指定放置新视图的窗口行。
- ❑ col：指定放置新视图的窗口列。
- ❑ pViewClass：指定一个 CRuntimeClass 作为新视图。
- ❑ sizeInit：指定新视图的初始大小，即长和宽。
- ❑ pContext：为用来创建上下文的指针创建视图。

调用类 CSplitterWnd 的成员函数 SetRowInfo()和 SetColumnInfo()分别设置分割窗口的行高取值范围和列宽取值范围。函数原型如下：

```
void SetRowInfo(
   int row,
   int cyIdeal,
   int cyMin
);
void SetColumnInfo(
   int col,
   int cxIdeal,
   int cxMin
);
```

参数及其含义如下所述。

- ❑ row、col：指定分割窗口的行、列，用于定位。
- ❑ cyIdeal、cxIdeal：以像素为单位，为分割窗口指定理想的行高、列宽。
- ❑ cyMin、cxMin：以像素为单位，为分割窗口指定最小的行高、列宽。

在函数 OnCreateClient()中，我们将 3 个视图 CMsgShow、CFileTree 和 CFtpClientView 指定到相应的分割窗格中。前两个是我们利用类向导添加的新类，分别基于类 CEditView 和 CTreeView，最后一个是我们创建工程时由向导为我们创建的视图类，基于类 CListView。至此客户区分割的操作代码添加完毕。

5.2.3　树形视图项目拖动效果

我们可以通过捕获 3 个事件来添加拖动效果的代码：鼠标左键选中项目并且开始拖动、鼠标移动和鼠标左键抬起。

1．选中视图项

我们需要用类向导添加一个新类 CFileTree，基于 CTreeView，如图 5.11 所示。

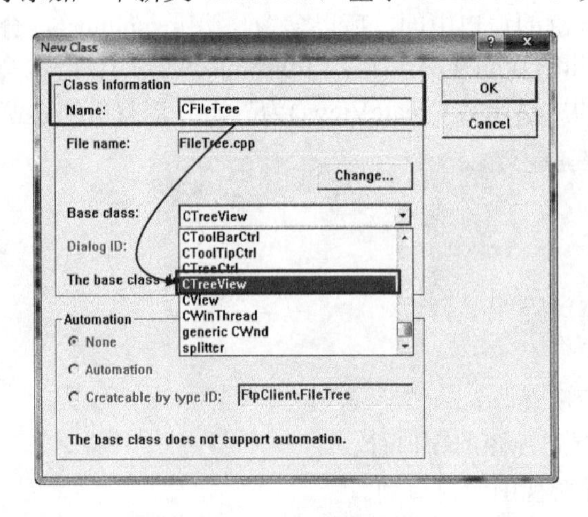

图 5.11　添加新类 CFileTree

在类 CFileTree 的实现文件中，添加文件包含指令如下：

```
#include "MainFrm.h"
#include "FtpClientView.h"
```

再利用类向导为它添加函数 OnBegindrag()，如图 5.12 所示。

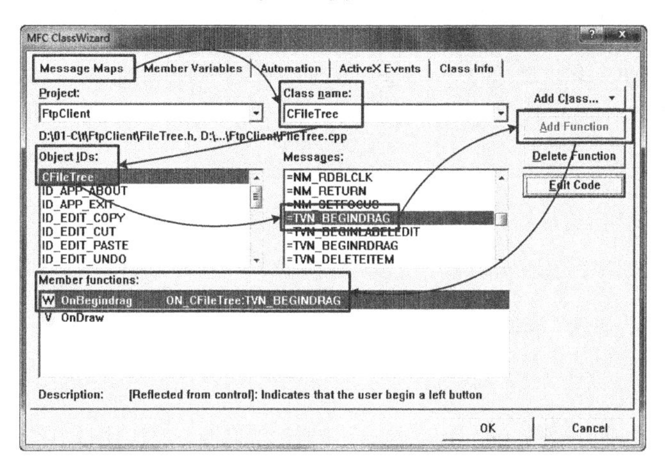

图 5.12　为类 CFileTree 添加消息响应

为函数 OnBegindrag()添加代码，如下：

```
01  void CFileTree::OnBegindrag(NMHDR* pNMHDR, LRESULT* pResult)
02  {
03      NM_TREEVIEW* pNMTreeView = (NM_TREEVIEW*)pNMHDR;
04
05      // TODO: Add your control notification handler code here
06
07      //树的叶子节点
08      m_hItemDragS = pNMTreeView->itemNew.hItem;
09
10      ...                             //略去部分程序其他功能的代码
11
12      //得到用于拖动时显示的图像列表
13      m_pDragImage = tree->CreateDragImage( m_hItemDragS );
14      if( !m_pDragImage )
15          return;
16
17      //开始拖动
18      m_bDragging = true;
19      //拖动时的图像索引、鼠标指针相对于图像的左上角
20      m_pDragImage->BeginDrag( 0,CPoint(16,8) );
21
22      CPoint  pt = pNMTreeView->ptDrag;
23      ClientToScreen( &pt );
24      m_pDragImage->DragEnter(NULL,pt );
25
26      //捕获鼠标的所有事件
27      SetCapture();
28
29      *pResult = 0;
30  }
```

函数 OnBegindrag()中的变量是类 CFileTree 的公有成员变量，定义如下：

```
01  class CFileTree : public CTreeView
```

```
02 {
03 ...
04 // Attributes
05 public:
06     CTreeCtrl       *tree;              //指向 treeview 本身
07     CImageList*     m_pDragImage;       //拖动时显示的图像列表
08     HTREEITEM       m_hItemDragS;       //被拖动的标签项
09     BOOL            m_bDragging;        //鼠标是否处于拖动状态
10 ...
11 };
```

成员变量在类 CFreeTree 的构造函数初始化如下：

```
01 CFileTree::CFileTree()
02 {
03     tree = &GetTreeCtrl();
04     m_bDragging = false;
05 }
```

类 CTreeCtrl 的成员函数 GetTreeCtrl()返回树视图控件的引用。函数 OnBegindrag()中结构 NM_TREEVIEW 定义如下：

```
typedef struct _NM_TREEVIEW {
    NMHDR hdr;
    UINT action;
    TV_ITEM itemOld;
    TV_ITEM itemNew;
    POINT ptDrag;
} NM_TREEVIEW;
```

参数及其含义如下所述。

- hdr：另一个包含通知消息信息的结构 NMHDR。
- action：通知具体操作的标志。
- itemOld：一个包含旧项目状态信息的结构 TV_ITEM。当通知消息没有用到它时会被置 0。
- itemNew：一个包含新项目状态信息的结构 TV_ITEM。当通知消息没有用到它时会被置 0。
- ptDrag：引起通知消息被发送，客户区事件发生时鼠标的坐标位置。

我们要从这个结构中获取两个信息：itemNew.hItem 和 ptDrag。前者是结构 TV_ITEM，用来指定或返回树视图项的属性。结构 TV_ITEM 的字段 hItem 放的是这个结构指向树视图项的句柄 HTREEITEM，被保存在 m_hItemDragS 变量中。

然后用类 CTreeCtrl 的一个成员函数和类 CImageList 的两个成员函数完成图像拖动的准备工作，它们是：函数 CreateDragImage()用来为指定的树视图项创建拖动时的位图、函数 BeginDrag()表示拖动位图操作的开始、函数 DragEnter()用来在拖动操作期间在指定的位置显示位图和锁定更新。函数 BeginDrag()的原型如下：

```
BOOL BeginDrag(
  int nImage,
  CPoint ptHotSpot
);
```

参数及其含义如下所述。

- nImage：索引号从 0 开始的位图号，用来指定位图。
- ptHotSpot：起始拖动时鼠标的坐标位置，坐标是相对于位图的左上角而言的。

函数 DragEnter()的原型如下：

```
static BOOL PASCAL DragEnter(
   CWnd* pWndLock,
   CPoint point
);
```

参数及其含义如下所述。

- pWndLock：指向拥有拖动图像的窗口指针。若参数赋值为 NULL，这个函数拖动图像的坐标是相对于桌面窗口的，即屏幕坐标的左上角。
- point：显示拖动图像的位置。坐标是相对于窗口或者屏幕坐标，不是客户区坐标。

所以我们在使用函数 DragEnter()的时候，用类 CWnd 的成员函数 ClientToScreen()，将给定的客户区点坐标转换为屏幕点坐标。最后调用类 CWnd 的成员函数 SetCapture()，以后不管鼠标的位置在哪里，所有的鼠标后续输入都会被送到当前的窗口处理。

至此，鼠标左键选中项目并且开始拖动事件的捕捉和处理代码的编写和解释完毕。

2. 图像随鼠标移动

利用类向导为类 CFileTree 添加鼠标移动事件。如图 5.13 所示。

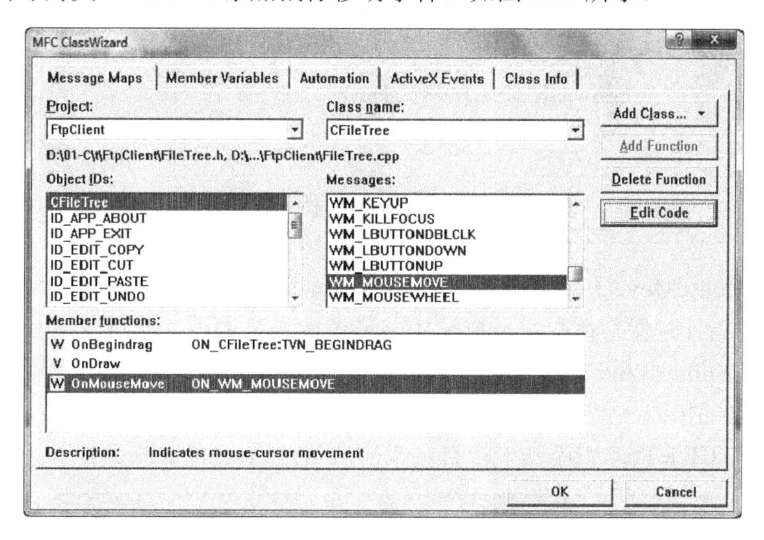

图 5.13　添加鼠标移动事件

为函数 OnMouseMove()添加代码，如下：

```
01  void CFileTree::OnMouseMove(UINT nFlags, CPoint point)
02  {
03      // TODO: Add your message handler code here and/or call default
04
05      HTREEITEM  hItem;
06
07      CMainFrame* mFrm = (CMainFrame*)AfxGetMainWnd();
08      CFtpClientView *pEView =
09          (CFtpClientView *)(mFrm->m_splitter2.GetPane(0,1));
10
```

```
11      //矩形位置
12      CRect listRt,treeRt;
13      pEView->GetCtrlRect(&listRt);   //自定义的函数
14      GetCtrlRect(&treeRt);           //同上
15
16      //区域
17      CRgn listRgn,treeRgn;
18      listRgn.CreateRectRgn(listRt.left,listRt.top,
19                            listRt.right,listRt.bottom);
20      treeRgn.CreateRectRgn(treeRt.left,treeRt.top,
21                            treeRt.right,treeRt.bottom);
22
23      CPoint  pt = point;
24      ClientToScreen(&pt);
25
26      //PtInRegion()
27      //Determines whether a specified point is in the region.
28      if( m_bDragging &&
29       ( listRgn.PtInRegion(pt) || treeRgn.PtInRegion(pt) ) )
30      {
31          CImageList::DragMove( pt );
32      }
33      else
34      {
35          //HitTest() -- Returns the current position of the cursor
36          //related to the CTreeCtrl object.
37          if( (hItem = tree->HitTest(point)) != NULL )
38          {
39              //鼠标经过时高亮显示
40              tree->SelectDropTarget( hItem );
41          }
42      }
43
44      CTreeView::OnMouseMove(nFlags, point);
45  }
```

函数 OnMouseMove()首先调用 AfxGetMainWnd()，获取指向当前程序主框架 CMainFrame 的指针，保存在变量 mFrm 中，通过此变量调用其成员变量 m_splitter2 的成员函数，即类 CSplitterWnd 的成员函数 GetPane()，得到指定行列窗格的指针。这里获取的是列表视图窗格的指针，保存在变量 pEView 中。

我们要在类 CFileTree 中添加一个自定义的成员函数 GetCtrlRect()，如图 5.14 所示。

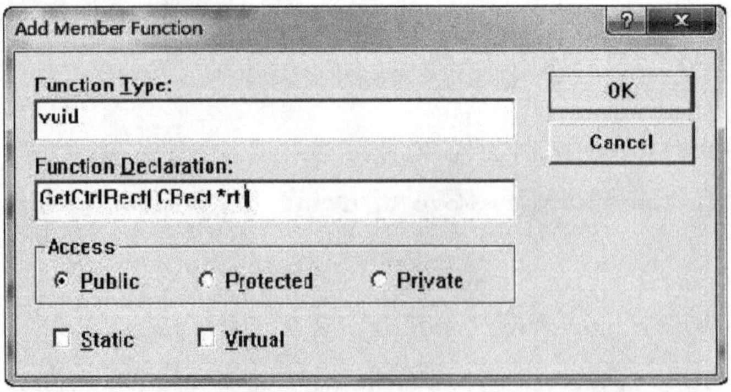

图 5.14　添加自定义的成员函数

添加如下代码即可。

```
01  void CFileTree::GetCtrlRect(CRect *rt)
02  {
03      tree->GetClientRect(rt);
04      ClientToScreen(*rt);
05  }
```

简单地封装了两个函数，功能是获取树视图窗口的矩形大小，即窗口大小；然后将坐标转换为相对屏幕的坐标值。同样，需要在类 CFtpClientView 中添加这样一个自定义的函数 GetCtrlRect()，如下：

```
01  void CFtpClientView::GetCtrlRect(CRect *rt)
02  {
03      filelist->GetClientRect(rt);
04      ClientToScreen(*rt);
05  }
```

函数 OnMouseMove()完成的功能是创建两个“区域”。实例化两个类 CRgn 的对象 listRgn 和 treeRgn，调用类 CRgn 的成员函数 CreateRectRgn()创建两个矩形区域，分别覆盖了树形结构视图和列表结构视图。函数 CreateRectRgn()的原型如下：

```
BOOL CreateRectRgn(
   int x1,
   int y1,
   int x2,
   int y2
);
```

参数及其含义如下所述。

- x1、y1：指定矩形区域左上角点的坐标位置。
- x2、y2：指定矩形区域右下角点的坐标位置。

函数 OnMouseMove()最后会判断鼠标是否处于移动的状态，是在树形结构视图区域还是在列表结构视图区域。通过类 CRgn 的成员函数 PtInRegion()判断指定的点是否在指定的区域范围内。

在指定的区域范围内，并且当前正处在移动的状态时，就该调用拖动操作的第 4 个函数了，它是类 CImageList 的成员函数 DragMove()，原型如下：

```
static BOOL PASCAL DragMove(
   CPoint pt
);
```

pt 是拖动操作时，鼠标新的位置点。这个函数将图像移动到指定的新的坐标点，也就是图像会随着鼠标移动效果展现。

若是不能满足刚才的判断条件，还有另一个有趣的效果需要实现。我们通过类 CTreeCtrl 的成员函数 HitTest()判断鼠标点相对树视图控件的位置，若是在控件内部的话，会返回指定位置树视图项的句柄；当指定位置不在任何一个树视图项上时，则返回 NULL。即鼠标在树视图窗口上“划过”，相应的树视图项就会有“被选中”的效果。通过调用类 CTreeCtrl 的成员函数 SelectDropTarget()，以一种表明树视图项被选中的样式，重绘树视图相应项，参数是树视图项的句柄。

3．鼠标图像释放

利用类向导为类 CFileTree 添加最后一个事件：鼠标左键弹起。如图 5.15 所示。

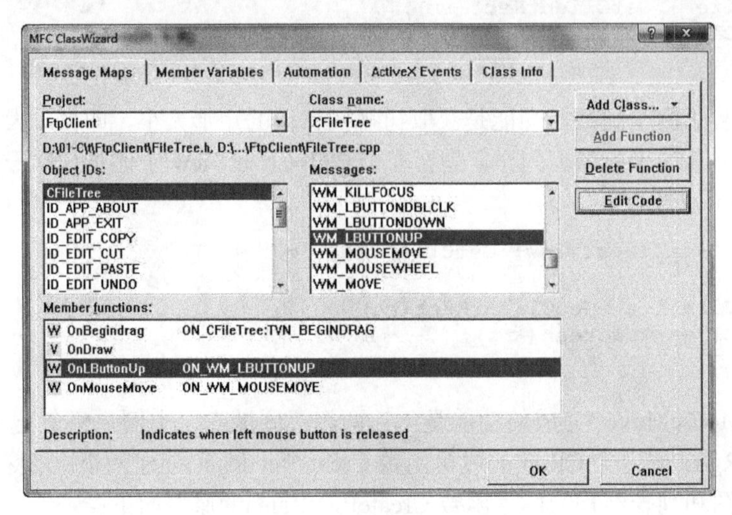

图 5.15　添加鼠标左键弹起事件

为函数 OnLButtonUp()添加代码，如下：

```
01 void CFileTree::OnLButtonUp(UINT nFlags, CPoint point)
02 {
03     // TODO: Add your message handler code here and/or call default
04
05     CMainFrame* mFrm = (CMainFrame*)AfxGetMainWnd();
06     CFtpClientView *pEView =
07         (CFtpClientView *)(mFrm->m_splitter2.GetPane(0,1));
08
09     if(m_bDragging)
10     {
11         m_bDragging = false;
12
13         CImageList::DragLeave(this);    //解锁窗口
14         CImageList::EndDrag();          //结束拖放
15         ReleaseCapture();               //释放鼠标
16
17         tree->SelectDropTarget(NULL);
18
19         CPoint  pt = point;
20         ClientToScreen(&pt);
21
22         CRect listRt;
23         pEView->GetCtrlRect(&listRt);   //自定义函数
24
25         CRgn listRgn;
26         listRgn.CreateRectRgn(listRt.left,listRt.top,
27         listRt.right,listRt.bottom);
28
29         //若文件拖动到了服务器视图的区域内
30         if( listRgn.PtInRegion(pt) )
31         {
32             ...                         //省略用于其他目的的代码
```

```
33            }
34        }
35
36        CTreeView::OnLButtonUp(nFlags, point);
37  }
```

函数 OnLButtonUp()会调用函数 AfxGetMainWnd()获取本程序主框架的指针，并保存在变量 mFrm 中，用 mFrm 通过其数据成员 m_splitter2 获取列表视图窗格的指针。

当确定鼠标是在拖动图像时左键才弹起，即 m_bDragging 为 true 时，我们用最后 2 个函数来完成拖动工作。它们是类 CImageList 的成员函数：DragLeave()用来解锁参数指定的窗口、隐藏图像、允许窗口更新；EndDrag()用来结束拖动操作。函数原型如下：

```
static BOOL PASCAL DragLeave(
   CWnd* pWndLock
);
static void PASCAL EndDrag( );
```

通过函数 ReleaseCapture()释放鼠标的捕获。然后获取列表视图矩形大小、创建覆盖列表视图的区域、判断鼠标点移动到了创建的区域范围之内时所添加的任意的操作。

5.2.4 列表视图项目拖动效果

与树形视图项目拖动效果类似，我们可以通过捕获 3 个事件来添加拖动效果的代码：鼠标左键选中项目并且开始拖动、鼠标移动和鼠标左键弹起。

首先，在类 CFtpClientView 的实现文件中头部添加文件包含指令，如下：

```
#include "MainFrm.h"
#include "FileTree.h"
```

在类 CFtpClientView 的头文件中添加类的声明，代码如下：

```
class CFtpClientDoc;
```

1. 选中视图项

利用类向导为类 CFtpClientView 添加函数 OnBegindrag()，如图 5.16 所示。

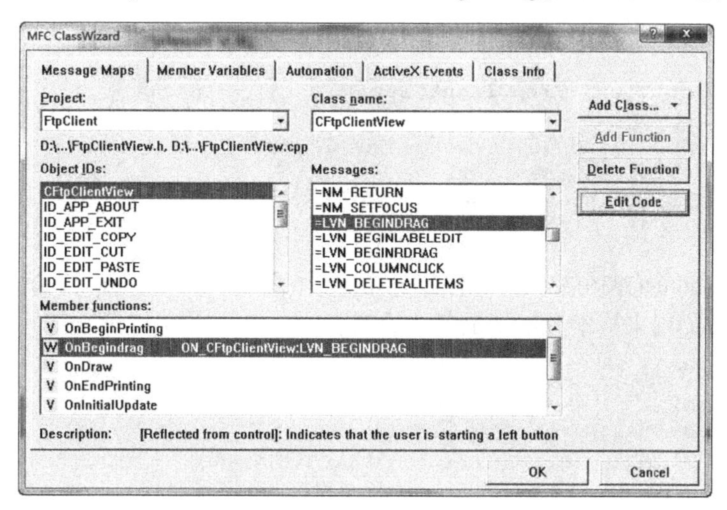

图 5.16 为类 CFtpClienView 添加消息响应

为函数 OnBegindrag()添加代码，如下：

```
01  void CFtpClientView::OnBegindrag(NMHDR* pNMHDR, LRESULT* pResult)
02  {
03      NM_LISTVIEW* pNMListView = (NM_LISTVIEW*)pNMHDR;
04      // TODO: Add your control notification handler code here
05
06      int nSelected = filelist->GetNextItem(-1, LVNI_SELECTED);
07
08      //得到用于拖动时显示的图像列表
09      CPoint pt;
10      filelist->ClientToScreen( &pt );
11      m_pImageList = filelist->CreateDragImage(nSelected, &pt);
12      if( !m_pImageList )
13          return;
14
15      //开始拖动
16      m_isDragging  =  true;
17      m_pImageList->BeginDrag( 0, CPoint(8,8) );
18      ClientToScreen( &pt );
19      m_pImageList->DragEnter( NULL,pt );
20      SetCapture();
21
22      ...                                    //省略其他功能代码
23
24      *pResult = 0;
25  }
```

函数 OnBegindrag()中的变量是类 CFtpClientView 的公有成员变量，定义如下：

```
01  class CFtpClientView : public CListView
02  {
03  ...
04  // Attributes
05  public:
06      CListCtrl   *filelist;       //自身窗体的指针
07      CImageList  *m_pImageList;  //图像列表
08      bool        m_isDragging;   //判断拖动状态
09  ...
10  };
```

成员变量在类 CFtpClientView 的构造函数初始化如下：

```
01  CFtpClientView::CFtpClientView()
02  {
03      // TODO: add construction code here
04      filelist=&GetListCtrl();
05      m_isDragging = false;
06  }
```

函数 OnBegindrag()调用类 CListCtrl 的两个成员函数：GetNextItem()和 CreateDragImage()。函数 GetNextItem()用来检索满足指定条件的列表项，函数原型如下：

```
int GetNextItem(
   int nItem,
   int nFlags
) const;
```

参数及其含义如下所述。

- nItem：指定检索的起始位置，位置即列表项的索引。
- nFlags：被请求列表项与指定索引列表项的几何关系，如 LVNI_ABOVE 等；或者是被请求列表项的状态，如 LVNI_SELECTED。本例使用这一标识，表示被选中的状态。

函数 CreateDragImage()用来为指定的列表项创建拖动图像，函数原型如下：

```
CImageList* CreateDragImage(
   int nItem,
   LPPOINT lpPoint
);
```

参数及其含义如下所述。

- nItem：要创建拖动图像的列表项的索引。
- lpPoint：结构 POINT 的指针。图像左上角相对于列表视图坐标的起始位置。

函数 OnBegindrag()剩下的操作，我们应该很熟悉了，包括调用类 CImageList 的成员函数 BeginDrag()，表示开始拖动图像；调用类 CImageList 的成员函数 DragEnter()，锁定视图的更新；调用类 CWnd 的成员函数 SetCapture()捕获鼠标后续的所有事件。

2. 图像随鼠标移动

利用类向导为类 CFtpClientView 添加下一个事件：鼠标移动。如图 5.17 所示。

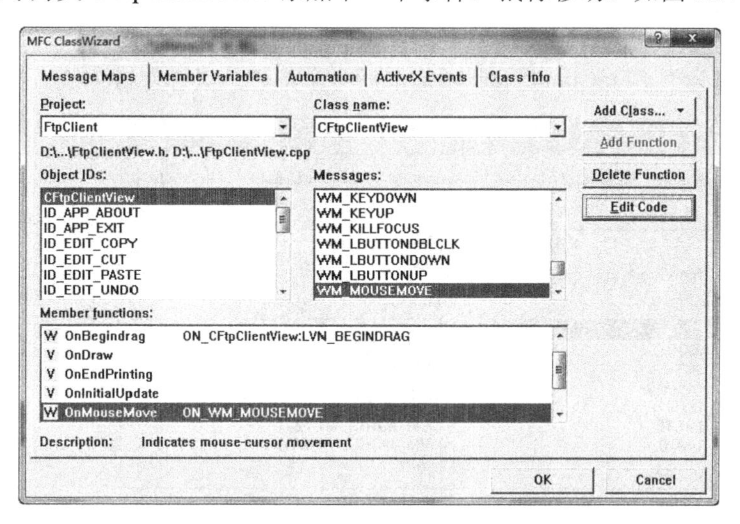

图 5.17　添加鼠标移动事件

为函数 OnMouseMove()添加代码，如下：

```
01  void CFtpClientView::OnMouseMove(UINT nFlags, CPoint point)
02  {
03      // TODO: Add your message handler code here and/or call default
04  
05      CMainFrame* mFrm = (CMainFrame*)AfxGetMainWnd();
06      CFileTree *pEView =
07              (CFileTree *)(mFrm->m_splitter2.GetPane(0,0));
08  
09      //获取窗口矩形大小
10      CRect listRt,treeRt;
```

```
11      GetCtrlRect(&listRt);              //自定义函数
12      pEView->GetCtrlRect(&treeRt);    //同上
13
14      //创建窗口矩形区域
15      CRgn listRgn,treeRgn;
16      listRgn.CreateRectRgn(listRt.left,listRt.top,
17                              listRt.right,listRt.bottom);
18      treeRgn.CreateRectRgn(treeRt.left,treeRt.top,
19                              treeRt.right,treeRt.bottom);
20
21      CPoint  pt = point;
22      ClientToScreen(&pt);
23      if( m_isDragging &&
24          (listRgn.PtInRegion(pt) || treeRgn.PtInRegion(pt) ) )
25      {
26          CImageList::DragMove(pt);
27      }
28
29      CListView::OnMouseMove(nFlags, point);
30  }
```

函数 OnMouseMove()的实现过程：获取树形视图、列表视图窗口矩形大小，创建覆盖树形视图、列表视图窗口的区域，检测鼠标是否处于拖动图像状态，是否在树形视图或列表视图的区域范围内，调用类 CImageList 的成员函数 DragMove()拖动图像。

3．鼠标图像释放

利用类向导为类 CFtpClientView 添加最后一个事件：鼠标左键弹起。如图 5.18 所示。

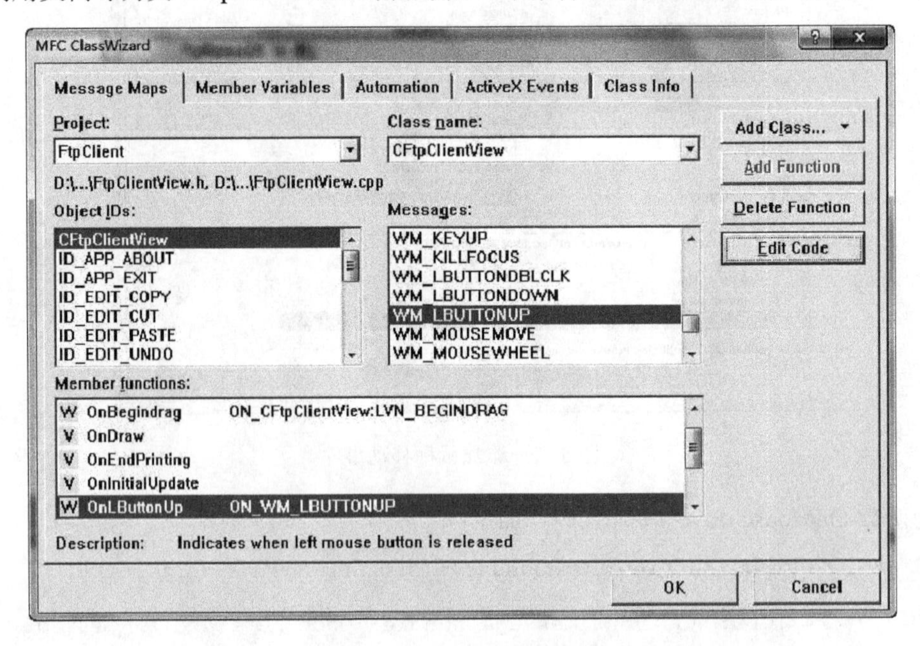

图 5.18　添加鼠标左键弹起事件

为函数 OnLButtonUp()添加代码，如下：

```
01  void CFtpClientView::OnLButtonUp(UINT nFlags, CPoint point)
02  {
03      // TODO: Add your message handler code here and/or call default
```

```
04
05      CMainFrame* mFrm = (CMainFrame*)AfxGetMainWnd();
06      CFileTree *pEView = (CFileTree *)
07                          (mFrm->m_splitter2.GetPane(0,0));
08
09      if( m_isDragging )
10      {
11          m_isDragging  =  false;
12          CImageList::DragLeave(this);
13          CImageList::EndDrag();
14          ReleaseCapture();
15
16          CRect treeRt;
17          pEView->GetCtrlRect(&treeRt);
18
19          CRgn treeRgn;
20          treeRgn.CreateRectRgn(treeRt.left,treeRt.top,
21                                 treeRt.right,treeRt.bottom);
22
23          ClientToScreen( &point);
24          CPoint  pt = point;
25          if( treeRgn.PtInRegion(pt) )      //释放点的位置
26          {
27              ...                           //添加处理事件的代码
28          }
29      }
30
31      CListView::OnLButtonUp(nFlags, point);
32  }
```

函数 OnLButtonUp()实现的功能是解锁拖动窗口、结束拖动操作、释放鼠标的捕获、获取树视图矩形大小、创建覆盖树视图的区域、判定鼠标点在树视图区域之内。

5.3　实现 FTP 客户端

这个实例是通过 WinInet API 来实现 FTP 客户端的，无需考虑底层的通信协议和数据传输工作，所以我们把近一半的精力用在了华丽的程序界面设计上。

5.3.1　WinInet 类介绍

MFC 提供的 WinInet 类是对 WinInet API 的封装，为我们提供了更加方便的编程接口。主要用到两个类：CInternetSession 和 CFtpConnection。

1．CInternetSession类

用来创建或者初始化一个或多个同步的网络会话。它的构造函数原型如下：

```
CInternetSession(
  LPCTSTR      pstrAgent = NULL,
  DWORD_PTR    dwContext = 1,
  DWORD        dwAccessType = PRE_CONFIG_INTERNET_ACCESS,
  LPCTSTR      pstrProxyName = NULL,
  LPCTSTR      pstrProxyBypass = NULL,
```

```
    DWORD         dwFlags = 0
);
```

我们的实例程序直接使用了所有的默认参数值。

当我们要在服务器上执行指定的服务，如 FTP 服务，必须要先建立连接，用到的成员函数是 GetFtpConnection()。函数原型如下：

```
CFtpConnection* GetFtpConnection(
    LPCTSTR           pstrServer,
    LPCTSTR           pstrUserName = NULL,
    LPCTSTR           pstrPassword = NULL,
    INTERNET_PORT     nPort = INTERNET_INVALID_PORT_NUMBER,
    BOOL              bPassive = FALSE
);
```

参数及其含义如下所述。

- ❑ pstrServer：包含 FTP 服务器 IP 地址的字符串。
- ❑ pstrUserName：包含用户名的字符串，若为 NULL，默认匿名登录。
- ❑ pstrPassword：包含登录密码的字符串。
- ❑ nPort：服务器的端口号，对于 FTP 服务默认为 21。
- ❑ bPassive：为这个会话指定被动或主动的模式，默认为主动模式。

返回一个指向类 CFtpConnection 的指针。

2．CFtpConnection类

此类主要用于管理 FTP 服务连接，并允许用户直接操作服务器目录和文件。我们主要用到了此类的两个成员函数：PutFile()用来上传文件；GetFile()用来下载文件。函数原型如下：

```
BOOL PutFile(
    LPCTSTR       pstrLocalFile,
    LPCTSTR       pstrRemoteFile,
    DWORD         dwFlags = FTP_TRANSFER_TYPE_BINARY,
    DWORD_PTR     dwContext = 1
);
```

参数及其含义如下所述。

- ❑ pstrLocalFile：包含要上传文件路径的字符串。
- ❑ pstrRemoteFile：包含要保存在 FTP 服务器上文件路径的字符串。
- ❑ dwFlags：指定文件的传输方式，以二进制或者 ASCII 码形式传输。默认为二进制形式。
- ❑ dwContext：文件的标识。

依据返回值判定上传操作是否成功。函数 GetFile()的原型如下：

```
BOOL GetFile(
    LPCTSTR           pstrRemoteFile,
    LPCTSTR           pstrLocalFile,
    BOOL              bFailIfExists = TRUE,
    DWORD             dwAttributes = FILE_ATTRIBUTE_NORMAL,
    DWORD             dwFlags = FTP_TRANSFER_TYPE_BINARY,
    DWORD_PTR         dwContext = 1
);
```

参数及其含义如下所述。

- pstrRemoteFile：包含要接收 FTP 服务器上文件路径的字符串。
- pstrLocalFile：包含要在本地上创建的文件路径的字符串。
- bFailIfExists：当下载的路径上有同名的文件时，是否会导致下载失败。默认为 True，即会导致下载失败。
- dwAttributes：表示文件的属性。
- dwFlags：指定调用发生时的条件。
- dwContext：文件检索的上下文标识。

用户可以依据函数 GetFile()的返回值来判定下载操作是否成功。

5.3.2　FTP 服务器操作

通过浮动对话框获取用户输入的信息，调用类的成员连接、登录 FTP 服务器，最后将 FTP 服务器根目录下的所有文件显示在列表视图中。浮动对话框如图 5.19 所示。

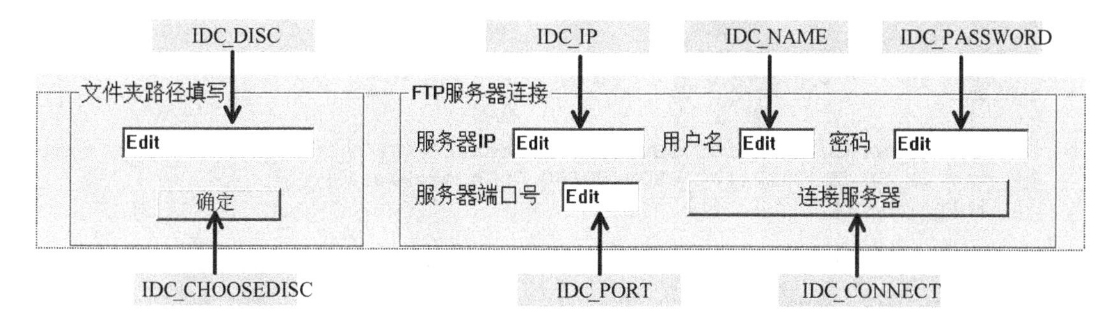

图 5.19　浮动对话框

在类 CMainFrame 中手动添加“连接服务器”按钮和“确定”按钮的消息响应函数 OnConnect()和 OnChooseDisc()，步骤如下所述。

（1）在类 CMainFrame 头文件中添加文件包含指令，用来支持 WinInet 类，如下：

```
#include < afxinet.h >              //为了使用 CFtpConnect CInternetSession
```

在类中添加成员变量和成员函数，如下：

```
01  class CMainFrame : public CFrameWnd
02  {
03  ...
04  // Attributes
05  public:
06      CFtpConnection      *m_pFtpConnection;
07      CInternetSession    *m_pInetSession;
08      CString             m_curPath;              //服务器根目录
09      CString             strDisc;                //本地文件路径--由用户输入
10
11  ...
12
13  // Generated message map functions
14  protected:
15      //{{AFX_MSG(CMainFrame)
```

```
16      afx_msg int OnCreate(LPCREATESTRUCT lpCreateStruct);
17      ...
18      //}}AFX_MSG
19
20      //add new
21      afx_msg void OnConnect();
22      afx_msg void OnChooseDisc();
23      DECLARE_MESSAGE_MAP()
24  };
```

（2）在类 CMainFrame 的实现文件中添加文件包含指令，用来支持 3 个分割窗口视图，如下：

```
#include "MsgShow.h"        //3 个窗体的头文件
#include "FileTree.h"
#include "FtpClientView.h"
```

添加消息映射，即控件 ID 与处理事件函数建立联系，如下：

```
01  BEGIN_MESSAGE_MAP(CMainFrame, CFrameWnd)
02      //{{AFX_MSG_MAP(CMainFrame)
03      ...
04      ON_WM_CREATE()
05      //}}AFX_MSG_MAP
06
07      //add new
08      ON_BN_CLICKED(IDC_CONNECT, OnConnect)
09      ON_BN_CLICKED(IDC_CHOOSEDISC,OnChooseDisc)
10  END_MESSAGE_MAP()
```

添加了两个按钮单击事件的消息映射。类 CMainFrame 的构造函数如下：

```
01  CMainFrame::CMainFrame()
02  {
03      // TODO: add member initialization code here
04
05      m_bConnect = false;
06      m_pInetSession = new CInternetSession;
07      m_curPath = "\\";
08  }
```

可以看到，构造函数只是初始化了一些成员变量。

1. 连接FTP服务器

编写 “连接服务器” 按钮的消息响应函数 OnConnect()，如下：

```
01  void CMainFrame::OnConnect()
02  {
03      //获取视图窗口的指针
04      CFtpClientView *pView =
05                  (CFtpClientView *)(m_splitter2.GetPane(0,1));
06      CMsgShow *pEdit = (CMsgShow *)(m_splitter1.GetPane(0,0));
07
08      //判断此时与服务器的连接状态
09      if(!m_bConnect)
10      {
11          //获取浮动对话框上填写的信息
12          CString strHost,strName,strPass;
13
```

```
14          m_myDlg.GetDlgItemText(IDC_IP,strHost);
15          m_myDlg.GetDlgItemText(IDC_NAME,strName);
16          m_myDlg.GetDlgItemText(IDC_PASSWORD,strPass);
17
18          //处理异常的操作
19          try
20          {
21              //连接 FTP 服务器
22              m_pFtpConnection=
23                  m_pInetSession->GetFtpConnection(strHost,
24                                          strName,strPass);
25          }
26          catch(CInternetException *pEx)
27          {
28              TCHAR szError[256];
29              if(pEx->GetErrorMessage(szError,256))
30              {
31                  AfxMessageBox(szError);
32                  return;
33              }
34              else
35              {
36                  AfxMessageBox("There was an exception.");
37                  return;
38              }
39
40              pEx->Delete();
41              m_pFtpConnection=NULL;
42          }
43
44          //遍历服务器上的文件，调用自定义的函数 BrowseDir()
45          pView->BrowseDir(m_curPath,m_pFtpConnection);
46
47          //消息框显示信息，调用自定义函数 ShowMsg()
48          pEdit->ShowMsg("连接 ftp 服务器...");
49
50          //改变按钮的文字
51          m_myDlg.GetDlgItem(IDC_CONNECT)->SetWindowText("断开连接");
52          m_bConnect = true;
53
54          //禁用控件
55          m_myDlg.GetDlgItem(IDC_IP)->EnableWindow(false);
56          m_myDlg.GetDlgItem(IDC_NAME)->EnableWindow(false);
57          m_myDlg.GetDlgItem(IDC_PASSWORD)->EnableWindow(false);
58          m_myDlg.GetDlgItem(IDC_PORT)->EnableWindow(false);
59      }
60      else     //断开连接
61      {
62          ...
63      }
64  }
```

响应函数 OnConnect()功能的实现步骤：获取浮动对话框上由用户填写的登录信息，保存在 3 个字符串变量中，它们是 strHost、strName 和 strPass，调用类 CInternetSession 的成员函数 GetFtpConnection()连接 FTP 服务器，代码中对异常的情况做了一些处理，代码包含在 try 和 catch 的语句块中。

为类 CFtpClientView 添加成员函数 BrowseDir()，用来遍历服务器根目录下的所有文件，代码编写如下：

```
01  void CFtpClientView::BrowseDir(CString strDir,CFtpConnection *ftpCon)
02  {
03      CFtpFileFind Ffind(ftpCon);
04      int col = 0;
05
06      BOOL IsTrue = Ffind.FindFile(strDir + "*");
07
08      while(IsTrue)
09      {
10          IsTrue = Ffind.FindNextFile();
11
12          if( !Ffind.IsDots() && !Ffind.IsDirectory() )
13          {
14              filelist->InsertItem(col,
15                  (LPCTSTR)Ffind.GetFileName(),0);
16              col++;
17          }
18      }
19  }
```

函数 BrowseDir()使用了类 CFtpFileFind，用来辅助 FTP 服务器上网络文件的检索。主要调用了此类的 5 个成员函数：

- FindFile()函数用来查找 FTP 服务器上指定的文件。
- FindNextFile()函数继续对指定条件的文件进行检索，需要在 FindFile()函数之后使用。
- IsDots()函数用来确定找到的文件的文件名是否包含“.”或“..”，它们其实就是目录。
- IsDirectory()函数用来确定找到的文件是否为目录。
- GetFileName()函数用来获取找到的文件的文件名。

通过 while 循环将满足条件的文件全部插入到列表视图中。用类 CListCtrl 的成员函数 InsertItem()实现，原型如下：

```
int InsertItem(
   int       nItem,
   LPCTSTR   lpszItem,
   int       nImage
);
```

参数及其含义如下所述。

- nItem：要将列表项插入索引视图的位置。
- lpszItem：列表项标签文本的指针。
- nImage：列表项对应的图像索引。

类 CMsgShow 是我们自己新建的基于 CEditView 的类。为此类添加成员函数 ShowMsg()，用来将指定的字符串显示在信息显示窗格中，代码如下：

```
01  void CMsgShow::ShowMsg(CString strMsg)
02  {
03      CString strTemp;
04
05      m_editView->GetWindowText(strTemp);
06      if(strTemp.GetLength() != 0)
```

```
07      {
08          strTemp += "\r\n";
09          strTemp += strMsg;
10          m_editView->SetWindowText(strTemp);
11          return;
12      }
13      else
14      {
15          m_editView->SetWindowText(strMsg);
16      }
17  }
```

函数 ShowMsg()中的 m_editView 是类 CMsgShow 的成员变量，在类 CMsgShow 的构造函数中被初始化，代码如下：

```
01  CMsgShow::CMsgShow()
02  {
03      m_editView = &GetEditCtrl();
04  }
```

构造函数调用了类 CEditView 的成员函数 GetEditCtrl()，用来获取指向编辑视图的指针，然后保存在成员变量 m_editView 中。

函数 ShowMsg()的功能实现过程是获取当前编辑视图窗格的文本内容，依据之前的内容再添加新的文本信息。函数 ShowMsg()还使用到类 CEditView 继承自类 CWnd 的两个成员函数：

- GetWindowText()函数用来获取窗口的文本，并保存在传入的参数字符串中。
- SetWindowText()函数用来将参数字符串显示在窗口中。

用于连接服务器的函数 OnConnect()，在连接到服务器以后会改变自身按钮的文本为“断开连接”，并将浮动对话框上的文本框设置为禁用。

2. 断开连接

当程序与 FTP 服务器处于连接状态，再次单击“断开连接”按钮时，将关闭与服务器的连接，如下：

```
01  void CMainFrame::OnConnect()
02  {
03      ...
04  
05      //判断此时与服务器的连接状态
06      if(!m_bConnect)
07      {
08          ...
09      }
10      else      //断开连接
11      {
12          //删除窗口中的所有项，调用自定义函数 deleteItem()
13          pView->deleteItem();
14  
15          //关闭连接
16          if(m_pFtpConnection!=NULL)
17          {
18              m_pFtpConnection->Close();
19              delete m_pFtpConnection;
20              m_pFtpConnection = NULL;
```

```
21              }
22              m_bConnect = false;
23
24              //用信息框记录用户操作的信息
25              pEdit->ShowMsg("断开与服务器的连接");
26
27              //改变按钮的文字
28              m_myDlg.GetDlgItem(IDC_CONNECT)->SetWindowText("连接服务器");
29
30              //设置控件可用
31              m_myDlg.GetDlgItem(IDC_IP)->EnableWindow(true);
32              m_myDlg.GetDlgItem(IDC_NAME)->EnableWindow(true);
33              m_myDlg.GetDlgItem(IDC_PASSWORD)->EnableWindow(true);
34              m_myDlg.GetDlgItem(IDC_PORT)->EnableWindow(true);
35          }
36  }
```

函数 OnConnect()调用了列表视图的成员函数 deleteItem()，用来清空列表视图的所有列表项，函数 deleteItem()的实现如下：

```
01  void CFtpClientView::deleteItem()
02  {
03      filelist->DeleteAllItems();
04  }
```

这是一个很简单的函数封装，只调用了类 CListCtrl 的成员函数 DeleteAllItems()，甚至连参数都不需要。

函数 OnConnect()的后续操作是调用类 CFtpConnection 的成员函数 Close()关闭与 FTP 的连接，在信息显示框中显示文本信息“断开与服务器的连接”，改变“断开连接”按钮的文本为“连接服务器”，最后将浮动对话框中被禁用的文本框设置为可用。

5.3.3 遍历本地文件夹资源

用户需要手动填写“文件夹路径”文本框，在单击“确定”按钮时，树结构视图中将会显示出该文件夹下的所有文件资源。

为浮动对话框的 “确定”按钮添加消息响应函数 OnChooseDisc()，代码编写如下：

```
01  void CMainFrame::OnChooseDisc()
02  {
03      //获取文本框中的信息
04      m_myDlg.GetDlgItemText(IDC_DISC,strDisc);
05
06      //调用 CFileTree 的函数显示文件列表
07      CFileTree *pView = (CFileTree *)(m_splitter2.GetPane(0,0));
08
09      //先清除树视图的所有项
10      pView->deleteItem();
11
12      //遍历文件
13      pView->BrowseDir(strDisc,NULL);
14
15      //消息框显示信息
16      CMsgShow *pEdit = (CMsgShow *)(m_splitter1.GetPane(0,0));
17      pEdit->ShowMsg("更改本地文件夹路径...");
```

```
18  }
```

函数 OnChooseDisc()中，调用到类 CFileTree 的成员函数 deleteItem()，用来清除树结构视图中的所有项，实现如下：

```
01  void CFileTree::deleteItem()
02  {
03      tree->DeleteAllItems();
04  }
```

这也是个简单的函数封装，只调用了类 CTreeCtrl 的成员函数 DeleteAllItems()，甚至连参数都不需要。

类 CFileTree 的成员函数 BrowseDir()，用来实现遍历文件夹中的文件资源，并按结构插入到树中，实现代码如下：

```
01  void CFileTree::BrowseDir(CString strDir,HTREEITEM hParent)
02  {
03      CFileFind   fFind;
04      CString     strFileName;
05
06      if(strDir.Right(2) != "\\")     //important!
07      {
08          strDir += "\\*.*";
09      }
10
11      BOOL IsTrue = fFind.FindFile(strDir);
12
13      while(IsTrue)
14      {
15          IsTrue = fFind.FindNextFile();
16
17          if( fFind.IsDirectory() && !fFind.IsDots() )
18          {
19              CString     strPath = fFind.GetFilePath();
20              strFileName = fFind.GetFileName();
21
22              HTREEITEM   hChild = tree->InsertItem(strFileName,
23                                                  0,0,hParent);
24
25              BrowseDir(strPath,hChild);
26          }
27          else  if( !fFind.IsDirectory() )
28          {
29              strFileName = fFind.GetFileName();
30              tree->InsertItem(strFileName,1,1,hParent);
31          }
32      }
33
34      fFind.Close();
35  }
```

函数 BrowseDir()的功能实现过程是构造遍历文件的字符串，调用类 CFileFind 的 6 个成员函数：

- FindFile()函数用来查找本地指定路径下的文件资源。
- FindNextFile()函数继续对本地指定路径下的文件进行检索，需要在 FindFile()函数之后使用。
- IsDots()函数用来确定找到的文件的文件名是否包含“.”或“..”，它们其实就是目录。

- IsDirectory()函数用来确定找到的文件是否是目录。
- GetFileName()函数用来获取找到的文件的文件名。
- GetFilePath()函数用来获取指定文件的完整路径，或者叫做绝对路径。

类 CTreeCtrl 的成员函数 InsertItem()用来向树结构视图中添加项，函数原型如下：

```
HTREEITEM InsertItem(
  LPCTSTR       lpszItem,
  int           nImage,
  int           nSelectedImage,
  HTREEITEM     hParent = TVI_ROOT,
  HTREEITEM     hInsertAfter = TVI_LAST
);
```

参数及其含义如下所述。

- lpszItem：插入项的文本指针。
- nImage：插入项未被选中时的图标索引。
- nSelectedImage：插入项被选中时的图标索引。
- nParent：父节点项的句柄，默认为根节点的句柄。
- nInsertAfter：新插入项的插入位置，默认插入到最后。

树结构视图 CFileTree 关联的图像列表是在函数 OnInitialUpdate()中确定的，代码如下：

```
01  void CFileTree::OnInitialUpdate()
02  {
03      CTreeView::OnInitialUpdate();
04      // TODO: Add your specialized code here
05      // and/or call the base class
06
07      //获取图标句柄
08      HICON hicon1 = AfxGetApp()->LoadIcon(IDI_ICON1);
09      HICON hicon2 = AfxGetApp()->LoadIcon(IDI_ICON2);
10
11      //创建图标列表
12      m_lpImagelist.Create(16,16,ILC_COLOR16,2,2);
13      m_lpImagelist.Add(hicon1);
14      m_lpImagelist.Add(hicon2);
15
16      //关联图像列表
17      tree->SetImageList(&m_lpImagelist,TVSIL_NORMAL);
18  }
```

我们当然得先在资源编辑器中插入两个图标资源，一个用来表示文件，另一个用来表示文件，如图 5.20 所示。

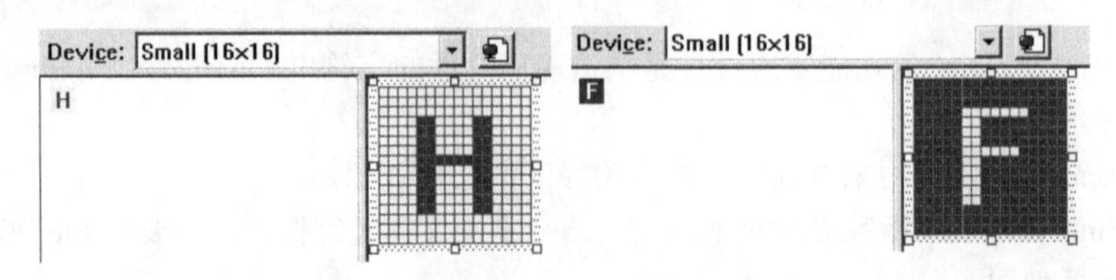

图 5.20　自己制作的小图标

类 CWinApp 的成员函数 LoadIcon()，将加载指定 ID 的图标资源，返回图标的句柄。创建图标列表调用到类 CImageList 的成员函数 Create()，函数原型如下：

```
BOOL Create(
  int   cx,
  int   cy,
  UINT nFlags,
  int   nInitial,
  int   nGrow
);
```

参数及其含义如下所述。

- ❑ cx、cy：图像的长、宽值，以像素为单位。
- ❑ nFlags：指定创建的图像列表的类型。
- ❑ nInitial：图像列表起始包含的图像数。
- ❑ nGrow：当系统需要改变列表，为新图像准备空间时，图像列表可生成的图像数。此参数替代改变的图像列表所能包含的新图像数。

调用类 CImageList 的成员函数 Add()，将指定的图标句柄加入到图像列表中，调用类 CTreeCtrl 的成员函数 SetImageList()，用来关联树结构视图与图像列表，函数原型如下：

```
CImageList* SetImageList(
  CImageList   *pImageList,
  int          nImageListType
);
```

参数及其含义如下所述

- ❑ pImageList：指向图像列表的指针。若为 NULL，树视图的所有图标将会被移除。
- ❑ nImageListType：被设置的图标列表的类型。TVSIL_NORMAL 表示设置的图像列表为树结构项，包含了选中和未被选中的图像。

另外，成功操作的图结构视图的显示效果，如图 5.21 所示。

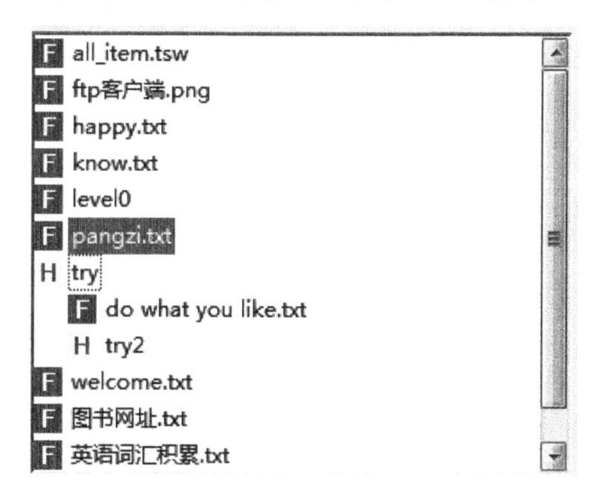

图 5.21　树结构视图的效果

要想改变显示效果，可以在类 CFileTree 中重载函数 PreCreateWindow()，用来改变树结构视图的样式，代码如下：

```
01  BOOL CFileTree::PreCreateWindow(CREATESTRUCT& cs)
02  {
```

```
03        // TODO: Add your specialized code here
04        // and/or call the base class
05
06        cs.style |= TVS_HASBUTTONS|TVS_HASLINES|
07                    TVS_LINESATROOT|TVS_EDITLABELS;
08
09        return CTreeView::PreCreateWindow(cs);
10    }
```

改变了样式以后显示的效果，如图 5.22 所示。

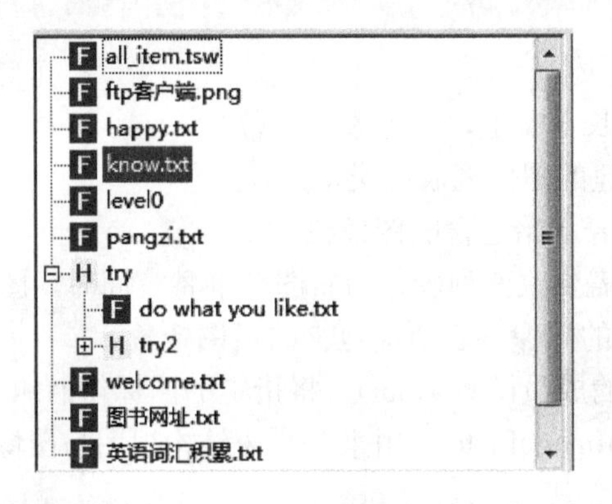

图 5.22　改变了样式后树结构视图的效果

5.3.4　拖动文件实现上传

文件上传到 FTP 服务器，只需要调用类 CFtpConnetion 的成员函数 PutFile()就可以了，但是需要准备此函数的参数：要上传的本地文件的路径在开始拖动文件时获得，函数 PutFile()的调用是在鼠标左键弹起时。

注意：搭建自己的 FTP 服务器，并且创建了登录的用户时，默认这个用户是没有上传文件的权限的，需要设置权限，如图 5.23 所示 Serv-U 的权限设置。

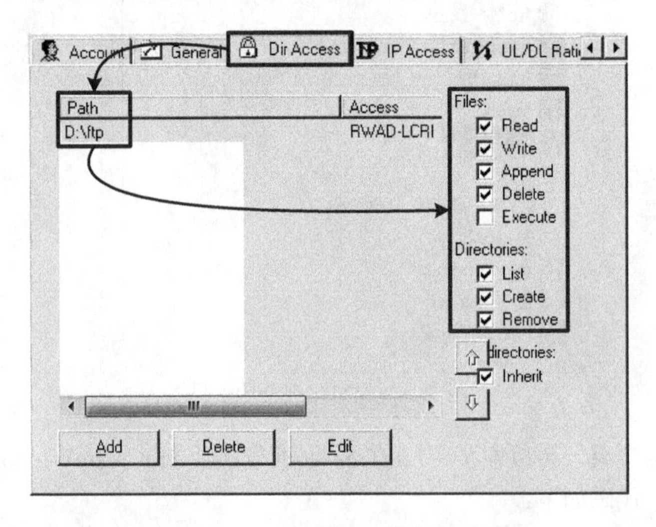

图 5.23　Serv-U 用户目录权限设置

在类 CFileTree 的成员函数 OnBegindrag()中添加如下代码：

```
01  void CFileTree::OnBegindrag(NMHDR* pNMHDR, LRESULT* pResult)
02  {
03      NM_TREEVIEW* pNMTreeView = (NM_TREEVIEW*)pNMHDR;
04      // TODO: Add your control notification handler code here
05
06      //树的叶子节点
07      m_hItemDragS = pNMTreeView->itemNew.hItem;
08
09      //获取选择的文件名
10      m_filename = tree->GetItemText(m_hItemDragS);
11
12      //有父节点的话，需要获取父节点的文本
13      HTREEITEM   m_pParentCode = tree->GetParentItem(m_hItemDragS);
14      m_fileLname = m_filename;
15      while(m_pParentCode)
16      {
17          CString strTemp = m_fileLname;
18          m_fileLname = tree->GetItemText(m_pParentCode);
19          m_fileLname += "\\";
20          m_fileLname += strTemp;
21          m_pParentCode = tree->GetParentItem(m_pParentCode);
22      }
23
24      ...                         //省略
25
26      *pResult = 0;
27  }
```

函数 OnBegindrag()添加的功能是获取拖动文件的文件名，若它有父节点的话还需要获取父节点的文件名。m_filename 和 m_fileLname 是定义在类 CFileTree 中的成员变量，用来保存文件名和文件的部分路径，完整路径会在鼠标左键弹起时构建。

添加鼠标左键弹起事件的响应函数 OnLButtonUp()，代码如下：

```
01  void CFileTree::OnLButtonUp(UINT nFlags, CPoint point)
02  {
03      // TODO: Add your message handler code here and/or call default
04
05      CMainFrame* mFrm = (CMainFrame*)AfxGetMainWnd();
06      CFtpClientView *pEView =
07              (CFtpClientView *)(mFrm->m_splitter2.GetPane(0,1));
08      CMsgShow    *pShowMsg =
09              (CMsgShow   *)(mFrm->m_splitter1.GetPane(0,0));
10
11      if(m_bDragging)
12      {
13          m_bDragging = false;
14
15          ...
16
17          //若文件拖动到了服务器视图的区域内
18          if( listRgn.PtInRegion(pt) )
19          {
20              //构建路径
21              CString sourFile = mFrm->strDisc + "\\" + m_fileLname;
22              CString destFile = "//" + m_filename;
23
```

```
24              BOOL IsTrue =
25                  mFrm->m_pFtpConnection->PutFile(sourFile, destFile);
26
27              //有错时的提示
28              if(!IsTrue)
29              {
30                  DWORD errorNum = GetLastError();
31                  CString strNum;
32                  strNum.Format("发生错误，错误号：%d",errorNum);
33                  AfxMessageBox(strNum);
34                  return;
35              }
36
37              //填写消息提示窗口
38              CString strMsg = "成功添加文件：";
39              strMsg += m_filename;
40              pShowMsg->ShowMsg(strMsg);
41          }
42      }
43
44      CTreeView::OnLButtonUp(nFlags, point);
45  }
```

函数 OnLButtonUp()添加的功能是构建本地文件的路径，构建上传到 FTP 服务器上的路径，调用函数 PutFile()上传文件，发送错误时会有错误提示信息，成功上传文件的话会在信息显示窗口显示操作信息。

5.3.5　拖动文件实现下载

将 FTP 服务器上的文件下载到本地，只需要调用类 CFtpConnetion 的成员函数 GetFile()就可以了，但是需要准备此函数的参数：要下载到本地的文件路径，函数 GetFile()的调用是在鼠标左键弹起时。

在类 CFtpClientView 的成员函数 OnBegindrag()中添加的代码如下：

```
01  void CFtpClientView::OnBegindrag(NMHDR* pNMHDR, LRESULT* pResult)
02  {
03      NM_LISTVIEW* pNMListView = (NM_LISTVIEW*)pNMHDR;
04      // TODO: Add your control notification handler code here
05
06      ...
07
08      //获取选择项的文件路径
09      POSITION pos = filelist->GetFirstSelectedItemPosition();
10      int nItem = filelist->GetNextSelectedItem(pos);
11      m_filename = filelist->GetItemText(nItem,0);
12      m_fileCopy = m_curPath + m_filename;
13
14      *pResult = 0;
15  }
```

函数 OnBegindrag()添加的功能是获取拖动文件的文件名，构建 FTP 服务器上该文件的路径文本。

在类 CFtpClientView 的成员函数 OnLButtonUp()中添加的代码如下：

```
01  void CFtpClientView::OnLButtonUp(UINT nFlags, CPoint point)
```

```
02  {
03      // TODO: Add your message handler code here and/or call default
04
05      CMainFrame* mFrm = (CMainFrame*)AfxGetMainWnd();
06      CFileTree *pEView = (CFileTree *)(mFrm->m_splitter2.GetPane(0,0));
07
08      if( m_isDragging )
09      {
10          m_isDragging  =  false;
11
12          ...
13
14          if( treeRgn.PtInRegion(pt))     //释放点的位置
15          {
16              CString strTemp = "\\";
17              //下载文件
18              mFrm->m_pFtpConnection->GetFile(m_fileCopy,
19                  mFrm->strDisc + strTemp + m_filename);
20          }
21      }
22
23      CListView::OnLButtonUp(nFlags, point);
24  }
```

函数 OnLButtonUp()添加的功能是构建 FTP 服务器上文件的路径，构建本地文件存放位置的路径，调用函数 GetFile()下载 FTP 服务器上的文件。

5.3.6　多次修改的头文件

经过了多次成员函数和成员变量的添加，我们来看一下最终类的头文件中我们添加了些什么。首先是列表结构视图，头文件部分的代码如下：

```
01  // FtpClientView.h : interface of the CFtpClientView class
02  //
03  /////////////////////////////////////////////////////////////////////////
04  ...
05
06  class CFtpClientDoc;
07  class CFtpConnection;
08
09  class CFtpClientView : public CListView
10  {
11      ...
12
13  // Attributes
14  public:
15      HIMAGELIST  sys_large_icon;
16      CImageList  m_IconList;      //记录的是与列表控件关联的图像列表
17      CListCtrl   *filelist;       //自身窗体的指针
18      CImageList  *m_pImageList;   //图像列表
19      bool        m_isDragging;    //判断拖动状态
20      CString     m_fileCopy;      //FTP 服务器上的文件路径
21      CString     m_filename;      //选中项的文件名
22      CString     m_curPath;       //服务器的根目录
23
24  // Operations
25  public:
```

```
26      //检索服务器根目录下所有的文件（不包括文件夹）
27      VOID BrowseDir(CString strDir,CFtpConnection *ftpCon);
28      //获取列表视图矩形的大小
29      void GetCtrlRect(CRect *rt);
30      //删除列表视图的所有项
31      VOID deleteItem();
32
33  ...
34  };
```

树结构视图，部分头文件如下：

```
01  // FileTree.h : header file
02  //
03  ////////////////////////////////////////////////////////////////
04   CFileTree view
05
06  class CFileTree : public CTreeView
07  {
08  ...
09  // Attributes
10  public:
11      CTreeCtrl       *tree;                  //指向 treeview 本身
12      CImageList      m_lpImagelist;          //存放自定义的文件和文件夹图标
13      CImageList*     m_pDragImage;           //拖动时显示的图像列表
14      HTREEITEM       m_hItemDragS;           //被拖动的标签项
15      BOOL            m_bDragging;            //鼠标是否处于拖动状态
16      CString         m_filename;             //被拖动的文件名
17      CString         m_fileLname;            //保存父节点+子节点文件名，
18                                              //用来构造路径
19  ...
20  // Operations
21  public:
22      //遍历文件夹--由用户输入路径
23      void BrowseDir(CString strDir,HTREEITEM hParent);
24      void deleteItem();                              //删除树视图中的所有项
25      void GetCtrlRect(CRect *rt);                    //获取树视图窗口矩形大小
26  ...
27  };
```

主框架 CMainFrame，部分头文件如下：

```
01  // MainFrm.h : interface of the CMainFrame class
02  //
03  ///////////////////////////////////////////////////////////////////
04  ...
05  #include < afxinet.h >      //为了使用 CFtpConnect CInternetSession
06
07  class CMainFrame : public CFrameWnd
08  {
09  ...
10  // Attributes
11  public:
12      CSplitterWnd    m_splitter1;
13      CSplitterWnd    m_splitter2;
14      BOOL            m_bConnect;             //与 FTP 服务器的连接状态
15      CFtpConnection *m_pFtpConnection;
16      CInternetSession *m_pInetSession;
```

```
17      CString         m_curPath;              //服务器根目录
18      CString         strDisc;                //本地文件路径--由用户输入
19      CDialogBar      m_myDlg;                //浮动对话框
20  ...
21  protected:  // control bar embedded members
22  //  CStatusBar  m_wndStatusBar;             //注释掉状态栏
23  //  CToolBar    m_wndToolBar;               //注释掉工具栏
24
25  // Generated message map functions
26  protected:
27      //{{AFX_MSG(CMainFrame)
28          ...
29      //}}AFX_MSG
30
31      afx_msg void OnConnect();               //按钮“连接服务器”响应函数
32      afx_msg void OnChooseDisc();            //按钮“确定”响应函数
33      DECLARE_MESSAGE_MAP()
34  };
```

5.4 小　　结

本章实现了一个较第 4 章更为华丽的 FTP 客户端，也是网上最普遍的 FTP 客户端。但是本程序中尚有许多功能缺失，例如，本客户端只会遍历指定的本地文件夹下的所有文件资源，而非所有本地计算机上的资源；两个视图显示的图标比较单一等等。当然，有兴趣完善本章实例的读者可以自由修改。

第 6 章　网页浏览器

在如今网络流行的时代中，大多数用户都在使用微软的 IE 浏览器浏览网页。从以前的静态网页到现在丰富多彩的动态网页，用户都是通过网页浏览器进行浏览。网页浏览器应该具有解析 HTML 代码或者其他语言（如 ASP.NET 等）的功能。本章将向用户介绍浏览器的工作原理以及设计流程等知识。

6.1　HTTP 协议

6.1.1　HTTP 基础

HTTP（HyperText Transfer Protocol）即超文本传输协议，在互联网上的应用十分广泛，所有的 WWW 文件都遵守这个协议。而设计这个协议的最初目的，就是为了提供一个发送和接收 HTTP 页面的方法。

6.1.2　HTTP 请求

通常情况下，设计过网页的用户都会知道客户端浏览器通过向服务器发送 HTTP 请求，服务器接受请求以后，将相应的网页内容传回客户端进行显示。这就是常见的 C/S（客户端/服务器）网络模型。客户端程序负责解析服务器传回的网页内容。

在 HTTP 中，请求就是客户端通过向服务器发送消息要求提供一定的服务的过程。请求方式有两种：GET 和 POST。

注意：C/S 模型是指网络通信的双方以特定角色进行数据传输。例如，从 IE 浏览器的角度来说，与网络服务器进行数据传输是基于 C/S 模型，浏览器相当于客户端；而从用户的角度来说，相当于是使用 IE 这个浏览器工具与服务器进行数据传输，所以该种方式是 B/S 网络模型。

1．GET方式

GET 请求方式在网页设计中，被用来在客户端和服务器之间交换数据。该数据包括网页 HTML 内容、ZIP 或 RAR 等附件数据。当向服务器传送数据使用 GET 方式时，传送的数据会被显示在网络地址后面。例如，网址“http://218.6.132.5/luntan/?fromuid=539356”，所表示的内容是客户端首先将变量 fromuid 赋予值 539356，然后传送到服务器。

根据 GET 请求方式传送数据的特点，用户可以知道这种方式是不安全的。因为，用户所要传送的数据都会被显式地连接在网址后面，连接符号是“？”。但是，在邮箱中下载附件时所用的方式是 GET 方式。以 GET 方式向服务器传送数据的 HTML 代码如下：

```
01  <html>
02  <head>
03  <title>GET 方式传送数据</title>
04  </head>
05  <body>
06  <form id=form1 name=form1 method="get" action=
07                                  "http://127.0.0.1/get.html">
08  <table border=0 cellPadding=1 cellSpacing=1 width=75%>
09  <tr><td width=150>姓名：</td>
10        <td><input id=b1 name="name"></td></tr>
11  <tr><td width=150>地址：</td>
12        <td><input id=b2 name="addres"></td></tr>
13  <tr><td width=150>电话号码：</td>
14        <td><input id=b3 name="number"></td></tr>
15  <tr><td width=150>邮箱：</td>
16        <td><input id=b4 name="email"></td></tr>
17  <tr><td><input type=submit value=保存>  
18          <input type=reset value=重置></td></tr>
19  </table>
20  </form>
21  </body>
22  </html>
```

代码在 IE 浏览器中运行的效果如图 6.1 所示。

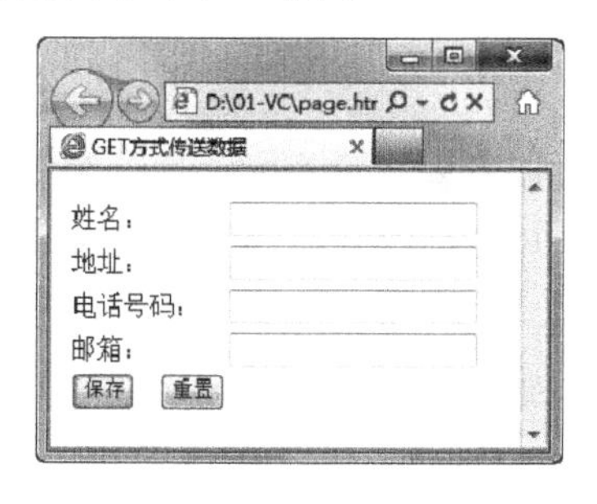

图 6.1　代码运行效果

用户在表单中输入姓名、地址、电话号码和邮箱，单击“保存”按钮，浏览器会将数据赋予变量并连接在所提交的网络地址后面进行连接服务器。客户端根据用户所填内容构造的网络地址是：http://127.0.0.1/get.html/?name=liang&addres=zhongguo&number=0233564545&email=lymlrl@163.com。

用户需要注意，GET 方式会受到 URL 的最大长度限制，URL 的最大长度为 1024KB。所以，当用户需要向服务器传送较大数据时，应该选用 POST 方式进行传送。

2．POST方式

与 GET 方式相反，POST 方式是隐式地进行数据传送。两者相比，POST 方式比较安全，因为用户所传送的数据不会被显示在网络地址后面，并且可以传送较大的数据，最大可以达到 2MB。

使用 POST 方式向服务器提交的数据通过消息结构体进行传递。一般情况下，POST

方式被用来传递用户所提交的一些数据。POST 方式的 HTML 代码如下：

```
01  <html>
02  <head>
03  <title>POST 方式传送数据</title>
04  </head>
05  <body>
06  <form id=form1 name=form1 method="post" action="http:
07  //127.0.0.1/get.html">
08  <table border=0 cellPadding=1 cellSpacing=1 width=75%>
09  <tr><td width=150>姓名：</td>
10        <td><input id=b1 name="name"></td></tr>
11  <tr><td width=150>地址：</td>
12        <td><input id=b2 name="addres"></td></tr>
13  <tr><td width=150>电话号码：</td>
14        <td><input id=b3 name="number"></td></tr>
15  <tr><td width=150>邮箱：</td>
16        <td><input id=b4 name="email"></td></tr>
17  <tr><td><input type=submit value=保存>  
18       <input type=reset value=重置></td></tr>
19  </table>
20  </form>
21  </body>
22  </html>
```

代码运行后的界面与 GET 方式相同。当用户单击“保存”按钮以后，客户端连接服务器，同时将用户所填写的表单内容作为消息体加入到请求消息中，并且发送请求消息到服务器。

3．请求消息

请求消息是客户端为了获取服务器上的资源而向服务器发送的消息。该消息结构通常分为消息头和消息体，如上面所讲到的 POST 方式传递数据时，就会用到消息体。下面是一个缺少消息体的请求消息：

```
GET /FTP.html HTTP/1.1
Host: 127.0.0.1
Accept: */*
Referer: http://127.0.0.1/FTP1.html
Connection: close
```

上面的代码是基于 GET 方式的，Host 标题字段表示服务器的主机地址。该代码是请求服务器返回相对主机地址为/FTP.html 的 HTML 文件。

使用 GET 方式向服务器传送数据的请求消息如下：

```
GET /FTP.html/?name=liang& addrea=panzhihua HTTP/1.1
Host: 127.0.0.1
Accept: */*
Referer: http://127.0.0.1/FTP1.html
Connection: close
```

客户端向服务器传送数据，相当于向 FTP.html 页面传递参数。参数之间可以使用符号“&”连接。用户利用该特点可以不用打开邮箱而下载邮箱中的附件，只需要改变传入网页的参数即可。

用户在请求消息中，可以使用不同的标题字段描述请求的附加信息或者客户端信息。常见的消息标题字段如表 6.1 所示。

表 6.1　常见消息标题字段

标 题 字 段	意　　义
Accept	客户端希望接收的媒体类型
Accept-Encoding	客户端希望接收的数据的编码方式
Accept-Charset	客户端希望接收的数据的字符集
Form	指明客户端所提供的邮箱地址
Authorization	客户端向服务器提供身份验证的字段
Range	用于要求服务器返回部分数据的字段
Referer	记录客户端获得资源的 URL 地址
User-Agent	指明客户端身份的字段

6.1.3　HTTP 响应

HTTP 响应是指服务器对客户端的请求做出的反应，服务器的响应也是通过消息实现的。与请求消息一样，响应消息也是分消息头和消息体两部分组成，但是两者之间需要使用一个空白行分开。在消息头中包含了响应的当前状态和服务器的一些信息，消息体中则包含了响应的实体数据。例如：

```
HTTP/1.1 200 OK
Date: Mon,21 Nov 2008 18:33:22 GMT
Sever: Microsoft-IIS/6.0
Accept-Ranges: bytes
Content-Type: image/bmp
Connection:close
                                        //使用空白行隔开
（响应的二进制实体数据）                 //实体数据
```

消息的第一行为响应的当前状态信息，后面接着是响应的标题字段信息，空白行后的响应的实体数据。下面将向用户详细讲解各个信息的内容以及表示的含义。

1．响应状态信息

响应的状态信息包含在响应消息的第一行，由 HTTP 版本代号、响应码和响应状态描述文本组成。其中，响应码表示客户端此次请求是否成功或其他原因出错。用户可以从响应码中知道具体出错的原因，常见的一些响应码类别，如表 6.2 所示。

表 6.2　部分常见的响应码类别

响　应　码	分　　类	意　　义
200～299	成功	表示请求已经被服务器成功接收、理解
300～399	重定向	表示客户端需要根据服务器返回的信息作进一步请求
400～499	客户端出错	客户端的请求不能被服务器理解或满足
500～599	服务器出错	表示服务器不能满足或完成客户端的请求

表 6.2 中仅给出一部分常见的响应码类别，如果用户需要了解响应的具体情况，请参考 RFC2068，其中给出了具体响应码的含义。响应码的一些具体含义，如表 6.3 所示。

表 6.3　响应码的一些具体含义

响应码	意　　义
201	服务器创建了一个新资源
202	服务器收到请求，但未处理完毕
204	请求成功，但返回空数据
300	返回多个请求结果，供客户端选择
301	请求的资源已经移动到新的永久 URL 上
302	请求资源被移动到一个临时 URL 上
304	请求的资源没有进行更新
400	出现请求错误
401	需要认证，而请求没有进行认证
403	服务器接收请求但不能访问请求资源
404	没有找到所请求的资源
405	服务器不允许该请求方式
501	服务器还没有实现请求的方法
502	网络的网关出现错误
503	服务器忙

如果用户在实际编程时，需要知道响应的具体状态信息可以对响应消息进行读操作，然后分离出响应码即可。在 RFC2068 中，对一些扩展的响应码没有作出相应的解释。这种情况可以简单地认为该响应码等于该类首个响应码的解释。例如，响应码 333（扩展的编码）在 RFC2068 中没有相应的解释，可以认为 333 等价于 300 的响应码解释，表示返回多个请求结果供客户端选择。

2．响应标题字段信息

在响应标题字段信息中包含了服务器返回除响应行以外的其他信息。

（1）Location 标题

当服务器上的资源被保存到其他地址以后，服务器会将新地址返回到客户端，这时在响应标题字段中会添加 Location 标题。该标题表示资源的实际位置，并且是绝对的 URL 地址。

```
HTTP/1.1 302 OK
Date: Mon,21 Nov 2008 18:33:22 GMT
Sever: Microsoft-IIS/6.0
Accept-Ranges: bytes
Content-Type: image/bmp
Location: http://127.0.0.1/mp3/20080632.wma                //指向一个绝对地址
Connection:close
```

通常情况下，该标题与响应码 302 一起使用，表示客户端所请求的资源已经被转到服务器的另外一个 URL 上。

（2）Server 标题

该响应标题表示服务器使用的软件名称和版本信息。例如：

```
Sever: Microsoft-IIS/6.0
```

Server 标题标识了服务器端 IIS 软件的版本号。

3. 实体标题字段信息

在服务器的响应消息中含有实体数据，这些数据由实体标题进行描述。

（1）Content-type 标题

该标题可以用于指示实体数据的格式，以及所使用的字符集。

```
Content-type: text/html;charset=ASCII
```

上述字段的意思是实体数据是文本格式的 HTML 文件，所使用的字符集为 ASCII。如果服务器返回一幅 JPG 格式或其他格式的图片到客户端，则该字段形式应如下：

```
Content-type: image/jpg
Content-type: image/bmp
```

（2）Content-Length 标题

该标题必须与 Content-type 标题一起使用，用于表示实体数据的大小（以字节为单位）。其用法如下：

```
HTTP/1.1 200 OK
Date: Mon,21 Nov 2008 18:33:22 GMT
Sever: Microsoft-IIS/6.0
Accept-Ranges: bytes
Content-Type: image/bmp
Content-Length: 1024
Connection:close
```

上述字段表示在服务器的响应消息中，实体数据是一幅 bmp 格式的位图，其大小为 1024B。关于一些不常用的实体标题，如 Content-Language、Last-Modified、Content-Base 等标题的用法，请读者自行参考其他相关资料，本书不再赘述。

4. 实体数据

前面已经提到，在服务器的响应消息中包括了消息头和消息体两部分。其中，消息体中包含了实体数据，并且在消息头和实体数据之间使用一个空白行进行分隔。例如，客户端向服务器请求一个页面 GET.html，服务器的响应消息格式如下：

```
01  HTTP/1.1 200 OK                  //消息头
02  Date: Mon,21 Nov 2008 18:33:22 GMT
03  Sever: Microsoft-IIS/6.0
04  Accept-Ranges: bytes
05  Content-Type: text/html
06  Content-Length: 1024
07  Connection: close
08                                   //用空白行进行分隔
09  <html>                           //消息体数据
10          <head>
11  <title>GET 方式传送数据</title>
12  </head>
13  <body>
14  <form id=form1 name=form1 method="get" action=
15                                   "http://127.0.0.1/get.html">
16  <table border=0 cellPadding=1 cellSpacing=1 width=75%>
```

```
17  <tr><td width=150>姓名：</td>
18        <td><input id=b1 name="name"></td></tr>
19  <tr><td width=150>地址：</td>
20        <td><input id=b2 name="addres"></td></tr>
21  <tr><td width=150>电话号码：</td>
22        <td><input id=b3 name="number"></td></tr>
23  <tr><td width=150>邮箱：</td>
24        <td><input id=b4 name="email"></td></tr>
25  <tr><td><input type=submit value=保存>  
26        <input type=reset value=重置></td></tr>
27  </table>
28  </form>
29  </body>
30  </html>
```

在上面的响应消息中，服务器向客户端返回的响应消息中，响应码 200 表示请求被服务器理解并接收。返回的实体数据是一个网页内容，其格式为 text/html，大小为 1024B。

总之，服务器返回的响应消息类似于 C++语言中的结构体，消息头和消息体就是这个结构体里面的元素。用户在使用 HTTP 编程时，可以根据需要自定义一个结构体存储该消息数据。例如，自定义一个简单的消息结构体。

```
typdef struct
{
    char *messagehead;                        //数据头指针
    float i;                                  //实体数据的大小
    char *messagebody;                        //实体数据指针
} message;
```

这个结构体的用法很简单，例如利用该类获取响应消息的响应码，代码如下：

```
01  message msg;                              //结构体对象
02  CString str;                              //存放响应码
03  msg.messagehead=&recvdata;                // recvdata 为接收到的响应消息
04  for(int i=9;i<=11;i++)                    //响应码位于数据头的第九位
05  {
06      str+= msg. messagehead+i;             //将获得的响应码存放于 str 中
07  }
08  int j=::atoi(str);                        //将 str 转换为整型变量
09  str.Format("消息响应码为：%d\n",j);       //格式化字符串
10  MessageBox(str);                          //输出格式化字符串，通知用户消息响应码
```

由于消息响应码位于数据头的第九位到第十一位，所以在代码中直接使用了响应码准确位置进行查找。如果用户在预先不知道的情况下，则必须利用指针进行移位查找。当然也可以使用 CString 类进行查找，也就是将常用的一些响应码存入文件中，然后使用函数 CString::Find()与文件中的数据进行比较查找亦可。实现的方法有很多，具体方法视用户而定。

6.2　应用 Microsoft Web 控件实例

在 MFC 中，用户可以使用 COM 来实现简易网络浏览器。使用 COM 进行编程，不但

方便用户缩短开发周期，还可以使用户进一步加深理解面向对象编程的意义。

6.2.1　创建工程

在 VC 中建立基于对话框的应用程序，默认向导的所有设置，工程名称设置为 htmlCtrl。添加 5 个按钮控件、1 个文本框控件、1 个标签控件和一个 web 控件，界面设计及控件 ID 如图 6.2 所示。

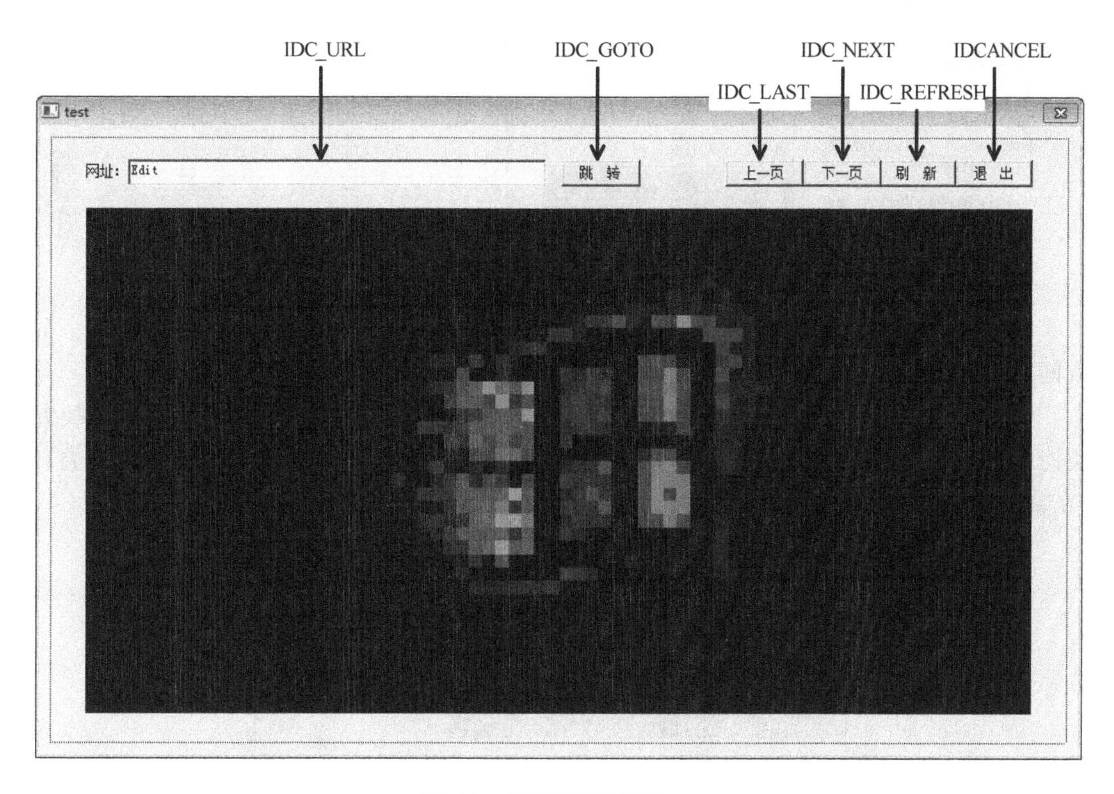

图 6.2　程序界面及控件 ID

程序使用的控件 ID 及其关联的变量如图 6.3 所示。

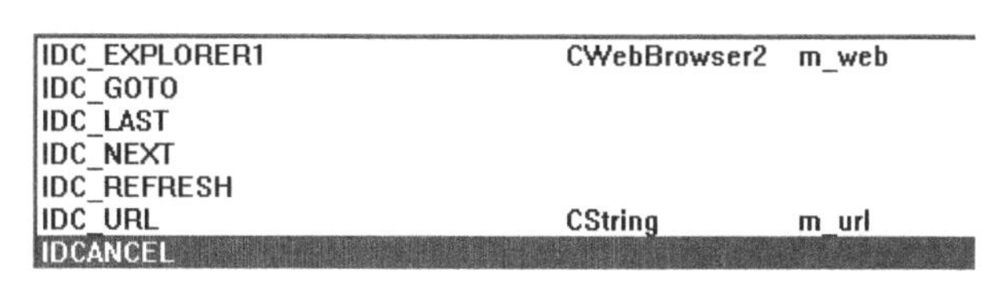

IDC_EXPLORER1	CWebBrowser2	m_web
IDC_GOTO		
IDC_LAST		
IDC_NEXT		
IDC_REFRESH		
IDC_URL	CString	m_url
IDCANCEL		

图 6.3　控件 ID 及其关联的变量

6.2.2　添加 Microsoft Web 控件

一般情况下，用户在 VC 中可以利用菜单向工程添加控件。如果该控件没有在程序所运行的系统中进行注册，那么需要用户利用相关工具、代码或者 Windows 命令进行注册控件。控件添加成功，还需要为该控件生成相应的类。具体方法将在本节中讲述。

（1）通过选择 Project | Add To Project 命令添加 COM 对象，如图 6.4 所示。

（2）选择 Components and Controls Gallery 命令以后，会弹出插入组件对话框，如图 6.5 所示。

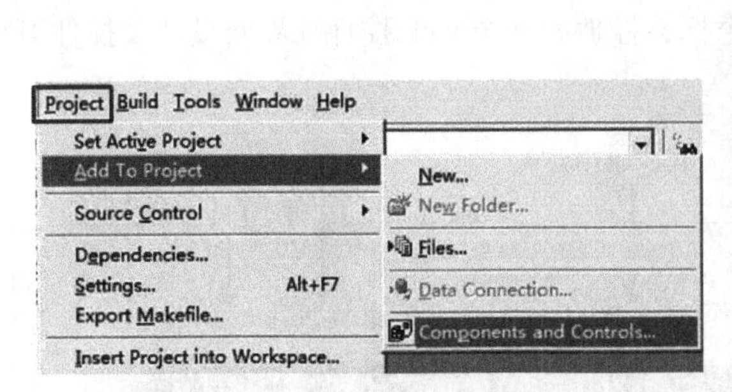

图 6.4　添加 COM 组件对象

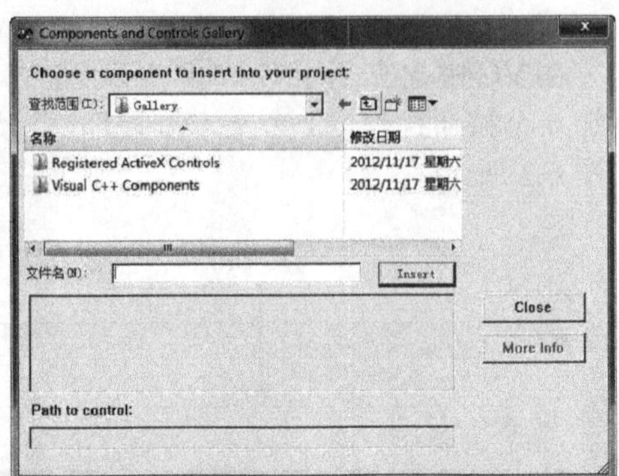

图 6.5　插入组件对话框

（3）双击第一个文件夹，找到 Microsoft Web Browser 组件并单击 Insert 按钮弹出一个询问对话框，直接单击“确定”按钮。这样，用户就可以将 Web 组件插入到工程中。

（4）将 Web 组件添加到工程中，需要用户为该组件生成一个相应的类。在弹出的配置类对话框中，用户可以修改组件类的名称、头文件名等。在本工程中，使用默认的类名 CWebBrowser2，以及文件名 WebBrowser2.h，如图 6.6 所示。

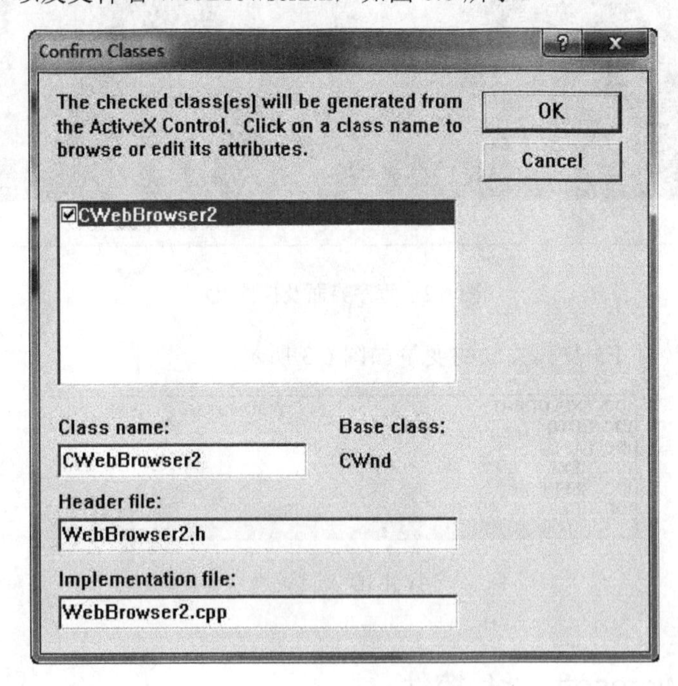

图 6.6　配置类对话框

用户将新建类的信息修改完毕以后，单击 OK 按钮，返回到 VC 主界面，可以在界面左侧的 ClassView 中查看新添加类的声明和定义。

注意：如果用户添加的 COM 组件没有在系统中注册，则需要用户通过相关工具或者代码注册组件，关于此方面的内容请读者参考有关动态链接库的书籍。

6.2.3　输入地址，载入网页

双击“跳转”按钮，添加消息响应函数 OnGoto()，代码如下：

```
01  void ChtmlCtrlDlg::OnGoto()
02  {
03      // TODO: Add your control notification handler code here
04      UpdateData(true);
05
06      m_web.Navigate(m_url.GetBuffer(1),0,0,0,0);
07  }
```

响应函数首先获取用户在文本框中输入的网址，然后调用 CWebBrowser2 类的成员函数 Navigate()实现网页的加载。在 WebBrowser2.cpp 文件中，其函数原型如下：

```
void CWebBrowser2::Navigate(
    LPCTSTR     URL,
    VARIANT*    Flags,
    VARIANT*    TargetFrameName,
    VARIANT*    PostData,
    VARIANT*    Headers
)
```

6.2.4　网页导航

分别双击“上一页”、“下一页”和“刷新”按钮添加消息响应函数。代码如下：

```
01  void ChtmlCtrlDlg::OnLast()                //查看上一个浏览的网页
02  {
03      // TODO: Add your control notification handler code here
04      m_web.GoBack();
05  }
06
07  void ChtmlCtrlDlg::OnNext()                //查看下一个浏览的网页
08  {
09      // TODO: Add your control notification handler code here
10      m_web.GoForward();
11  }
12
13  void ChtmlCtrlDlg::OnRefresh()             //刷新当前浏览的网页
14  {
15      // TODO: Add your control notification handler code here
16      m_web.Refresh();
17  }
```

响应函数均调用 CWebBrowser2 类的成员函数实现了网页的导航。编译并运行程序，运行效果如图 6.7 所示。

图 6.7　程序运行效果

用户使用 COM 组件对象进行编程，可以实现程序中一些复杂的功能或者界面。在本节中，向用户介绍了在工程中使用 Microsoft Web 浏览器控件访问网页时，需要用到的控件类属性与方法，并且举例说明了一些较常用的 CWebBrowser2 类函数。关于该类的其他功能函数，用户可以参考 MSDN。

6.3　应用 CHtmlView 实例

CHtmlView 类在 MFC 中是专门用来显示网页的视图类。通常情况下，用户只需将该类作为视图类的父类，便可以调用其类中的函数方法进行网页的显示以及刷新等功能。下面，将向用户介绍该类中部分函数的作用以及使用方法。

如果用户在工程中需要实现连接并打开网页，那么调用该类中的函数 Navigate2()，便可以实现这个功能。其原型如下：

```
void Navigate2( LPCTSTR lpszURL,
                DWORD dwFlags = 0,
                LPCTSTR lpszTargetFrameName = NULL,
                LPCTSTR lpszHeaders = NULL,
                LPVOID lpvPostData = NULL,
                DWORD dwPostDataLen = 0
);
```

该函数的作用是连接并打开指定网页。其中，参数 lpszURL 为将要打开的网页地址，其他参数均为 NULL。例如，用户需要打开地址为“www.163.com”的网页，则将参数 lpszURL 设置为该地址即可。代码如下：

```
CHTML1View:: Navigate2("www.163.com",0,NULL);
```

上面的代码运行之后，将在工程视图中打开并显示地址为“www.163.com”的网页内容。当用户浏览网页时，可以使用该类中提供的刷新功能获取更新后的当前网页内容，也可以在工程中查看已经浏览过的网页等。

6.3.1　创建工程

在 VC 中建立基于单文档的应用程序，命名为 htmlMFC，在向导第 4 步中选择 Internet Explorer ReBars 单选按钮，如图 6.8 所示。

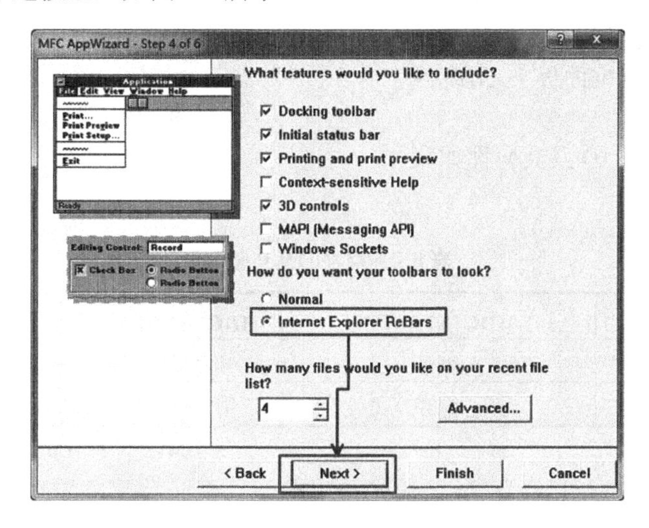

图 6.8　向导单选按钮选择

在向导第 6 步选择 CHtmlMFCView 的父类为 CHtmlView，如图 6.9 所示。

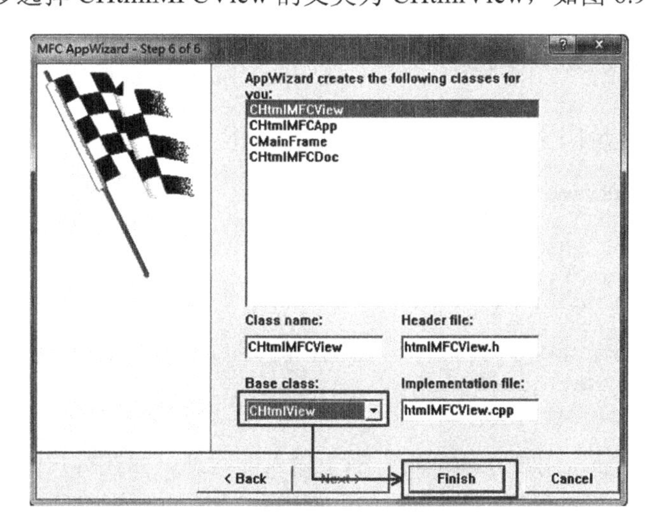

图 6.9　视图类父类选择

注释掉向导在 CHtmlMFCView 类的 OnInitialUpdate()函数中自动添加的导航代码：

```
01  void CHtmlMFCView::OnInitialUpdate()
02  {
03      CHtmlMFCView::OnInitialUpdate();
04
05      // TODO: This code navigates to a popular spot on the web.
```

```
06      //  change the code to go where you'd like.
07      //  Navigate2("www.baidu.com",NULL,NULL);
08  }
```

接着需要为工程添加资源——“对话框”和“工具栏”。

1. 在工具栏上显示的对话框

在工程中已经预先添加了 ID 为 IDR_MAINFRAME 的对话框，将组合框与按钮放置到对话框面板上，最终界面如图 6.10 所示。

图 6.10 界面效果

界面中各个控件 ID 及其属性如表 6.2 所示。

表 6.2 控件ID及其属性

控件 ID	IDC_STATIC	IDC_ADDRESS	IDC_GOTO
属性	网址	地址输入框	跳转
用处	标识	用户输入地址	连接网络地址

2. 工具栏

修改工程向导自动创建的工具栏，如图 6.11 所示。

从左至右按钮的 ID 分别为 ID_LAST、ID_NEXT 和 ID_REFRESH，表示“后退”、“前进”和“刷新”。

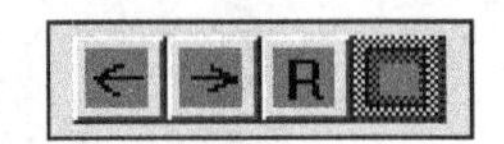

图 6.11 自定义工具栏

6.3.2 输入地址，载入网页

在 CMainFrame 类中添加“跳转”按钮的消息响应函数 OnGoto()，代码如下：

```
01  void CMainFrame::OnGoto()          //跳转
02  {
03      // TODO: Add your control notification handler code here
04      CString str;
05      m_wndDlgBar.GetDlgItem(IDC_ADDRESS)->GetWindowText(str);
06
07      CHtmlMFCView *pView = (CHtmlMFCView *)GetActiveView();
08      pView->Navigate2(str,NULL,NULL);
09  }
```

响应函数实现了获取用户在地址组合框中输入的网址，并在客户区显示网址对应的网页。GetActiveView()函数用来在 CMainFrame 类中获取 View 窗口的指针，调用网页视图类的成员函数 Navigate2()实现网页的加载。

在 CMainFrame 类中要想使用 CHtmlMFCView，还需要在 MainFrm.cpp 文件中添加文件包含命令：

```
#include "HtmlMFCView.h"
```

在 HtmlMFCView.cpp 文件中添加文件包含命令：

```
#include "HtmlMFCDoc.h"
```

6.3.3　网页导航

添加工具栏按钮的消息响应函数，代码如下：

```
01  void CHtmlMFCView::OnLast()                    //查看上一个浏览的网页
02  {
03      // TODO: Add your command handler code here
04      this->GoBack();
05  }
06
07  void CHtmlMFCView::OnNext()                    //查看下一个浏览的网页
08  {
09      // TODO: Add your command handler code here
10      this->GoForward();
11  }
12
13  void CHtmlMFCView::OnRefresh()                 //刷新当前浏览的网页
14  {
15      // TODO: Add your command handler code here
16      this->Refresh();
17  }
```

代码分别调用了网页视图类的 3 个成员函数，实现了网页导航的功能。编译并运行程序，效果如图 6.12 所示。

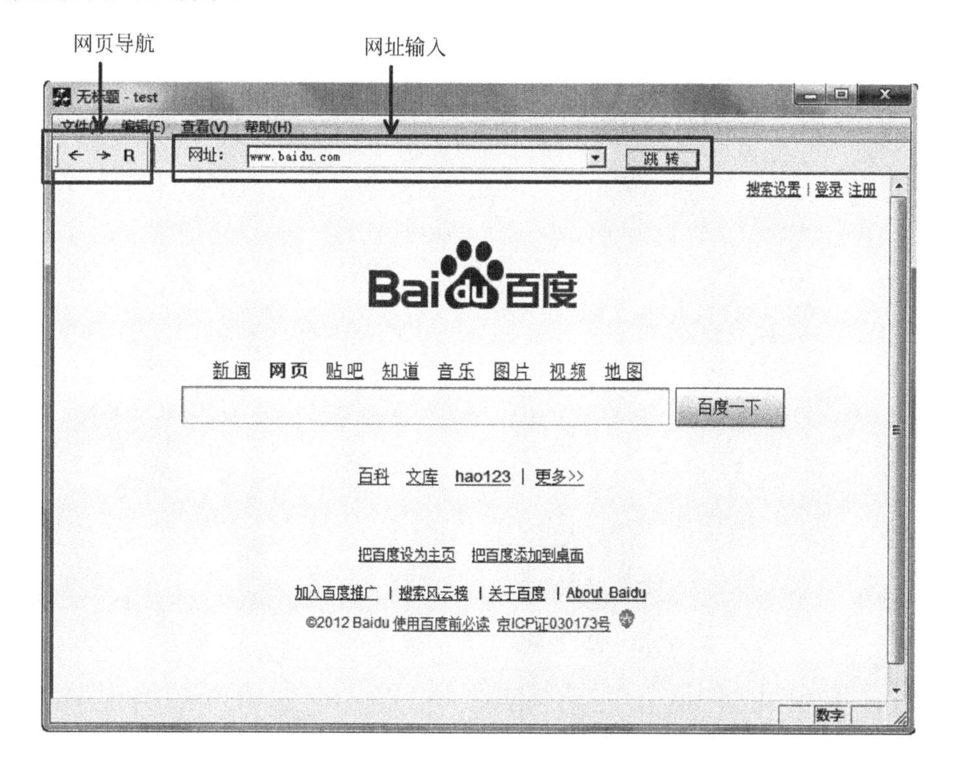

图 6.12　程序运行效果

6.4 小　　结

在本章中，向用户讲解了网页浏览器的工作原理，根据其原理使用 POST 和 GET 模式向服务器传送数据。通过 HTML 代码向用户介绍了服务器接受请求以后返回的响应数据结构。在 VC 中，从用户创建工程界面编程到每一个消息响应函数的实现上，都向用户进行了非常细致的讲解。用户通过本章的学习，应该了解 HTTP 的消息请求以及响应数据格式等基本结构，并且掌握基本的 HTTP 编程原理和扩充这一知识的能力。同时，本章中的实例程序也可以供用户做实际项目时进行参考或者扩充。

第 7 章　网络通信器

现在，有许多即时通信软件在大家的生活中非常常见，并且起着很大的作用。即时通信软件可以让用户之间快速地进行交流沟通，也正是因为这个原因使人们对即时通信软件的需求非常大，对其功能要求也很苛刻。在本章中，将向用户介绍实现即时通信功能的软件编程方法以及通信原理。

7.1　通信原理及连接

本节主要介绍通信原理和通信连接，为后面的即时通信功能的软件编程做基础。

7.1.1　通信原理

网络通信软件的数据通信是通过网络套接字进行的。根据该原理，其编程步骤应分为创建套接字、在套接字上进行收发数据、关闭套接字等操作。在这里需要注意的是，如果在服务器端进行编程，成功创建套接字以后，需要将本地地址与端口号绑定到已经创建的套接字上。

在 VC 中，创建基于对话框模式的应用程序，利用资源管理器对程序界面进行整理，使界面整齐、美观。但是，限于笔者的美工水平，所设计出来的程序界面仅供用户学习和参考，笔者主要讲述程序设计方法等。如果用户对界面不够满意，可以对随书光盘中的本实例界面重新进行设计。

注意：用户在实际使用时，应该首先启动服务器，然后再启动客户端。否则，客户端将不能连接服务器。

7.1.2　通信连接

在通信软件初始化时，客户端连接服务器的过程是该应用程序初始化的第一步，也是很重要的一步。客户端利用 API 函数创建套接字，需要对套接字库进行初始化。代码如下：

```
01  ...                         //省略部分代码
02  WSADATA data;
03  DWORD ss=MAKEWORD(2,0);     //指定套接字库版本号
04  ::WSAStartup(ss,&data);     //初始化套接字库
```

当程序正常退出或者遇到其他情况退出时，用户应该对已经初始化的套接字库进行释放。示例代码如下：

```
01  ...                          //省略部分代码
02  WSACleanup();                //释放套接字库
```

1．创建套接字

用户对套接字库初始化成功后，便可以调用前面所介绍的函数创建套接字了。对于服务器和客户端而言，服务器的套接字分为连接套接字和数据收发套接字。因为作为服务器不可能只响应一个客户端的连接请求，所以要创建连接套接字对所有的连接请求进行响应。下面，将分别向用户介绍创建客户端和服务器端套接字的具体方法。

（1）创建客户端套接字。

对于创建客户端套接字，需要用户指定协议类型。代码如下：

```
01  ...                                          //省略部分代码
02  SOCKET s;                                    //声明套接字对象
03  s=::socket(AF_INET,SOCK_STREAM,IPPROTO_TCP); //创建套接字，并返回其句柄
```

（2）创建服务器套接字。

与客户端创建套接字不同。首先，服务器需要创建一个专门用于响应客户端连接请求的连接套接字。然后，将该套接字与本地地址绑定在一起。最后，在该套接字上进行监听。代码如下：

```
01  ...                                           //省略部分代码
02  SOCKADDR_IN addr;
03  s1=::socket(AF_INET,SOCK_STREAM,IPPROTO_TCP); //创建连接套接字对象
04  addr.sin_family=AF_INET;                      //填充套接字地址结构
05  addr.sin_port=htons(80);
06  addr.sin_addr.S_un.S_addr=inet_addr(strIP);
07  ::bind(s1,(sockaddr*)&addr,sizeof(addr));     //绑定套接字与本地地址
08  ::listen(s,5);                                //监听套接字
```

其中，变量 strIP 表示本地 IP 地址。用户可以通过 gethostbyname()等函数获取本地 IP 地址。代码如下：

```
01  char name[20] = "";
02  gethostname(name,20);                         //获得主机名字
03  hostent *p=gethostbyname(name);
04  LPSTR lpAddr = p->h_addr_list[0];
05  IN_ADDR inAddr;
06  //从 lpaddr 所指内存复制 4 个字节到 inAddr 中
07  memmove(&inAddr,lpAddr,4);
08  //将网络字节序转化为主机字节序
09  CString ipAddress = inet_ntoa(inAddr);        //获得主机 IP 地址
```

当服务器端监听到客户端的连接请求以后，可以调用函数 accept()完成整个连接过程，并返回一个新的套节字。服务器收发数据都是通过这个新套接字进行的。代码如下：

```
01  SOCKET s1=::accept(s,NULL,NULL);              //返回数据收发套接字
02  //获取连接客户端的 IP
03  getpeername(s1,(SOCKADDR*)&add,(int*)sizeof(add));
```

通过以上代码，用户可以清楚地看到本地 IP 地址和与服务器连接的客户端 IP 地址等信息。函数 accept()只能在服务器端进行调用，因为该函数仅用于响应客户端连接请求。

2. 连接套接字

在客户端中，套接字创建完成以后，用户需要通过该套接字向服务器发出连接请求。通常，该操作由函数 connect()进行，该函数返回–1，表示失败；否则，表示成功。例如，客户端连接服务器，服务器端 IP 为 218.7.132.5，端口为 80。代码如下：

```
01  SOCKADDR_IN addr;
02  addr.sin_family=AF_INET;
03  addr.sin_port=htons(80);
04  addr.sin_addr.S_un.S_addr=inet_addr("218.7.132.5");
05  SOCKET s=::socket(AF_INET,SOCK_STREAM,IPPROTO_TCP);
06  if(!connect(s,(sockaddr*)&addr,sizeof(addr)))
07  //向服务器发送连接请求
08  {
09      ...
10  }
```

当客户端调用 connect()函数向服务器发出连接请求以后，服务器会调用 accept()函数对其进行响应，并返回数据收发套接字。例如，比较简单的服务器响应客户端连接请求。代码如下：

```
01  ...                                          //省略部分代码
02  if(INVALID_SOCKET = ::accept(s,(sockaddr *)&addr,sizeof(sockaddr))
03  //响应客户端的连接请求
04  {
05      MessageBox("客户端连接成功！");              //提示用户
06  }
07  else
08  {
09      MessageBox("客户端连接失败！");
10  }
```

在这里，如果运行该程序的机器没有连接网络，则可以使用计算机的回环 IP 地址 127.0.0.1。

7.2　服务器端程序

在 VC 中，建立基于对话框的应用程序，命名为“网络通信 Server”，设计如图 7.1 所示的软件界面。服务器界面控件 ID 及其含义如表 7.1 所示。

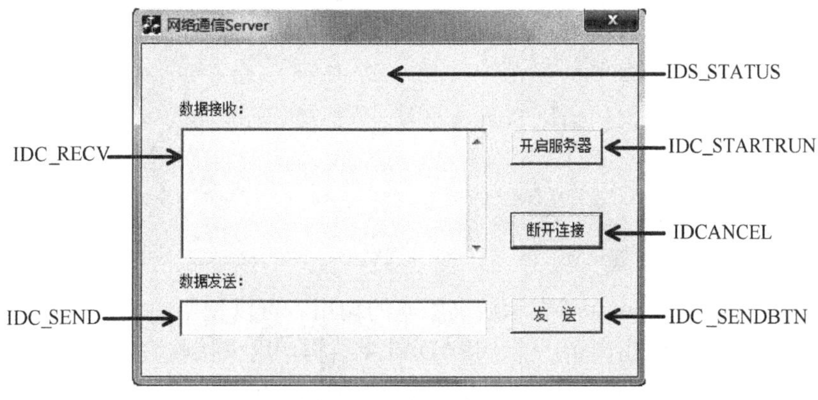

图 7.1　服务器端界面

表 7.1　服务器界面控件ID及其含义

ID	含　义	ID	含　义
IDS_STATUS	显示客户端的 IP 地址	IDC_SEND	编辑将要发送的信息
IDC_RECV	接收客户端发来的信息	IDC_SENDBTN	发送信息
IDC_STARTRUN	开启服务器	IDCANCEL	断开连接

控件关联的变量名及其类型如图 7.2 所示。

IDC_RECV	CString	m_recv
IDC_SEND	CString	m_send
IDC_SENDBTN		
IDC_STARTRUN		
IDC_STATUS	CString	m_status
IDCANCEL		

图 7.2　关联变量名及其类型

在类 CServerDlg 中定义两个成员变量，如下：

```
01  class CServerDlg : public CDialog
02  {
03      ...                             //省略部分代码
04  // Implementation
05  protected:
06      HICON m_hIcon;
07      SOCKET socket_server;           //服务器套接字
08      SOCKET socket_client;           //与客户端的通信套接字
09      ...                             //省略部分代码
10  };
```

7.2.1　开启服务器

在“开启服务器”按钮的响应函数 OnStartrun()中要完成一系列的准备工作。

（1）加载套接字库。

```
01  //加载 Winsock dll
02  WORD    version = MAKEWORD(2,0);
03  WSADATA wsadata;
04  if(WSAStartup(version,&wsadata))
05  {
06      MessageBox("加载 Winsock dll 失败");
07      return;
08  }
```

函数 WSAStartup()用来初始化 Socket 环境，原型如下：

```
int WSAStartup(
    __in    WORD        wVersionRequested,
    __out   LPWSADATA   lpWSAData
);
```

- 参数 wVersionRequested 表示最高版本的调用者可以使用的套接字规范；
- 参数 lpWSAData 指向了一个 WSADATA 结构，用来接收套接字实现的详细信息。

函数调用成功时，返回 0。函数 MAKEWORD()用来创建一个 WORD 值。

（2）创建套接字。

```
01  //创建套接字
02  socket_server = socket(AF_INET,SOCK_STREAM,NULL);
03  if(INVALID_SOCKET == socket_server)
04  {
05      MessageBox("套接字创建失败");
06      return;
07  }
```

函数 socket()调用失败时会返回 INVALID_SOCKET，以此作为判断依据。

（3）获取服务器端所在的主机的 IP 地址。

```
01  //获取主机 IP
02  char hostname[20] = "";
03  if(gethostname(hostname,20))                          //获取主机名
04  {
05      MessageBox("主机名获取失败");
06      return;
07  }
08  //通过主机名来获取记录主机 IP 的结构
09  hostent *htent = gethostbyname(hostname);
10  if(htent == NULL)
11  {
12      MessageBox("主机 IP 获取失败");
13      return;
14  }
15
16  LPSTR lpAddr = htent->h_addr_list[0];
17  IN_ADDR inAddr;
18  memmove(&inAddr,lpAddr,4);
19  CString ipAddress = inet_ntoa(inAddr);                //保存 IP 地址
```

函数 gethostname()用来获取主机名，原型如下：

```
int gethostname(
    __out   char*    name,
    __in    int      namelen
);
```

- 参数 name 是指向用来接收主机名字符串的指针；
- 参数 namelen 是这段内存的大小。

函数调用成功将返回 0。

函数 gethostbyname()用来通过主机名获取记录主机 IP 地址的 hostent 结构，原型如下：

```
struct hostent* FAR gethostbyname(
    __in    const char*     name
);
```

- 参数 name 是指向记录主机名字符串的指针。

函数返回一个指向 hostent 结构的指针，结构的定义如下：

```
typedef struct hostent {
    char FAR*           h_name;
    char FAR  FAR** h_aliases;
    short               h_addrtype;
    short               h_length;
```

```
    char FAR  FAR** h_addr_list;
} HOSTENT,  *PHOSTENT,  FAR *LPHOSTENT;
```

- ❑ 参数 h_addr_list 是指向记录主机 IP 地址的以 NULL 结尾的列表指针。

其他参数不会用到，在此不做介绍。

函数 memmove()用来在指定的缓冲中拷贝指定的字节，函数原型如下：

```
void *memmove(
    void *  dest,
    const   void *src,
    size_t  count
);
```

- ❑ 参数 dest 指向目标对象；
- ❑ 参数 src 指向源对象；
- ❑ 参数 count 指定拷贝的字节数。

函数 inet_ntoa()用来将网络字节序的地址字符串转换为点分格式的主机字节序的地址字符串。

（4）绑定套接字与端口号。

```
01  //绑定套接字
02  SOCKADDR_IN addr;
03  memset(&addr,0,sizeof(SOCKADDR_IN));        //将结构清零
04  addr.sin_family= AF_INET;
05  addr.sin_port   = htons(80);                //绑定端口号 80
06  addr.sin_addr.S_un.S_addr = inet_addr(ipAddress);
07
08  if( bind(socket_server,(sockaddr *)&addr,sizeof(sockaddr)) )
09  {
10      MessageBox("绑定 IP 和 port 出错");
11      return;
12  }
```

SOCKADDR_IN 结构被套接字用来指向一个本地的或远程的建立网络连接的终点地址。原型如下：

```
struct sockaddr_in {
    short               sin_family;
    unsigned short      sin_port;
    struct in_addr      sin_addr;
    char                sin_zero[8];
};
```

- ❑ 参数 sin_family 表示地址簇，必须为 AF_INET；
- ❑ 参数 sin_port 是指定的端口号，网络字节序；
- ❑ 参数 sin_addr 指向 in_addr 结构；
- ❑ 参数 sin_zero 作为填充，使得 sockaddr_in 结构的大小和 sockaddr 结构的大小一样。

in_addr 结构代表网络中主机的地址，原型如下：

```
struct in_addr {
  union {
          struct { u_char s_b1,s_b2,s_b3,s_b4; }    S_un_b;
```

```
        struct { u_short s_w1,s_w2; }                   S_un_w;
        u_long                                          S_addr;
    } S_un;
};
```

❑ 参数 S_addr 是格式化为无符号长整型的主机 IP 地址。

其他参数不会用到，在此不做介绍。函数 inet_addr()用来将主机字节序的 IP 字符串转换为网络字节序的 IP 字符串。

（5）监听来自客户端的消息。

```
01  //监听
02  if( listen(socket_server,SOMAXCONN) )
03  {
04      MessageBox("监听出错");
05      return;
06  }
```

函数 listen()用来监听来自客户端的连接请求。SOMAXCONN 为缓冲区能够保存的最大连接数。

（6）设置异步套接字。

```
01  if( WSAAsyncSelect(socket_server,this->m_hWnd,WM_SOCKET,
02                                          FD_ACCEPT | FD_READ))
03  {
04      MessageBox("异步设置出错");
05      return;
06  }
```

函数 WSAAsyncSelect()为套接字请求基于窗口消息的网络事件通知，原型如下：

```
int WSAAsyncSelect(
    SOCKET          s,
    HWND            hWnd,
    unsigned int    wMsg,
    long            lEvent
);
```

❑ 参数 s 表示被请求事件通知的套接字描述符；
❑ 参数 hWnd 表示当网络事件发生时接收消息的窗口句柄；
❑ 参数 wMsg 表示当网络事件发生时接收到的消息；
❑ 参数 lEvent 指定应用程序感兴趣的网络事件。可以用位操作符来构造多个事件。

本章主要用到的消息如下：

❑ FD_READ 接收是否可读的通知；
❑ FD_ACCEPT 接收与连接有关的通知。

函数 WSAAsyncSelect()调用成功时返回 0。

综合以上各步骤，“开启服务器”按钮的消息响应函数如下：

```
01  void CServerDlg::OnStartrun()
02  {
03      // TODO: Add your control notification handler code here
04
05      //加载 Winsock dll
06      ...                         //省略
07      //创建套接字
```

```
08      ...                     //省略
09      //获取主机 IP
10      ...                     //省略
11      //绑定套接字
12      ...                     //省略
13      //监听
14      ...                     //省略
15      //设置异步套接字
16      ...                     //省略
17  }
```

通过上面的代码，已经创建了服务器套接字，并且将该套接字设置为异步模式。读者可以在其响应函数中处理 FD_READ 和 FD_ACCEPT 事件。

在“网络通信 ServerDlg.h”文件中添加自定义消息：

```
#define     WM_SOCKET   WM_USER + 100
```

添加消息响应函数：

```
01  //{{AFX_MSG(CServerDlg)
02  virtual BOOL OnInitDialog();
03  afx_msg void OnSysCommand(UINT nID, LPARAM lParam);
04  afx_msg void OnPaint();
05  afx_msg HCURSOR OnQueryDragIcon();
06  afx_msg void OnStartrun();
07  virtual void OnCancel();
08  afx_msg void OnSocket(WPARAM wParam,LPARAM lParam);
09  afx_msg void OnSendbtn();
10  //}}AFX_MSG
11  DECLARE_MESSAGE_MAP()
```

在“网络通信 ServerDlg.cpp”文件中添加消息映射：

```
01  BEGIN_MESSAGE_MAP(CServerDlg, CDialog)
02      //{{AFX_MSG_MAP(CServerDlg)
03      ON_WM_SYSCOMMAND()
04      ON_WM_PAINT()
05      ON_WM_QUERYDRAGICON()
06      ON_BN_CLICKED(IDC_STARTRUN, OnStartrun)
07      ON_MESSAGE(WM_SOCKET,OnSocket)
08      ON_BN_CLICKED(IDC_SENDBTN, OnSendbtn)
09      //}}AFX_MSG_MAP
10  END_MESSAGE_MAP()
```

7.2.2　响应连接与读取

当客户端尝试与服务器端建立连接时，服务器端会收到 FD_ACCEPT 的事件通知，处理如下：

```
01  case FD_ACCEPT:
02      {
03          SOCKADDR_IN addr;
04          int len = sizeof(SOCKADDR_IN);
05          socket_client = accept(socket_server,
06                              (sockaddr *)&addr,&len);
07          if(socket_client == INVALID_SOCKET)
08          {
```

```
09                MessageBox("客户端套接字创建出错");
10                return;
11            }
12            //获取对方 IP
13            m_status += "客户端 IP: ";
14            m_status += inet_ntoa(addr.sin_addr);
15            UpdateData(false);      //用来显示客户端的 IP 地址
16        }
17        break;
```

函数 accept()调用成功时会返回一个与客户端建立了通信连接的套接字，服务器端与客户端的通信是通过此套接字来完成的。函数调用失败会返回 INVALID_SOCKET。另外，响应代码还实现了显示客户端 IP 地址的功能，函数 inet_ntoa()用来将网络字节序的 IP 地址字符串转换为主机字节序的 IP 地址字符串。

当连接已经建立，服务器可以通过处理 FD_READ 事件通知来接收来自客户端的信息。处理如下：

```
01  case FD_READ:
02      {
03          UpdateData(true);
04          char buff[1024] = "";
05          if(!recv(socket_client,buff,1024,NULL))
06          {
07              MessageBox("数据接收出错");
08              return;
09          }
10          m_recv += "\r\n 客户端: ";
11          m_recv += buff;
12          UpdateData(false);
13      }
14      break;
```

对事件通知的消息处理实现了接收来自客户端的信息，并把信息显示在接收信息的文本框中。

综合以上各步骤，响应连接与读取的函数 OnSocket()代码编写如下：

```
01  void CServerDlg::OnSocket(WPARAM wParam,LPARAM lParam)
02  {
03      switch(lParam)
04      {
05      case FD_ACCEPT:
06          {
07              ...                          //省略
08          }
09          break;
10      case FD_READ:
11          {
12              ...                          //省略
13          }
14          break;
15      }
16  }
```

7.2.3　发送信息

用户先在发送信息的文本框中编辑要发送的信息，然后单击“发送”按钮实现信息的发送。

双击“发送”按钮，添加它的消息响应函数 OnSendbtn()，代码如下：

```
01  void CServerDlg::OnSendbtn()
02  {
03      // TODO: Add your control notification handler code here
04      UpdateData(true);
05      if(SOCKET_ERROR == send(socket_client,m_send.GetBuffer(1),
06                                              m_send.GetLength(),NULL) )
07      {
08          MessageBox("消息发送出错");
09          return;
10      }
11      m_recv += "\r\n 服务器端: ";
12      m_recv += m_send;
13      m_send = "";                      //清空发送消息文本框
14      UpdateData(false);
15  }
```

函数 send()通过与客户端建立的套接字发送信息，调用失败时会返回 SOCKET_ERROR，消息响应函数的代码还实现了发送完消息后清空发送消息文本框的功能。

7.2.4　断开连接

双击“断开连接”按钮，添加消息响应函数 OnCancel()，代码如下：

```
01  void CServerDlg::OnCancel()
02  {
03      // TODO: Add extra cleanup here
04
05      if(WSACleanup())
06      {
07          MessageBox("卸载 Winsock dll 失败");
08          return;
09      }
10      if(socket_server)
11          closesocket(socket_server);
12      if(socket_client)
13          closesocket(socket_client);
14      CDialog::OnCancel();
15  }
```

函数 WSACleanup()会完成卸载 Winsock dll 的操作，调用成功时返回 0。函数 closesocket()会关闭套接字。

7.3　客户端程序

在 VC 中，建立基于对话框的应用程序，命名为“网络通信 Client”，设计如图 7.3 所示的软件界面。客户端界面控件 ID 及其含义如表 7.2 所示。

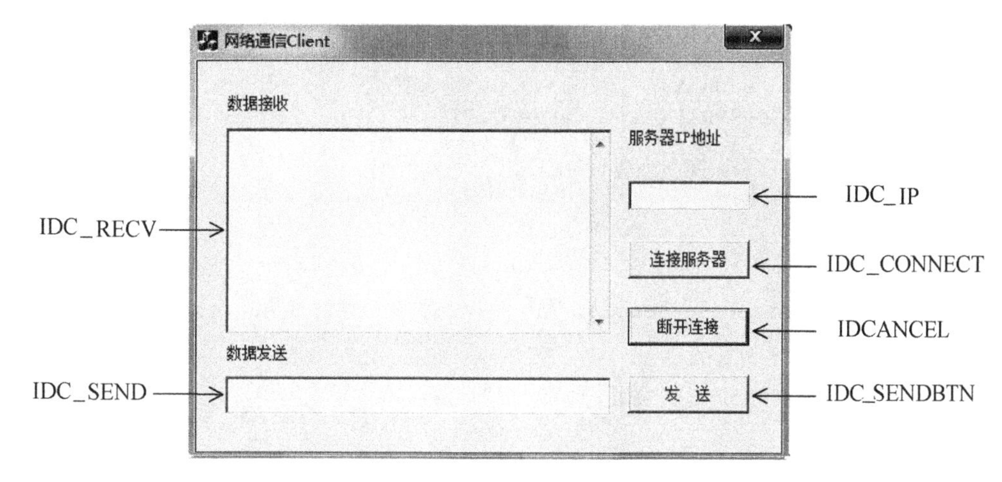

图 7.3　客户端程序界面

表 7.2　客户端界面控件ID及其含义

ID	含　义	ID	含　义
IDC_IP	需要输入的服务器端的 IP 地址	IDC_SEND	编辑将要发送的信息
IDC_RECV	接收客户端发来的信息	IDC_SENDBTN	发送信息
IDC_CONNECT	连接服务器	IDCANCEL	断开连接

控件关联的变量名及其类型如图 7.4 所示。

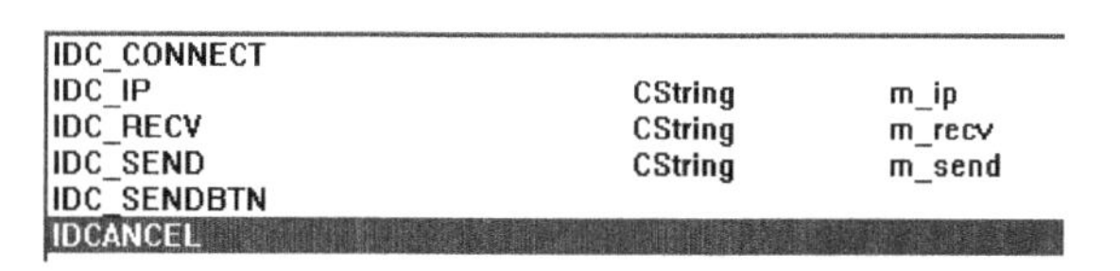

图 7.4　关联变量名及其类型

在类 CClientDlg 中定义一个成员变量，位置如下：

```
01  class CClientDlg : public CDialog
02  {
03      ...                             //省略部分代码
04  // Implementation
05  protected:
06      HICON m_hIcon;
07      SOCKET socket_client;           //客户端的通信套接字
08      ...                             //省略部分代码
09  };
```

7.3.1　连接服务器

双击“连接服务器”按钮，添加消息响应函数 OnConnect()，代码如下：

```
01  void CClientDlg::OnConnect()
02  {
03      // TODO: Add your control notification handler code here
04      //加载 Winsock dll
05      WORD    version = MAKEWORD(2,0);
06      WSADATA wsadata;
07      if(WSAStartup(version,&wsadata))
08      {
09          MessageBox("加载 Winsock dll 失败");
10          return;
11      }
12  
13      //创建套接字
14      socket_client = socket(AF_INET,SOCK_STREAM,NULL);
15      if(INVALID_SOCKET == socket_client)
16      {
17          MessageBox("套接字创建失败");
18          return;
19      }
20  
21      UpdateData(true);
22      SOCKADDR_IN addr;
23      memset(&addr,0,sizeof(SOCKADDR_IN));
24      addr.sin_family = AF_INET;
25      addr.sin_port = htons(80);
26      addr.sin_addr.S_un.S_addr = inet_addr(m_ip);
27      if(connect(socket_client,(sockaddr *)&addr,sizeof(sockaddr)))
28      {
29          MessageBox("尝试与服务器的连接失败");
30          return;
31      }
32      //设置异步套接字
33  if( WSAAsyncSelect(socket_client,this->m_hWnd,WM_SOCKET,FD_READ))
34      {
35          MessageBox("异步设置出错");
36          return;
37      }
38  }
```

消息响应函数中同样完成了加载 Winsock dll、创建套接字和设置异步套接字的功能。用户首先要输入服务器端的 IP 地址，然后单击“连接服务器”按钮。其中，connect()函数负责连接服务器，如果返回 0，则表示连接成功。代码中将套接字设置为异步模式，并选择对 FD_READ 事件进行处理。

在“网络通信 ClientDlg.h”文件中添加自定义消息：

```
#define     WM_SOCKET   WM_USER + 100
```

添加消息响应函数：

```
01  //{{AFX_MSG(CClientDlg)
02  virtual BOOL OnInitDialog();
```

```
03  afx_msg void OnSysCommand(UINT nID, LPARAM lParam);
04  afx_msg void OnPaint();
05  afx_msg HCURSOR OnQueryDragIcon();
06  afx_msg void OnConnect();
07  afx_msg void OnSocket(WPARAM wParam,LPARAM lParam);
08  afx_msg void OnSendbtn();
09  virtual void OnCancel();
10  //}}AFX_MSG
```

在“网络通信 ClientDlg.cpp”文件中添加消息映射：

```
01  BEGIN_MESSAGE_MAP(CClientDlg, CDialog)
02      //{{AFX_MSG_MAP(CClientDlg)
03      ON_WM_SYSCOMMAND()
04      ON_WM_PAINT()
05      ON_WM_QUERYDRAGICON()
06      ON_BN_CLICKED(IDC_CONNECT, OnConnect)
07      ON_MESSAGE(WM_SOCKET,OnSocket)
08      ON_BN_CLICKED(IDC_SENDBTN, OnSendbtn)
09      //}}AFX_MSG_MAP
10  END_MESSAGE_MAP()
```

7.3.2　响应读取

为自定义 WM_SOCKET 消息编写的响应函数为 OnSocket()，代码如下：

```
01  void CClientDlg::OnSocket(WPARAM wParam,LPARAM lParam)
02  {
03      switch(lParam)
04      {
05      case FD_READ:
06          {
07              UpdateData(true);
08              char buff[1024] = "";
09              if(!recv(socket_client,buff,1024,NULL))
10              {
11                  MessageBox("数据接收出错");
12                  return;
13              }
14              m_recv += "\r\n 服务器端: ";
15              m_recv += buff;
16              UpdateData(false);
17          }
18      }
19  }
```

自定义消息的响应函数接收来自服务器端发来的信息，并将接收到的消息显示在“数据接收”文本框中。

函数 recv()接收来自服务器端的信息，原型为：

```
int recv (
    SOCKET      s,
    char FAR*   buf,
    int         len,
    int         flags
);
```

- 参数 s 表示通信的套接字句柄。
- 参数 buf 表示用于接收数据的缓冲区。

- ❑ 参数 len 表示缓冲区的大小。
- ❑ 参数 flags 表示指定的接收模式。一般情况下，将该参数设置为 NULL，表示默认。

如果函数返回 0，则表示数据接收失败。

7.3.3　发送信息

用户先在发送信息的文本框中编辑要发送的信息，然后单击“发送”按钮实现信息的发送。

双击“发送”按钮，添加它的消息响应函数 OnSendbtn()，代码如下：

```
01 void CClientDlg::OnSendbtn()
02 {
03     // TODO: Add your control notification handler code here
04     UpdateData(true);
05     if(SOCKET_ERROR == send(socket_client,m_send.GetBuffer(1),
06                                  m_send.GetLength(),NULL) )
07     {
08         MessageBox("消息发送出错");
09         return;
10     }
11     m_recv += "\r\n 客户端: ";
12     m_recv += m_send;
13     m_send = "";
14     UpdateData(false);
15 }
```

函数 send()通过创建的套接字发送信息，调用失败时会返回 SOCKET_ERROR，消息响应函数的代码还实现了发送完消息后清空发送消息文本框的功能。

7.3.4　断开连接

双击“断开连接”按钮，添加消息响应函数 OnCancel()，代码如下：

```
01 void CClientDlg::OnCancel()
02 {
03     // TODO: Add extra cleanup here
04
05     if(WSACleanup())
06     {
07         MessageBox("卸载 Winsock dll 失败");
08         return;
09     }
10     if(socket_client)
11         closesocket(socket_client);
12     CDialog::OnCancel();
13 }
```

函数 WSACleanup()会完成卸载 Winsock dll 的操作，调用成功时返回 0。函数 closesocket()会关闭套接字。

7.4　客户端与服务器端

编译并运行服务器端，单击“开启服务器”按钮。编译并运行客户端，输入服务器 IP 地址，单击“连接服务器”按钮，程序相互连接效果如图 7.5 所示。

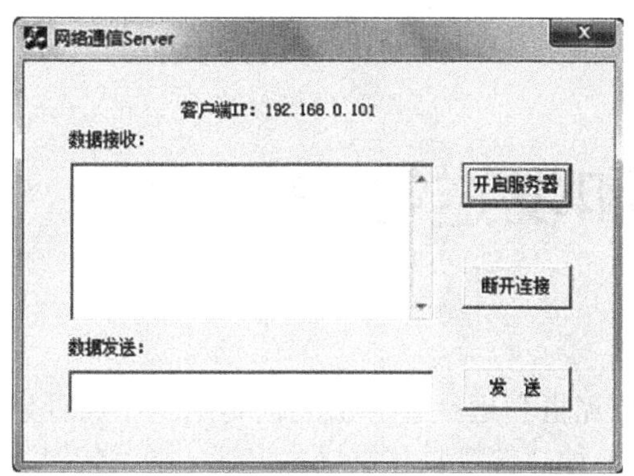

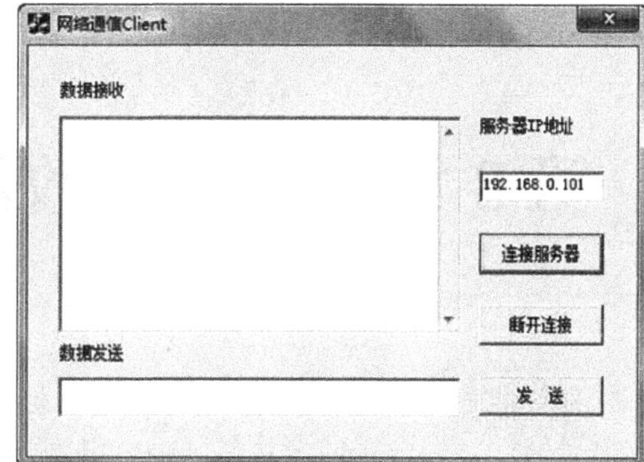

图 7.5　服务器端与客户端

可以分别在数据发送框中编辑数据，然后发送，通信效果如图 7.6 所示。

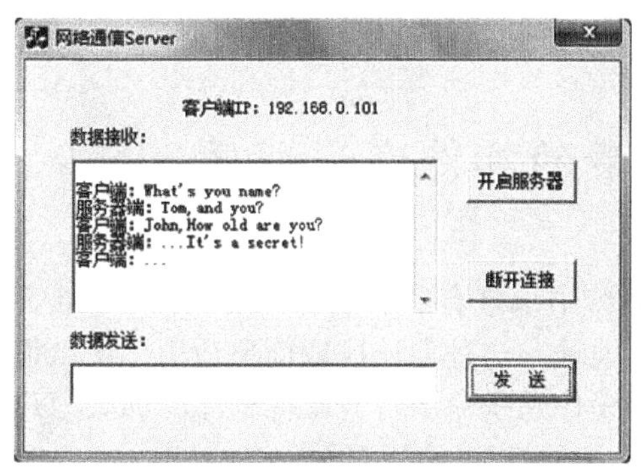

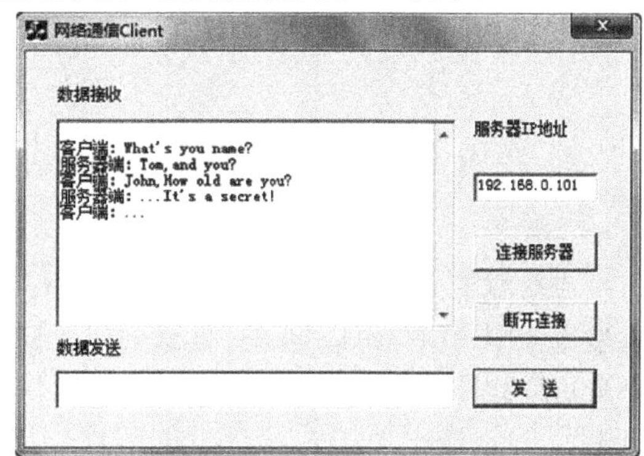

图 7.6　通信效果

最后可以分别单击“断开连接”按钮来关闭应用程序。

7.5　小　　结

本章第一部分中，主要向用户讲述了网络通信器的通信原理，根据该原理进行网络通信的程序设计。在 VC 编译环境下，向用户讲述了网络通信器的服务器端和客户端编程的方法以及流程。通过对本章的学习，用户将对网络通信器的设计及实现方法有更加深入的理解。同时，用户可以将本章中的实例程序进行修改以达到学习和自我检测的目的。

第 8 章　邮件接收和发送客户端之一

邮件接收和发送客户端的作用是在本地计算机和远程计算机之间传送电子信件以及接收电子信件。用户平时所用的 Foxmail 就是一种邮件接收和发送客户端。通常情况下，Foxmail 由发送者将电子信件发送到邮件服务器（SMTP）中，再由 SMTP 服务器将该邮件发送到 POP3（接收邮件）服务器中，邮件接收者通过账户和口令再从 POP3 服务器中获取信件。在本章中，将向用户介绍邮件接收和发送客户端的原理以及开发过程。

8.1　调用 Windows 自带的邮件发送程序

一般情况下，用户所使用的 Windows 操作系统中都带有默认的邮件发送程序。通过该邮件发送程序，用户可以将邮件发送到任何目的地址。这种方法比较简单适用，所以很受大部分用户欢迎。用户可以在操作系统中，使用操作系统命令打开邮件程序。如果用户需要在自己的程序中调用系统自带的邮件程序，那么需要使用函数 CreateProcess()或者 ShellExecute()进行调用。本节将分别介绍这两种方法。

8.1.1　调用 Windows 自带程序

在 Windows 操作系统中，所有的程序都是以进程为单位运行。本节中所讲述的调用邮件发送程序就是通过调用相应的 Windows 进程实现的。调用该 Windows 进程所使用的命令是“mailto:+string”，其中，string 表示邮件发送的目的地址。例如，用户需要将邮件发送到邮件地址为 lymlrl@163.com 的邮箱中，使用的命令是“mailto:lymlrl@163.com”。

首先，在 Windows 系统界面下选择“开始”|“运行”命令，弹出“运行”对话框，如图 8.1 所示。

图 8.1 “运行”对话框

然后，在运行对话框中输入命令“mailto:lymlrl@163.com”，可以打开 Windows 自带的邮件发送程序进行邮件发送，如图 8.2 所示。

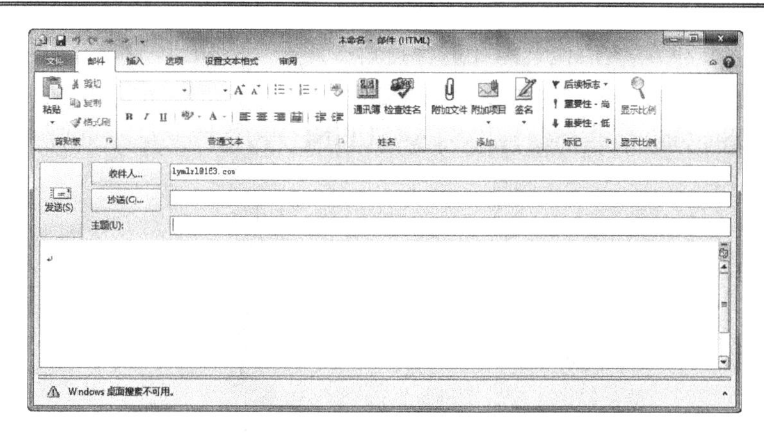

图 8.2 Windows 邮件收发器

以上过程是用户通过 Windows 命令调用邮件收发器必须做的。实际上，除了这种方法，用户还可以在程序中通过函数调用 Windows 邮件收发器。此种方法将在 8.1.2 节中进行讲解。

8.1.2 CreateProcess()函数

在 VC 中编程，MFC 类库已经提供了几个库函数用于调用 Windows 的外部程序，包括邮件收发程序。在本节中，将向用户介绍其中的两个函数：CreateProcess()和 ShellExecute()。

1. 使用CreateProcess()函数

CreateProcess()函数可以创建 Windows 进程，同时也可以调用已经存在的进程。该函数的原型如下：

```
BOOL CreateProcess(
  LPCTSTR lpApplicationName,
  LPTSTR lpCommandLine,
  LPSECURITY_ATTRIBUTES lpProcessAttributes,
  LPSECURITY_ATTRIBUTES lpThreadAttributes,
  BOOL bInheritHandles,
  DWORD dwCreationFlags,
  LPVOID lpEnvironment,
  LPCTSTR lpCurrentDirectory,
  LPSTARTUPINFO lpStartupInfo,
  LPPROCESS_INFORMATION lpProcessInformation
);
```

该函数创建进程成功则返回 true，否则返回 false。其部分参数含义如下：

- 参数 lpApplicationName 表示可执行文件的名字。用户指定该参数后，该函数会在当前路径下搜索可执行文件，但不会按照系统的搜索路径进行搜索。

注意：使用该参数时，需要加上扩展名，因为系统不会自动为其添加“.exe”后缀名。

- 参数 lpCommandLine 表示将要传递到新进程的命令行字符串。使用该参数时，该函数会自动为其添加后缀名“.exe”。如果参数字符串没有指定所在路径，那么该函数则会按照系统的搜索路径进行搜索文件。

- 参数 bInheritHandles 表示该进程创建的子进程是否能继承父进程的对象句柄。
- 参数 lpStartupInfo 指向结构体 STARTUPINFO 的指针变量。该结构体的声明如下：

```
typedef struct _STARTUPINFO {
    DWORD   cb;                //表示该结构体的大小
    LPTSTR  lpReserved;        //保留，必须将该参数初始化为 NULL
    LPTSTR  lpDesktop;         /* 用于标识启动应用程序所在的桌面的名字。如果该桌面存
                               在，新进程便与指定的桌面相关联。如果桌面不存在，便创建
                               一个带有默认属性的桌面，并使用为新进程指定的名字。如果
                               lpDesktop 是 NULL（这是最常见的情况），那么该进程将与
                               当前桌面相关联 */
    LPTSTR  lpTitle;           //设置控制台程序的名称
    DWORD   dwX;               //设置应用程序窗口的 X 坐标
    DWORD   dwY;               //设置应用程序窗口的 Y 坐标
    DWORD   dwXSize;           //设置应用程序窗口的横向大小
    DWORD   dwYSize;           //设置应用程序窗口的纵向大小
    DWORD   dwXCountChars;     //以字符为单位设置应用程序窗口的 X 坐标
    DWORD   dwYCountChars;     //以字符为单位设置应用程序窗口的 Y 坐标
    DWORD   dwFillAttribute;//设置应用程序窗口所使用的背景色等
    DWORD   dwFlags;           //表示创建窗口的标志
    WORD    wShowWindow;       //是否显示应用程序窗口
    WORD    cbReserved2;       //保留，将该参数必须设置为 0
    LPBYTE  lpReserved2;       //保留，将该参数必须设置为 0
    HANDLE  hStdInput;         //设置控制台程序的输入输出缓存句柄
    HANDLE  hStdOutput;
    HANDLE  hStdError;         //错误输出句柄
} STARTUPINFO, *LPSTARTUPINFO;
```

该结构体主要用于保存新创建进程的窗口信息，如窗口的大小或窗口的显示方式等。其中，参数 dwFlags 标识了窗口创建成功以后，在显示之前以何种方式进行显示。其取值如表 8.1 所示。

表 8.1　程序窗口显示标识取值

取　值	含　义
STARTF_USESIZE	使用 dwXSize 和 dwYSize 成员
STARTF_USESHOWWINDOW	使用 wShowWindow 成员
STARTF_USEPOSITION	使用 dwX 和 dwY 成员
STARTF_USECOUNTCHARS	使用 dwXCountChars 和 dwYCountChars 成员
STARTF_USEFILLATTRIBUTE	使用 dwFillAttribute 成员
STARTF_USESTDHANDLES	使用 hStdInput、hStdOutput、hStdError 成员
STARTF_RUN_FULLSCREEN	以全屏方式启动程序

注意：在表 8.1 中所示的程序窗口显示标识的作用仅仅是为了控制相应的成员变量是否有效而已。例如，用户在程序中需要使用到该结构体中的 dwFillAttribute 成员。那么，用户必须将参数 dwFlags 取值为 STARTF_USEFILLATTRIBUTE。否则，该成员变量将无效。

- 参数 lpProcesssInformation 是指向结构体 PROCESS_INFORMATION 的指针变量。该结构体声明如下：

```
typedef struct _PROCESS_INFORMATION
 {
    HANDLE hProcess;                          //进程句柄
    HANDLE hThread;                           //线程句柄
    DWORD dwProcessId;                        //进程 ID
    DWORD dwThreadId;                         //线程 ID
} PROCESS_INFORMATION;
```

该结构体主要用于保存进程的相关信息。其他参数均可以默认设置为 NULL。例如，调用操作系统的记事本程序。代码如下：

```
01  ...                                       //省略部分代码
02  STARTUPINFO si={sizeof(si)};              //定义结构体变量
03  PROCESS_INFORMATION pi;                   //定义结构体对象
04  CString *str="notepad";                   //记事本名称
05  CreateProcess(NULL,str,NULL,NULL,false,NULL,NULL,NULL,&si,&pi);
06                                            //调用函数打开记事本程序
07  ...                                       //省略部分代码
```

同样的道理，用户在本例中，也可以使用函数 CreateProcess()调用邮件收发程序。代码如下：

```
01  ...                                       //省略部分代码
02  STARTUPINFO si={sizeof(si)};              //定义结构体变量
03  PROCESS_INFORMATION pi;
04  CString *str="mailto:lymlrl@163.com";     //打开邮件程序的系统命令
05  CreateProcess(NULL,str,NULL,NULL,false,NULL,NULL,NULL,&si,&pi);
06                                            //调用函数打开记事本程序
07  ...                                       //省略部分代码
```

2．使用ShellExecute()函数

在 MFC 编程中，除了函数 CreateProcess()以外，还可以调用函数 ShellExecute()实现相同的功能。该函数原型如下：

```
HINSTANCE ShellExecute(
   HWND hwnd,                                 //父窗口句柄
   LPCTSTR lpOperation,                       //将要进行的操作形式
   LPCTSTR lpFile,                            //目录文件名称或文件路径
   LPCTSTR lpParameters,                      //传递的参数
   LPCTSTR lpDirectory,                       //一般为 NULL
   INT nShowCmd                               //显示方式
);
```

该函数执行成功会返回调用程序的应用程序指针，否则返回错误代码。部分错误代码如表 8.2 所示。

表 8.2　部分错误代码

错误代码	意　义
ERROR_FILE_NOT_FOUND	找不到相应文件
ERROR_PATH_NOT_FOUND	找不到所需路径
ERROR_BAD_FORMAT	无效的.exe 文件
SE_ERR_ASSOCINCOMPLETE	无效的文件名
0	操作系统的内存溢出

该函数的各个参数的说明已经在函数原型中标出。使用该函数调用操作系统自带的邮件发送程序，代码如下：

```
01  #include <stdio.h>                                    //调用相关头文件
02  #include <windows.h>
03
04  int main()                                            //主函数
05  {
06      int i=0;                                          //定义循环变量
07      char ch;                                          //定义字符，用于获取用户输入
08      printf("确认打开邮件收发程序！(Y/N)\n");                //提示用户
09      scanf(&ch);                                           //输入指令
10      if(ch && 'Y')                                         //判断输入指令
11      {
12          printf("邮件收发程序正在打开！请稍候……\n");//提示用户
13          while(i<=10000000)                                //循环，模拟计算机工作
14          {
15              i+=1;
16          }
17          ShellExecute(NULL,NULL,"mailto:lymlrl@163.com",
18              NULL,NULL,SW_SHOW);                       //调用函数启动邮件收发程序
19          printf("邮件收发程序已经打开，请使用！\n");
20      }
21      else
22      {
23          printf("谢谢使用!\n");
24      }
25      return 0;
26  }
```

以上代码是使用 C 语言编写，并且使用命令行窗口界面，目的是为了让用户了解整个调用过程。在随书光盘的第 8 章中附有代码，请用户自行参考。此段代码在 VC 中编译后的结果，如图 8.3 所示。用户在运行界面 1 中输入字符 Y 或 y，然后按 Enter 键。程序提示邮件程序正在打开，当邮件程序打开以后，实例程序会提示已经打开邮件程序，如图 8.4 所示。

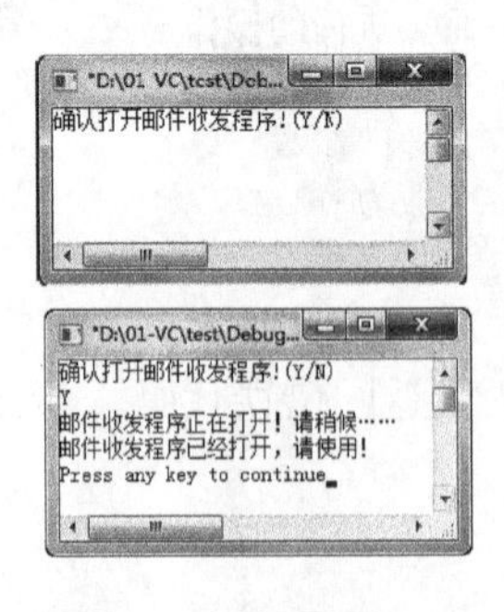

图 8.3　运行界面 1

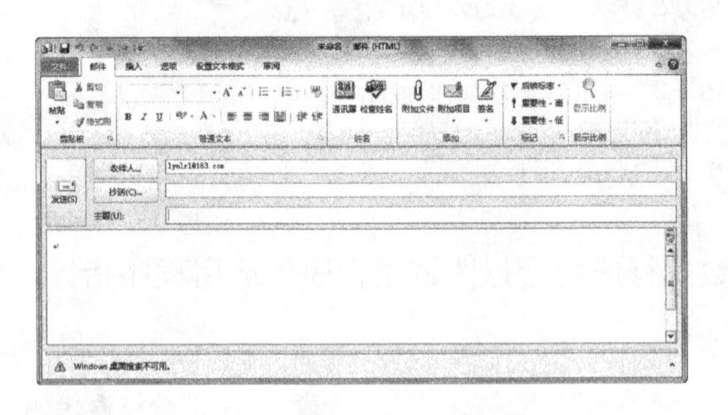

图 8.4　运行界面 2

注意： 在程序中为了模拟计算机的工作，所以笔者使用了 while 循环产生时间差，仅仅是为了让用户重复了解该调用过程。在实际编程中，不提倡使用该方法产生时间差，因为这种方法很危险，容易造成系统的崩溃。通常，使用多线程编程的方法比较安全，也是笔者极力推荐的一种方法。该类方法将在后面的相关章节中讲述。

8.2　SMTP 会话过程

SMTP 是发送邮件协议，与前面所讲的 FTP、HTTP 等协议一样被用作某种行为的规范标准。本节的主要内容就是向用户讲解邮件客户端怎么连接 SMTP 服务器，以及向 SMTP 服务器发送信件等操作。

8.2.1　连接服务器

在网络中传输邮件信息都是基于 TCP/IP 协议的，所以用户在 Windows 操作系统中编写邮件发送程序时可以使用 Windows 套接字来完成。一般情况下，客户端连接服务器的步骤如下：

（1）客户端指定 IP 地址和端口连接服务器。

（2）服务器收到连接请求，并同意客户端连接请求。

（3）客户端和服务器互相发送数据。

（4）关闭服务器和客户端的套接字。

基于以上几个步骤，用户可以 VC 中编写程序实现邮件客户端。

1. 创建套接字对象

该实例与一般网络程序一样，需要 Windows 套接字的支持，所以用户应该首先初始化套接字库。代码如下：

```
01  BOOL CMyEMAIL::OnInitDialog()
02  {
03      WSADATA data;
04      WORD    ss=MAKEWORD(2,0);                 //指定套接字库版本
05      ::WSAStartup(ss,&data);                   //初始化套接字库
06  }
```

用户初始化套接字库以后，还必须记得在程序退出之前释放该套接字库。代码如下：

```
01  void CMyEMAIL::OnClose()
02  {
03      ::WSACleanup();                           //释放已经加载的套接字库
04  }
```

然后，用户可以调用 API 函数 socket()创建连接服务器的套接字了。代码如下：

```
01  BOOL CMyEMAIL::OnInitDialog()
02  {
03      ...                                               //省略部分代码
04      SOCKET s;                                         //定义套接字对象
05      s=::socket(AF_INET,SOCK_STREAM,IPPROTO_TCP);      //创建套接字
06      ...                                               //省略部分代码
07  }
```

在代码中，函数 socket()创建了基于 TCP 通信的流式套接字句柄。

2．连接服务器

用户创建好套接字以后，可以调用 API 函数 connect()连接服务器。其原型如下：

```
int connect (
   SOCKET                       s,
   const struct sockaddr FAR*  name,
   int                          namelen
);
```

该函数用于连接远程计算机，如果连接失败则返回–1，否则为连接成功。参数及其含义如下：

- 参数 s 表示将要连接服务器的套接字句柄，该套接字是用户之前已经创建好的套接字句柄。
- 参数 name 是指向套接字地址结构体的指针变量。该套接字结构体声明如下：

```
struct sockaddr_in {
       short   sin_family;
       u_short sin_port;
       struct  in_addr sin_addr;
       char    sin_zero[8];
};
```

该结构体是 sockaddr 结构的扩充结构，一般被用在 Windows Socket 2 中。

- 参数 namelen 表示套接字结构对象的大小。

使用该函数在套接字 s 上连接 SMTP 服务器。例如，SMTP 服务器地址为 smtp.126.com，端口为 25。代码如下：

```
01 BOOL CMyEMAIL::OnInitDialog()
02 {
03     WSADATA data;
04     WORD    ss=MAKEWORD(2,0);
05     WSAStartup(ss,&data);                    //初始化套接字库
06     SOCKET s;                                //定义套接字对象
07     sockaddr_in addr;                        //定义网络地址结构对象
08     addr.sin_family=AF_INET;                 //为地址结构中的成员赋值
09     addr.sin_port=htons(25);
10     //smtp.126.com 对应的 IP 地址为 123.125.50.112
11     addr.sin_addr.S_un.S_addr=inet_addr("123.125.50.112");
12     //设置 SMTP 服务器的地址
13     s=socket(AF_INET,SOCK_STREAM,IPPROTO_TCP);//创建套接字
14     connect(s, (sockaddr*) &addr,sizeof(addr));//连接 SMTP 服务器
15 }
```

通过上面的代码，用户已经向 SMTP 服务器发送了连接请求。当服务器接受客户端的连接请求以后，服务器会返回相关响应码给客户端。该响应码的前 3 位数字表示服务器端响应的结果。部分 SMTP 响应码如表 8.3 所示。

表 8.3　部分SMTP响应码

响 应 码	意　义
220	服务器就绪
221	服务器关闭传输通道

续表

响　应　码	意　　义
250	客户端所请求的邮件操作完成
450	邮件地址不可用
421	服务器服务不可用，关闭传输通道
451	由于处理过程中出错，请求的操作被终止
452	服务器存储空间不足
500	SMTP 命令语法错误
501	命令参数的语法错误
502	命令暂时不可实现
503	错误的命令序列
550	客户端请求的操作不能被执行或者邮件地址不可用
552	服务器的存储不足
553	邮箱名称不合法
554	服务失败
334	发送验证用户名
235	验证账号密码失败

在该实例中，客户端如果连接服务器成功则会返回响应码 220，表示服务器就绪；否则返回 554。客户端接收响应码应该调用 API 函数 recv()。代码如下：

```
01  BOOL CMyEMAIL::OnInitDialog()
02  {
03      char recvbuff[3]={0};                          //定义接收缓冲区
04      sockaddr_in addr;                              //定义网络地址结构对象
05      addr.sin_family=AF_INET;                       //为地址结构中的成员赋值
06      addr.sin_port=htons(25);
07      addr.sin_addr.S_un.S_addr=inet_addr("124.164.239.91");
08      //设置 SMTP 服务器的地址
09      s=socket(AF_INET,SOCK_STREAM,IPPROTO_TCP);          //创建套接字
10     if(!connect(s, (sockaddr*) &addr,sizeof(addr)))//连接 SMTP 服务器
11     {
12          recv(s,(LPSTR)recvbuff,3,0);           //接收响应码前 3 位数字
13          if(recvbuff[0]==220)
14          {
15              MessageBox("服务器启动服务就绪！请继续操作！");
16              //提示用户服务器就绪
17          }
18      }
19  }
```

本节中，向用户讲述了连接 SMTP 服务器、SMTP 响应码的具体意义，以及客户端接收响应码，并且配有相关的代码实例。

8.2.2　SMTP 命令

在客户端与 SMTP 服务器之间进行数据传输时，双方都是使用 SMTP 命令进行交流。因此，SMTP 命令在 E-mail 通信中起着很重要的作用。但是，在向用户讲解 SMTP 命令之前，用户必须首先了解一下电子邮件的基本格式。

1. E-mail构造格式

在 SMTP 协议中，规定了 E-mail 信件的基本格式。该格式与第 5 章中向用户所讲述的 HTTP 基本格式一样，都包含有数据头和数据体，并且在两者之间均使用一个空白行隔开。例如，一封简单的邮件构造格式如下：

```
//邮件头
From:lymlrl@163.com
Subject: This is a E-mail
                                                  //空白行
Hello lymlrl!                                     //邮件体
This is a E-mail!
```

在例子中，E-mail 的基本格式包括邮件头和邮件体。邮件头中的内容是关于该邮件的一些基本信息。例如，发送者和主题信息。而邮件体中是纯文本的邮件内容，并且在 SMTP 协议中，还规定在邮件头和邮件体之间需要使用一个空白行隔开。

在邮件头中，主要是由 SMTP 标准字段组成，这些字段包含邮件的基本信息。例如：

```
//邮件头
From:lymlrl@163.com
Subject: This is a E-mail
```

以上字段所包含的信息有邮件发送者的邮件地址是 lymlrl@163.com，邮件主题是 This is a E-mail。在 SMTP 协议中，包含了很多邮件头标准字段，部分 SMTP 邮件头字段如表 8.4 所示。紧跟着邮件头的是一个空白行，用于区分邮件头和邮件体。在邮件体中，主要是邮件需要发送的信息内容。在邮件体中，不包含任何字段信息，只有文本格式的邮件内容而已。

表 8.4　SMTP邮件头字段

字　段	意　义
From	邮件创建者的邮件地址
To	邮件目的地
Sender	邮件发送者
Reply-to	邮件回复地址
Cc	邮件抄送人
In- Reply-To	邮件正被回复
Data	邮件创建的时间
Subject	邮件主题
Comments	邮件的其他说明
Keywords	邮件的关键字
Bcc	邮件的密件抄送人邮件地址
Message-ID	邮件的标识符

在表 8.4 中列出了部分 SMTP 标准字段。其中，From 表示邮件的创建者地址，该地址在一般情况下仅有一个。Sender 表示邮件的发送者，该发送者可能是转发邮件，该字段可以有多个邮件地址，地址之间使用逗号隔开。同时可以有多个地址的字段是 To。例如：

```
01  Data:Tue,04 Feb 2009 21:18:03+0800
02  From:lymlrl@163.com
03  Sender: lymlrl@126.com, wexs@163.com,wen@126.com,wuy@sina.com.cn
04  //发送者为多个地址
05  To:lymlrl@126.com,data@yahoo.com.cn,asj@sina.com.cn//接收者也为多个
06  Subject: This is a E-mail        //邮件主题
07                                   //空行
08  Hello lymlrl!                    //邮件数据体
09  This is a E-mail!
```

如果邮件没有发送成功，则客户端应该将该邮件重新进行发送。邮件的重发必须在保证邮件内容不发生改变的情况下进行。实际上，邮件进行重发只用在原有邮件头的标题字段前加上字符串“Resent-”。例如，将上述实例中的邮件进行重发，内容如下：

```
01  Resent-Data:Tue,04 Feb 2009 21:18:03+0800
02  Resent-From:lymlrl@163.com
03  Resent-Sender: lymlrl@126.com, wexs@163.com,wen@126.com
04  //发送者为多个地址
05  Resent-To:lymlrl@126.com,data@yahoo.com.cn           //接收者也为多个
06  Resent-Subject: This is a E-mail                     //邮件主题
07
08  Hello lymlrl!                                        //邮件数据体
09  This is a E-mail!
```

注意：在连接 SMTP 服务器成功以后，客户端在接收到服务器返回的 DATA 命令后，就可以将以上构造的邮件内容发送到 SMTP 服务器了。

2. SMTP命令

前面已经介绍过客户端与 SMTP 服务器之间的交流是通过 SMTP 命令来完成的。常见的 SMTP 命令如表 8.5 所示。

表 8.5　常用SMTP命令

命　令	含　义
HELO	客户机向服务器问候
MAIL FROM	指定邮件的发送者
RCPT TO	指定邮件的接收者
DATA	指示客户端或服务器端可以发送邮件内容
RSET	重新初始化会话状态
VRFY	验证邮件地址的有效性
NOOP	空操作
QUIT	终止会话
TURN	交换服务器与客户端

下面将参照表 8.5 中所列举的部分 SMTP 命令进行讲解。

- 命令 HELO 是在邮件客户端连接服务器成功以后，第一个发送到服务器的命令。其作用是向 SMTP 服务器问候。例如，客户端向服务器问候并表明自己的身份。内容如下：

```
HELO lymlrl<crlf>
```

其中，字符<crlf>表示结束符号。以上内容表示客户端向服务器问候并且表明自己的身份。例如，在 VC 中向服务器发送该命令，代码如下：

```
...                                              //省略部分代码
char sendmail[]={"HELO lymlrl\r\n"};             //构造命令字符串
send(s, sendmail,sizeof(sendmail),0);            //发送命令到服务器
...                                              //省略部分代码
```

- ❑ 命令 MAIL FROM/ RCPT TO 分别表示指定邮件的发送和接收者。例如：

```
MAIL FROM:lymlrl@163.com<crlf>
RCPT TO:lymlrl@126.com<crlf>
```

上述代码分别指定了邮件的发送者和接收者的邮件地址。

- ❑ 命令 DATA 是客户端发送到服务器表明客户端将要发送邮件到服务器。服务器收到该命令后会返回 SMTP 响应码到客户端，表示服务器已经准备好接收客户端的邮件数据。
- ❑ 命令 VRFY 是被用来验证某个邮件地址的有效性。例如，用户用该命令来验证自己的邮箱地址是否有效，则可以发送命令字符串“VRFY:lymlrl@163.com”到 SMTP 服务器。如果该邮箱地址是有效的地址，则服务器会返回响应码 250，表示客户端所请求的操作成功；否则返回 450，表示邮件地址无效。
- ❑ 命令 QUIT 表示终止服务器和客户端的会话。例如客户端向服务器发送该命令，代码如下：

```
...                                              //省略部分代码
char sendmail[]={"QUIT\r\n"};                    //构造命令字符串
send(s, sendmail,sizeof(sendmail),0);            //发送命令到服务器
...                                              //省略部分代码
```

当服务器接收到该命令以后，会返回响应码 220 到客户端，表示服务器已经关闭相关的数据通道。

注意：表 8.5 中的命令在程序中被发送时必须加上换行符号“\r\n”，或者用户在构造完成整个邮件内容后，需要在邮件内容后面加上“\0”，表示数据内容发送或者接收完毕。

8.2.3 发送命令与接收响应

在客户端编程中，通常情况下客户端都是通过向 SMTP 服务器发送命令表示需要进行的操作。在表 8.5 中，已经列出了部分 SMTP 常用命令，这些命令都是在客户端连接服务器成功以后发送的。客户端发送命令以后，服务器通过向客户端发送 SMTP 响应码告知其所发送的命令是否成功或被执行。

1．与服务器一问一答

客户端与 SMTP 服务器的通信过程是通过问答形式完成的，这个过程是典型的 C/S 通信模式。下面介绍邮件客户端发送的命令与服务器端返回的信息。内容如下：

```
01  ...                                          //省略发送连接请求
```

```
02  220 163 .com Anti-spam GT for Coremail System (163com[071018])
03  HELO smtp.163.com
04  250 OK
05  auth login
06  334 dXNlcm5hbWU6
07  USER base64                        //加密后的用户名
08  334 UGFzc3dvcmQ6
09  PASS base64                        //加密后的密码
10  235 Authentication successful
11  MAIL FROM:XXX@163.COM
12  250 Mail OK
13  RCPT TO:XXX@163.COM
14  250 Mail OK
15  DATA                               //准备发送信件
16  354 End data with .                //信件以\r\n.\r\n 结束
17  ...                                //省略构造信件内容并发送
18  QUIT                               //退出命令
19  221 bye
```

以上内容单数为客户端发送的命令，双数为从服务器端返回的信息。通过上面的内容，用户可以看到这是发送邮件所要经历的一个典型的 C/S（客户端/服务器）通信过程，通过问答的形式将一封邮件发送到服务器。

注意：在客户端发送 DATA 命令以后，服务器会返回是否准备好接收客户端将要发送邮件的响应码，该响应码是 354，表示服务器已经准备好接收邮件。接下来，客户端可以直接将邮件发送到服务器。

2. 发送SMTP命令

在实例中，客户端发送命令是通过 API 函数 send()进行的。该函数的作用是向套接字的另一方发送指定缓冲区中的内容。函数原型如下：

```
int send(SOCKET s,const char* buff,int len,int flags);
```

该函数调用成功返回非 0 值，否则失败。部分参数含义如下：

- 参数 s 表示客户端所创建的套接字句柄。
- 参数 buff 指向缓冲区的字符指针。
- 参数 len 表示缓冲区的大小，可以使用函数 sizeof()获得。

例如，用户使用函数 send()将命令 DATA 发送到服务器，代码如下：

```
CString str="DATA\r\n";                        //定义命令字符串
send(socket_client,str.GetBuffer(1),str.GetLength(),0);
```

3. 接收邮件服务器响应

客户端接收的消息来自于服务器端返回的响应码。实现该功能的函数是 recv()，该函数原型如下：

```
int recv(SOCKET s,const char* buff,int len,int flags);
```

该函数调用成功，则返回实际接收到的字符数，否则失败。主要参数含义如下：

- 参数 s 表示套接字句柄。

- ❑ 参数 buff 表示接收数据的缓冲区指针，与函数 send()一样。
- ❑ 参数 len 表示将接收的数据大小。在这里将该参数设置为 3。

```
char recv_message[512] = "";
recv(socket_client,recv_message,512,0);
```

在这里，关于客户端接收服务器响应消息的功能不再进行重复讲述，请用户复习本章前面所讲述的相关内容。

8.3　SMTP 客户端——发送邮件

用户通过学习前面关于邮件收发的基本原理和编程方法，对邮件收发器的制作已经熟悉。在本节中，将通过编程制作程序实例，向用户讲述在 VC 环境下编程的具体方法。通过本节实例的学习，用户可以仿照该实例的设计方法，自行编程实现邮件收发器。

8.3.1　准备工作

在程序中，窗口界面是最重要的，因为程序界面直接面向用户。当用户第一次使用软件时，其窗口界面决定了用户对该软件的第一印象，所以我们先从设计对话框的界面开始，做些编程前的准备工作。

1．创建工程

在 VC 中创建基于对话框的工程，工程名为 sendemil，注意在向导的第 2 步选择 Windows Sockets 复选框，如图 8.5 所示。

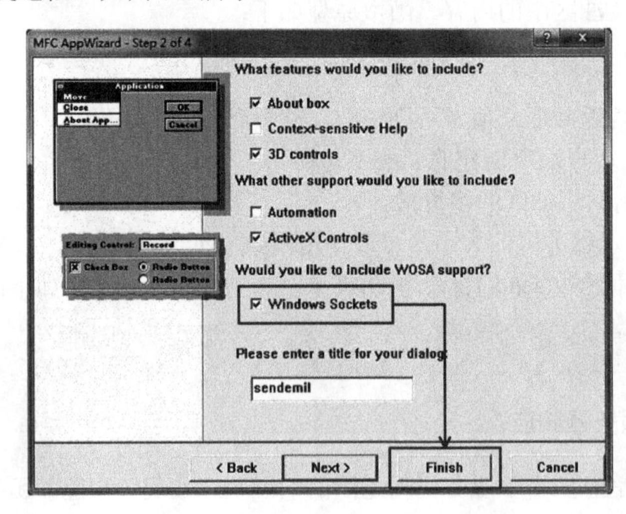

图 8.5　Windows Sockets 复选框

2．添加控件

为对话框添加控件并设计界面，如图 8.6 所示。

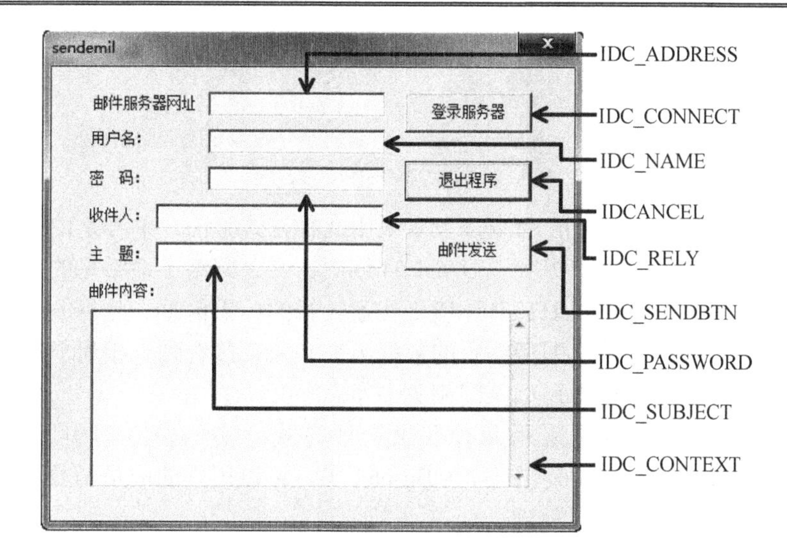

图 8.6　程序设计界面及其关键控件 ID 号

控件的 ID 以及为控件关联的变量名和类型，如图 8.7 所示。

IDC_ADDRESS	CString	m_address
IDC_CONNECT		
IDC_CONTEXT	CString	m_context
IDC_NAME	CString	m_name
IDC_PASSWORD	CString	m_password
IDC_RELY	CString	m_rely
IDC_SENDBTN		
IDC_SUBJECT	CString	m_subject
IDCANCEL		

图 8.7　控件关联的变量名及类型

3．为对话框添加成员变量

在类 CSendemilDlg 中添加成员变量，即与服务器端交流的套接字。

```
01  class CSendemilDlg : public CDialog
02  {
03  ...                                     //省略
04  // Implementation
05  protected:
06      HICON   m_hIcon;
07      SOCKET  socket_client;
08  ...                                     //省略
09  };
```

8.3.2　SMTP 登录身份验证方式

SMTP 既可匿名登录也可以要求身份验证，实际应用中是要求身份认证的。身份认证的方式有多种。

1．LOGIN方式

如下为与 SMTP 服务器的对话：

```
01  auth login
```

```
02  334 VXNlcm5hbWU6              ---BASE64 编码“Username:”
03  Y29zdGFAYW1heGl0Lm5ldA==      ----发送 BASE64 编码的用户名
04  334 UGFzc3dvcmQ6              ---BASE64 编码"Password:"
05  MTk4MjIxNA==                  ---客户端发送 BASE64 编码的密码
06  235 auth successfully         ---登录成功
```

用户向服务器发送 auth login 命令，表示采用此种方式验证。单号是由客户端发送，双号是由服务器端返回，对话中提到了 BASE64 编码，它是网络上最常见的用于传输 8Bit 字节代码的编码方式，可用于在 HTTP 环境下传递较长的标识信息，此种编码方式不仅比较简短，同时也具有不可读性，即所编码的数据不会被人直接看到。相当于对所发送数据进行简单的加密，有兴趣的读者可以查阅相关书籍。

本章所讲的工程实例就是采用此种登录验证方式。实例中专门引入了两个文件 Base64.h 和 Base64.cpp，它们封装了一个 CBase64 类，可以用它的成员函数 Encode()对需要进行 BASE64 编码的数据进行处理。

2．PLAIN方式

基于明文的 SMTP 验证，其向服务器发送的用户名和密码的格式应该为“<NULL>username<NULL>password”。username 是用户名，后边的 password 是口令，NULL 是 ASCII 码的 0。

3．CRAM-MD5方式

CRAM-MD5 是一种 Keyed-MD5 验证方式，CRAM 是 Challenge-Response Authentication Mechanism 的缩写。所谓 Keyed-MD5，是将 Client 与 Server 共享的一个 Key 作为一部分 MD5 的输入，邮件系统的用户名和口令可以作为这个 Key。

SMTP 服务器对以上 3 种验证方式并不一定全部支持。

8.3.3　连接登录服务器

本节介绍为“登录服务器”按钮添加消息响应函数 OnConnect()。

1．加载套接字库

函数 WSAStartup()必须是应用程序调用的第一个 Windows Sockets 函数。

```
01  WSADATA      wsadata;
02  WORD         version;
03  version  = MAKEWORD(2,0);
04  WSAStartup(version,&wsadata);
```

使用函数 WSAStartup()来加载指定版本的套接字库。

2．创建套接字并获取SMTP服务器的IP地址

获取的 IP 地址会被用在之后的连接服务器的操作中。

```
01  socket_client = socket(AF_INET,SOCK_STREAM,NULL);
02  if(INVALID_SOCKET == socket_client)
```

```
03  {
04      MessageBox("创建套接字失败");
05      return;
06  }
07  //获取 smtp 服务器的 IP 地址
08  hostent *host = gethostbyname(m_address);
09  in_addr in_addr_string ;
10  memmove(&in_addr_string,host->h_addr_list[0],4);
```

m_address 是由用户输入的 SMTP 服务器的网址，通过调用函数 gethostbyname()来返回一个指向 hostent 结构的指针。hostent 结构的成员 h_addr_list 包含了 SMTP 服务器网络字节序的 IP 地址，通过字节拷贝函数 memmove()，将 host->h_addr_list[0]所指向内存的 4 个字节拷贝到 in_addr 类型的变量中。

3．连接SMTP服务器

需要用默认的端口号 25 和之前获得的 IP 地址填充 sockaddr_in 结构。

```
01  sockaddr_in     addr;
02  memset(&addr,0,sizeof(sockaddr_in));
03  addr.sin_family = AF_INET;
04  addr.sin_port   = htons(25);                //端口号默认为 25
05  addr.sin_addr = in_addr_string;             //传递网络字节序的 IP 地址
06  if( connect(socket_client,(sockaddr *)&addr,sizeof(sockaddr)) )
07  {
08      int i =  WSAGetLastError();
09      CString err = "";
10      err.Format("连接失败，错误号：%d",i);
11      MessageBox(err);
12      return;
13  }
14  //接收来自服务器的信息，确认是否连接成功
15  char buff[100] = "";                        //接收来自服务器的信息
16  if( !recv(socket_client,buff,100,NULL) )
17  {
18      MessageBox("来自服务器的数据接收失败");
19      return;
20  }
21  MessageBox(buff);
```

代码通过调用 connect()函数连接 SMTP 服务器；调用函数 recv()接收来自服务器的响应信息，返回 220 表示连接成功。

4．发送命令HELO

习惯上要问候服务器一下，就像与熟人第一次见面时的问候一样。

```
01  CString hel = "HELO smtp\r\n";
02  if( send(socket_client,hel.GetBuffer(1),hel.GetLength(),
03                                          NULL) == SOCKET_ERROR )
04  {
05      MessageBox("Error send HELO");
06      return;
07  }
08  memset(buff,0,100);
09  if( !recv(socket_client,buff,100,NULL))
10  {
11      MessageBox("Error recv HELO");
```

```
12  }
13  MessageBox(buff);
```

代码发送 HELO smtp 向服务器问候，服务器通常会返回 250 OK 响应。当然，如果你不满意它的“回答”的话，也可以不向它问候。

5．登录验证

选择一种服务器支持的验证方式，通过验证后才可以进入自己的邮箱。

```
01  CString login = "auth login\r\n";
02  send(socket_client,login.GetBuffer(1),login.GetLength(),NULL);
03  memset(buff,0,100);
04  recv(socket_client,buff,100,NULL);
05  MessageBox(buff);
06
07  CBase64 code;                          //用于将验证信息加密
08  CString login_name = m_name;
09  login_name.Format("%s\r\n",
10              code.Encode(login_name,login_name.GetLength()));
11  send(socket_client,login_name.GetBuffer(1),
12              login_name.GetLength(),NULL);
13  memset(buff,0,100);
14  recv(socket_client,buff,100,NULL);
15  MessageBox(buff);
16
17  CString login_pass = m_password;
18  login_pass.Format("%s\r\n",
19              code.Encode(login_pass,login_pass.GetLength()));
20  send(socket_client,login_pass.GetBuffer(1),
21              login_pass.GetLength(),NULL);
22  memset(buff,0,100);
23  recv(socket_client,buff,100,NULL);
24  MessageBox(buff);
```

代码选择了 LOGIN 的登录验证方式，并先后向服务器发送了经过 Base64 处理的用户名和密码。代码中是通过调用类 CBase64 的成员函数 Encode()来实现 Base64 处理的，函数接收的参数分别为要处理的数据和数据的长度。一切正常的话服务器的响应如下：

```
auth login
334 dXNlcm5hbWU6
USER base64                         //加密后的用户名
334 UGFzc3dvcmQ6
PASS base64                         //加密后的密码
235 Authentication successful       //成功登录
```

综上所述，“登录服务器”按钮的消息响应函数 OnConnect()编写如下：

```
01  void CSendemilDlg::OnConnect()
02  {
03      // TODO: Add your control notification handler code here
04      //将用户在界面文本框中输入的信息赋值到控件关联的变量中
05      UpdateData(true);
06      //加载套接字库
07      ...                                         //省略
08      //创建套接字
09      ...                                         //省略
10      //获取 smtp 服务器的 IP 地址
```

```
11          ...                                             //省略
12          //与服务器建立连接
13          ...                                             //省略
14          //接收来自服务器的信息，确认是否连接成功
15          ...                                             //省略
16          //发送 hello smtp
17          ...                                             //省略
18          //选择验证方式为 LOGIN
19          ...                                             //省略
20          MessageBox("成功登录！");
21      }
```

以上代码实现效果如图 8.8 所示。

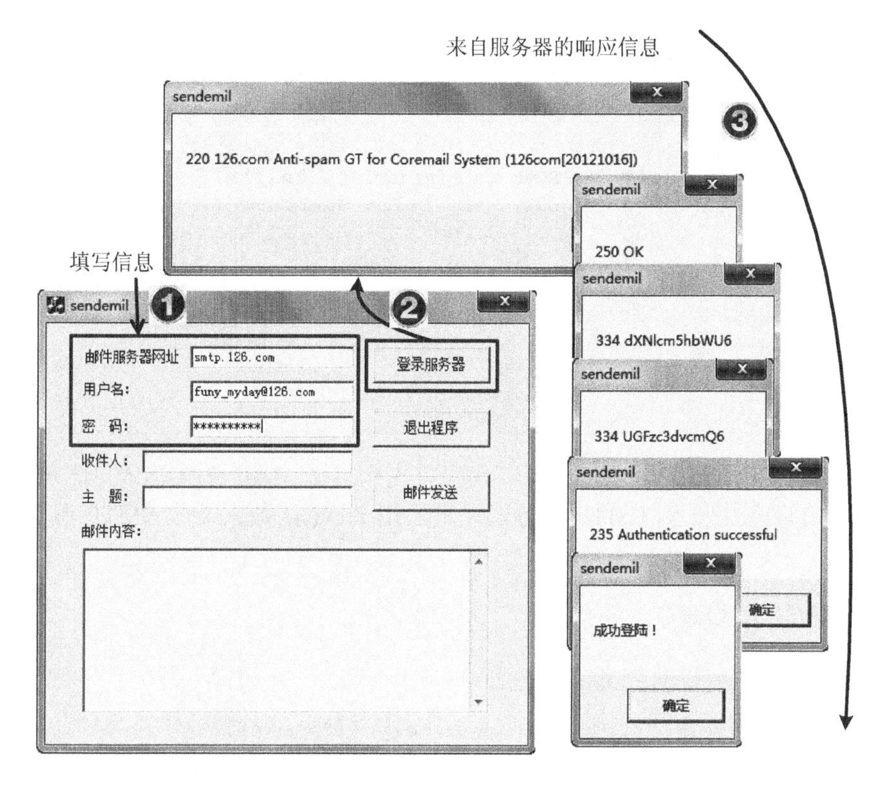

图 8.8　程序连接 SMTP 服务器过程

8.3.4　构造并发送邮件

服务器端服务成功启动以后，客户端可以将邮件发送到 SMTP 服务器，但是在邮件发送之前必须对邮件的数据进行顺序调整，以符合 SMTP 协议的规范。例如，一封正确的邮件数据格式应该如下：

```
From:lymlrl@163.com                    //发件人地址
Subject: This is a E-Mail              //邮件主题
                                       //空白行
Hello lymlrl!                          //邮件内容
```

```
This is a E-mail!
```

接下来将分别向 SMTP 服务器发送如下命令：

```
MAIL FROM:XXX@163.COM
250 Mail OK
RCPT TO:XXX@163.COM
250 Mail OK
DATA                                  //准备发送信件
354 End data with .                   //信件以\r\n.\r\n 结束
...                                   //省略构造信件内容并发送
QUIT                                  //退出命令
221 bye
```

1. 发送MAIL FROM命令

发送邮件前必须首先提供的关键信息之一——发件人。

```
01  CString  send_message = "";          //专用于发送信息
02  char recv_message[512] = "";         //专用于接收信息
03  send_message = "MAIL FROM:<" + m_name + ">\r\n";
04  if(SOCKET_ERROR == send(socket_client,send_message,
05                             send_message.GetLength(),NULL) )
06  {
07      int err_num = WSAGetLastError();
08      MessageBox("Error send");
09      return;
10  }
11  recv(socket_client,recv_message,512,NULL);
12  MessageBox(recv_message);
```

m_name 是用户填写的用户名信息。代码首先构造了 MAIL FROM:<发件人>字符串，然后通过 send()函数发送到 SMTP 服务器，最后用 recv()函数来接收 SMTP 服务器的消息响应。

2. 发送RCPT TO命令

发送邮件前必须提供的关键信息之二——收件人。

```
01  send_message = "RCPT TO:<" + m_rely + ">\r\n";
02  if(SOCKET_ERROR == send(socket_client,send_message,
03                             send_message.GetLength(),NULL) )
04  {
05      MessageBox("Error send");
06      return;
07  }
08  memset(recv_message,0,512);
09  recv(socket_client,recv_message,512,NULL);
10  MessageBox(recv_message);
```

m_rely 是用户填写的收件人信息。代码首先构造了 RCPT TO:<收件人>字符串，然后通过 send()函数发送到 SMTP 服务器，最后用 recv()函数来接收 SMTP 服务器的消息响应。

3. 发送DATA命令

发送 DATA 提示服务器客户端即将发送邮件，同时希望得到服务器“已经准备好了”的响应信息。

```
01  send_message = "DATA\r\n";
02  if(SOCKET_ERROR == send(socket_client,send_message,
03                                send_message.GetLength(),NULL) )
04  {
05      MessageBox("Error send");
06      return;
07  }
08  memset(recv_message,0,512);
09  recv(socket_client,recv_message,512,NULL);
10  MessageBox(recv_message);
```

代码首先构造了 DATA 字符串，然后通过 send()函数发送到 SMTP 服务器，最后用 recv()函数接收 SMTP 服务器的消息响应。

4．发送邮件

选择感兴趣的关键字填写主题信息。按照约定邮件的结束以“\r\n.\r\n”为标志。

```
01  send_message = "From:";          //FROM:发件人
02  send_message += m_name;
03  send_message += "\r\n";
04
05  send_message +="Subject:";       //Subject:主题
06  send_message += m_subject;
07  send_message += "\r\n\r\n";
08
09  send_message += m_context;       //邮件内容
10  send_message += "\r\n\r\n";
11  send_message += "\r\n.\r\n";     //邮件结束标志
12  if(SOCKET_ERROR == send(socket_client,send_message,
13                                   send_message.GetLength(),NULL) )
14  {
15      MessageBox("Error send");
16      return;
17  }
18  memset(recv_message,0,512);
19  recv(socket_client,recv_message,512,NULL);
```

m_subject 是用户填写的主题信息；m_context 是用户填写的邮件内容。代码将用户填写的信息进行了格式化，然后整合在了一起，通过 send()函数发送到 SMTP 服务器，最后用 recv()函数来接收 SMTP 服务器的消息响应。

5．发送QUIT命令

QUIT 命令用来通知服务器结束会话、断开连接。

```
01  send_message = "QUIT\r\n";
02  if(SOCKET_ERROR == send(socket_client,send_message,
03                                send_message.GetLength(),NULL) )
04  {
05      MessageBox("Error send");
06      return;
07  }
08  memset(recv_message,0,512);
09  recv(socket_client,recv_message,512,NULL);
10  MessageBox(recv_message);
```

代码首先构造了 QUIT 字符串，然后通过 send()函数发送到 SMTP 服务器，最后用 recv()函数接收 SMTP 服务器的消息响应。

综上所述，添加“邮件发送”按钮的消息响应函数如下：

```
01 void CSendemilDlg::OnSendbtn()
02 {
03     // TODO: Add your control notification handler code here
04     //将用户在界面文本框中输入的信息赋值到控件关联的变量中
05     UpdateData(true);
06     //发送 MAIL FROM:<发件人>
07     ...                                         //省略
08     //发送 RCPT TO:<收件人>
09     ...                                         //省略
10     //发送"DATA\r\n"
11     ...                                         //省略
12     //要发送的邮件信息
13     ...                                         //省略
14     //退出
15     ...                                         //省略
16 }
```

邮件发送的代码实现效果如图 8.9 所示。

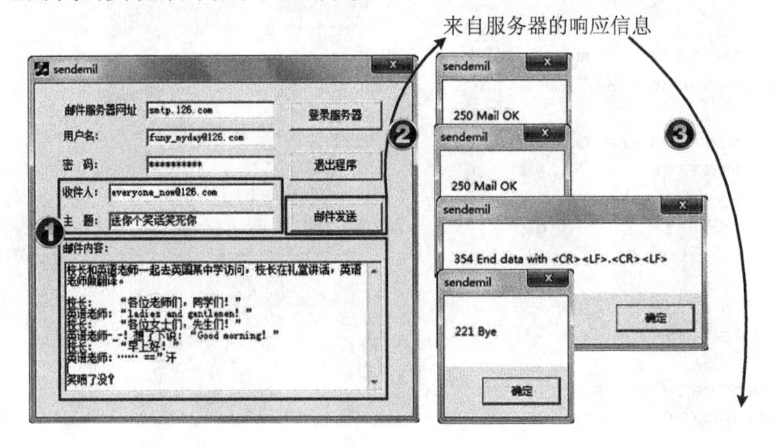

图 8.9　程序发送邮件的过程

打开收件人的邮箱，查看收到的邮件如图 8.10 所示。

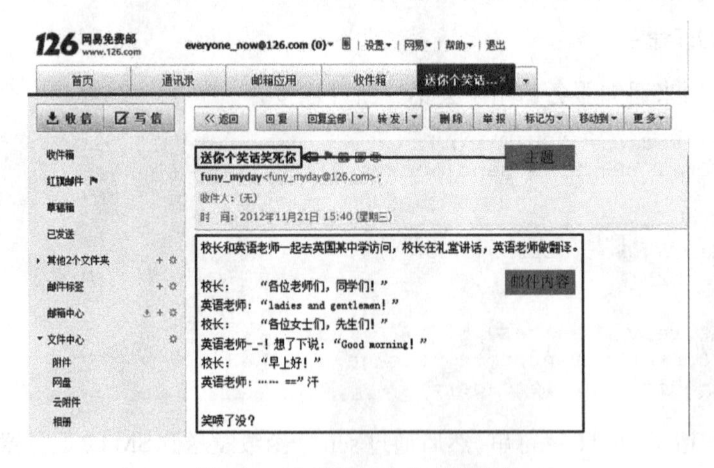

图 8.10　查看邮箱中收到的邮件

8.3.5　退出程序

双击“退出程序”按钮，添加消息响应函数 OnCancel()，代码如下：

```
01  void CSendemilDlg::OnCancel()
02  {
03      // TODO: Add extra cleanup here
04      //关闭套接字
05      closesocket(socket_client);
06      //卸载 socket 库
07      WSACleanup();
08
09      CDialog::OnCancel();
10  }.
```

代码主要调用函数 closesocket()和 WSACleanup()完成关闭套接字和卸载 socket 库的功能。

8.4　POP3 简介

一般，用户接收邮件是通过向 POP3 服务器发送命令获取的。具体发送命令的步骤与 SMTP 协议一样，在这里不再赘述，如有不清楚的地方请用户复习前面的知识。在本节中，将向用户介绍部分 POP3 命令，以及编程实现接收邮件功能。

1. POP3命令

POP3 通信方式与 SMTP 一样，使用标准命令与服务器进行数据交换。POP3 协议中还规定了标准端口为 110 号端口。POP3 标准命令如表 8.6 所示。

表 8.6　部分POP3 标准命令

命　　令	意　　义
QUIT	终止与服务器会话
STAT	提供信箱大小
LIST	获取邮件大小
USER	客户端发送账号信息到服务器验证
PASS	客户端发送密码信息到服务器验证
TOP	取出第 M 封邮件信头和邮件内容的前 N 行
DELE	删除第 N 封邮件
RSET	复位 POP3 会话
RETR	取出第 N 封邮件

在上表中列出了 POP3 的相关命令，下面将对其中的命令进行详解。

❑ 命令 QUIT 的作用是终止与服务器的会话连接。格式如下：

```
QUIT
```

该命令如果发送到服务器执行成功，服务器则会返回 OK，表示服务器同意客户端退出对话。

- 命令 STAT 的作用是请求服务器信箱的大小信息。
- 命令 LIST 可以获取指定邮件的大小信息。如果不带任何命令参数，则服务器会返回所有邮件的大小。格式如下：

```
LIST            //客户端发送命令 LIST
1 1024          //表示第一封邮件的大小
2 2048          //表示第二封邮件的大小
...
```

注意：格式中的序号表示邮件的序列号，紧跟后面的数字表示该邮件的大小信息。使用该命令获得的邮件列表序号是从 1 开始的。

- 命令 USER 将标识客户端发送的账号信息。格式如下：

```
USER lymlrl
```

- 命令 PASS 将标识客户端发送的密码信息。格式如下：

```
PASS lwlwlw
```

- 命令 TOP 表示将取出指定邮件的信头和其邮件内容的前 N 行。例如，用户需要取出第一封邮件的前两行内容，则发送 TOP 命令到服务器即可。代码如下：

```
CString str("TOP 1 2\r\n");                    //构造命令字符串
send(s,str.GetBuffer(1),sizeof(str),0);    //发送命令到服务器
```

- 命令 DELE 表示对邮件进行删除操作。如果该命令配合其命令参数可以删除第 N 封邮件。例如，用户将删除第 N 封邮件，格式如下：

```
DELE N
```

- 命令 RSET 的作用是对 POP3 会话过程进行复位。
- 命令 RETR 的作用是取出第 N 封邮件。例如，用户需要取出第 N 封邮件。格式如下：

```
RETR N
```

当客户端发送该命令以后，服务器会返回被请求邮件的全部内容（包括邮件头和邮件内容）。

如果服务器成功接收到 POP3 命令之后，都会返回相应的请求数据到客户端。返回的数据格式如下：

```
+OK
服务器将返回相应的数据
```

2．POP3会话

POP3 会话过程与 SMTP 一样，必须连接服务器成功以后才能进行相关操作。下面简单介绍 POP3 会话的过程，代码如下：

```
01  //建立连接
02  +OK Welcome to coremail Mail Pop3 Server
03  user everyone_now@126.com   //验证的用户名
04  +OK core mail
05  pass XXXXXX                  //嘿嘿，这个得保密，实际是明文的
```

```
06  +OK 6 message(s) [6689 byte(s)]
07  list                          //命令服务器给出各邮件长度
08  +OK 6 6689
09  1 2125
10  2 2033
11  3 537
12  4 576
13  5 581
14  6 837
15  .                             //标识
16  stat                          //查询客户邮箱中邮件的总数和邮件总长度
17  +OK 6 6689
```

该会话过程是一个交互式的问答过程。

注意：因为 POP3 的工作方式与 SMTP 相似，所以在本章中不再向读者继续讲解关于 POP3 的其他知识。如果用户需要具体了解，请参考其他书籍。

8.5　POP3 客户端——接收邮件

用户接收邮件是通过 POP3（接收邮件服务器）协议完成的。一般情况下，客户端通过向服务器发送相应的 POP3 命令获取邮件。服务器接收到命令以后，会将数据按照 E-mail 的数据格式整理邮件，然后将邮件发送到客户端进行解析、显示。在本节中，将向用户讲解 POP3 命令等相关知识。

8.5.1　准备工作

在程序中，窗口界面是最重要的，因为程序界面直接面向用户。当用户第一次使用软件时，其窗口界面决定了用户对该软件的第一印象，所以我们先从设计对话框的界面开始，做些编程前的准备工作。

1. 创建工程

在 VC 中创建基于对话框的工程，工程名为 recvemil，注意在向导的第 2 步选择 Windows Sockets 复选框，如图 8.11 所示。

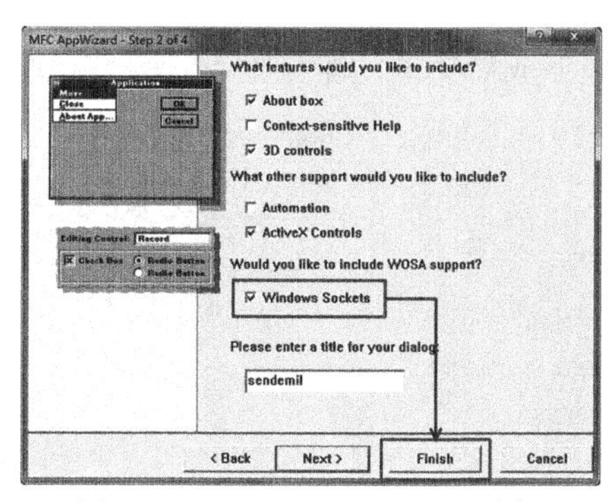

图 8.11　Windows Sockets 复选框

2. 添加控件

为对话框添加控件并设计界面，如图 8.12 所示。

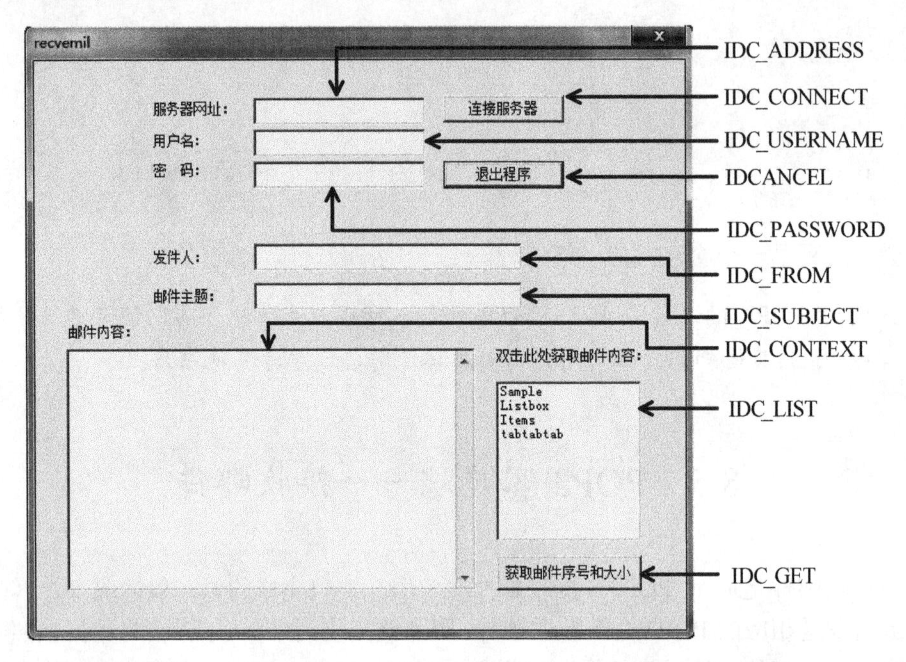

图 8.12　程序设计界面及其关键控件 ID 号

控件的 ID 以及为控件关联的变量名和类型如图 8.13 所示。

IDC_ADDRESS	CString	m_address
IDC_CONNECT		
IDC_CONTEXT	CString	m_context
IDC_FROM	CString	m_from
IDC_GET		
IDC_LIST	CListBox	m_list
IDC_PASSWORD	CString	m_password
IDC_SUBJECT	CString	m_subject
IDC_USERNAME	CString	m_username
IDCANCEL		

图 8.13　控件关联的变量名及类型

3. 为对话框添加成员变量

在类 CRecvemilDlg 中添加成员变量，即与服务器端会话的套接字。

```
01 class CRecvemilDlg : public CDialog
02 {
03 ...                                         //省略
04 // Implementation
05 protected:
06      HICON   m_hIcon;
07      SOCKET  socket_client;
08 ...                                         //省略
09 };
```

8.5.2　连接登录服务器

本节介绍为“连接服务器”按钮添加消息响应函数。

1. 加载套接字库

就像之前讲过的那样，WSAStartup()函数必须是应用程序调用的第一个 Windows Sockets 函数。

```
01  WORD ver = MAKEWORD(2,0);
02  WSADATA wsadata;
03  if( WSAStartup(ver,&wsadata) )
04  {
05      MessageBox("加载套接库失败");
06      return;
07  }
```

使用函数 WSAStartup()来加载指定版本的套接字库。

2. 创建套接字并获取POP3服务器的IP地址

获取的 IP 地址会被用在之后的连接服务器的操作中。

```
01  socket_client = socket(AF_INET,SOCK_STREAM,NULL);
02  if(socket_client == INVALID_SOCKET)
03  {
04      MessageBox("套接字创建失败");
05      return;
06  }
07
08  //获取服务器 IP 地址
09  hostent *host = gethostbyname(m_address);
10  in_addr addr;
11  memmove(&addr,host->h_addr_list[0],4);
```

m_address 是由用户输入的 POP3 服务器的网址，通过调用函数 gethostbyname()返回一个指向 hostent 结构的指针。hostent 结构的成员 h_addr_list 包含了 SMTP 服务器网络字节序的 IP 地址，通过字节拷贝函数 memmove()将 host->h_addr_list[0]所指向内存的 4 个字节拷贝到 in_addr 类型的变量中。

3. 连接POP3服务器

需要用默认的端口号 110 和之前获得的 IP 地址填充 sockaddr_in 结构。

```
01  sockaddr_in socketaddr;
02  memset(&socketaddr,0,sizeof(sockaddr_in));
03  socketaddr.sin_family = AF_INET;
04  socketaddr.sin_port= htons(110);
05  socketaddr.sin_addr= addr;
06
07  if( connect( socket_client,(sockaddr *)&socketaddr,
08                                          sizeof(sockaddr) ) )
09  {
10      MessageBox("与服务器的连接失败");
```

```
11      return;
12  }
13  char recv_message[256] = "";          //专用于接收返回信息
14  if( SOCKET_ERROR == recv(socket_client,recv_message,256,NULL) )
15  {
16      MessageBox("接收信息出错");
17      return;
18  }
19  MessageBox(recv_message);
```

代码通过调用 connect()函数来连接 POP3 服务器，调用函数 recv()来接收来自服务器的响应信息，返回+OK 表示连接成功。

4．登录验证

通过验证后可以进入自己的邮箱，并对邮箱中的邮件进行操作。

```
01  //用户名验证
02  CString send_message;                  //专用于发送信息
03  send_message  = "USER ";               //发送 USER 用户名
04  send_message += m_username;
05  send_message += "\r\n";
06  if( SOCKET_ERROR == send(socket_client,send_message,
07                             send_message.GetLength(),NULL) )
08  {
09      MessageBox("发送信息出错");
10      return;
11  }
12  memset(recv_message,0,256);
13  if( SOCKET_ERROR == recv(socket_client,recv_message,256,NULL) )
14  {
15      MessageBox("接收信息出错");
16      return;
17  }
18  MessageBox(recv_message);
19
20  //密码验证
21  send_message  = "PASS ";               //发送 PASS 密码
22  send_message += m_password;
23  send_message += "\r\n";
24  if( SOCKET_ERROR == send(socket_client,send_message,
25                             send_message.GetLength(),NULL) )
26  {
27      MessageBox("发送信息出错");
28      return;
29  }
30  memset(recv_message,0,256);
31  if( SOCKET_ERROR == recv(socket_client,recv_message,256,NULL) )
32  {
33      MessageBox("接收信息出错");
34      return;
35  }
36  MessageBox(recv_message);
```

POP3 服务器接受明文的用户名和密码，代码先后向服务器发送了用户名和密码，如果返回信息+OK，表示登录成功。

综上所述，“连接服务器”按钮的消息响应函数 OnConnect()编写如下：

```
01  void CRecvemilDlg::OnConnect()
02  {
03      // TODO: Add your control notification handler code here
04      UpdateData(true);              //将用户输入的信息赋予与控件相关联的变量
05      //加载套接字库
06      ...                                          //省略
07      //创建套接字
08      ...                                          //省略
09      //获取服务器 IP 地址
10      ...                                          //省略
11      //连接服务器
12      ...                                          //省略
13      //用户名验证
14      ...                                          //省略
15      //密码验证
16      ...                                          //省略
17      MessageBox("Congratulation! 连接并登录成功");
18      //用于控制一些控件是否可用
19      GetDlgItem(IDC_ADDRESS)->EnableWindow(false);
20      GetDlgItem(IDC_USERNAME)->EnableWindow(false);
21      GetDlgItem(IDC_PASSWORD)->EnableWindow(false);
22  }
```

连接服务器的代码，实现效果如图 8.14 所示。

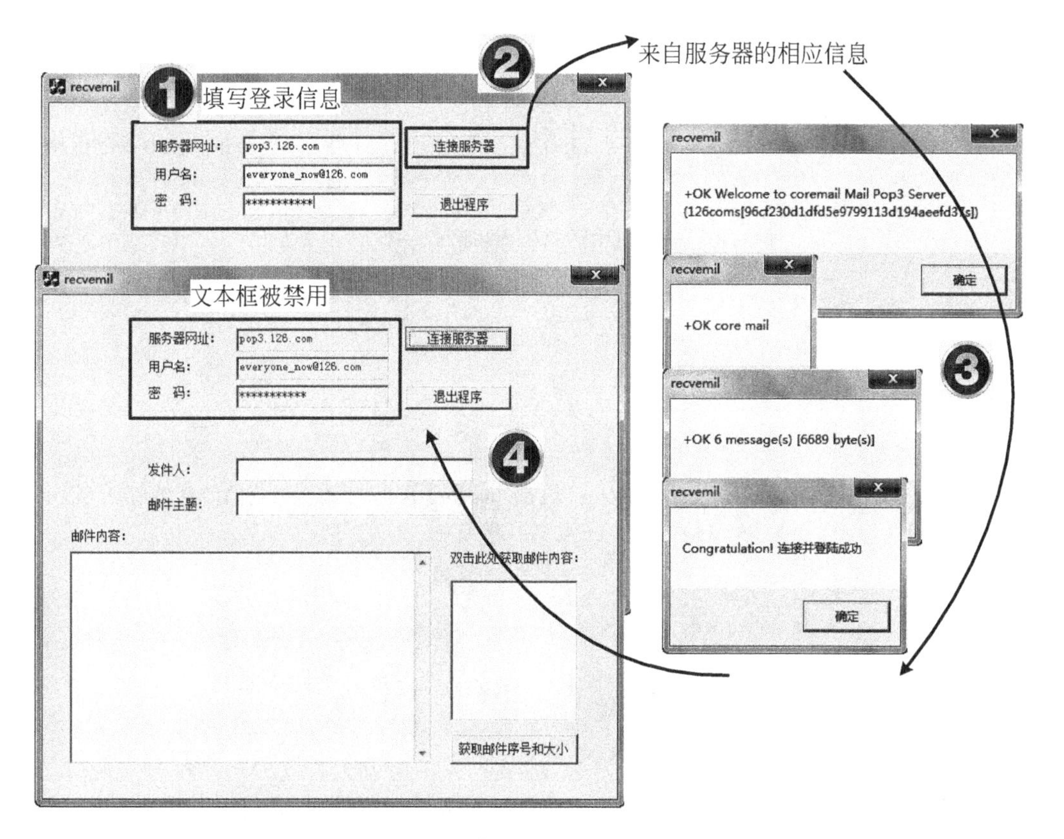

图 8.14　程序连接 POP3 服务器过程

8.5.3　获取邮件列表

客户端登录成功后，可以单击“获取邮件序号和大小”按钮，获取邮箱中邮件列表信息。添加“获取邮件序号和大小”按钮的消息响应函数 OnGet()，代码如下：

```
01  void CRecvemilDlg::OnGet()
02  {
03      // TODO: Add your control notification handler code here
04      //发送 LIST 命令
05      CString send_message;
06      send_message  = "LIST\r\n";
07      if( SOCKET_ERROR == send(socket_client,send_message,
08                                  send_message.GetLength(),NULL) )
09      {
10          MessageBox("发送信息出错");
11          return;
12      }
13      char recv_message[256] = "";
14      if( SOCKET_ERROR == recv(socket_client,recv_message,256,NULL) )
15      {
16          MessageBox("接收信息出错");
17          return;
18      }
19      char list_message[20] = "";
20      int j = 0;
21      for(int i = 0;recv_message[i] != NULL;i++)      //解析获取到的信息
22      {
23          if(recv_message[i] == '\r' && recv_message[i+1] == '\n')
24          {   //屏蔽掉返回信息中的第一条和最后一条
25              if(list_message[0] == '+' || list_message[0] == '.')
26              {
27                  memset(list_message,0,20);
28                  j = 0;
29                  i = i+1;
30                  continue;
31              }
32              m_list.AddString(list_message);//将提取到的信息加到列表框中
33              memset(list_message,0,20);
34              j = 0;
35              i = i+1;
36              continue;
37          }
38          list_message[j++] = recv_message[i];
39      }
40  }
```

向服务器发送 LIST 命令时，服务器正确的返回信息示例如图 8.15 所示，代码中实现的功能是从服务器返回的信息中提取出部分信息，然后将其添加到控件 ID 为 IDC_LIST 的列表框中。

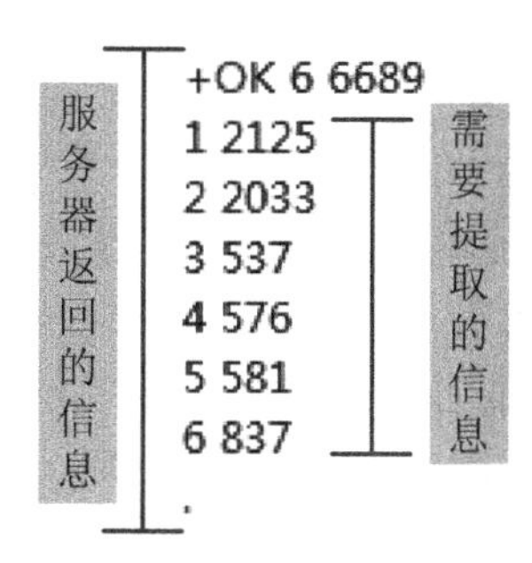

图 8.15　服务器接收 LIST 命令后返回的信息示例

8.5.4　获取并解析邮件内容

成功登录邮箱并且获取邮箱列表后，邮件列表中会填充“邮件名号和大小”。现在来添加列表框的鼠标双击消息响应函数 OnDblclkList()，实现功能是双击列表框中的项时，会返回邮件的内容。响应函数实现的功能如下：

（1）清空文本框以便重新接收数据。

```
01  m_from = "";                        //清空“发件人”信息
02  m_subject = "";                     //清空“邮件主题”信息
03  m_context = "";                     //清空“邮件内容”信息
04  UpdateData(false);
```

（2）获取用户双击列表框时选择项的文本。

```
01  int index = m_list.GetCurSel();
02  int length = m_list.GetTextLen(index);
03  char *buff = new char[length+1];
04  m_list.GetText(index,buff);
```

代码中先后调用了 CListBox 类的成员函数 GetCurSel()获取用户选择项的索引、GetTextLen()获取索引所指文本的长度、GetText()获取索引所指的文本并保存在动态分配的内存 buff 中。

（3）发送 RETR 命令，并接收返回信息。

```
01  CString send_message;
02  send_message  = "RETR ";
03  send_message += buff[0];
04  delete buff;                          //释放动态分配的内存
05  send_message += "\r\n";
06  if( SOCKET_ERROR == send(socket_client,send_message,
07                            send_message.GetLength(),NULL) )
08  {
09      MessageBox("发送信息出错");
10      return;
11  }
12  char recv_message[256] = "";
13  if( SOCKET_ERROR == recv(socket_client,recv_message,256,NULL) )
```

```
14 {
15     MessageBox("接收信息出错");
16     return;
17 }
18 MessageBox(recv_message);                          //显示接收的信息
```

如果返回信息+OK，表示命令发送成功，准备开始发送邮件内容。

（4）循环读取邮件的内容，筛选需要的信息。

服务器返回的邮件信息通常如图 8.16 所示。

如下代码用来解析服务器返回的邮件内容，即取出程序中感兴趣的信息，如发件人、主题和邮件正文。

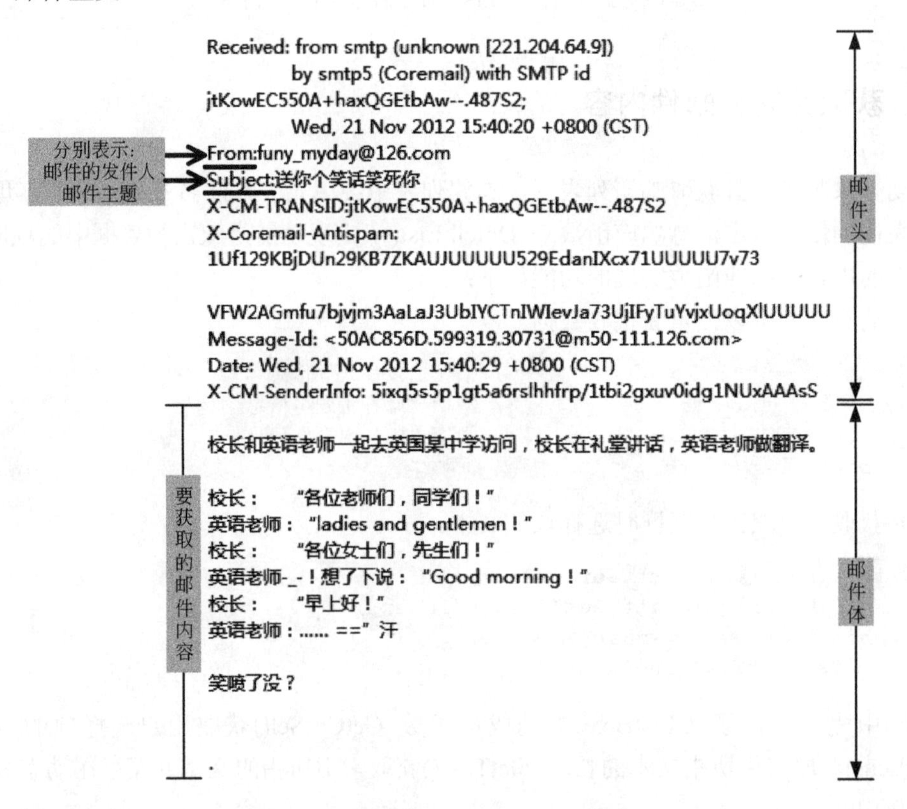

图 8.16　POP3 服务器返回的邮件信息

```
01 BOOL flag_from = false,flag_subject = false,flag_context = false;
02 //标识发件人、主题信息和邮件内容是否已经获取
03 memset(recv_message,0,256);
04 //开始循环接收服务器发送过来的邮件内容
05 int count = recv(socket_client,recv_message,255,NULL);
06 int check = 0;  //遍历接收内容
07 while(count != SOCKET_ERROR)
08 {
09     //筛选需要的信息
10     while(recv_message[check])
11     {
12         if(flag_from == false)          //筛选发件人信息
13         {
14             //遍历查找“From:”
15             if(recv_message[check] == 'F' &&
```

```
16                      recv_message[check+4] == ':')
17              {
18                  char recv_from[30] = "";
19                  int recv_i = 0;
20                  while(recv_message[check+5+recv_i] != '\r' &&
21                              recv_message[check+6+recv_i] != '\n')
22                  {
23                      recv_from[recv_i] =
24                          recv_message[check+5+recv_i];
25                      recv_i++;
26                  }
27                  m_from = recv_from;
28                  UpdateData(false);
29                  flag_from = true;   //修改标识信息
30              }
31          }
32
33          if(flag_subject == false)       //筛选主题信息
34          {
35              //遍历查找“Subject:”
36              if(recv_message[check] == 'S' &&
37                          recv_message[check+7] == ':')
38              {
39                  char recv_subject[30] = "";
40                  int recv_i = 0;
41                  while(recv_message[check+8+recv_i] != '\r' &&
42                              recv_message[check+9+recv_i] != '\n')
43                  {
44                      recv_subject[recv_i] =
45                          recv_message[check+8+recv_i];
46                      recv_i++;
47                  }
48                  m_subject = recv_subject;
49                  UpdateData(false);
50                  flag_subject = true;    //修改标识信息
51              }
52          }
53          //筛选邮件正文信息
54          if(flag_context == true ||
55              (recv_message[check] == '\r' &&
56              recv_message[check+1] == '\n' &&
57              recv_message[check+2] == '\r' &&
58              recv_message[check+3] == '\n') )
59          {
60
61              if(flag_context == false)
62              {
63                  char recv_context[256] = "";
64                  int recv_i = 0;
65                  while(recv_message[check+4+recv_i] != NULL &&
66                          recv_message[check+4+recv_i] != '.')
67                  {
68                      recv_context[recv_i] =
69                          recv_message[check+4+recv_i];
70                      recv_i++;
71                  }
```

```
72                  if(recv_message[check+4+recv_i] == NULL)
73                  {
74                      m_context += recv_context;
75                      if(!flag_context)
76                          flag_context = true;
77                      break;          //退出内层循环
78                  }
79                  if(recv_message[check+4+recv_i] == '.')
80                  {
81                      m_context += recv_context;
82                      UpdateData(false);
83                      break;          //退出内层循环
84                  }
85              }
86              if(flag_context == true)
87              {
88                  char recv_context[256] = "";
89                  int recv_i = 0;
90                  while(recv_message[check+recv_i] != '.')
91                  {
92                      recv_context[recv_i] =
93                          recv_message[check+recv_i];
94                      recv_i++;
95                  }
96                  m_context += recv_context;
97                  if(recv_message[check+recv_i] == '.')
98                  {
99                      UpdateData(false);
100                     break;          //退出循环
101                 }
102             }
103         }
104         check++;
105     }//while
106     check = 0;                          //保证上面的循环再回到起始位置
107
108     //判断邮件是否结束
109     int length = strlen(recv_message);
110     if(recv_message[length-3] == '.')
111         break;      //不再接收
112
113     //再次循环前的准备工作
114     memset(recv_message,0,256);
115     count = recv(socket_client,recv_message,255,NULL);
116 }//while
```

代码实现功能的过程：一次从服务器接收 255 字节的信息，然后遍历每个字节筛选出需要的“发件人”和“邮件主题”信息，它们分别由关键字 From 和 Subject 标识。还要筛选“邮件内容”，它的起始标识是“\r\n\r\n”即两个连续的回车换行，结束标识是‘.’，一个英文的标点符号“句号”，以此为依据进行解析。

综上所述，“双击此处获取邮件内容”列表框的鼠标双击消息响应函数 OnDblclkList()代码编写如下：

```
01  void CRecvemilDlg::OnDblclkList()
02  {
03      // TODO: Add your control notification handler code here
04      //清空文本框以便重新接收数据
```

```
05          ...                                       //省略
06          //获取用户双击列表框时选择项的文本
07          ...                                       //省略
08          //发送 RETR，返回邮件信息
09          ...                                       //省略
10          //循环读取返回的邮件内容
11          ...                                       //省略
12          MessageBox("文件读取完毕");
13    }
```

实现的效果，如图 8.17 所示。

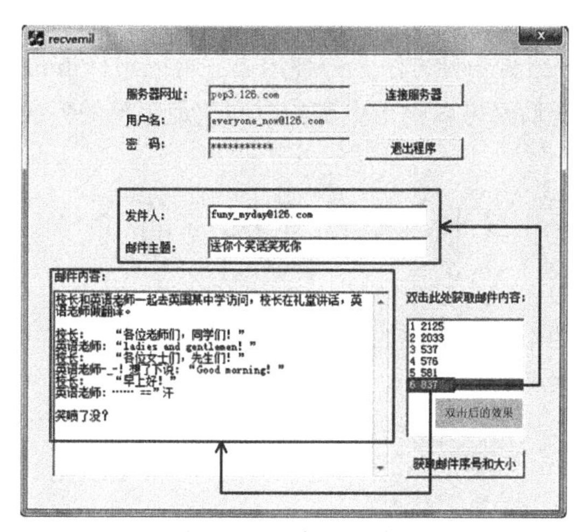

图 8.17　程序运行效果

8.5.5　退出程序

双击“退出程序”按钮，添加消息响应函数 OnCancel()，代码如下：

```
01    void CRecvemilDlg::OnCancel()
02    {
03          // TODO: Add extra cleanup here
04          closesocket(socket_client);
05          WSACleanup();
06
07          CDialog::OnCancel();
08    }
```

响应函数主要调用函数 closesocket()和 WSACleanup()完成关闭套接字和卸载 socket 库的功能。

8.6　小　　结

通过本章，用户学习了 SMTP、POP3 命令、一般邮件的数据格式以及服务器响应客户端请求以后返回到客户端的应答内容。用户在学习本章的实例程序时，不但可以学习在 VC 中怎样实现程序界面的消息响应，还可以学习邮件客户端与服务器之间的工作原理。

第 9 章　邮件接收和发送客户端之二

在第 8 章中详细地讲解了邮件发送协议 SMTP 和邮件接收协议 POP3，并且在最底层通过 Socket 编写了与邮件服务器交互的命令，来完成邮件的接收和发送等操作。但界面做的比较粗糙。本章将要介绍另一种方法——使用第三方的组件 Jmail。它可以轻松实现与邮件服务器的交互，这样我们就可以腾出更多的时间改造粗糙的界面了。

9.1　邮件管理器简介

本节将带领大家介绍本章要实现的实例的运行效果。这算是一个展示，主要用来激起大家对本章内容的学习兴趣。

9.1.1　程序主界面

主界面用来管理 3 个对话框的显示：收件箱、发件箱和设置对话框，如图 9.1 所示。

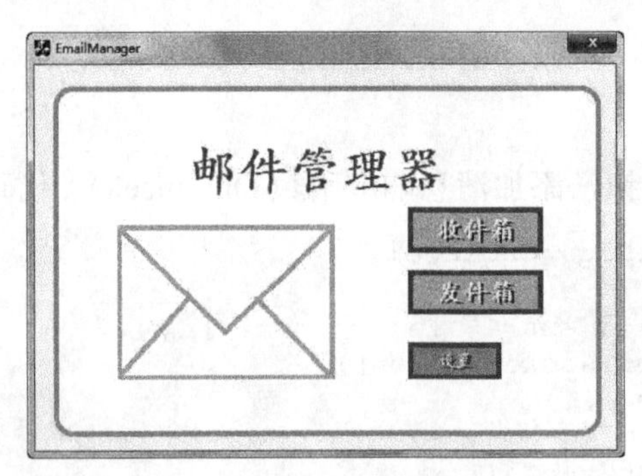

图 9.1　程序主界面

这个界面操作起来很简单，只要单击相应的按钮就会跳转到相应的对话框中。

9.1.2 “设置”对话框

“设置”对话框是程序启动后最先跳出来的界面。程序建议用户先填写相关信息，以便其他按钮对话框功能的实现。“设置”对话框的界面如图 9.2 所示。

用户需要填写的信息包括：POP3 服务器的 IP 地址、用户名和密码信息。这些信息会在 “收件箱”对话框初始化和“发件箱”对话框发送邮件时用到，所以程序优先弹出这个对话框引导用户填写。

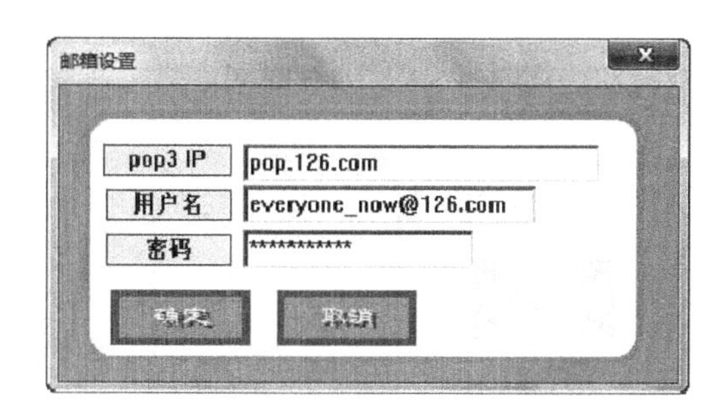

图 9.2 “设置”对话框

9.1.3　收件箱

当用户单击程序主界面上的“收件箱”按钮时，就会弹出如图 9.3 所示的“收件箱”对话框。

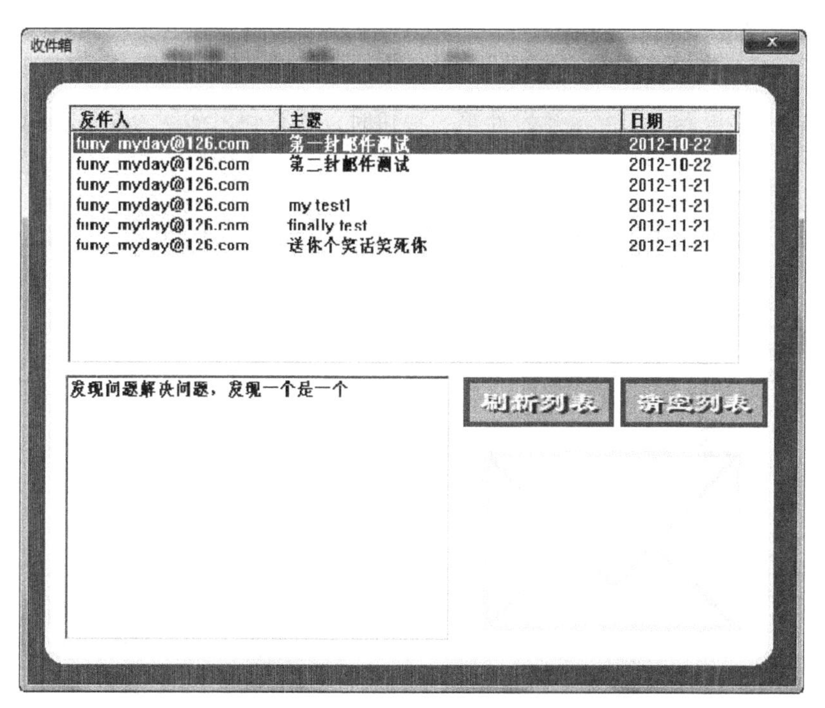

图 9.3 “收件箱”对话框

当用户在“设置”对话框上填写了邮箱用户名和密码信息后，收件箱会在上边的列表框自动列出邮箱中的所有邮件信息，“刷新列表”按钮可以用来更新接收到的所有邮件，当用户用鼠标单击相应邮件的列表项时，下面的文本框会自动列出相应邮件的内容。“清空列表”按钮，顾名思义就是用来清空邮件列表和文本框内容的。

作为参照，我们在网页上打开邮箱，查看收件箱，如图 9.4 所示。

图 9.4　通过网页登录邮箱查看邮件

9.1.4　发件箱

当用户在程序主界面上单击“发件箱”按钮时，就会弹出如图 9.5 所示的“发件箱”对话框。

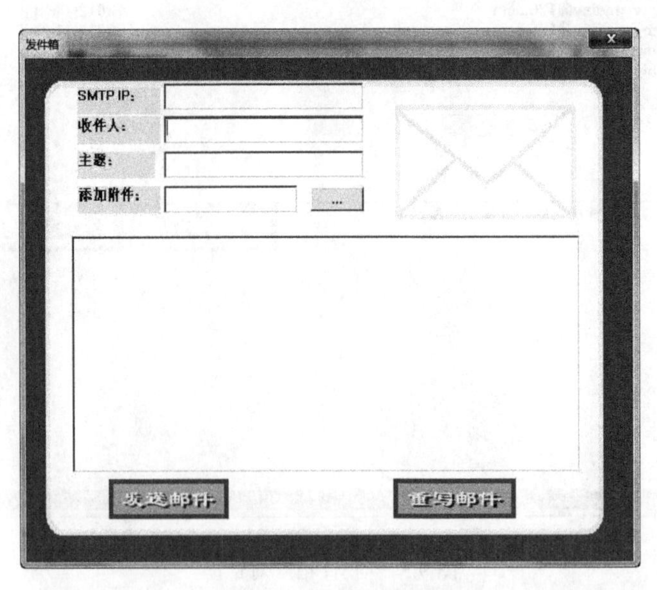

图 9.5　“发件箱”对话框

用户发送邮件时要填写的信息包括：SMTP 服务器的 IP 地址（SMTP 服务器负责邮件的发送，它的 IP 地址可以在邮件服务器提供商的官网上找到）、收件人邮箱地址、邮件的主题、邮件的内容和添加的附件，本实例一封邮件只可以添加一个附件。单击“发送邮件”按钮就可以发送了，发送成功会有提示信息；单击“重写邮件”按钮只会清空邮件内容。

填写发信内容如图 9.6 所示。

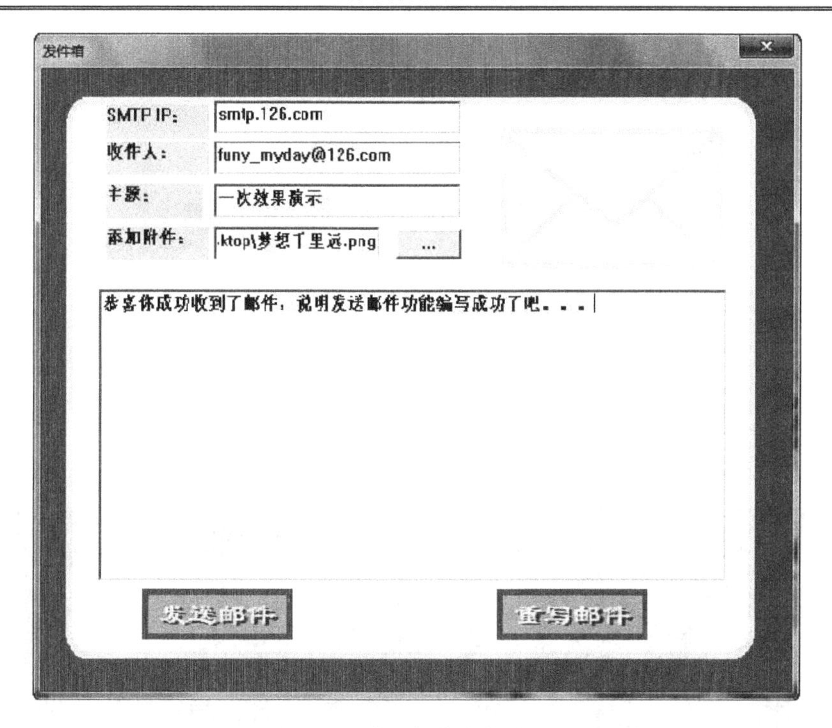

图 9.6　发送邮件内容填写

添加的附件是一幅图片，如图 9.7 所示。

单击“发送邮件”按钮，发送成功会弹出提示框，如图 9.8 所示。

梦想千里远,分秒追逐近

图 9.7　附件添加的图片

图 9.8　邮件发送成功

用网页登录邮箱，打开查看，如图 9.9 所示。

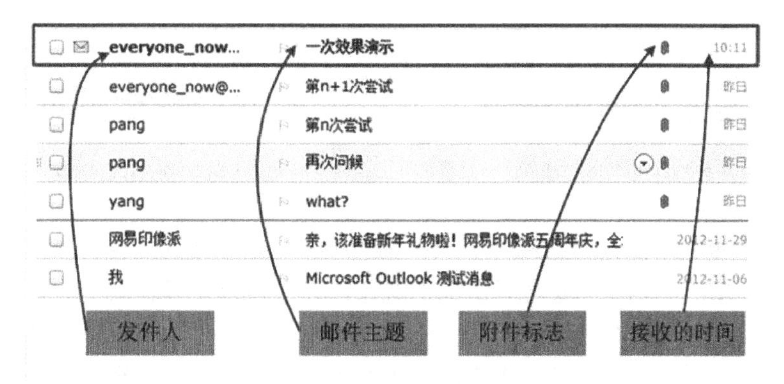

图 9.9　通过网页登录邮箱

打开刚接收到的邮件，如图 9.10 所示。

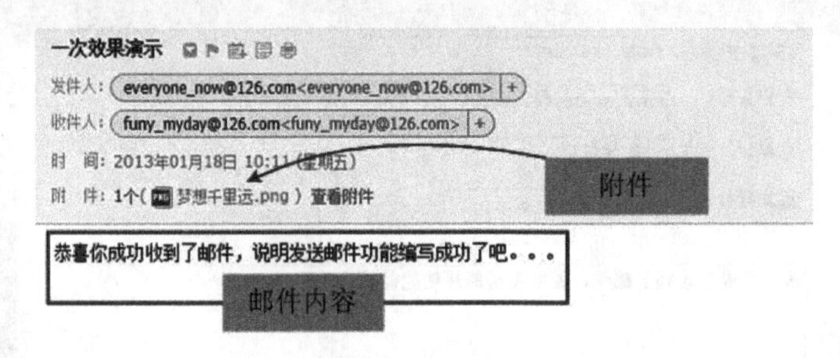

图 9.10　通过网页打开邮件

使用提供的预览功能查看附件，如图 9.11 所示。

图 9.11　附件预览

9.1.5 “正在处理中...”对话框

在打开“收件箱”对话框时会伴随着另一个对话框的“闪现”，因为它的出现十分短暂，不易被察觉，如图 9.12 和图 9.13 所示是通过对程序代码做了“睡眠”处理，才有幸截取的。

图 9.12 “正在处理中...”对话框 1

图 9.13 “正在处理中...”对话框 2

图 9.12 和图 9.13 所示的对话框是在不同阶段弹出的，然后会自动关闭。

相较于第 8 章的实例界面不再是单调的灰色，连按钮也变了。由于笔者的绘画功底有限，所以这里只是起到一个抛砖引玉的作用，相信读者完全可以将程序绘制的更好看。当然，从网上搜集些好看的素材同样不失为一个好主意。本章的背景素材全是由笔者借助于 Windows 7 自带的“画图”工具完成的，如图 9.14 所示。

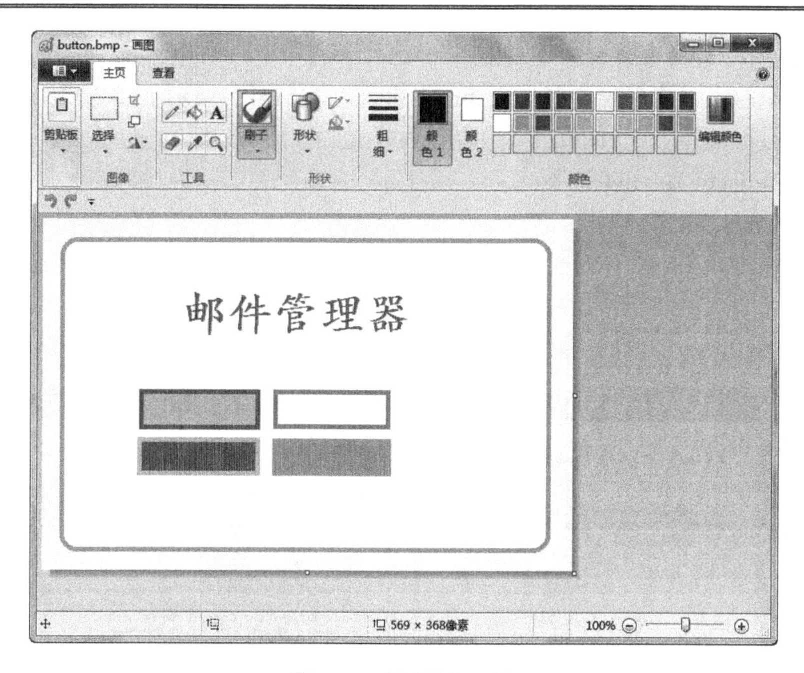

图 9.14 “画图”工具

提醒：我们的邮件管理器可以登录任何邮件服务提供商的邮箱，也可以发送邮件，但是需要用户手动填写邮件服务提供商服务器的网址，分别是：用来接收邮件的 POP3 服务器的网址、用来发送邮件的 SMTP 服务器的网址，这个可以在邮件服务提供商的网站上找到。比如，实例所用的是 126 的邮箱，那么网址分别是：pop.126.com 和 smtp.126.com。填写不正确会影响邮件的接收和发送。

9.2　Jmail 简介

Jmail 就是一个第三方邮件操作的组件，常用于 Web 服务器端。它可应用于网站，使其拥有发送和接收邮件的能力，例如，注册时邮箱收到的激活邮件就是由它发送的。Jmail 同样也可应用于一般的应用程序。它有以下的一些特点：

- 可以发送附件。
- 可以设置邮件发送的优先级。
- 支持多种格式的邮件发送，比如 HTML、TXT 格式。

另外，它还是免费的，用户可以考虑使用。

9.2.1　如何使用 Jmail

Jmail 组件就是一个后缀为.dll 的库，使用前需要在电脑上注册，可以通过两种方法注册，第一种，使用官网提供的安装程序。第二种，找到 Jmail 组件库，通过命令窗口定位到这个库，使用命令“regsvr32 jmail.dll”注册即可。

官网提供的安装程序会有如下功能：

- ❑ 检测电脑上是否已经有了一个 Jmail 的版本，会让用户选择“卸载”或“停止安装”。
- ❑ 将一个文件夹 Dimac 复制到指定的目录下，默认为“C:\Program File\Dimac\w3Jmail4\”下。
- ❑ 注册 jmail.dll 库。

笔者写本节时，Jmail 的版本是 4.5.0。高级的版本可能不会再提供一些低版本的函数，所以提醒读者，本章示例所用的 Jmail 版本是 4.3。在这里演示应用向导安装组件的过程。

从网上找到 Jmai 4.3 的安装程序，开始安装，如图 9.15 所示。

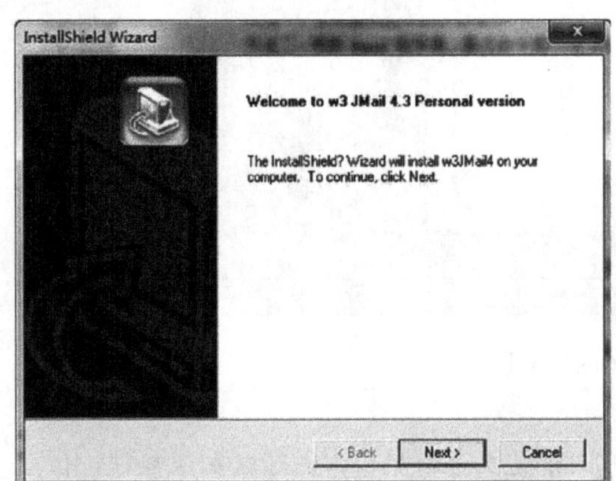

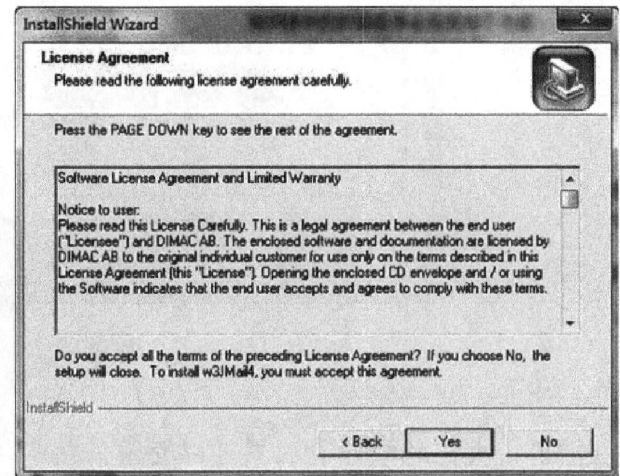

图 9.15　安装过程 1

在向导的第 4 步选择安装的位置，如图 9.16 所示。

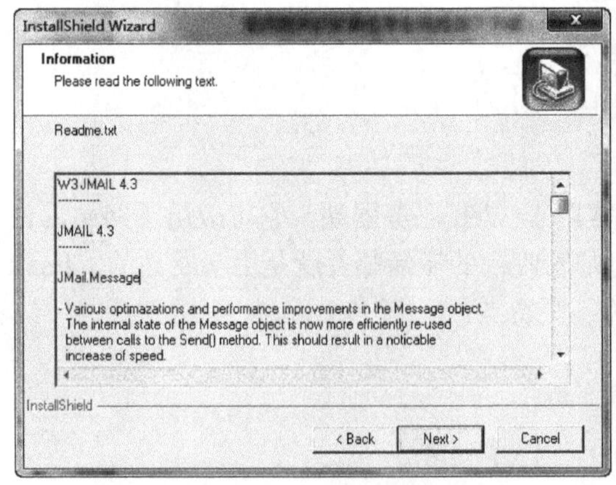

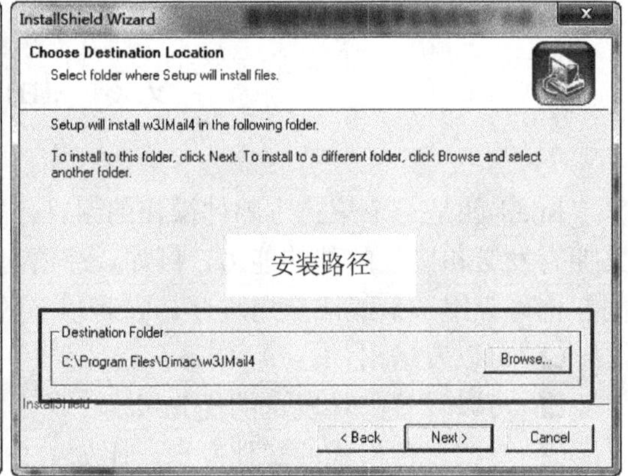

图 9.16　安装过程 2

在向导的第 5 步选择安装的方式，这里选择“Typical”，如图 9.17 所示。

现在组件已经注册了，我们看看安装目录下的文件，如图 9.18 所示。

可以看到 jmail.dll、一个自述文档 readme.txt 和一个 pdf 格式的使用手册，文件夹中包含了使用了这个组件的示例，如图 9.19 所示。

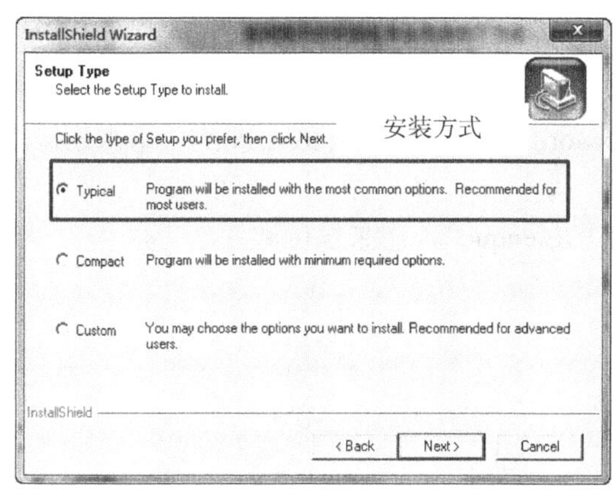

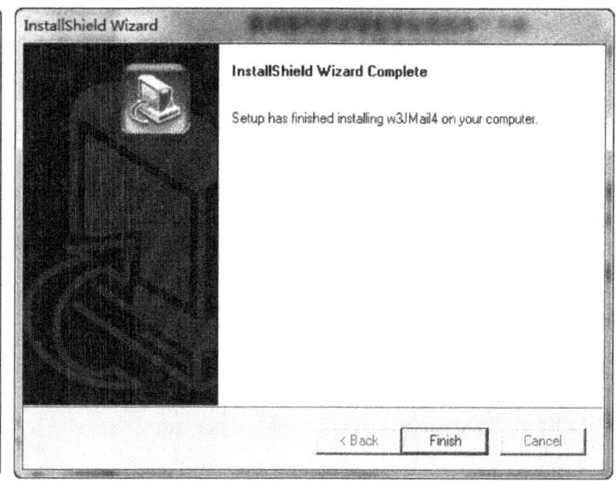

图 9.17　安装过程 3

图 9.18　目录下的文件　　　　图 9.19　组件使用示例源代码

我们要使用这个组件，需要复制 jmail.dll 到工程文件下，然后在 stdafx.h 文件中加入如下语句：

```
#import "jmail.dll"
using namespace jmail;
```

现在我们就可以在程序的源代码中直接使用 Jmail 提供的属性和方法了。

9.2.2　属性

Jmail 的常用属性字段如下所述。

- From：发件人的邮箱地址。
- Fromname：发件人的姓名，如果不想填写的话，也可以不写。
- Priority：邮件优先级（1~5）。
- Timeout：连接服务器的超时限制。
- Date：信件的发送日期。
- Subject：邮件的主题。
- Body：邮件的正文。
- Charset：字符集，默认为 US-ASCII，为了发送汉字，我们需要修改为 GB2312。

9.2.3　方法

Jmail 的常用方法如下：

- AddAttachment("filename",[ContentType])，用来添加附件。

- AddRecipient("Email-address")，用来添加收件人的邮箱地址。
- AppendText("Text")，追加邮件正文内容。
- Connect (_bstr_t Username, _bstr_t Password, _bstr_t Server, long Port)，用来连接服务器。
- Send(_bstr_t mailServer, VARIANT_BOOL enque)，用来发送邮件。

9.2.4　发送和接收邮件示例

首先看下发送邮件的代码，如下：

```
01  //首先创建一个 jmail.message 对象
02  jmail::IMessagePtr pMessage("JMail.Message");
03
04  //填充发件人邮箱
05  pMessage->From = "everyone_now@126.com";
06  //发件人姓名
07  pMessage->FromName = "pang";
08  //添加收件人
09  pMessage->AddRecipient(("funy_myday@126.com", "", "");
10  //优先级设置
11  pMessage->Priority = 3;
12  //编码方式设置
13  pMessage->Charset = "GB2312";
14  //主题
15  pMessage->Subject = "一次小小的尝试";
16  //正文
17  pMessage->Body = "在邮箱中看到了我？恭喜你成功的发送了邮件！";
18  //添加附件
19  pMessage->AddAttachment("C:\\image.bmp",
20                              VARIANT_TRUE, "image/gif");
21  //发件人的邮箱
22  pMessage->MailServerUserName = "everyone_now@126.com";
23  //发件人的登录密码，这里就暂用*代替吧
24  pMessage->MailServerPassWord = "*******";
25  //发送邮件
26  pMessage->Send("smtp.126.com", VARIANT_FALSE);
27  //释放对象
28  pMessage.Release();
```

可以看到，代码只是完成了信息的填充功能，即将各类信息对号入座，最后发送邮件。代码中有详细的注释，就不一一细说了。下面来看看接收邮件的代码：

```
01  //首先，创建一个 jmail.pop3 对象实例
02  jmail::IPOP3Ptr pPOP3("JMail.POP3");
03
04  //设置连接服务器超时限制 30S
05  pPOP3->Timeout = 30;
06
07  //连接邮件服务器，110 为 pop3 默认端口号
08  pPOP3->Connect("everyone_now@126.com ",
09      "****",             //同样，密码这里用了"*"代替
10      "pop.126.com",
11      110);
```

```
12
13  jmail::IMessagesPtr pMessages;
14  pMessages = pPOP3->Messages;
15  //已下载的邮件的实际个数(因为第 0 个 ITEM 是未用的，所以-1)
16  long lCount = pMessages->Count - 1;
17
18  //以下变量用来临时保存邮件的不同部分
19  _bstr_t g_bstrFrom;
20  _bstr_t g_bstrSubject;
21  _bstr_t g_bstrBody;
22  COleDateTime g_oleDate;
23  CStringArray g_strDetailArray;
24  int i;
25  if(lCount == 0)
26      AfxMessageBox("信箱为空");
27  else
28  {
29      jmail::IMessagePtr pMessage;
30
31      //遍历每封信
32      for( i = 1; i <= lCount; i++)
33      {
34          //获取一封完整的邮件
35          pMessage = pMessages->Item[i];
36          //获取邮件的具体信息
37          g_bstrFrom = pMessage->From;
38          g_bstrSubject = pMessage->Subject;
39          g_bstrBody = pMessage->Body;
40          g_oleDate = pMessage->Date;
41
42          //保存邮件的主体文本
43          g_strDetailArray.Add((const char*)g_bstrBody);
44          pMessage.Release();
45      }
46  }
47  //断开连接
48  pPOP3->Disconnect();
```

我们必须首先依照提供的信息与存放电子邮件的服务器相连，然后才能读取信息，最后一定要关闭连接。得到邮件后就可以通过收件人、主题等字段取得想要的信息了。

以上就是发送和接收邮件的主要代码。本章示例只是将代码中的变量与控件建立了联系，并且选择了恰当的时机执行代码。

9.3　CBitButtonNL 简介

CBitButtonNL 不是 MFC 提供的类，不过也不能说和 MFC 毫无关系，因为 CBitButtonNL 是继承自 MFC 的类 CButton，我们只是在 CButton 的基础上添加了功能而已。

9.3.1　按钮图像

首先为按钮添加图像，就像是在原来灰色的按钮上贴一层彩色贴纸。

1．设置按钮图像函数SetBitmaps()

（1）在类 CBitButtonNL 体内定义私有结构，用来保存位图的信息，如下：

```
01  typedef struct _STRUCT_BITMAPS
02  {
03      HBITMAP     hBitmap;
04      DWORD       dwWidth;
05      DWORD       dwHeight;
06  } STRUCT_BITMAPS;
```

3 个成员分别用来保存位图的句柄、位图宽度和位图高度。以此自定义类型为类 CBitButtonNL 定义数组，用来保存按钮在 4 种状态下显示的位图。如下：

```
STRUCT_BITMAPS      m_csBitmaps[4]
```

（2）为类 CBitButtonNL 添加公有成员函数 SetBitmaps()，参数是资源的 ID，代码编写如下：

```
01  BOOL CBitButtonNL::SetBitmaps(UINT nBitmapNormal,
02          UINT nBitmapMouseDown,UINT nBitmapHigh, UINT nBitmapDisable)
03  {
04      ASSERT(nBitmapNormal);
05
06      HBITMAP     hBitmapNormal       = NULL;
07      HBITMAP     hBitmapMouseDown    = NULL;
08      HBITMAP     hBitmapHigh         = NULL;
09      HBITMAP     hBitmapDisable      = NULL;
10      HINSTANCE   hInstResource       = NULL;
11
12      hInstResource =
13          AfxFindResourceHandle(MAKEINTRESOURCE(nBitmapNormal),
14                                                      RT_BITMAP);
15
16      //Load bitmap Normal
17      hBitmapNormal = (HBITMAP)::LoadImage(hInstResource,
18           MAKEINTRESOURCE(nBitmapNormal),IMAGE_BITMAP, 0, 0, 0);
19
20      //Load bitmap MouseDown
21      if (nBitmapMouseDown != NULL)
22          hBitmapMouseDown = (HBITMAP)::LoadImage(hInstResource,
23           MAKEINTRESOURCE(nBitmapMouseDown),IMAGE_BITMAP, 0, 0, 0);
24
25      //Load bitmap High
26      if (nBitmapHigh != NULL)
27          hBitmapHigh = (HBITMAP)::LoadImage(hInstResource,
28              MAKEINTRESOURCE(nBitmapHigh),IMAGE_BITMAP, 0, 0, 0);
29
30      //Load bitmap Disable
31      if (nBitmapDisable != NULL)
32          hBitmapDisable = (HBITMAP)::LoadImage(hInstResource,
33              MAKEINTRESOURCE(nBitmapDisable),IMAGE_BITMAP, 0, 0, 0);
34
35      return SetBitmaps(hBitmapNormal, hBitmapMouseDown,
36                                  hBitmapHigh, hBitmapDisable);
37  }
```

函数 SetBitmaps()主要通过参数传递进来的位图资源 ID，获取图片资源的句柄，下一阶段的工作将由同名的重载函数 SetBitmaps()完成剩余的功能，它们的参数不同。

函数 SetBitmaps()第一个参数是必选项，其他参数都有默认值，这是因为在类内定义函数 SetBitmaps()时添加了默认的参数值 NULL，函数 ASSERT()用来检测第一个参数是否传入，没有传入的话，会中断程序。

函数 AfxFindResourceHandle()，用来通过资源的 ID 号和资源类型定位指定的资源，将返回包含资源的模块的句柄。函数的原型如下：

```
HINSTANCE AFXAPI AfxFindResourceHandle(
   LPCTSTR  lpszName,
   LPCTSTR  lpszType
);
```

两个参数分别用来传入资源的 ID 和资源的类型。

函数 LoadImage()用来加载位图资源，返回位图的句柄，函数原型如下：

```
HANDLE LoadImage(
  HINSTANCE     hinst,          //handle to instance
  LPCTSTR       lpszName,       //image to load
  UINT          uType,          //image type
  int           cxDesired,      //desired width
  int           cyDesired,      //desired height
  UINT          fuLoad          //load options
);
```

参数及其含义如下所述。

- hinst：包含要加载位图的模块的实例句柄。
- lpszName：要加载的位图资源 ID。
- uType：指定加载的图类型，有 IMAGE_BITMAP、IMAGE_CURSOR 和 IMAGE_ICON 三种，分别表示加载的是位图、鼠标和图标。
- cxDesired：指定图像的宽度。
- cyDesired：指定图像的高度。
- fuLoad：一些加载时的设置。

后 3 个参数值全为 0 时，表示使用图像资源的实际宽度和高度。

2. 重载函数SetBitmaps()

再来看下同名的重载函数 SetBitmaps()，参数是图像的句柄，代码编写如下：

```
01  BOOL  CBitButtonNL::SetBitmaps(HBITMAP hBitmapNormal,
02                HBITMAP hBitmapMouseDown,HBITMAP hBitmapHigh,
03                HBITMAP hBitmapDisable)
04  {
05      int     nRetValue = 0;
06      BITMAP  csBitmapSize;
07
08      //Free any loaded resource
09      FreeResources();
10
11      if (hBitmapNormal)
12      {
13          m_csBitmaps[0].hBitmap = hBitmapNormal;
14          //Get bitmap size
15          nRetValue = ::GetObject(hBitmapNormal, sizeof(csBitmapSize),
```

```
16                                                    &csBitmapSize);
17          if (nRetValue == 0)
18          {
19              FreeResources();
20              return FALSE;
21          }
22          m_csBitmaps[0].dwWidth = (DWORD)csBitmapSize.bmWidth;
23          m_csBitmaps[0].dwHeight = (DWORD)csBitmapSize.bmHeight;
24
25          if (hBitmapMouseDown)
26          {
27              m_csBitmaps[1].hBitmap = hBitmapMouseDown;
28              //Get bitmap size
29              nRetValue = ::GetObject(hBitmapMouseDown,
30                              sizeof(csBitmapSize), &csBitmapSize);
31              if (nRetValue == 0)
32              {
33                  FreeResources();
34                  return FALSE;
35              } //if
36              m_csBitmaps[1].dwWidth = (DWORD)csBitmapSize.bmWidth;
37              m_csBitmaps[1].dwHeight = (DWORD)csBitmapSize.bmHeight;
38
39          }
40
41          if (hBitmapHigh)
42          {
43              m_csBitmaps[2].hBitmap = hBitmapHigh;
44              //Get bitmap size
45              nRetValue = ::GetObject(hBitmapHigh,
46                          sizeof(csBitmapSize), &csBitmapSize);
47              if (nRetValue == 0)
48              {
49                  FreeResources();
50                  return FALSE;
51              }
52              m_csBitmaps[2].dwWidth = (DWORD)csBitmapSize.bmWidth;
53              m_csBitmaps[2].dwHeight = (DWORD)csBitmapSize.bmHeight;
54
55          }
56
57          if (hBitmapDisable)
58          {
59              m_csBitmaps[3].hBitmap = hBitmapDisable;
60              //Get bitmap size
61              nRetValue = ::GetObject(hBitmapDisable,
62                          sizeof(csBitmapSize), &csBitmapSize);
63              if (nRetValue == 0)
64              {
65                  FreeResources();
66                  return FALSE;
67              }
68              m_csBitmaps[3].dwWidth = (DWORD)csBitmapSize.bmWidth;
69              m_csBitmaps[3].dwHeight = (DWORD)csBitmapSize.bmHeight;
70
71          }
72      }
73
74      Invalidate();
```

```
75
76      return TRUE;
77  }
```

重载函数 SetBitmaps()完成的功能主要是依据位图的句柄获取位图的长度和宽度值，最后填充位图数组 m_csBitmaps[4]的各个字段。

函数 FreeResources()为类 CBitButtonNL 的私有成员函数，用来释放位图数组中保存的位图资源，代码编写如下：

```
01  void CBitButtonNL::FreeResources(BOOL bCheckForNULL)
02  {
03      if (bCheckForNULL)
04      {
05          //Destroy bitmaps
06          if (m_csBitmaps[0].hBitmap)
07                  ::DeleteObject(m_csBitmaps[0].hBitmap);
08          if (m_csBitmaps[1].hBitmap)
09                  ::DeleteObject(m_csBitmaps[1].hBitmap);
10          if (m_csBitmaps[2].hBitmap)
11                  ::DeleteObject(m_csBitmaps[2].hBitmap);
12          if (m_csBitmaps[3].hBitmap)
13                  ::DeleteObject(m_csBitmaps[3].hBitmap);
14      }
15
16      ::ZeroMemory(&m_csBitmaps, sizeof(m_csBitmaps));
17  }
```

函数 FreeResources()的参数 bCheckForNULL 默认为 TRUE，主要用到函数 DeleteObject()，通过传入的图像句柄，释放图像所占用的内存空间。

函数 GetObject()，通过传入的图像句柄获取指定图形对象的信息，原型如下：

```
int GetObject(
  HGDIOBJ   hgdiobj,         //handle to graphics object
  int       cbBuffer,        //size of buffer for object information
  LPVOID    lpvObject        //buffer for object information
);
```

我们传入的是位图的句柄，那么位图的信息被保存在结构 BITMAP 的变量中，BITMAP 结构定义如下：

```
typedef struct tagBITMAP {
  LONG    bmType;
  LONG    bmWidth;
  LONG    bmHeight;
  LONG    bmWidthBytes;
  WORD    bmPlanes;
  WORD    bmBitsPixel;
  LPVOID bmBits;
} BITMAP, *PBITMAP;
```

我们这里只用到了位图的宽度 bmWidth 和位图的高度 bmHeight 信息。

3. 按钮之上鼠标图像设置

为类 CBitButtonNL 添加公有的成员函数 SetBtnCursor()，用来设置按钮之上鼠标的图标，代码编写如下：

```
01 BOOL CBitButtonNL::SetBtnCursor(int nCursorId, BOOL bRepaint)
02 {
03     HINSTANCE   hInstResource = NULL;
04
05     //Destroy any previous cursor
06     if (m_hCursor)
07     {
08         ::DestroyCursor(m_hCursor);
09         m_hCursor = NULL;
10     }
11
12     //Load cursor
13     if (nCursorId)
14     {
15         hInstResource =
16             AfxFindResourceHandle(MAKEINTRESOURCE(nCursorId),
17                                                 RT_GROUP_CURSOR);
18         //Load cursor resource
19         m_hCursor = (HCURSOR)::LoadImage(hInstResource,
20                 MAKEINTRESOURCE(nCursorId),IMAGE_CURSOR, 0, 0, 0);
21         if (bRepaint)
22             Invalidate();
23         if (m_hCursor == NULL)
24             return FALSE;
25     }
26     return TRUE;
27 }
```

m_hCursor 是类 CBitButtonNL 的私有成员，用来保存鼠标图标的句柄，同按钮位图的加载用到了两个函数：AfxFindResourceHandle()和 LoadImage()。

4．设置按钮自适应图片大小

为类 CBitButtonNL 添加公有的成员函数 SizeToContent()，它可以使按钮大小随图片的大小而变，函数编写如下：

```
01 void CBitButtonNL::SizeToContent(void)
02 {
03     if (m_csBitmaps[0].hBitmap)
04     {
05         SetWindowPos(NULL, 0, 0, m_csBitmaps[0].dwWidth,
06              m_csBitmaps[0].dwHeight,SWP_NOMOVE | SWP_NOZORDER
07              | SWP_NOREDRAW | SWP_NOACTIVATE);
08     }
09 }
```

封装了类 CWnd 的成员函数 SetWindowPos()，原型如下：

```
BOOL SetWindowPos(
   const CWnd*  pWndInsertAfter,
   int          x,
   int          y,
   int          cx,
   int          cy,
   UINT         nFlags
);
```

参数及其含义如下所述。

（1）pWndInsertAfter：标识窗体插入的位置，即改变窗口的叠放次序。

（2）x、y：窗口左上角新的起始点。

（3）cx、cy：窗口新的宽度和高度。

（4）nFlags：用来指定大小和位置选项。下面是我们用到的选项。

- SWP_NOMOVE：保持窗体当前的位置，即忽略了参数 x、y。
- SWP_NOZORDER：保持窗体当前的排序，即忽略了参数 pWndInsertAfter。
- SWP_NOREDRAW：不会重绘发生改变的地方。仅适用于客户区。
- SWP_NOACTIVATE：不会激活窗口。

有了上面封装的函数 SizeToContent()，就可以不用在意按钮的大小了，只需要保证按钮左上角的位置就可以了。

9.3.2　按钮字体

在资源管理器设计时按钮的文字会被图像覆盖，所以我们需要在图像上再绘制文本，来标识按钮的作用。

1．字体颜色设置

为类 CBitButtonNL 添加私有成员数组，如下：

```
COLORREF    m_crForceColors[3];
```

同时在类的头文件定义以下 3 个宏，如下：

```
#define BTNNL_COLOR_FG_NORMAL  0
#define BTNNL_COLOR_FG_CLICK   1
#define BTNNL_COLOR_FG_HIGH    2
```

可以看出，数组是用来保存按钮处于 3 种状态（正常、被单击和高亮）时的颜色。接着为类添加公有的成员函数 SetForceColor()，用来设置这 3 种状态下的颜色，函数编写如下：

```
01  BOOL CBitButtonNL::SetForceColor(COLORREF crColorNormal,
02      COLORREF crColorMouseDown, COLORREF crColorHigh, BOOL bRepaint)
03  {
04      m_crForceColors[BTNNL_COLOR_FG_NORMAL] = crColorNormal;
05      m_crForceColors[BTNNL_COLOR_FG_CLICK] = crColorMouseDown;
06      m_crForceColors[BTNNL_COLOR_FG_HIGH] = crColorHigh;
07
08      if (bRepaint)
09          Invalidate();
10
11      return TRUE;
12  }
```

函数的功能实现过程也很简单，就是简单地将设置的颜色保存在数组中而已。

2．字体显示设置

为类添加公有的成员函数 SetDrawText()，设置是否显示按钮文字，函数编写如下：

```
01  CBitButtonNL& CBitButtonNL::SetDrawText(BOOL bDraw, BOOL bRepaint)
02  {
```

```
03      m_bDrawText = bDraw;
04
05      if (bRepaint)
06          Invalidate();
07
08      return *this;
09  }
```

m_bDrawText 是类 CBitButtonNL 的私有成员，为 BOOL 型，用来标识按钮字体的显示。

3. 显示文字3D效果

为类添加公有的成员函数 SetFont3D()，设置是否显示 3D 效果，以及文字的偏移，函数编写如下：

```
01  CBitButtonNL& CBitButtonNL::SetFont3D(BOOL bSet, int i3dx,
02                                        int i3dy, BOOL bRepaint)
03  {
04      m_bFont3d = bSet;
05      m_iText3d_x = i3dx;
06      m_iText3d_y = i3dy;
07
08      if (bRepaint)
09          Invalidate();
10
11      return *this;
12  }
```

3 个变量 m_bFont3d、m_iText3d_x 和 m_iText3d_y 都是类 CBitButtonNL 的私有成员变量。它们一个 BOOL 型，两个整型，用来标识是否显示 3D 文本，以及文本的偏移大小。

4. 设置3D文本阴影颜色

为类添加公有成员函数 SetText3DBKColor()，用来设置 3D 文本阴影的颜色，函数编写如下：

```
01  CBitButtonNL& CBitButtonNL::SetText3DBKColor(COLORREF cr3DBKColor,
02                                               BOOL bRepaint)
03  {
04      m_cr3DBKColor = cr3DBKColor;
05
06      if (bRepaint)
07          Invalidate();
08
09      return *this;
10  }
```

m_cr3DBKColor 是类 CBitButtonNL 的私有成员，COLORREF 类型，用于保存 3D 文本阴影的颜色。

5. 设置字体加粗

为类添加公有成员函数 SetFontBold()，用来设置字体是否加粗显示，函数编写如下：

```
01  CBitButtonNL& CBitButtonNL::SetFontBold(BOOL bBold, BOOL bRepaint)
02  {
```

```
03      m_lf.lfWeight = bBold ? FW_BOLD : FW_NORMAL;
04
05      ReconstructFont();
06
07      if (bRepaint)
08          Invalidate();
09
10      return *this;
11  }
```

m_lf 是类 CBitButtonNL 的私有成员，LOGFONT 类型，此类型是个包含字体属性的结构体。这里填充了结构的一个成员 lfWeight，两个宏 FW_BOLD 和 FW_NORMAL 是定义在文件 WINGDI.H 中的，表示整型值 700 和 400。

函数 ReconstructFont()是为类 CBitButtonNL 添加的私有成员函数，函数编写如下：

```
01  void CBitButtonNL::ReconstructFont(void)
02  {
03      m_font.DeleteObject();
04
05      BOOL bCreated = m_font.CreateFontIndirect(&m_lf);
06      ASSERT(bCreated);
07  }
```

m_font 是类 CBitButtonNL 的私有数据成员，CFont 类型，函数首先销毁原来的字体，然后根据新的结构变量 m_lf 创建新的字体。

6. 设置字体大小

为类添加公有成员函数 SetFontSize()，用来设置字体的大小，函数编写如下：

```
01  CBitButtonNL& CBitButtonNL::SetFontSize(int nSize, BOOL bRepaint)
02  {
03      CFont cf;
04      LOGFONT lf;
05
06      cf.CreatePointFont(nSize * 10, m_lf.lfFaceName);
07      cf.GetLogFont(&lf);
08
09      m_lf.lfHeight = lf.lfHeight;
10      m_lf.lfWidth  = lf.lfWidth;
11
12      ReconstructFont();
13
14      if (bRepaint)
15          Invalidate();
16
17      return *this;
18  }
```

类 CFont 的两个成员函数：CreatePointFont()用来修改字体的大小；GetLogFont()用来填充一个 LOGFONT 的结构变量 lf。间接修改了字体结构变量 m_lf 的成员。

7. 设置字体类型

为类添加公有成员函数 SetFontName()，用来修改字体类型，函数编写如下：

```
01  CBitButtonNL& CBitButtonNL::SetFontName(const CString& strFont,
```

```
02                                BYTE byCharSet , BOOL bRepaint)
03  {
04      m_lf.lfCharSet = byCharSet;
05
06      _tcscpy(m_lf.lfFaceName, strFont);
07
08      ReconstructFont();
09
10      if (bRepaint)
11          Invalidate();
12
13      return *this;
14  }
```

函数修改了字体结构变量 m_lf 的字体成员。

9.3.3　按钮声音

我们还可以在鼠标划过按钮或单击按钮时，为按钮添加声音。

1．设置声音

在类 CBitButtonNL 体内定义私有的结构，用来保存声音信息，如下：

```
01  typedef struct _STRUCT_SOUND
02  {
03      TCHAR        szSound[_MAX_PATH];     //声音文件的路径
04      LPCTSTR      lpszSound;              //声音文件的指针
05      HMODULE      hMod;                   //资源指针
06      DWORD        dwFlags;                //播放属性
07  } STRUCT_SOUND;
```

然后在类 CBitButtonNL 内定义此结构的私有数组成员，用来保存两种声音信息，如下：

```
STRUCT_SOUND    m_csSounds[2];
```

下标为 0 的数组成员保存鼠标划过按钮时的声音；下标为 1 的数组成员保存鼠标单击按钮时的声音。

为类 CBitButtonNL 添加公有成员函数 SetSound()，用来为按钮设置声音，函数的实现代码如下：

```
01  BOOL CBitButtonNL::SetSound(LPCTSTR lpszSound, HMODULE hMod,
02                                BOOL bPlayOnClick, BOOL bPlayAsync)
03  {
04      BYTE    byIndex = bPlayOnClick ? 1 : 0;
05
06      //Store new sound
07      if (lpszSound)
08      {
09          m_csSounds[byIndex].lpszSound = lpszSound;
10          m_csSounds[byIndex].hMod = hMod;
11          m_csSounds[byIndex].dwFlags = SND_NODEFAULT | SND_NOWAIT;
12          m_csSounds[byIndex].dwFlags |=
13                                hMod ? SND_RESOURCE : SND_FILENAME;
14          m_csSounds[byIndex].dwFlags |=
```

```
15                                      bPlayAsync ? SND_ASYNC : SND_SYNC;
16      }
17      else
18      {
19          //Or remove any existing
20          ::ZeroMemory(&m_csSounds[byIndex], sizeof(STRUCT_SOUND));
21      }
22
23      return TRUE;
24  }
```

函数 SetSound()的 4 个参数含义如下所述。

- ❑ lpszSound：声音文件的资源 ID。
- ❑ hMod：包含要加载资源的可执行文件的句柄。
- ❑ bPlayOnClick：判断是否是在单击按钮时播放的声音，默认值为 FALSE。
- ❑ bPlayAsync：决定是否异步播放声音文件，默认值为 TRUE。

声音的播放主要是通过 Win API 函数 PlaySound()来实现的，而函数 SetSound()中的大部分参数都是为它设置的，它的原型如下：

```
BOOL PlaySound(
  LPCSTR        pszSound,
  HMODULE       hmod,
  DWORD         fdwSound
);
```

参数及其含义如下所述。

- ❑ pszSound：指定要播放声音的字符串，具体是什么要由参数 fdwSound 决定。
- ❑ hmod：包含要加载资源的可执行文件的句柄。这个参数通常被设置为 NULL，除非参数 fdwSound 中指定了标识 SND_RESOURCE。
- ❑ fdwSound：为播放声音的一些标识设置。

将要用到的 6 个标识介绍如下。

- ❑ SND_NODEFAULT：设置没有默认的声音可用。如果 pszSound 所指向的声音文件不存在的话，这个函数将不会播放任何声音。
- ❑ SND_NOWAIT：如果驱动器处于忙碌状态，将不播放声音，函数 PlaySound()直接返回。
- ❑ SND_RESOURCE：指定参数 pszSound 是一个资源标识。那么 hmod 必须标识包含资源的实例。
- ❑ SND_FILENAME：指定参数 pszSound 是一个文件名。
- ❑ SND_ASYN：声音会被异步播放，即函数 PlaySound()会在开始播放声音的时候马上返回
- ❑ SND_SYNC：同步播放声音，即函数 PlaySound()直到声音播放完毕才返回。

2. 播放声音

声音设置好了，那么在什么时候播放声音呢？我们选择两个时机：按钮被鼠标单击和鼠标在按钮上划过。

（1）鼠标单击按钮。

首先使用 ClassWizard 为类 CBitButtonNL 添加单击按钮的消息响应，如图 9.20 所示。

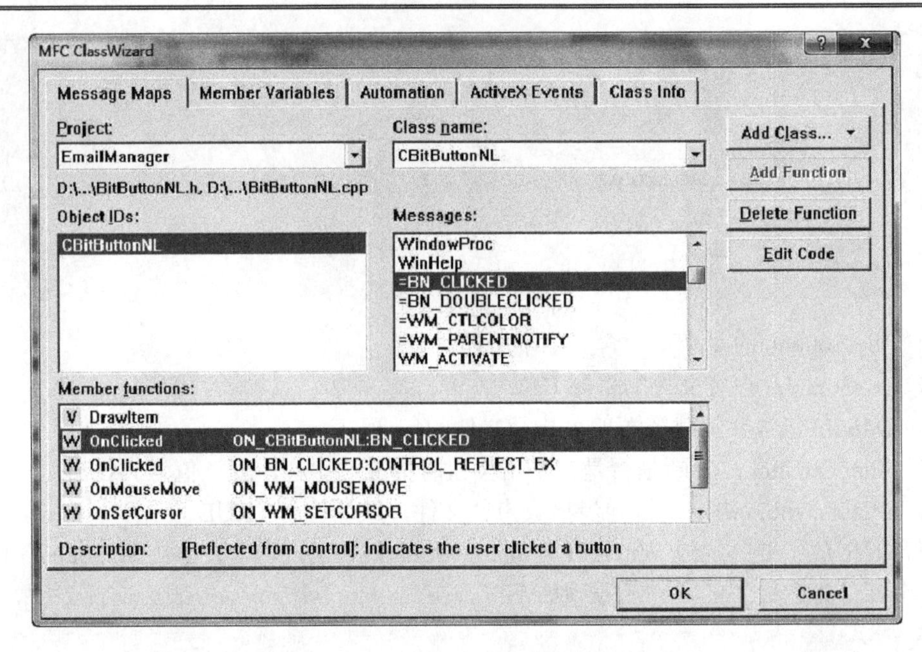

图 9.20 为按钮类添加单击的响应

然后在 ClassWizard 为我们生成的代码中稍做修改，首先在类 CBitButtonNL 的头文件中找到单击的响应函数的声明：

```
//{{AFX_MSG(CBitButtonNL)
afx_msg BOOL OnSetCursor(CWnd* pWnd, UINT nHitTest, UINT message);
afx_msg void OnClicked();
//}}AFX_MSG
```

修改返回值类型如下：

```
//{{AFX_MSG(CBitButtonNL)
afx_msg BOOL OnSetCursor(CWnd* pWnd, UINT nHitTest, UINT message);
afx_msg BOOL OnClicked();
//}}AFX_MSG
```

同样，单击按钮的事件响应函数 OnClicked()的定义也需要修改返回值类型。在类 CBitButtonNL 的实现文件中找到单击事件的消息映射：

```
BEGIN_MESSAGE_MAP(CBitButtonNL, CButton)
    //{{AFX_MSG_MAP(CBitButtonNL)
    ON_WM_SETCURSOR()
    ON_CONTROL_REFLECT(BN_CLICKED, OnClicked)
    //}}AFX_MSG_MAP
END_MESSAGE_MAP()
```

修改消息映射为：

```
BEGIN_MESSAGE_MAP(CBitButtonNL, CButton)
    //{{AFX_MSG_MAP(CBitButtonNL)
    ON_WM_SETCURSOR()
    ON_CONTROL_REFLECT_EX(BN_CLICKED, OnClicked)
    //}}AFX_MSG_MAP
END_MESSAGE_MAP()
```

现在我们为响应函数 OnClicked()添加播放声音的代码，如下：

```
01  BOOL CBitButtonNL::OnClicked()
02  {
03      //TODO: Add your control notification handler code here
04
05      if (m_csSounds[1].lpszSound)    //数组项保存单击时的声音
06          ::PlaySound(m_csSounds[1].lpszSound, m_csSounds[1].hMod,
07                                                  m_csSounds[1].dwFlags);
08
09      return false;
10  }
```

现在来解释为什么要做刚才的修改：通常情况下，按钮的单击事件是由按钮所在的窗体或者对话框来负责处理，特殊情况下，按钮也可以自己来处理被单击的事件。这里所做的工作就是，按钮为自己添加了单击时的声音。

在按钮处理了单击的消息后，还想让按钮所在的窗体或对话框继续处理单击消息的话，ON_CONTROL_REFLECT 和 ON_CONTROL_REFLECT_EX 就有所不同了。前者截取到消息后不会再把消息传递给父窗口，而后者可以完成这样的功能，后者的响应函数有返回值，是 BOOL 类型，返回 false 说明消息要继续传递给父窗口，返回 true 则不再允许消息继续传递。

ClassWizard 无法生成 ON_CONTROL_REFLECT_EX 映射，所以需要手动修改。

（2）鼠标在按钮上划过。

为按钮添加鼠标在按钮上划过时消息 WM_MOUSEMOVE 的响应函数 OnMouseMove()，添加代码如下：

```
01  void CBitButtonNL::OnMouseMove(UINT nFlags, CPoint point)
02  {
03      //TODO: Add your message handler code here and/or call default
04      CWnd*               wndUnderMouse = NULL;
05      CWnd*               wndActive = this;
06      TRACKMOUSEEVENT     csTME;
07
08      ClientToScreen(&point);
09      //获得指定点窗口句柄
10      wndUnderMouse = WindowFromPoint(point);
11
12      if (nFlags & MK_LBUTTON) return;
13
14      if (wndUnderMouse &&
15                  wndUnderMouse->m_hWnd == m_hWnd && wndActive)
16      {
17          //鼠标在按钮上
18          if (!m_bMouseOnButton)
19          {
20              m_bMouseOnButton = TRUE;
21
22              Invalidate();
23
24              if (m_csSounds[0].lpszSound)
25                  //播放鼠标移过的声音
26                  ::PlaySound(m_csSounds[0].lpszSound,
27                      m_csSounds[0].hMod, m_csSounds[0].dwFlags);
28
29              csTME.cbSize = sizeof(csTME);
30              csTME.dwFlags = TME_LEAVE;
```

```
31                csTME.hwndTrack = m_hWnd;
32                ::_TrackMouseEvent(&csTME);     //发送鼠标离开消息
33            }
34        }
35        else
36            //说明鼠标不在按钮上方
37            CancelHover();
38
39        CButton::OnMouseMove(nFlags, point);
40    }
```

函数 OnMouseMove()的实现看起来比较繁琐，实际上完成的检测和功能是很简单的：它要确定鼠标是在按钮上方、鼠标的左键还没有按下，两个条件同时满足才播放鼠标滑过时的声音。

鼠标左键有没有按下很好判断，可以借助于函数 OnMouseMove()的参数 nFlags，只要检查 nFlags 是否包含鼠标左键被按下的标识位 MK_LBUTTON 就可以了。

那么如何检测鼠标是否在按钮的上方呢？只要判断鼠标所在的窗口与按钮这个特殊的“窗口”是不是同一个窗口就可以了，这里使用了函数 WindowFromPoint()，用来获取指定点的窗口句柄。变量 m_hWnd 是继承自 CWnd 的成员变量，保存了按钮的句柄。

鼠标移过的声音在鼠标离开按钮时停止。如何检测鼠标离开按钮的事件呢？这里就需要用到函数_TrackMouseEvent()了，此函数会在鼠标指针离开窗口或者在窗口上方悬停指定的时间后投递指定的消息。该函数原型如下：

```
BOOL _TrackMouseEvent(
  LPTRACKMOUSEEVENT     lpEventTrack
);
```

参数 lpEventTrack 是结构 TRACKMOUSEEVENT 的指针，结构的成员如下：

```
typedef struct tagTRACKMOUSEEVENT {
    DWORD    cbSize;
    DWORD    dwFlags;
    HWND     hwndTrack;
    DWORD    dwHoverTime;
} TRACKMOUSEEVENT, *LPTRACKMOUSEEVENT;
```

各个结构成员的含义如下所述。

- cbSize：指定此结构的大小。
- dwFlags：指定要请求的消息。我们指定了 TME_LEAVE，即要求追踪鼠标离开窗口的消息。
- hwndTrack：指定窗口的句柄。
- dwHoverTime：指定在窗口上悬停的时间。此参数可用的前提是，在参数 dwFlags 中指定了 TME_HOVER。

我们使用此函数会发送 WM_MOUSELEAVE 消息，所以现在该添加这个消息的捕获和响应了，添加过程如下：

为类 CBitButtonNL 添加私有成员函数 OnMouseLeave()的声明，如下：

```
LRESULT OnMouseLeave(WPARAM wParam, LPARAM lParam);
```

再添加消息映射：

```
BEGIN_MESSAGE_MAP(CBitButtonNL, CButton)
    //{{AFX_MSG_MAP(CBitButtonNL)
    ON_WM_MOUSEMOVE()
    ON_WM_SETCURSOR()
    ON_CONTROL_REFLECT_EX(BN_CLICKED, OnClicked)
    //}}AFX_MSG_MAP
    ON_MESSAGE(WM_MOUSELEAVE, OnMouseLeave)
END_MESSAGE_MAP()
```

然后实现它：

```
01  LRESULT CBitButtonNL::OnMouseLeave(WPARAM wParam, LPARAM lParam)
02  {
03      CancelHover();
04      return 0;
05  }
```

两个响应函数 OnMouseMove()和 OnMouseLeave()都调用了一个函数 CancelHover()，是类 CBitButtonNL 的公有成员函数，定义如下：

```
01  void CBitButtonNL::CancelHover(void)
02  {
03      if (m_bMouseOnButton)
04      {
05          m_bMouseOnButton = FALSE;
06          Invalidate();
07      }
08  }
```

此函数是用来修改一个类型为 BOOL 的变量 m_bMouseOnButton，记录鼠标此时已经不在按钮上了。

9.3.4　自绘按钮

必须修改按钮的样式为“自绘”类型，我们才能为按钮添加图像和 3D 文本。

1．设置按钮样式

重载类的虚函数 PreSubclassWindow()，代码如下：

```
01  void CBitButtonNL::PreSubclassWindow()
02  {
03      //TODO: Add your specialized code here and/or call the base class
04  
05      ModifyStyle(0, BS_OWNERDRAW);
06  
07      //初始化按钮的初始化字体
08      CFont* cf = GetFont();
09      if(cf !=NULL)
10      {
11          cf->GetObject(sizeof(m_lf),&m_lf);
12      }
13      else
14      {
15          GetObject(GetStockObject(SYSTEM_FONT),sizeof(m_lf),&m_lf);
16      }
17  
```

```
18      ReconstructFont();
19
20      CButton::PreSubclassWindow();
21  }
```

类 CWnd 的成员函数 ModifyStyle()用来修改窗口的样式，函数原型如下：

```
BOOL ModifyStyle(
  DWORD     dwRemove,
  DWORD     dwAdd,
  UINT      nFlags = 0
);
```

参数及其含义如下所述。

- dwRemove：指定要移除的窗口样式。
- dwAdd：指定要添加的窗口样式。BS_OWNERDRAW 表示创建一个自绘按钮。当按钮发生改变时窗口会自动调用函数 DrawItem()。

类 CWnd 的成员函数 GetFont()，用来获取当前的字体。虚函数 PreSubclassWindow()完成的功能是设置了自绘按钮的样式，初始化当前字体结构变量 m_lf。

2．绘制按钮图像和文本

设置了自绘按钮样式后，我们再来重载函数 DrawItem()，代码如下：

```
01  void CBitButtonNL::DrawItem(LPDRAWITEMSTRUCT lpDrawItemStruct)
02  {
03      //TODO: Add your code to draw the specified item
04      CDC*pDC = CDC::FromHandle(lpDrawItemStruct->hDC);
05
06      m_bIsPressed = (lpDrawItemStruct->itemState & ODS_SELECTED);
07
08      //获取控件矩形位置
09      CRect itemRect = lpDrawItemStruct->rcItem;
10
11      pDC->SetBkMode(TRANSPARENT);
12
13      //Prepare draw... paint button background
14
15      //Read the button's title
16      CString sTitle;
17      GetWindowText(sTitle);
18
19      CRect captionRect = lpDrawItemStruct->rcItem;
20
21      //绘制背景图像
22      if (m_csBitmaps[0].hBitmap)
23      {
24          pDC->SetBkColor(RGB(255,255,255));
25          DrawTheBitmap(pDC,&lpDrawItemStruct->rcItem,
26              m_bIsPressed, m_bIsDisabled);
27      }
28
29      //绘制按钮标题
30      if (!sTitle.IsEmpty() && m_bDrawText)
31      {
32          DrawTheText(pDC, (LPCTSTR)sTitle, &lpDrawItemStruct->rcItem,
33              &captionRect, m_bIsPressed, m_bIsDisabled);
```

```
34        }
35    }
```

结构 DRAWITEMSTRUCT 包含了如何绘制控件或窗体的信息，定义如下：

```
typedef struct tagDRAWITEMSTRUCT {
   UINT      CtlType;
   UINT      CtlID;
   UINT      itemID;
   UINT      itemAction;
   UINT      itemState;
   HWND      hwndItem;
   HDC       hDC;
   RECT      rcItem;
   DWORD     itemData;
} DRAWITEMSTRUCT;
```

函数中用到的结构成员如下所述。

- itemState：指定自绘按钮发生的改变。ODS_SELECTED 表示按钮被选中。
- hDC：指定设备标识。
- rcItem：定义自绘按钮边界大小的矩形。

虚函数 DrawItem()调用了我们自己实现的成员函数 DrawTheBitmap()和 DrawTheText()，设置按钮的图像和显示的文字。

9.3.5　头文件总览

头文件中包含了所有成员函数和成员变量的声明，如下：

```
01  #define BTNNL_COLOR_FG_NORMAL   0
02  #define BTNNL_COLOR_FG_CLICK    1
03  #define BTNNL_COLOR_FG_HIGH     2
04
05  #define NL_ALIGN_LEFT           0
06  #define NL_ALIGN_RIGHT          1
07  #define NL_ALIGN_CENTER         2
08
09  //BitButtonNL.h : header file
10  //////////////////////////////////////////////////////////////////
11  //CBitButtonNL window
12
13  class CBitButtonNL : public CButton
14  {
15  //Construction
16  public:
17      CBitButtonNL();
18
19  private:
20      typedef struct _STRUCT_BITMAPS      //位图信息结构体
21      {
22          HBITMAP     hBitmap;
23          DWORD       dwWidth;
24          DWORD       dwHeight;
25      } STRUCT_BITMAPS;
26  #pragma pack(1)
27      typedef struct _STRUCT_SOUND
28      {
```

```
29          TCHAR       szSound[_MAX_PATH];
30          LPCTSTR     lpszSound;
31          HMODULE     hMod;
32          DWORD       dwFlags;
33      } STRUCT_SOUND;
34  #pragma pack()
35      STRUCT_SOUND    m_csSounds[2]; //Index 0 = Over    1 = Clicked
36      STRUCT_BITMAPS  m_csBitmaps[4]; //Button bitmap
37      COLORREF    m_crForceColors[3]; //Colors to be used
38
39      BOOL        m_bMouseOnButton;   //Is mouse over the button?
40      POINT       m_ptPressedOffset;  //偏移量
41      BOOL        m_bIsPressed;       //Is button pressed?
42      BOOL        m_bDrawText;        //Draw Text for button?
43      HCURSOR     m_hCursor;          //Handle to cursor
44      UINT        m_nTypeStyle;       //Button style
45
46      //与字体有关的变量
47      CFont       m_font;
48      LOGFONT     m_lf;
49      BOOL        m_bFont3d;
50      COLORREF    m_cr3DBKColor;
51      int         m_iText3d_x, m_iText3d_y;
52
53  private:
54      void FreeResources(BOOL bCheckForNULL = TRUE);
55      //绘制背景图像
56      virtual void DrawTheBitmap(CDC* pDC,  RECT* rpItem,
57                      BOOL bIsPressed, BOOL bIsDisabled);
58      //绘制文本
59      virtual void DrawTheText(CDC* pDC, LPCTSTR lpszText, RECT* rpItem,
60                  CRect* rpCaption, BOOL bIsPressed, BOOL bIsDisabled);
61      //鼠标离开事件
62      LRESULT OnMouseLeave(WPARAM wParam, LPARAM lParam);
63      //恢复按钮正常情况下的样子
64      void CancelHover(void);
65      //重构字体
66      void ReconstructFont(void);
67
68  //Operations
69  public:
70      //设置按钮位图图像
71      BOOL SetBitmaps(UINT nBitmapNormal, UINT nBitmapMouseDown = NULL,
72                  UINT nBitmapHigh = NULL, UINT nBitmapDisable = NULL);
73      BOOL SetBitmaps(HBITMAP hBitmapNormal,
74          HBITMAP hBitmapMouseDown = NULL,HBITMAP hBitmapHigh = NULL,
75                              HBITMAP hBitmapDisable = NULL);
76      //设置字体颜色
77      BOOL SetForceColor(COLORREF crColorNormal,
78          COLORREF crColorMouseDown, COLORREF crColorHigh,
79                                      BOOL bRepaint = TRUE);
80      //设置按钮自适应第一个位图大小
81      void SizeToContent(void);
82      //设置热敏鼠标指针
83      BOOL SetBtnCursor(int nCursorId = NULL, BOOL bRepaint = TRUE);
84      //设置是否显示按钮文字
85      virtual CBitButtonNL& SetDrawText(BOOL bDraw = TRUE,
86                                      BOOL bRepaint = TRUE);
```

```
87        //设置 3d 字体
88        virtual CBitButtonNL& SetFont3D(BOOL bSet, int i3dx = 3,
89                                    int i3dy = 2, BOOL bRepaint = TRUE);
90        //设置 3d 字体阴影色彩
91        virtual CBitButtonNL& SetText3DBKColor(COLORREF cr3DBKColor,
92                                             BOOL bRepaint = TRUE);
93        //设置字体是否为粗体
94        virtual CBitButtonNL& SetFontBold(BOOL bBold,
95                                        BOOL bRepaint = TRUE);
96        //设置字体字号
97        virtual CBitButtonNL& SetFontSize(int nSize,
98                                        BOOL bRepaint = TRUE);
99        //设置字体名称
100       virtual CBitButtonNL& SetFontName(const CString& strFont,
101           BYTE byCharSet = DEFAULT_CHARSET,BOOL bRepaint = TRUE);
102       //设置按钮文字排列方式
103       BOOL SetTextAlign(BYTE byAlign, BOOL bRepaint = TRUE);
104       //设置声音
105       BOOL SetSound(LPCTSTR lpszSound, HMODULE hMod = NULL,
106           BOOL bPlayOnClick = FALSE,BOOL bPlayAsync = TRUE);
107
108 //Overrides
109       //ClassWizard generated virtual function overrides
110       //{{AFX_VIRTUAL(CBitButtonNL)
111       public:
112       virtual void DrawItem(LPDRAWITEMSTRUCT lpDrawItemStruct);
113       protected:
114       virtual void PreSubclassWindow();
115       //}}AFX_VIRTUAL
116
117 //Implementation
118 public:
119       virtual ~CBitButtonNL();
120
121       //Generated message map functions
122 protected:
123       //{{AFX_MSG(CBitButtonNL)
124       afx_msg void OnMouseMove(UINT nFlags, CPoint point);
125       afx_msg BOOL OnSetCursor(CWnd* pWnd, UINT nHitTest, UINT message);
126       afx_msg BOOL OnClicked();
127       //}}AFX_MSG
128
129       DECLARE_MESSAGE_MAP()
130 };
```

我们自定义的继承于 CButton 的类 CBitButtonNL 到底提供了哪些功能函数，哪些可以直接使用，在类的头文件中一目了然。

9.4　邮件管理程序示例

本示例是基于对话框的应用程序，命名为 EmailManager。在工程中添加类 CBitButtonNL 的头文件和实现文件。

9.4.1　程序主窗体

本小节将会完成程序主窗体界面和功能的设计，需要在类 CEmailManagerDlg 的头文件中加入文件包含指令，如下：

```
#include "BitButtonNL.h"
```

因为按钮将要创建的变量就是 CBitButtonNL 类型的，所以当然要包含这个类的头文件才能使用这个类。其他的窗体只要用到了这个类，也同样需要包含这个文件。

1．窗体和界面图片设计

对话框 ID 修改为 IDD_EMAILMANAGER_DIALOG，用户也可以选择一个短点的名字。添加按钮控件，程序主窗体设计如图 9.21 所示。

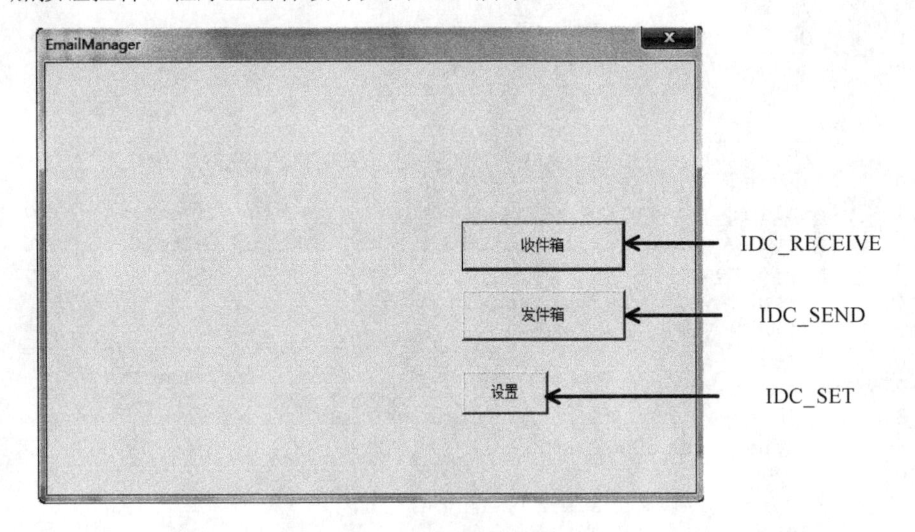

图 9.21　程序主窗体

这样设计的原因是笔者用“画图”工具绘制了如图 9.22 所示的主窗体界面。所以按钮摆放在对话框靠右下方的位置。

图 9.22　主窗体界面

需要注意的是，窗体的大小要和图片的大小一致，否则会出现图像显示不完整（窗体小于图片），或者图片重复显示（窗体大于图片）。将图片插入到工程中，ID 修改为 IDB_MBACK。

为按钮绘制 3 个状态下的图片，如图 9.23 所示。

图 9.23　按钮不同状态下的界面设计

本示例的所有按钮，均使用这 3 个图片，插入到工程中，修改 ID 分别为 IDB_BTN_NORMAL、IDB_BTN_DOWN 和 IDB_BTN_HLIGHT。

2. 导入按钮声音

寻找适合的按钮声音导入到工程文件中，这里选择 WAV 格式的音乐文件。两个音乐文件分别在鼠标单击和鼠标划过按钮时播放，修改声音文件的 ID 为 IDR_WAVECLICK 和 IDR_WAVEMOVE，如图 9.24 所示。

EmailManager resources
"WAVE"
IDR_WAVECLICK
IDR_WAVEMOVE
Bitmap
Cursor
Dialog
Icon
String Table
Version

图 9.24　导入声音文件

3. 导入鼠标图像

同样，选择适合的鼠标图像导入到工程中，鼠标资源的文件后缀为.cur，用在鼠标位于按钮之上时显示。修改鼠标图像资源的 ID 为 IDC_CURSOR_HAND，如图 9.25 所示。

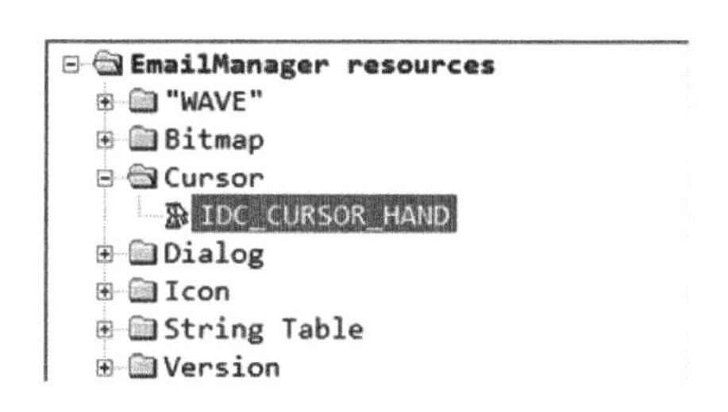

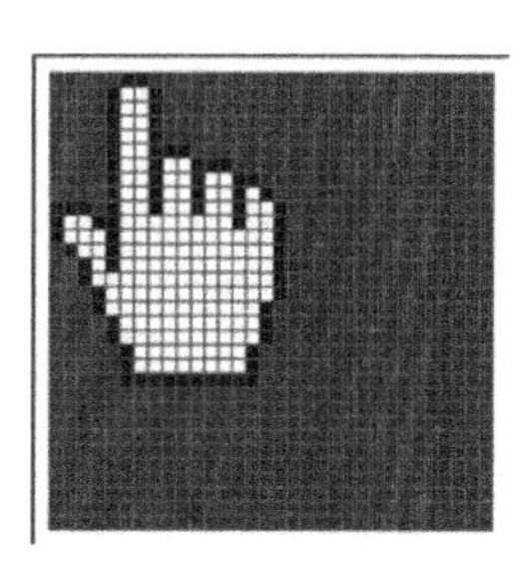

图 9.25　导入鼠标图像

4. 窗体美化

用向导为 3 个按钮创建变量，类型是 CButton，如图 9.26 所示为“收件箱”按钮创建变量。

其他按钮创建变量的方法一样，“发件箱”按钮创建变量 m_bnSend，“设置”按钮创建变量 m_bnSet，然后在类 CEmailManager 的头文件中找到如下代码：

```
//{{AFX_DATA(CEmailManagerDlg)
enum { IDD = IDD_EMAILMANAGER_DIALOG };
CButton      m_bnSet;
```

```
CButton     m_bnSend;
CButton     m_bnReceive;
//}}AFX_DATA
```

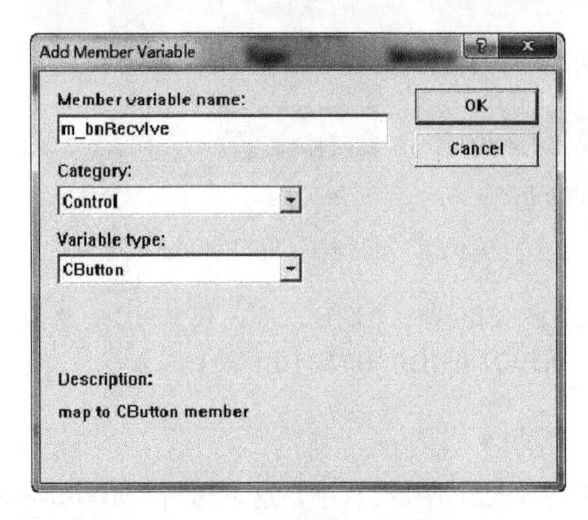

图 9.26　为按钮关联变量

修改为：

```
//{{AFX_DATA(CEmailManagerDlg)
enum { IDD = IDD_EMAILMANAGER_DIALOG };
CBitButtonNL    m_bnSet;
CBitButtonNL    m_bnSend;
CBitButtonNL    m_bnReceive;
//}}AFX_DATA
```

就是把类型修改一下，然后就可以用到我们在第 9.3 节讲到的类 CBitButtonNL 了。同时为类 CEmailManager 添加保护的成员变量，如下：

```
01  class CEmailManagerDlg : public CDialog
02  {
03  ...
04  //Implementation
05  protected:
06      CBitmap     m_bmBack;
07      CBrush      m_brBack;
08  ...
09  };
```

在类 CEmailManager 的成员函数 OnInitDialog()中添加初始化的代码，如下：

```
01  BOOL CEmailManagerDlg::OnInitDialog()
02  {
03      CDialog::OnInitDialog();
04  ...
05      //TODO: Add extra initialization here
06
07      //主窗体背景
08
09      //若占有资源，先释放
10      m_bmBack.DeleteObject();
11      m_brBack.DeleteObject();
12      m_bmBack.LoadBitmap(IDB_MAINBACK);
13      //保存窗体背景图片，供 OnCtlColor()调用
```

```
14        m_brBack.CreatePatternBrush(&m_bmBack);
15
16        //“收件箱”按钮设置
17
18        //“发件箱”按钮设置
19
20        //“设置”按钮
21
22        return TRUE;
23    }
```

函数 OnInitDialog()为主窗体设置背景，功能实现过程如下所述。

- 调用类 CGdiObject 的成员函数 DeleteObject()，用来删除内存中的 GDI 对象（如果加载过 GDI 对象的话）。
- 调用类 CBitmap 的成员函数 LoadBitmap()，用来加载图片资源，通过图片资源的 ID 加载。
- 调用类 CBrush 的成员函数 CreatePatternBrush()，用指定的位图初始化一个画刷。

我们还需要通过向导为类 CEmailManager 添加处理消息 WM_CTLCOLOR 的函数 OnCtlColor()。消息 WM_CTLCOLOR 表明控件将要重绘，我们要重绘对话框，这样才能为对话框添加背景。使用类向导添加消息响应如图 9.27 所示。

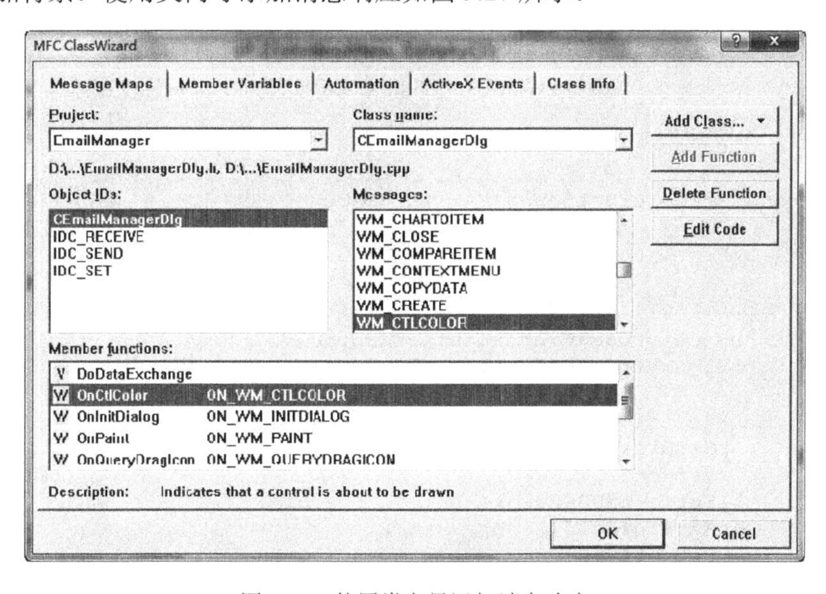

图 9.27　使用类向导添加消息响应

为响应函数 OnCtlColor()添加如下代码：

```
01  HBRUSH CEmailManagerDlg::OnCtlColor(CDC* pDC, CWnd* pWnd,
02                                               UINT nCtlColor)
03  {
04      HBRUSH hbr = CDialog::OnCtlColor(pDC, pWnd, nCtlColor);
05      //TODO: Change any attributes of the DC here
06      if(nCtlColor == CTLCOLOR_DLG )
07      {
08          pDC->SetBkMode(TRANSPARENT);
09          return m_brBack;
10      }
```

```
11      //TODO: Return a different brush if the default is not desired
12      return hbr;
13  }
```

函数 OnCtlColor()中，通过传入的参数 nCtlColor 类判断是否是对话框的颜色，如果是，将调用类 CDC 的成员函数 SetBkMode()设置背景模式，有两种模式：OPAQUE 为不透明模式，这是默认的背景模式；TRANSPARENT 为透明模式。

5．按钮美化

接下来我们来美化一下窗口上的“收件箱”、“发件箱”和“设置”按钮。在类 CEmailManagerDlg 的成员函数 OnInitDialog()中继续添加代码，如下：

```
01  BOOL CEmailManagerDlg::OnInitDialog()
02  {
03      CDialog::OnInitDialog();
04  ...
05      //TODO: Add extra initialization here
06
07      //主窗体背景
08      ...
09
10      CString strFontName = _T("楷体");
11
12      //“收件箱”按钮设置
13      m_bnReceive.SetBitmaps(IDB_BTN_NORMAL,IDB_BTN_DOWN,
                                              IDB_BTN_HLIGHT);
14      m_bnReceive.SetForceColor(RGB(255,255,0),
15                  RGB(255, 255, 255), RGB(255, 255, 255));
16      m_bnReceive.SetSound(MAKEINTRESOURCE(IDR_WAVEMOVE),
17                                      ::GetModuleHandle(NULL));
18      m_bnReceive.SetSound(MAKEINTRESOURCE(IDR_WAVECLICK),
19                                  ::GetModuleHandle(NULL), TRUE);
20      m_bnReceive.SizeToContent();
21      m_bnReceive.SetWindowText(TEXT("收件箱"));
22      m_bnReceive.SetBtnCursor(IDC_CURSOR_HAND, FALSE);
23
24      m_bnReceive
25          .SetDrawText(TRUE, FALSE)
26          .SetFont3D(TRUE, 3, 2, FALSE)
27          .SetText3DBKColor(RGB(95, 95, 95))
28          .SetFontBold(TRUE, FALSE)
29          .SetFontSize(18, FALSE)
30          .SetFontName(strFontName)
31          ;
32
33      //“发件箱”按钮设置
34      m_bnSend.SetBitmaps(IDB_BTN_NORMAL, IDB_BTN_DOWN,
                                              IDB_BTN_HLIGHT);
35      m_bnSend.SetForceColor(RGB(255, 255, 0), RGB(255, 255, 255),
36                                            RGB(255, 255, 255));
37      m_bnSend.SetSound(MAKEINTRESOURCE(IDR_WAVEMOVE),
38                                          ::GetModuleHandle(NULL));
39      m_bnSend.SetSound(MAKEINTRESOURCE(IDR_WAVECLICK),
40                                      ::GetModuleHandle(NULL), TRUE);
41      m_bnSend.SizeToContent();
42      m_bnSend.SetWindowText(TEXT("发件箱"));
43      m_bnSend.SetBtnCursor(IDC_CURSOR_HAND, FALSE);
```

```
44
45      //set font
46      m_bnSend
47          .SetDrawText(TRUE, FALSE)
48          .SetFont3D(TRUE, 3, 2, FALSE)
49          .SetText3DBKColor(RGB(95, 95, 95))
50          .SetFontBold(TRUE, FALSE)
51          .SetFontSize(18, FALSE)
52          .SetFontName(strFontName)
53          ;
54
55      //“设置”按钮
56      //set bitmap
57      m_bnSet.SetBitmaps(IDB_SET_NORMAL, IDB_SET_DOWN, IDB_SET_HLIGHT);
58      m_bnSet.SetForceColor(RGB(255, 255, 0), RGB(255, 255, 255),
59                                     RGB(255, 255, 255), FALSE);
60      m_bnSet.SetSound(MAKEINTRESOURCE(IDR_WAVEMOVE),
61                                  ::GetModuleHandle(NULL));
62      m_bnSet.SetSound(MAKEINTRESOURCE(IDR_WAVECLICK),
63                              ::GetModuleHandle(NULL), TRUE);
64      m_bnSet.SizeToContent();
65      m_bnSet.SetBtnCursor(IDC_CURSOR_HAND, FALSE);
66      m_bnSet.SetWindowText(TEXT("设置"));
67
68      //set font
69      m_bnSet
70          .SetDrawText(TRUE, FALSE)
71          .SetFont3D(TRUE, 3, 2, FALSE)
72          .SetText3DBKColor(RGB(95, 95, 95), FALSE)
73          .SetFontSize(12, FALSE)
74          .SetFontName(strFontName)
75          ;
76      return TRUE;
77  }
```

主要是调用类 CBitButtonNL 的成员函数设置了每个按钮的图像、字体和声音。如图 9.28 所示为鼠标划过按钮时的效果。

可以看到，鼠标图标改变了，按钮的图片也变了。鼠标单击按钮时的效果如图 9.29 所示。

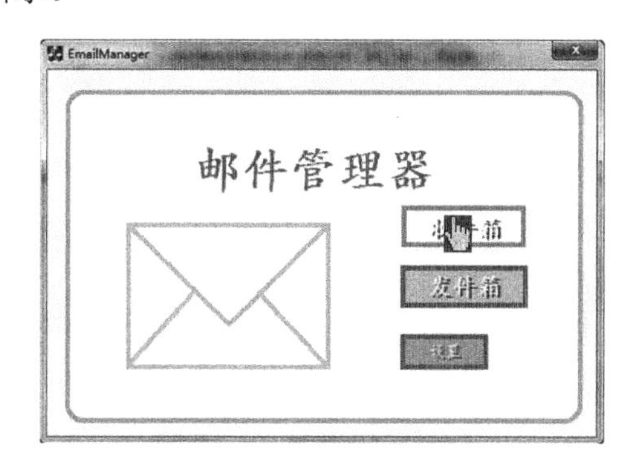

图 9.28　鼠标划过按钮

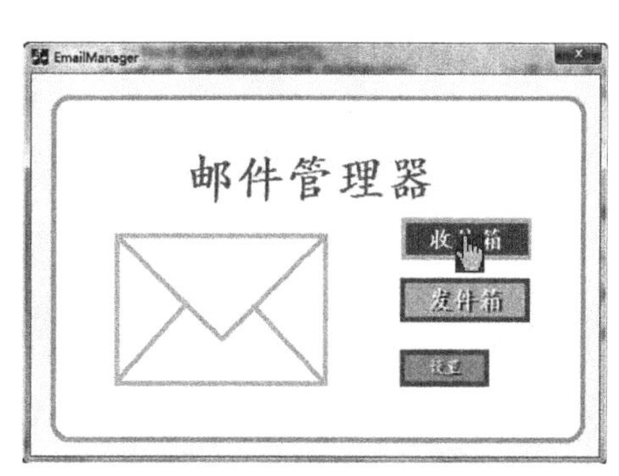

图 9.29　鼠标单击按钮

同样发现，按钮的图片也改变了，这正是我们想要的效果。

6. 导航按钮

（1）添加单击“收件箱”按钮的消息响应函数 OnReceive()，代码如下：

```
01  void CEmailManagerDlg::OnReceive()
02  {
03      //TODO: Add your control notification handler code here
04      CReceiveDlg dlg(m_EM_ip,m_EM_username,m_EM_password);
05      dlg.DoModal();
06  }
```

CReceiveDlg 是我们为“收件箱”对话框创建的类。响应函数 OnReceive()负责显示“收件箱”对话框。

（2）添加单击“发件箱”按钮的消息响应函数 OnSend()，代码如下：

```
01  void CEmailManagerDlg::OnSend()
02  {
03      //TODO: Add your control notification handler code here
04      CSendDlg dlg;
05      dlg.m_sender = m_EM_username;
06      dlg.m_sendPsd = m_EM_password;
07      dlg.DoModal();
08  }
```

CSendDlg 是我们为“发件箱”对话框创建的类，并定义了两个公有的成员变量 m_sender 和 m_sendPsd，分别保存登录邮箱用的用户名和密码。m_EM_username 和 m_EM_password 是类 CEmailManager 的公有成员变量，用于保存登录邮箱用的用户名和密码。响应函数 OnSend()负责“发件箱”对话框的显示。

（3）添加单击“设置”按钮的消息响应函数 OnSet()，代码如下：

```
01  void CEmailManagerDlg::OnSet()
02  {
03      //TODO: Add your control notification handler code here
04      CSetDlg dlg;
05      dlg.m_ip = m_EM_ip;
06      dlg.m_username = m_EM_username;
07      dlg.m_password = m_EM_password;
08
09      if(dlg.DoModal() == IDOK)
10      {
11          m_EM_ip = dlg.m_ip;
12          m_EM_username = dlg.m_username;
13          m_EM_password = dlg.m_password;
14      }
15  }
```

CSetDlg 是我们为“设置”对话框创建的类，并定义了 3 个公有的成员变量 m_ip、m_username 和 m_password，分别保存登录邮箱用的用户名、密码和 POP3 服务器的 IP 地址。响应函数 OnSet()负责“设置”对话框的显示。

9.4.2　设置窗体

为工程插入对话框资源，并修改 ID 为 IDD_SET，为对话框创建类 CSetDlg，如图 9.30 所示。

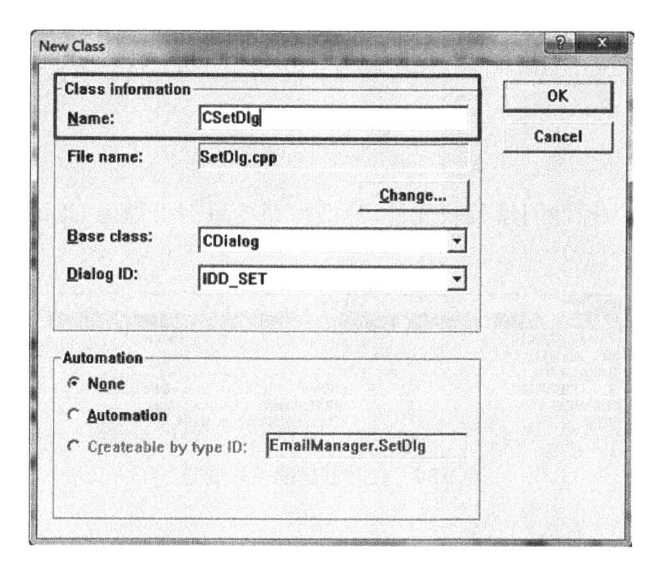

图 9.30　为“设置”窗体创建类

在类 CSetDlg 的头文件中添加文件包含命令，如下：

```
#include "BitButtonNL.h"
```

1．窗体和界面图片设计

“设置”对话框的设计如图 9.31 所示，图中还包括关键控件的 ID 号。

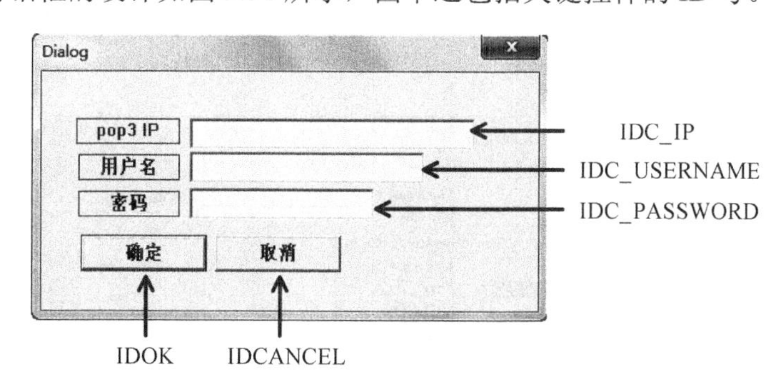

图 9.31　“设置”对话框设计

图中的“pop3 IP”、“用户名”和“密码”这 3 个看起来像是标签的控件，实际上是按钮，只不过在资源管理器中将它们的 Styles 属性设置为 Flat，如图 9.32 所示。

用“画图”工具绘制如图 9.33 所示的对话框背景。

将位图导入工程，并修改 ID 为 IDB_SETBACK。

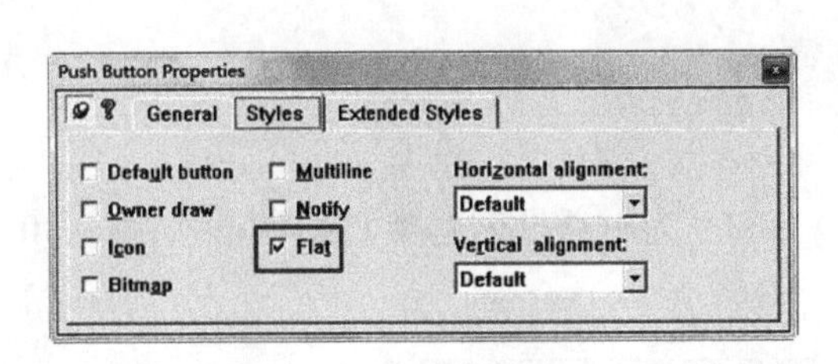

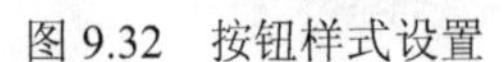
图 9.32　按钮样式设置

图 9.33　“设置”对话框背景图

2. 窗体美化

用 ClassWizard 为控件创建关联变量，修改按钮变量的类型为 CBitButtonNL，如图 9.34 所示。

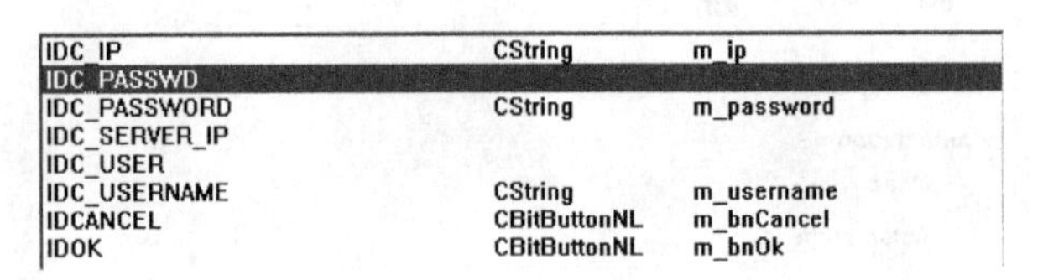

IDC_IP	CString	m_ip
IDC_PASSWD		
IDC_PASSWORD	CString	m_password
IDC_SERVER_IP		
IDC_USER		
IDC_USERNAME	CString	m_username
IDCANCEL	CBitButtonNL	m_bnCancel
IDOK	CBitButtonNL	m_bnOk

图 9.34　控件创建的关联变量

为类 CSetDlg 添加保护成员变量，如下：

```
01  class CSetDlg : public CDialog
02  {
03  ...
04  //Implementation
05  protected:
06      CBitmap m_bmBack;
07      CBrush  m_brBack;
08  ...
09  };
```

使用 ClassWizard 为类 CSetDlg 添加消息 WM_INITDIALOG 的响应函数 OnInitDialog()，如图 9.35 所示。

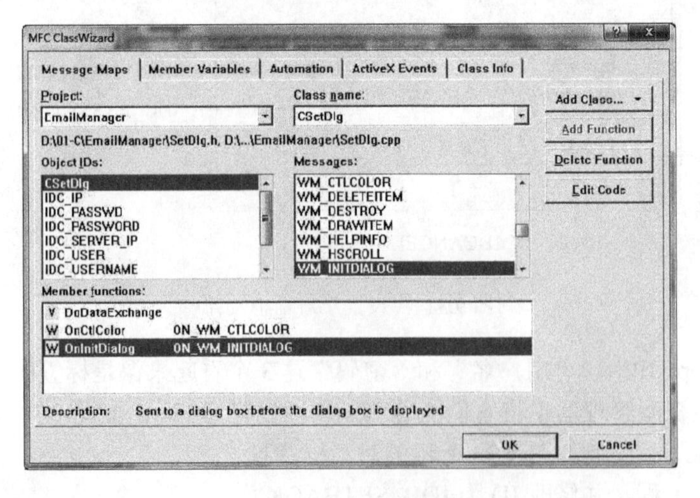

图 9.35　添加消息处理

在函数 OnInitDialog()中添加如下代码：

```
01  BOOL CSetDlg::OnInitDialog()
02  {
03      CDialog::OnInitDialog();
04      //TODO: Add extra initialization here
05
06      m_bmBack.DeleteObject();
07      m_brBack.DeleteObject();
08      m_bmBack.LoadBitmap(IDB_SETBACK);              //导入背景图片
09      //保存窗体背景图片，供 OnCtlColor()函数调用
10      m_brBack.CreatePatternBrush(&m_bmBack);
11
12      //设置对话框的标题
13      SetWindowText("邮箱设置");
14
15      return TRUE;
16  }
```

消息的处理函数 OnInitDialog()为对话框设置了背景图像和对话框的标题。用同样的方法添加对话框消息 WM_CTLCOLOR 的处理函数 OnCtlColor()，添加如下代码：

```
01  HBRUSH CSetDlg::OnCtlColor(CDC* pDC, CWnd* pWnd, UINT nCtlColor)
02  {
03      HBRUSH hbr = CDialog::OnCtlColor(pDC, pWnd, nCtlColor);
04      //TODO: Change any attributes of the DC here
05      if(nCtlColor == CTLCOLOR_DLG)
06      {
07          pDC->SetBkMode(TRANSPARENT);
08          return m_brBack;
09      }
10      //TODO: Return a different brush if the default is not desired
11      return hbr;
12  }
```

运行程序就可以看到图像绘制到了对话框上。

3．按钮美化

接下来我们处理“确定”按钮和“取消”按钮的美化。同样，在处理函数 OnInitDialog()中添加如下代码：

```
01  BOOL CSetDlg::OnInitDialog()
02  {
03      CDialog::OnInitDialog();
04      ...
05      CString strFontName = _T("隶书");
06
07      //“确定”按钮
08      m_bnOk.SetBitmaps(IDB_SET_NORMAL, IDB_SET_DOWN, IDB_SET_HLIGHT);
09      m_bnOk.SetForceColor(RGB(255, 255, 0), RGB(255, 255, 255),
10                                      RGB(255, 255, 255), FALSE);
11      m_bnOk.SetSound(MAKEINTRESOURCE(IDR_WAVEMOVE),
12                                      ::GetModuleHandle(NULL));
13      m_bnOk.SetSound(MAKEINTRESOURCE(IDR_WAVECLICK),
14                                  ::GetModuleHandle(NULL), TRUE);
15      m_bnOk.SizeToContent();
16      m_bnOk.SetBtnCursor(IDC_CURSOR_HAND, FALSE);
```

```
17      m_bnOk.SetWindowText(TEXT("确定"));
18      m_bnOk
19          .SetDrawText(TRUE, FALSE)
20          .SetFont3D(TRUE, 3, 2, FALSE)
21          .SetText3DBKColor(RGB(95, 95, 95), FALSE)
22          .SetFontSize(14, FALSE)
23          .SetFontName(strFontName)
24          ;
25
26      //“取消”按钮
27      m_bnCancel.SetBitmaps(IDB_SET_NORMAL, IDB_SET_DOWN,
28                                          IDB_SET_HLIGHT);
29      m_bnCancel.SetForceColor(RGB(255, 255, 0), RGB(255, 255, 255),
30                                  RGB(255, 255, 255), FALSE);
31      m_bnCancel.SetSound(MAKEINTRESOURCE(IDR_WAVEMOVE),
32                                  ::GetModuleHandle(NULL));
33      m_bnCancel.SetSound(MAKEINTRESOURCE(IDR_WAVECLICK),
34                              ::GetModuleHandle(NULL), TRUE);
35      m_bnCancel.SizeToContent();
36      m_bnCancel.SetBtnCursor(IDC_CURSOR_HAND, FALSE);
37      m_bnCancel.SetWindowText(TEXT("取消"));
38      m_bnCancel
39          .SetDrawText(TRUE, FALSE)
40          .SetFont3D(TRUE, 3, 2, FALSE)
41          .SetText3DBKColor(RGB(95, 95, 95), FALSE)
42          .SetFontSize(14, FALSE)
43          .SetFontName(strFontName)
44          ;
45
46      SetWindowText("邮箱设置");
47
48      return TRUE;
49  }
```

处理函数中添加的代码设置了按钮的图像、显示字体和声音。

4. 修改程序的启动窗体

“收件箱”窗体弹出的时候会自动获取用户邮箱里的所有邮件，所以用户应该首先填写登录邮箱的一些信息，程序在初次运行的时候，为了引导用户这么做，会先弹出“设置”窗体。

为此，我们需要做的就是修改程序运行时的启动窗体，如下：

```
01  BOOL CEmailManagerApp::InitInstance()
02  {
03  ...
04      //修改了起始窗体
05      CSetDlg setDlg;
06
07      if(setDlg.DoModal() == IDOK)
08      {
09          CEmailManagerDlg dlg;
10          m_pMainWnd = &dlg;
11
12          //保存重要的信息
13          dlg.m_EM_ip = setDlg.m_ip;
14          dlg.m_EM_username = setDlg.m_username;
15          dlg.m_EM_password = setDlg.m_password;
```

```
16
17          int nResponse = dlg.DoModal();
18          if (nResponse == IDOK)
19          {
20              //TODO: Place code here to handle when the dialog is
21              //dismissed with OK
22          }
23          else if (nResponse == IDCANCEL)
24          {
25              //TODO: Place code here to handle when the dialog is
26              //dismissed with Cancel
27          }
28      }
29      return FALSE;
30  }
```

这里只是简单地创建了一个“设置”窗体对象， if 语句包含了向导生成的程序主窗体显示的代码，条件是用户需要单击“设置”窗体的“确定”按钮。当然这里缺少了检测用户是否填写了信息的代码，以及检测填写信息是否合法的代码，在这里我们假设用户填写了合法的正确的信息。

本段代码还完成了信息的传递，即将对话框保存的用户名和密码等信息传递给了主窗体。

9.4.3　收件箱窗体

为工程插入对话框资源，并修改 ID 为 IDD_RECVDLG，为对话框创建类 CReceiveDlg。在类 CReceiveDlg 的头文件中添加文件包含命令，如下：

```
#include "BitButtonNL.h"
```

1. 窗体和界面图片设计

“收件箱”对话框的设计如图 9.36 所示，图中还包括关键控件的 ID 号。

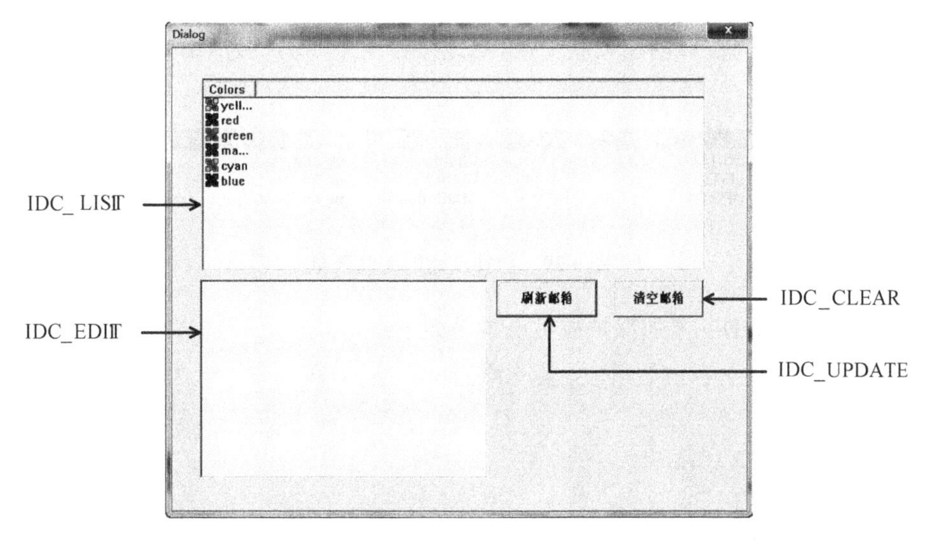

图 9.36 “收件箱”对话框设计

其中，列表控件设置中 Styles 的 View 属性为 Report，如图 9.37 所示。

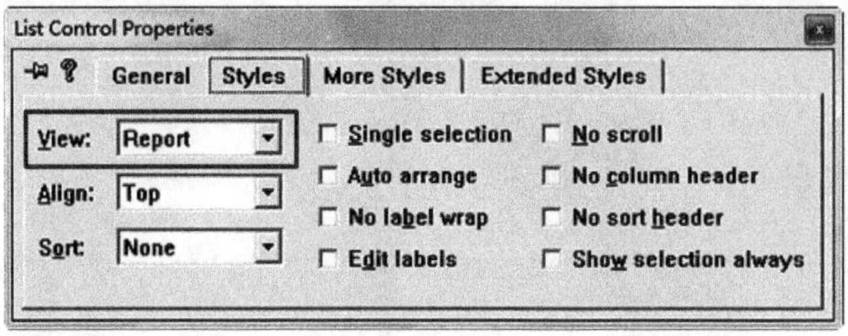

List Control Properties

General | Styles | More Styles | Extended Styles

View: Report　　Single selection　　No scroll
Align: Top　　Auto arrange　　No column header
Sort: None　　No label wrap　　No sort header
Edit labels　　Show selection always

图 9.37　列表样式设置

用“画图”工具绘制如图 9.38 所示的对话框背景。

图 9.38　“收件箱”对话框背景图

将位图导入工程，并修改 ID 为 IDB_RECVBACK。

2．窗体美化

用 ClassWizard 为控件创建关联变量，修改按钮变量的类型为 CBitButtonNL，如图 9.39 所示。

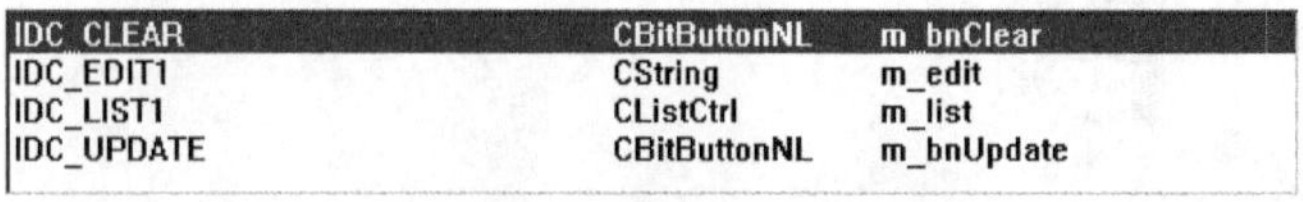

IDC_CLEAR	CBitButtonNL	m_bnClear
IDC_EDIT1	CString	m_edit
IDC_LIST1	CListCtrl	m_list
IDC_UPDATE	CBitButtonNL	m_bnUpdate

图 9.39　控件创建的关联变量

再为类 CReceiveDlg 添加保护成员变量，如下：

```
01  class CReceiveDlg: public CDialog
02  {
03  ...
04  //Implementation
05  protected:
06       CBitmap m_bmBack;
07       CBrush  m_brBack;
08  ...
09  };
```

使用 ClassWizard 为类 CReceiveDlg 添加消息 WM_INITDIALOG 的响应函数 OnInitDialog()。在函数 OnInitDialog()中添加如下代码：

```
01  BOOL CReceiveDlg::OnInitDialog()
02  {
03      CDialog::OnInitDialog();
04
05      //TODO: Add extra initialization here
06      m_bmBack.DeleteObject();
07      m_brBack.DeleteObject();
08      m_bmBack.LoadBitmap(IDB_RECVBACK);
09      m_brBack.CreatePatternBrush(&m_bmBack);
10
11      ::SendMessage(m_list.m_hWnd,LVM_SETEXTENDEDLISTVIEWSTYLE,
12          LVS_EX_FULLROWSELECT,LVS_EX_FULLROWSELECT);
13
14      m_list.InsertColumn(0, "发件人", LVCFMT_LEFT, 130);
15      m_list.InsertColumn(1, "主题", LVCFMT_LEFT, 350);
16      m_list.InsertColumn(2, "日期", LVCFMT_LEFT, 100);
17
18      SetWindowText("收件箱");
19
20      return TRUE;
21  }
```

消息的处理函数 OnInitDialog()为对话框设置了背景图像和对话框的标题，以及列表控件的样式和标题头信息。函数 SendMessage()用来发送指定的消息到窗口，窗口的消息处理函数会处理这个消息，它的原型如下：

```
LRESULT SendMessage(
    HWND          hWnd,
    UINT          Msg,
    WPARAM        wParam,
    LPARAM        lParam
);
```

参数及其含义如下所述。

- hWnd：接收和处理消息的窗口句柄。
- Msg：指定要发送的消息。
- wParam：特定消息的额外信息。
- lParam：特定消息的额外信息。

LVM_SETEXTENDEDLISTVIEWSTYLE 消息用于为列表控件设置额外的样式。附加信息 LVS_EX_FULLROWSELECT 表示当列表项被选中时，会高亮显示，但这种样式只在列表控件为 LVS_REPORT 时才有效。

类 CListCtrl 的成员函数 InsertColumn()，用来向列表控件中插入新的一列，原型如下：

```
int InsertColumn(
   int            nCol,
   LPCTSTR        lpszColumnHeading,
   int            nFormat = LVCFMT_LEFT,
   int            nWidth = -1,
   int            nSubItem = -1
);
```

参数及其含义如下所述。

- nCol：新列的位置索引。
- lpszColumnHeading：包含标题文本的字符串的指针。
- nFormat：标题文本的对齐方式，包括 LVCFMT_LEFT、LVCFMT_RIGHT 和 LVCFMT_CENTER，分别表示左对齐、右对齐和居中对齐。
- nWidth：标题的宽度，单位为像素。
- nSubItem：子项的索引，这里没有用到。

用同样的方法添加对话框消息 WM_CTLCOLOR 的处理函数 OnCtlColor()，添加代码如下：

```
01  HBRUSH CReceiveDlg::OnCtlColor(CDC* pDC, CWnd* pWnd, UINT nCtlColor)
02  {
03      HBRUSH hbr = CDialog::OnCtlColor(pDC, pWnd, nCtlColor);
04      //TODO: Change any attributes of the DC here
05      if(nCtlColor == CTLCOLOR_DLG)
06      {
07          pDC->SetBkMode(TRANSPARENT);
08          return m_brBack;
09      }
10      //TODO: Return a different brush if the default is not desired
11      return hbr;
12  }
```

运行程序就可以看到图像绘制到了对话框上。

3. 按钮美化

接下来我们处理“刷新邮箱”按钮和“清空邮箱”按钮的美化，在处理函数 OnInitDialog() 中添加如下代码：

```
01  BOOL CReceiveDlg::OnInitDialog()
02  {
03      CDialog::OnInitDialog();
04      //TODO: Add extra initialization here
05      ...
06      CString strFontName = _T("隶书");
07
08      // “刷新列表” 按钮
09      m_bnUpdate.SetBitmaps(IDB_BTN_NORMAL, IDB_BTN_DOWN,
10                                          IDB_BTN_HLIGHT);
11      m_bnUpdate.SetForceColor(RGB(255, 255, 0), RGB(255, 255, 255),
12                                          RGB(255, 255, 255));
13      m_bnUpdate.SetSound(MAKEINTRESOURCE(IDR_WAVEMOVE),
14                                      ::GetModuleHandle(NULL));
15      m_bnUpdate.SetSound(MAKEINTRESOURCE(IDR_WAVECLICK),
16                                  ::GetModuleHandle(NULL), TRUE);
17      m_bnUpdate.SizeToContent();
18      m_bnUpdate.SetWindowText(TEXT("刷新列表"));
19      m_bnUpdate.SetBtnCursor(IDC_CURSOR_HAND, FALSE);
20      m_bnUpdate
21          .SetDrawText(TRUE, FALSE)
22          .SetFont3D(TRUE, 3, 2, FALSE)
23          .SetText3DBKColor(RGB(95, 95, 95))
24          .SetFontBold(TRUE, FALSE)
25          .SetFontSize(18, FALSE)
```

```
26            .SetFontName(strFontName)
27            ;
28
29        //“清空列表”按钮
30        m_bnClear.SetBitmaps(IDB_BTN_NORMAL, IDB_BTN_DOWN,
31                                             IDB_BTN_HLIGHT);
32        m_bnClear.SetForceColor(RGB(255, 255, 0), RGB(255, 255, 255),
33                                         RGB(255, 255, 255));
34        m_bnClear.SetSound(MAKEINTRESOURCE(IDR_WAVEMOVE),
35                                      ::GetModuleHandle(NULL));
36        m_bnClear.SetSound(MAKEINTRESOURCE(IDR_WAVECLICK),
37                                   ::GetModuleHandle(NULL), TRUE);
38        m_bnClear.SizeToContent();
39        m_bnClear.SetWindowText(TEXT("清空列表"));
40        m_bnClear.SetBtnCursor(IDC_CURSOR_HAND, FALSE);
41        m_bnClear
42            .SetDrawText(TRUE, FALSE)
43            .SetFont3D(TRUE, 3, 2, FALSE)
44            .SetText3DBKColor(RGB(95, 95, 95))
45            .SetFontBold(TRUE, FALSE)
46            .SetFontSize(18, FALSE)
47            .SetFontName(strFontName)
48            ;
49
50        SetWindowText("收件箱");
51        return TRUE;
52    }
```

处理函数添加的代码设置了按钮的图像、显示字体和声音。

4．接收邮件

（1）为类 CReceiveDlg 添加一个带参数的构造函数，用来创建对象时传入信息，函数编写如下：

```
01  CReceiveDlg::CReceiveDlg(CString serverIP,CString user, CString psd)
02                      :CDialog(CReceiveDlg::IDD, NULL)
03  {
04      g_strServer = serverIP;
05      g_strUser = user;
06      g_strPsd = psd;
07  }
```

g_strServer、g_strUser 和 g_strPsd 是定义在类 CReceiveDlg 的实现文件中的全局变量，为 CString 类型。

（2）定义一个外部函数 ReceiveMail()，用来接收所有的邮件，它不是类的成员。函数编写如下：

```
01  CWnd *pWnd = NULL;
02
03  _bstr_t g_bstrFrom;              //保存“发件人”
04  _bstr_t g_bstrSubject;           //保存“主题”
05  _bstr_t g_bstrBody;              //保存“正文”
06  COleDateTime g_oleDate;          //保存“日期”
07  CStringArray g_strDetailArray; //保存邮件正文的字符串数组
08
09  UINT ReceiveMail( LPVOID lparam)
```

```
10  {
11      ::CoInitialize(NULL);
12      try
13      {
14          pWnd->PostMessage(WM_MY_GET,1,0);
15          jmail::IPOP3Ptr pPOP3("JMail.POP3");
16          jmail::IMessagesPtr pMessages;
17  
18          //设置连接服务器超时限制 30S
19          pPOP3->Timeout = 30;
20  
21          //连接邮件服务器，110 为 POP3 默认端口号
22          pPOP3->Connect((LPCTSTR)g_strUser,
23              (LPCTSTR)g_strPsd,
24              (LPCTSTR)g_strServer,
25              110);
26  
27          pMessages = pPOP3->Messages;
28          pWnd->PostMessage(WM_MY_GET,2,0);
29          //已下载的邮件的实际个数(因为第 0 个 ITEM 是未用的，所以-1)
30          long lCount = pMessages->Count - 1;
31          if(lCount == 0)
32              AfxMessageBox("信箱为空");
33          else
34          {
35              jmail::IMessagePtr pMessage;
36  
37              //遍历每封信
38              for( i = 1; i <= lCount; i++)
39              {
40                  pMessage = pMessages->Item[i];
41                  //信件的具体信息
42                  g_bstrFrom = pMessage->From;
43                  g_bstrSubject = pMessage->Subject;
44                  g_bstrBody = pMessage->Body;
45                  g_oleDate = pMessage->Date;
46                  //往 list 控件中添加信件信息
47  
48                  //显示信件的主体文本
49                  g_strDetailArray.Add((const char*)g_bstrBody);
50                  pWnd->PostMessage(WM_MY_GET,4,0);
51                  pMessage.Release();
52              }
53              pWnd->PostMessage(WM_MY_GET,3,0);
54          }
55          //断开连接
56          pPOP3->Disconnect();
57      }
58      //提示错误信息
59      catch(_com_error e)
60      {
61          pWnd->PostMessage(WM_MY_GET,3,0);
62          CString strErr;
63          strErr.Format("错误信息：%s\r\n 错误描述：%s",
64              (LPCTSTR)e.ErrorMessage(), (LPCTSTR)e.Description());
65          AfxMessageBox(strErr);
66      }
67      return 0;
68  }
```

pWnd 是在函数 getMail()中被赋值的，函数 getMail()是类 CReceiveDlg 的公有成员函数，定义如下：

```
int CReceiveDlg::getMail()
{
    pWnd = CWnd::FromHandle(m_hWnd);
    AfxBeginThread(ReceiveMail,NULL,0);
    return 0;
}
```

函数 getMail()主要用来开启一个线程，即上面编写的邮件接收函数 ReceiveMail()，类 CWnd 的成员函数 FromHandle()，用来返回一个 CWnd 对象的指针。

（3）WM_MY_GET 是我们自定义的消息，响应函数会调用“正在处理中...”窗体显示一些信息。消息被定义在类 CReceiveDlg 的头文件中，如下：

```
#define WM_MY_GET (WM_USER +100)
```

同时，在类 CReceiveDlg 中添加响应函数 OnProgress()的声明，如下：

```
LRESULT OnProgress(LPARAM lparam, WPARAM wparam);
```

在类 CReceiveDlg 的实现文件中填写消息的映射，如下：

```
BEGIN_MESSAGE_MAP(CReceiveDlg, CDialog)
    //{{AFX_MSG_MAP(CReceiveDlg)
    ON_WM_CTLCOLOR()
    //}}AFX_MSG_MAP
    ON_MESSAGE(WM_MY_GET,OnProgress)
END_MESSAGE_MAP()
```

最后，定义响应函数 OnProgress()，如下：

```
01  LRESULT CReceiveDlg::OnProgress(LPARAM lparam, WPARAM wparam)
02  {
03      CProgressDlg dlg;
04
05
06      CWnd *pWnd=FindWindow(NULL,"正在处理中...");
07      if(lparam == 1)
08      {
09          dlg.m_message = "正在连接邮箱服务器，\n 请稍后……";
10          dlg.DoModal();
11      }
12      else if(lparam == 2)
13      {
14          pWnd->SendMessage(WM_CLOSE);
15          dlg.m_message = "连接成功，\n 正在获取邮件……";
16          dlg.DoModal();
17      }
18      else if(lparam == 3)
19      {
20          pWnd->SendMessage(WM_CLOSE);
21      }
22      else if( lparam == 4)
23      {
24          int nListItem = m_list.InsertItem(i,(const char*)g_bstrFrom);
25          m_list.SetItem(nListItem, 1, LVIF_TEXT,
26                  (const char*)g_bstrSubject, 0, 0, 0, NULL);
```

```
27          m_list.SetItem(nListItem, 2, LVIF_TEXT,
28                      (const char*)g_oleDate.Format("%Y-%m-%d"),
29              0, 0, 0, NULL);
30      }
31      return 0;
32  }
```

响应函数 OnProgress()根据消息 WM_MY_GET 的附加信息 lparam 决定做以下操作：

- 显示“正在处理中...”窗体，文本显示“正在连接邮箱服务器，\n 请稍后……”。
- 关闭“正在处理中...”窗体，将文本修改为“连接成功，\n 正在获取邮件……”，再显示“正在处理中...”窗体。
- 关闭“正在处理中...”窗体。
- 将发件人、邮件主题和邮件接收时间插入到列表中。

类 CWnd 的静态成员函数 FindWindow()，用来返回指定的 CWnd 类型指针，函数原型如下：

```
static CWnd* PASCAL FindWindow(
   LPCTSTR lpszClassName,
   LPCTSTR lpszWindowName
);
```

参数及其含义如下所述。

- lpszClassName：一个指向窗口类名称字符串的指针，若为 NULL 的话，任何类名称均可匹配。
- lpszWindowName：一个指向窗口名称字符串的指针，若为 NULL 的话，任何窗口名称都可以匹配。

我们调用此函数就是为了获取“正在处理中...”窗体的指针，用户通过类 CWnd 的成员函数 SendMessage()给这个窗体发送消息，此函数会等到发送的消息被指定的窗口处理完了以后才返回。

类 CListCtrl 的成员函数 InsertItem()，用来向列表控件中插入新的一项，并返回新项的位置，函数原型如下：

```
int InsertItem(
   int       nItem,
   LPCTSTR   lpszItem
);
```

参数及其含义如下所述。

- nItem：插入位置的索引。
- lpszItem：插入项的文本指针。

类 CListCtrl 的成员函数，用来设置列表项的属性，原型如下：

```
BOOL SetItem(
   int          nItem,
   int          nSubItem,
   UINT         nMask,
   LPCTSTR      lpszItem,
   int          nImage,
   UINT         nState,
   UINT         nStateMask,
   LPARAM       lParam
```

```
);
```

参数及其含义如下所述。

- ❑ nItem：需要被修改属性的列表项的索引。
- ❑ nSubItem：指定列表项的列索引。
- ❑ nMask：指定需要修改的属性。LVIF_TEXT 表示修改文本属性，即 lpszItem 可用。
- ❑ lpszItem：文本字符串的指针。
- ❑ nImage：列表项的图标索引，当列表关联了图标列表时才可用。
- ❑ nState：指定修改状态后的值。
- ❑ nStateMask：指定哪个状态要被修改。
- ❑ lParam：一个 32 位应用程序为列表项指定的值，此处没有用到。

（4）想要在收件箱窗体显示时同时显示邮件，只要在窗体被初始化的时候调用 getMail()函数就可以了，如下：

```
01  BOOL CReceiveDlg::OnInitDialog()
02  {
03      CDialog::OnInitDialog();
04      ...
05      getMail();                    //位图
06
07      return TRUE;
08  }
```

5．显示邮件内容的函数

邮箱中的所有邮件都会被列在列表中，当用户单击列表中的邮件时，邮件内容会显示在“收件箱”窗体下的文本框中。下面来添加列表被单击时的消息响应函数，如图 9.40 所示。

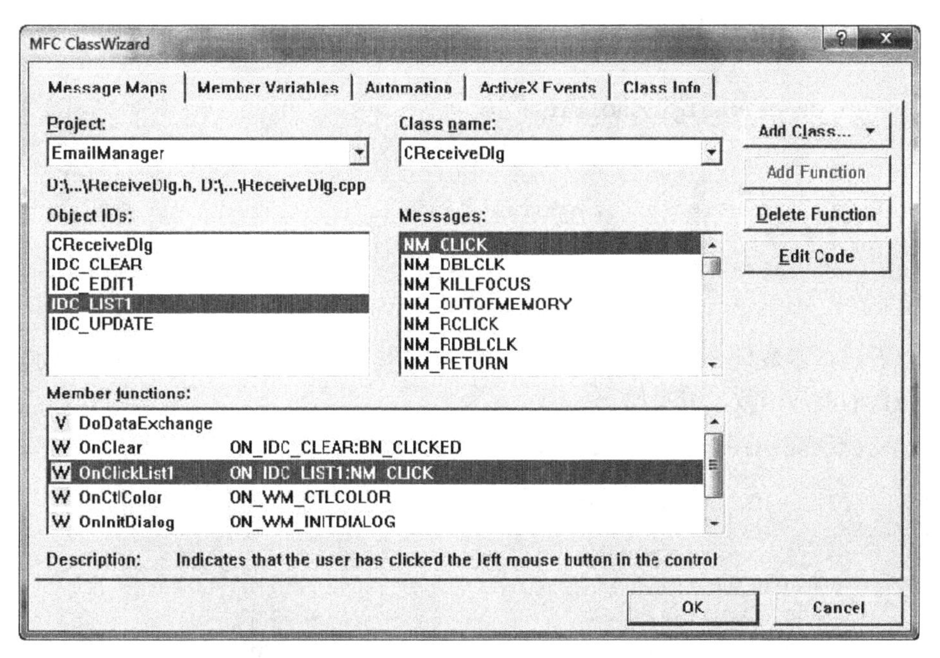

图 9.40　添加列表被单击时的消息响应函数

在事件处理函数 OnClickList1()中添加代码，如下：

```
01 void CReceiveDlg::OnClickList1(NMHDR* pNMHDR, LRESULT* pResult)
02 {
03     //TODO: Add your control notification handler code here
04
05     NM_LISTVIEW* pNMListView = (NM_LISTVIEW*)pNMHDR;
06     //获取选定信件的指针
07     POSITION pos = m_list.GetFirstSelectedItemPosition();
08     if(pos)
09     {
10         int nItem = m_list.GetNextSelectedItem(pos);
11         //显示内容
12         m_edit= g_strDetailArray.GetAt(nItem);
13         UpdateData(FALSE);
14     }
15     *pResult = 0;
16 }
```

函数 OnClickList1()所做的工作就是定位到用户选择的项，将信件内容赋值到文本框变量中，然后调用类 CWnd 的成员函数 UpdateData()将文本内容显示出来。

类 CListCtrl 的成员函数 GetFirstSelectedItemPosition()，用来获取用户单击列表项的位置。成员函数 GetNextSelectedItem()，用来获取指定位置的列表项。

邮件内容依据索引都被保存在了 CStringArray 类型的字符串数组中了，索引可以根据索引号找到相应邮件的内容。

6．清空、刷新邮箱

“清空邮箱”按钮并不是要真的将服务器邮箱里的所有邮件都清除，按钮的响应函数编写如下：

```
01 void CReceiveDlg::OnClear()
02 {
03     //TODO: Add your control notification handler code here
04     m_list.DeleteAllItems();
05     m_edit = "";
06     UpdateData(false);
07 }
```

可以看出，函数只是清空了所有的列表项和文本框的内容而已。下面再来添加“刷新邮箱”按钮的响应函数，编写如下：

```
01 void CReceiveDlg::OnUpdate()
02 {
03     //TODO: Add your control notification handler code here
04
05     m_list.DeleteAllItems();
06     m_edit = "";
07     UpdateData(false);
08     getMail();
09 }
```

响应函数的代码只是比“刷新邮箱”按钮的响应函数多了一行，即调用了函数 getMail()，重新获取了邮箱中的所有邮件，这个功能适用于收到新邮件的时候。

9.4.4　发件箱窗体

为工程插入对话框资源，并修改 ID 为 IDD_SEND，为对话框创建类 CSendDlg。在类 CSendDlg 的头文件中添加文件包含命令，如下：

```
#include "BitButtonNL.h"
```

1．窗体和界面图片设计

“发件箱”对话框的设计如图 9.41 所示，图中包括关键控件的 ID 号。

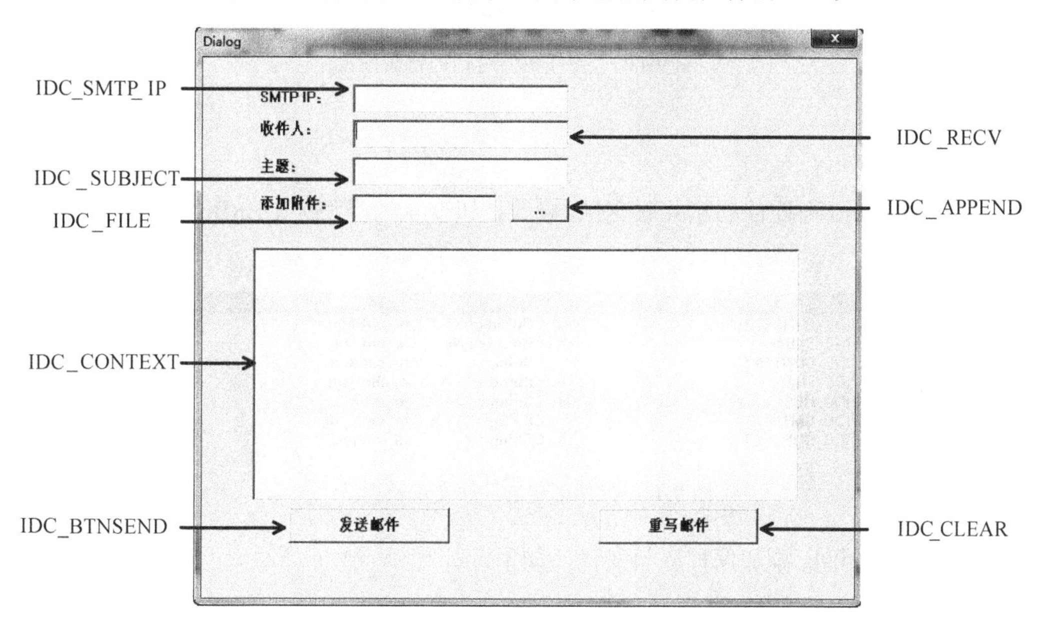

图 9.41　“发件箱”对话框设计

IDC_CONTEXT 编辑框控件的 Styles 选项设置了 Multiline 属性，方便编辑多行文本，如图 9.42 所示。

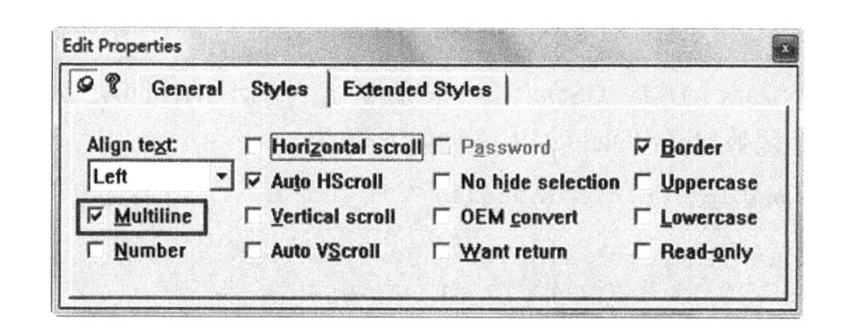

图 9.42　编辑框样式设置

用“画图”工具绘制如图 9.43 所示的对话框背景。

将位图导入工程，并修改 ID 为 IDB_SENDBACK。

图 9.43 “发件箱”对话框背景图

2．窗体美化

用 ClassWizard 为控件创建关联变量，修改按钮变量的类型为 CBitButtonNL，如图 9.44 所示。

IDC_APPEND		
IDC_BTNSEND	CBitButtonNL	m_bnSend
IDC_CLEAR	CBitButtonNL	m_bnClear
IDC_CONTEXT	CString	m_context
IDC_FILE	CString	m_filePath
IDC_RECV	CString	m_recv
IDC_SMTP_IP	CString	m_smtp_ip
IDC_SUBJECT	CString	m_subject

图 9.44 控件创建的关联变量及类型

再为类 CSendDlg 添加保护成员变量，如下：

```
01  class CSendDlg: public CDialog
02  {
03  ...
04  //Implementation
05  protected:
06      CBitmap m_bmBack;
07      CBrush  m_brBack;
08  ...
09  };
```

使用 ClassWizard 为类 CSendDlg 添加消息 WM_INITDIALOG 的响应函数 OnInitDialog()。在函数 OnInitDialog()中添加如下代码：

```
01  BOOL CSendDlg::OnInitDialog()
02  {
03      CDialog::OnInitDialog();
04      //TODO: Add extra initialization here
05
06      m_bmBack.DeleteObject();
07      m_brBack.DeleteObject();
08      m_bmBack.LoadBitmap(IDB_SENDBACK);
09      m_brBack.CreatePatternBrush(&m_bmBack);
10
```

```
11      SetWindowText("发件箱");
12
13      return TRUE;
14  }
```

消息的处理函数 OnInitDialog()为对话框设置了背景图像和对话框的标题。用同样的方法添加对话框消息 WM_CTLCOLOR 的处理函数 OnCtlColor()，添加代码如下：

```
01  HBRUSH CSendDlg::OnCtlColor(CDC* pDC, CWnd* pWnd, UINT nCtlColor)
02  {
03      HBRUSH hbr = CDialog::OnCtlColor(pDC, pWnd, nCtlColor);
04      //TODO: Change any attributes of the DC here
05      if(nCtlColor == CTLCOLOR_DLG)
06      {
07          pDC->SetBkMode(TRANSPARENT);
08          return m_brBack;
09      }
10      //TODO: Return a different brush if the default is not desired
11      return hbr;
12  }
```

运行程序就可以看到图像绘制到了对话框上。

3. 按钮美化

接下来我们处理“发送邮件”按钮和“重写邮件”按钮的美化，同样，在处理函数 OnInitDialog()中添加如下代码：

```
01  BOOL CSendDlg::OnInitDialog()
02  {
03      CDialog::OnInitDialog();
04
05      //TODO: Add extra initialization here
06      ...
07      CString strFontName = _T("隶书");
08
09      //“发送邮件”按钮
10      m_bnSend.SetBitmaps(IDB_BTN_NORMAL,IDB_BTN_DOWN,IDB_BTN_HLIGHT);
11      m_bnSend.SetForceColor(RGB(255, 255, 0), RGB(255, 255, 255),
12                                              RGB(255, 255, 255));
13      m_bnSend.SetSound(MAKEINTRESOURCE(IDR_WAVEMOVE),
14                                        ::GetModuleHandle(NULL));
15      m_bnSend.SetSound(MAKEINTRESOURCE(IDR_WAVECLICK),
16                                    ::GetModuleHandle(NULL), TRUE);
17      m_bnSend.SizeToContent();
18      m_bnSend.SetWindowText(TEXT("发送邮件"));
19      m_bnSend.SetBtnCursor(IDC_CURSOR_HAND, FALSE);
20      m_bnSend
21          .SetDrawText(TRUE, FALSE)
22          .SetFont3D(TRUE, 3, 2, FALSE)
23          .SetText3DBKColor(RGB(95, 95, 95))
24          .SetFontBold(TRUE, FALSE)
25          .SetFontSize(18, FALSE)
26          .SetFontName(strFontName)
27          ;
28
29      //“重写邮件”按钮
30      m_bnClear.SetBitmaps(IDB_BTN_NORMAL,IDB_BTN_DOWN,
31                                                   IDB_BTN_HLIGHT);
```

```
32      m_bnClear.SetForceColor(RGB(255, 255, 0), RGB(255, 255, 255),
33                                           RGB(255, 255, 255));
34      m_bnClear.SetSound(MAKEINTRESOURCE(IDR_WAVEMOVE),
35                                       ::GetModuleHandle(NULL));
36      m_bnClear.SetSound(MAKEINTRESOURCE(IDR_WAVECLICK),
37                                   ::GetModuleHandle(NULL), TRUE);
38      m_bnClear.SizeToContent();
39      m_bnClear.SetWindowText(TEXT("重写邮件"));
40      m_bnClear.SetBtnCursor(IDC_CURSOR_HAND, FALSE);
41      m_bnClear
42          .SetDrawText(TRUE, FALSE)
43          .SetFont3D(TRUE, 3, 2, FALSE)
44          .SetText3DBKColor(RGB(95, 95, 95))
45          .SetFontBold(TRUE, FALSE)
46          .SetFontSize(18, FALSE)
47          .SetFontName(strFontName)
48          ;
49
50      SetWindowText("发件箱");
51
52      return TRUE;
53  }
```

处理函数中添加的代码设置了按钮的图像、显示字体和声音。

4．添加附件

添加单击“...”按钮的消息响应函数，如下：

```
01  void CSendDlg::OnAppend()
02  {
03      //TODO: Add your control notification handler code here
04
05      UpdateData(true);
06      CFileDialog dlg(TRUE);
07      if(dlg.DoModal()==IDOK)
08          m_filePath = dlg.GetPathName();
09      UpdateData(false);
10  }
```

响应函数会调用通用对话框类 CFileDialog 创建类的对象，即“打开”文件对话框，用户选择要作为附件的文件后，单击“确定”按钮，我们会获取作为附件的文件的路径，填充到附件文本框中。效果如图 9.45 所示。

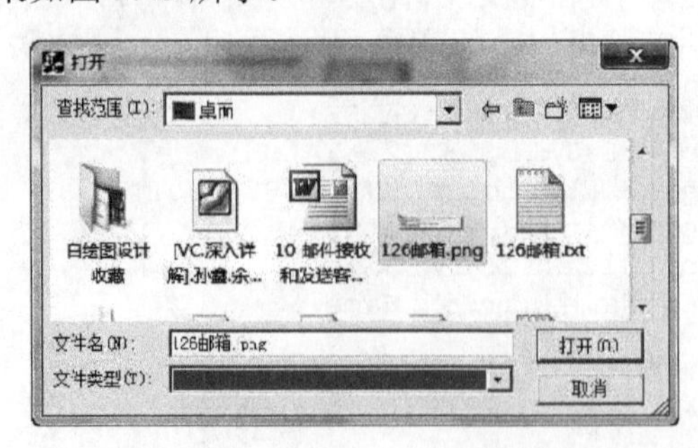

图 9.45　“打开”文件对话框

5．发送、重写邮件

（1）添加单击“发送邮件”按钮的消息响应函数，如下：

```
01  void CSendDlg::OnBtnsend()
02  {
03      //TODO: Add your control notification handler code here
04      UpdateData();
05  
06      //处理用户填写的信息
07      m_smtp_ip.TrimLeft();
08      m_smtp_ip.TrimRight();
09      m_recv.TrimLeft();
10      m_recv.TrimRight();
11      m_subject.TrimLeft();
12      m_subject.TrimRight();
13  
14      //验证邮箱地址的正确性
15      if(m_recv.GetLength() < 3)
16      {
17          AfxMessageBox("请填写正确的收件人邮箱");
18          return;
19      }
20  
21      try
22      {
23          jmail::IMessagePtr pMessage("JMail.Message");
24  
25          //发件人邮箱
26          pMessage->From = (LPCTSTR)m_sender;
27          //添加收件人
28          pMessage->AddRecipient((LPCTSTR)m_recv, "", "");
29          //优先级设置,1-5 逐次降低, 3 为中级
30          pMessage->Priority = 3;
31          //编码方式设置, 默认是 iso-8859-1
32          pMessage->Charset = "GB2312";
33          //主题
34          pMessage->Subject = (LPCTSTR)m_subject;
35          //正文
36          pMessage->Body = (LPCTSTR)m_context;
37          //开始发送
38          if(m_filePath != "")
39          {
40              pMessage->AddAttachment((LPCTSTR)m_filePath,
41                                          VARIANT_TRUE, "image/gif");
42          }
43  
44          pMessage->MailServerUserName = (LPCTSTR)m_sender;
45          pMessage->MailServerPassWord = (LPCTSTR)m_sendPsd;
46  
47          pMessage->Send((LPCTSTR)m_smtp_ip, VARIANT_FALSE);
48          pMessage.Release();
49          AfxMessageBox("发送成功!");
50      }
51      catch (_com_error e)
52      {
53          CString strErr;
54          strErr.Format("错误信息: %s\r\n 错误描述: %s",
```

```
55            (LPCTSTR)e.ErrorMessage(), (LPCTSTR)e.Description());
56                                AfxMessageBox(strErr);
57        }
58 }
```

函数处理了用户填写的信息，构成完整的邮件后发送，有异常发生的时候还会弹出错误信息。

（2）添加“重写邮件”按钮的消息响应函数，如下：

```
01 void CSendDlg::OnClear()
02 {
03     //TODO: Add your control notification handler code here
04     m_context = "";
05     UpdateData(false);
06 }
```

可以看出，重写邮件只是将邮件的正文内容清空了，其他信息还保留着。

9.4.5 “正在处理中…”窗体

为工程插入对话框资源，并修改 ID 为 IDD_PROGRESS，为对话框创建类 CProgressDlg。在类 CProgressDlg 的头文件中添加文件包含命令，如下：

```
#include "BitButtonNL.h"
```

1．窗体和界面图片设计

“正在处理中…”对话框的设计如图 9.46 所示，图示还包括了一些关键控件的 ID 号。用“画图”工具绘制如图 9.47 所示的对话框背景。

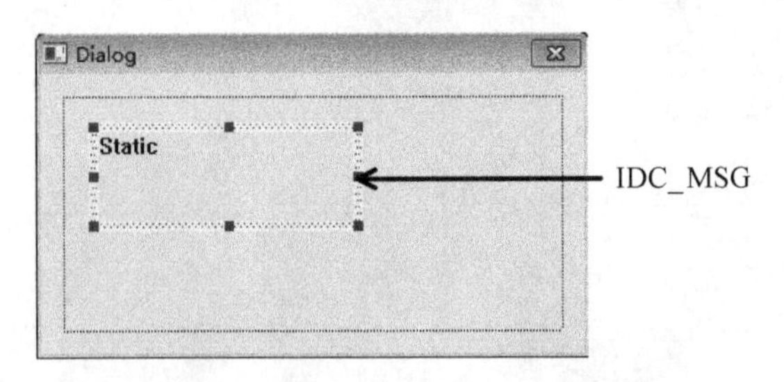

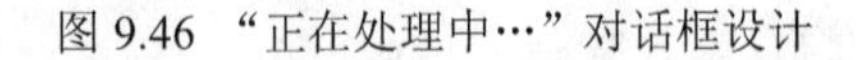
图 9.46 “正在处理中…”对话框设计

图 9.47 “正在处理中…”对话框背景图

将位图导入工程，并修改 ID 为 IDB_PROGRESS。

2．窗体美化

再为类 CProgressDlg 添加保护成员变量，如下：

```
01 class CSendDlg: public CDialog
02 {
03 ...
04 //Implementation
05 protected:
06     CBitmap m_bmBack;
```

```
07      CBrush  m_brBack;
08  ...
09  };
```

使用 ClassWizard 为类 CProgressDlg 添加消息 WM_INITDIALOG 的响应函数 OnInitDialog()。在函数 OnInitDialog()中添加如下代码：

```
01  BOOL CProgressDlg::OnInitDialog()
02  {
03      CDialog::OnInitDialog();
04      //TODO: Add extra initialization here
05
06      m_bmBack.DeleteObject();
07      m_brBack.DeleteObject();
08      m_bmBack.LoadBitmap(IDB_PROGRESS);
09      m_brBack.CreatePatternBrush(&m_bmBack);
10
11      SetWindowText("正在处理中...");
12      return TRUE;
13  }
```

消息的处理函数 OnInitDialog()为对话框设置了背景图像和对话框的标题。用同样的方法添加对话框消息 WM_CTLCOLOR 的处理函数 OnCtlColor()，添加代码如下：

```
01  HBRUSH CProgressDlg::OnCtlColor(CDC* pDC, CWnd* pWnd, UINT nCtlColor)
02  {
03      HBRUSH hbr = CDialog::OnCtlColor(pDC, pWnd, nCtlColor);
04      //TODO: Change any attributes of the DC here
05      if(nCtlColor == CTLCOLOR_DLG)
06      {
07          pDC->SetBkMode(TRANSPARENT);
08          return m_brBack;
09      }
10      //TODO: Return a different brush if the default is not desired
11      return hbr;
12  }
```

运行程序就可以看到图像绘制到了对话框上。

3. 信息显示

“正在处理中...”窗体主要用来弹出显示信息的，没有按钮也不需要用户操作，因为它是自动弹出和关闭的。为类 CProgressDlg 添加公有成员变量 m_message，类型为 CString。它在对话框被初始化的时候用到，如下：

```
01  BOOL CProgressDlg::OnInitDialog()
02  {
03      CDialog::OnInitDialog();
04      //TODO: Add extra initialization here
05      ...
06
07      GetDlgItem(IDC_MSG)->SetWindowText(m_message);
08
```

```
09        return TRUE;
10  }
```

很简单地调用了类 CWnd 的成员函数 GetDlgItem()，获得指定 ID 控件的句柄。接着调用成员函数 SetWindowText()，用来设置控件显示的文本信息。

9.5　小　　结

本章主要介绍了如何制作一个邮件管理器。主要做了三方面的工作：使用第三方组件 Jmail 完成邮件的接收和发送；自定义继承于 CButton 的类 CBitButtonNL 完成对按钮美化的封装；协调邮件管理器的各个窗体。读者可以在此实例的基础上开发出更多的功能，当然，也可以借用本实例中的一些做法完善自己写的其他程序。

第 10 章 网络文件传输器

网络文件传输是一种基于网络平台的文件操作。通过网络文件传输器可以将需要操作的文件通过网络在两台计算机上实现数据异地传输功能。例如，现在非常流行的 P2P（点对点）传输功能就是通过网络实现用户异地下载或上传文件。本章将讲解使用 Socket 和 CFile 类在两台主机上传输文件的方法。

10.1 CFile 类

在 Windows 操作系统下编程操作文件时，可以使用 MFC 类库中的 CFile 类，也可以使用 Win32 API 函数进行编程。对于用户而言，CFile 类比较简单容易使用，所以大部分用户在文件操作编程方面比较偏向于该类。但是使用 API 函数编程可以使用户更加了解程序底层的一些原理。

10.1.1 构造函数

在 MFC 中，关于文件操作的类有很多。其中，最为常用的一个是 CFile 类，这个函数几乎涵盖了所有的文件操作功能。首先，CFile 类的构造函数原型如下：

```
//无参数的构造函数
CFile::CFile();

//有参数的构造函数
CFile::CFile(
    LPCTSTR lpszFileName,
    UINT nOpenFlags
);
```

其中，第一个构造函数没有参数，表示在生成文件对象时才调用，此时该对象并未绑定任何文件。如果用户希望构造文件的同时绑定指定文件，那么生成该文件对象以后，需要调用函数 CFile::Open()打开指定文件即可。在 MFC 中，函数 Open()的原型如下：

```
virtual BOOL Open(
        LPCTSTR          lpszFileName,
        UINT             nOpenFlags,
        CFileException* pError = NULL
);
```

该函数的作用是打开指定文件，并且将该文件与一个文件对象相关联。参数及含义如下：

- ❑ 参数 lpszFileName 表示打开的文件名称，该名称可以是一个文件的相对路径或者是绝对路径（表示完整路径）。
- ❑ 参数 nOpenFlags 表示将以何种方式打开文件。文件打开方式如表 10.1 所示。
- ❑ 参数 pError 表示打开文件时，所发生的异常情况。默认值为 NULL。

例如，用户调用没有参数的构造函数创建文件对象，并且需要将该对象与指定文件绑定在一起再打开文件。代码如下：

```
CFile file;
file.Open("C:\例子.txt",CFile:modeReadWrite);
```

如果用户使用带有参数的构造函数创建文件对象，表示在对象创建的同时，已经与指定文件相关联了。函数中的参数及含义如下：

- ❑ 参数 lpszFileName 表示需要操作的文件路径，该路径可以是绝对路径，也可以是相对路径。例如，打开路径为"C:\例子.txt"的文件，可以将路径直接指定为绝对路径"C:\例子.txt"。如果路径指定为".\例子.txt"，那么程序将会在其所在目录下查找该文件。若文件不存在，则会报错。
- ❑ 参数 nOpenFlags 指定文件的打开方式，如表 10.1 所示。

表 10.1　文件打开方式

打 开 方 式	意　义
CFile::modeCreate	创建新文件并覆盖原有文件
CFile:: modeCreate|CFile::modeNoTruncate	创建文件但不覆盖原有文件
CFile::modeRead	以只读方式打开文件
CFile::modeWrite	以只写方式打开文件
CFile::modeReadWrite	以可读写方式打开文件
CFile::ShareDenyNone	不允许其他进程读写文件
CFile::ShareDenyRead	不允许其他进程读文件
CFile::ShareDenyWrite	不允许其他进程写文件
CFile::ShareExclusive	允许其他进程读写文件

用户在代码中可以调用带有参数的构造函数创建文件对象，并且将文件的打开方式指定为可读可写。代码如下：

```
CFile file('C:\例子.txt',CFile:modeReadWrite);        //创建文件对象
```

用户通过上面的代码，可以创建一个文件对象，并与指定文件相关联，为其设置了打开方式为读写"CFile::modeReadWrite"。

对于用户而言，以上两种构造函数在使用上均可以达到目的。只是在打开文件时，前者需要显式地调用函数 Open()打开文件，而后者则在文件对象创建的同时打开文件，属于隐式。

10.1.2　读写文件

当用户创建文件对象成功以后，可以调用相关的操作函数对其进行读写操作。在 MFC 中，进行文件读写操作的函数分别是 CFile 类的函数 Read()和 Write()。原型分别如下：

```
virtual UINT Read(void* lpBuf, UINT nCount);                    //读文件
virtual void Write(const void* lpBuf, UINT nCount);             //写文件
```

两个函数的参数及其含义均相同，介绍如下：

- ❑ 参数 lpBuf 表示指向缓冲区的指针。
- ❑ 参数 nCount 表示需要操作的字节数。

其中，读文件的函数 Read()如果调用成功，则会返回实际读取到的字节数目。用户在程序中使用这两个函数对文件进行操作，代码如下：

```
01  ...                                                  //省略部分代码
02  char *text[100];                                     //定义字符数组
03  CFile file('C:\例子.txt',CFile:modeReadWrite);  //创建文件对象
04  file.Read(text,100);                             //将文件数据读取到指定缓冲区中
05  file.Write(text,100);                            //将缓冲区中的数据写到文件中
06  ...                                              //省略部分代码
```

上述代码中，创建文件对象以后，分别调用函数 Read()和 Write()对该文件进行读写操作。如果文件中原有数据为空或者不足用户指定的数目时，函数 Read()将返回实际读取到的字节数。代码如下：

```
01  ...                                              //省略部分代码
02  int n=0;                                         //定义并初始化变量
03  CString str;                                     //定义字符串
04  n=file.Read(text,100);                           //将文件数据读取到指定缓冲区中
05  if(n==0)                                         //文件为空
06  {
07      MessageBox("文件为空！");
08  }
09  else
10  {
11      str.Format("实际读取到的文件字节数为%d\n",n);//格式化字符串
12      MessageBox(str);
13  }
```

上述的代码实现了读取文件，并且根据读取到的文件数据数目判断文件是否为空。若为空则提示用户原有文件数据为空，否则显示实际读取到的文件数据数目。

10.1.3　文件关闭

用户操作完文件后，需要将文件关闭，否则将发生错误或者前面的操作失败。实现文件关闭操作的函数分别是函数 Abort()和 Close()，原型分别如下：

```
virtual void Abort();                            //强制关闭文件并销毁文件对象
virtual void Close();                            //正常关闭文件
```

以上两个函数的作用都是关闭文件。但是，使用前者关闭文件是在操作文件发生异常时才使用该函数对文件实行强制关闭，如果文件属于正常关闭时使用后者即可。

注意：一般情况下，在 Windows 操作系统中操作文件，例如写入文件，系统均提供缓冲机制，即在文件正常关闭才将数据写入文件所在的物理盘符中。

当用户希望操作文件时，为了避免数据丢失，需要将数据立刻写入文件中，则可以使用函数 CFile::Flush()。该函数原型如下：

```
virtual void Flush();
```

该函数将数据强制写入文件中，避免数据丢失。用户使用该函数强制写入数据后，关闭文件，代码如下：

```
01 ...                                                    //省略部分代码
02 char text[3]={a,b,c};                                  //定义并初始化字符数组
03 CFile file("C:\例子.txt",CFile:modeReadWrite);  //创建文件对象
04 file.Write(text,3);                                //将缓冲区中的数据写到文件中
05 file.Flush();                                          //强制写入数据
06 file.Close();                                          //正常关闭文件
07 //file.Abort();                                        //强制关闭文件
08 ...                                                    //省略部分代码
```

在代码中，用户首先定义并初始化了一个字符数组指针变量，然后创建文件对象 file，再强制将字符数组中的数据写入与该文件对象相关联的文件中。

10.1.4　文件定位

通常情况下，用户在操作某一文件时，希望从文件的某一特定处开始读取或写入文件。这时，用户将使用定位文件的函数，如 CFile 类的函数 Seek()。函数原型如下：

```
virtual LONG Seek(LONG loff, UINT nFrom);
```

函数 Seek 用于随机访问文件中的数据，参数含义如下：

- 参数 loff 表示指针移动的字节数，正值表示指针向后移动，负值表示指针向前移动。
- 参数 nFrom 表示指针移动的模式，其取值如表 10.2 所示。

表 10.2　文件指针移动模式取值

取　值	意　义
CFile::begin	从文件开头向后移动 loff 个字节
CFile::Current	从文件当前位置向后移动
CFile::end	从文件结尾向前移动，此时 loff 必须为负值，表示向前移动

该函数如果调用成功，返回值为新的相对于文件开头的字节偏移量。当文件第一次打开时，文件指针均在文件开始处。例如，用户打开文件，并在文件结尾处添加几个字符。代码如下：

```
01 ...                                                    //省略部分代码
02 char text[3]={a,b,c};                                  //定义并初始化字符数组
03 CFile file("C:\例子.txt",CFile:modeReadWrite);  //创建文件对象
04 file.Seek(-1,CFile::end);                          //将文件指针定位到文件结尾
05 file.Write(text,3);                                //将缓冲区中的数据写到文件中
06 file.Flush();                                          //强制写入数据
07 file.Close();                                          //正常关闭文件
08 ...                                                    //省略部分代码
```

在代码中，用户使用函数 Seek()将文件指针定位到文件结尾处，然后使用 Write()函数将字符写入文件。

注意：用户将文件指针定位到文件结尾处时，一定要将参数 loff 指定为负数，表示文件指针向前移动。否则，程序将报错。

在 MFC 中，还有一个函数 GetPosition()用于获取当前文件的文件指针位置。该函数原型如下：

```
virtual DWORD GetPosition( )const;
```

该函数如果调用成功，将返回相对于文件开头位置的文件指针字节偏移量。用户可以使用该函数获取当前文件指针的位置，再在该文件指针处写入或者读取数据。代码如下：

```
01  ...                                            //省略部分代码
02  char text[3]={a,b,c};                          //定义并初始化字符数组
03  CFile file("C:\例子.txt",CFile:modeReadWrite); //创建文件对象
04  file.GetPosition();
05  file.Write(text,3);                        //将缓冲区中的数据写到文件中
06  //file.Read(text,3);                       //读取当前文件指针后的 3 个数据
07  file.Flush();                              //强制写入数据
08  file.Close();                              //正常关闭文件
09  ...                                        //省略部分代码
```

在本节中，主要向用户介绍了在 MFC 中 CFile 类的主要函数的原型及用法。关于该类的其他函数方法将在后面的实例中讲述。

10.2　使用 API 函数操作文件

当用户使用 MFC 编程时，除了使用 CFile 类操作文件以外，还可以使用 API 函数中有关文件操作的函数进行编程。使用 API 函数编程可以让用户更加了解文件操作编程的原理以及方法。

10.2.1　创建文件

在 API 函数中，用户可以使用函数 Create()进行创建文件对象。该函数原型如下：

```
HANDLE CreateFile(
    LPCTSTR lpFileName,
    DWORD dwDesiredAccess,
    DWORD dwShareMode,
    LPSECURITY_ATTRIBUTES lpSecurityAttributes,
    DWORD dwCreationDisposition,
    DWORD dwFlagsAndAttributes,
    HANDLE hTemplateFile
);
```

如果该函数调用成功，则返回所创建的文件对象句柄。用户可以使用该对象句柄对文件进行操作。其参数含义如下：

- 参数 lpFileName 表示文件名。该文件名可以包含指定路径，表示将在指定路径上创建该文件；否则，函数将在工程目录下打开该文件。
- 参数 dwDesiredAccess 表示文件的存取方式。存取方式如表 10.3 所示。

表 10.3　文件存取方式

取　值	意　义
0	表示以默认方式对文件进行操作
GENERIC_READ	表示以只读方式操作文件
GENERIC_WRITE	表示以只写方式操作文件

- 参数 dwShareMode 用于指定文件的共享模式。即当程序打开该文件后是否允许其他进程或程序以同种方式再次打开该文件。其取值如表 10.4 所示。

表 10.4　文件共享模式取值

取　值	意　义
0	不再允许其他程序再次打开该文件
FILE_SHARE_DELETE	允许其他程序对该文件进行删除操作
FILE_SHARE_READ	允许其他代码以只读方式打开该文件
FILE_SHARE_WRITE	允许其他代码以只写方式打开该文件

- 参数 lpSecurityAttributes 是指向结构体 SECURITY_ATTRIBUTES 的指针。用来为创建的文件指定安全属性。一般情况下，将该参数指定为 NULL，表示默认的安全属性。
- 参数 dwCreationDisposition 表示函数是打开文件还是创建文件。其取值如表 10.5 所示。

表 10.5　文件创建方式

取　值	意　义
CREATE_NEW	创建新文件，如果文件已经存在，则函数执行失败
CREATE_ALWAYS	创建新文件，如果文件已经存在，则函数会覆盖原文件并清除其所存在的所有文件属性
OPEN_EXISTING	打开已存在的文件，如文件不存在，则函数执行失败
OPEN_ALWAYS	如果文件不存在，则创建新文件，否则打开该文件
TRUNCATE_EXISTING	打开已经存在的文件并将其内容清空，如果不存在，则函数执行失败

- 参数 dwFlagsAndAttributes 指定文件的新属性。其取值如表 10.6 所示。

表 10.6　文件属性值

取　值	意　义
FILE_ATTRIBUTE_ARCHIVE	标记存档属性
FILE_ATTRIBUTE_HIDDEN	标记隐藏属性
FILE_ATTRIBUTE_READONLY	标记只读属性
FILE_ATTRIBUTE_SYSTEM	标记为系统文件属性
FILE_ATTRIBUTE_TEMPORARY	指定临时文件属性

注意：如果将文件的属性指定为 FILE_ATTRIBUTE_TEMPORARY，则函数会将文件的属性指定为临时文件。操作系统会将临时文件的内容保存在内存中以便程序加快

文件的存取速度，但当程序使用完成后，系统会将其删除，同时还可以为临时文件指定操作方式。临时文件的部分操作方式如表 10.7 所示。

表 10.7　临时文件的操作方式

操 作 方 式	意　　义
FILE_FLAG_DELETE_ON_CLOSE	当程序关闭后，系统会立即删除该临时文件
FILE_FLAG_OVERLAPPED	设置异步读写该临时文件
FILE_FLAG_WRITE_THROUGH	系统将不会对该临时文件使用缓存，不论文件有任何修改都将被立刻写入硬盘中

- 参数 hTemplateFile 指定文件模板的句柄，设置该参数后，系统会复制该文件模板的所有属性到当前所创建的文件中，用户可以将该参数设置为 NULL。

例如，用户使用函数 CreateFile()创建一个新文件。代码如下：

```
01  ...                                                   //省略部分代码
02  HANDLE handle;                                        //定义文件句柄
03  handle=::CreateFile("C:\例子.txt",0,
04      FILE_SHARE_DELETE| FILE_SHARE_READ|FILE_SHARE_WRITE,
05      NULL,CREATE_ALWAYS,
06      FILE_ATTRIBUTE_ARCHIVE| FILE_ATTRIBUTE_SYSTEM,NULL);
07      //创建文件
08  if(handle!=INVALID_HANDLE_VALUE)
09  {
10      MessageBox("文件创建成功！");
11  }
12  else
13  {
14      MessageBox("文件创建失败！");
15  }
```

上述代码将在 C 盘下创建一个名称为“例子”的文本文件。如果创建成功，则函数返回新创建文件对象的句柄；否则，函数将返回 INVALID_HANDLE_VALUE。

注意：用户在调用 API 函数时。需要在该函数前使用符号“::”进行调用，表示调用的函数为 Win32 API 函数；否则，程序将调用 MFC 中相应函数。

10.2.2　操作文件

用户使用 API 函数进行文件编程时，读取文件的操作函数是 ReadFile()，该函数原型如下：

```
BOOL ReadFile(
    HANDLE hFile,
    LPVOID lpBuffer,
    DWORD nNumberOfBytesToRead,
    LPDWORD lpNumberOfBytesRead,
    LPOVERLAPPED lpOverlapped
);
```

该函数的作用是从指定文件中读取相应大小的数据到指定的缓冲区中。如果函数调用失败，则返回 0；否则返回非 0 值。其参数含义如下：

- 参数 hFile 表示将要操作的文件对象句柄，即使用函数 CreateFile()成功创建文件后返回的文件句柄。
- 参数 lpBuffer 是一个指向缓冲区的指针，函数读取到的数据将被存放到该缓冲区中。
- 参数 nNumberOfBytesToRead 表示用户将要读取的字节数目。
- 参数 lpNumberOfBytesRead 是一个指向 DWORD 类型的指针变量，用于返回实际读取的字节数目。
- 参数 lpOverlapped 是指向结构体 overlapped 的指针。一般情况下，用户将该参数设置为 NULL 即可。

编程时，与读取文件的函数 ReadFile()相对应的函数是 WriteFile()，该函数的作用是写入数据到指定文件中。该函数原型如下：

```
BOOL WriteFile(
    HANDLE hFile,
    LPCVOID lpBuffer,
    DWORD nNumberOfBytesToWrite,
    LPDWORD lpNumberOfBytesWritten,
    LPOVERLAPPED lpOverlapped
);
```

如果该函数成功调用，则返回非 0；否则返回 0 值。其参数的含义与函数 ReadFile()的参数含义是一样的。

注意：当使用该函数写入数据到文件时，被写入的数据通常会被操作系统暂时保存在一个缓冲区中，等到文件关闭或数据大小与缓冲区大小一样时，才会被系统一并写入文件所在的物理磁盘中。

例如，用户使用 API 函数对创建的文件进行读写操作。代码如下：

```
01  HANDLE handle;                                    //定义文件句柄
02  char buffer[100];                                 //定义缓冲区
03  int i;                                            //接收实际操作的字节数
04  CString str;                                      //定义字符串变量
05  handle=::CreateFile("C:\例子.txt", 0,
06  FILE_SHARE_DELETE| FILE_SHARE_READ|FILE_SHARE_WRITE,
07          NULL, CREATE_ALWAYS,
08          FILE_ATTRIBUTE_ARCHIVE|FILE_ATTRIBUTE_SYSTEM,NULL);
09          //创建文件
10  if(handle==INVALID_HANDLE_VALUE)                  //判断文件是否创建成功
11  {
12      MessageBox("文件创建失败！");
13  }
14  else
15  {
16      if(::ReadFile(handle,&buffer,100,i,NULL))     //读取文件数据到指定缓冲
17                                                    //区中
18      {
19          str.Format("实际读取到%d\n",i);            //格式化字符串
20          MessageBox(str);
21          ::WriteFile(handle,str.GetBuff(1),sizeof(str),i,NULL);
```

```
22          //将字符串写入文件中
23      }
24      else
25      {
26          MessageBox("读取文件失败！");
27      }
28  }
```

在上面的代码中，只有当程序关闭时，系统才会将字符串数据写入文件所在的物理磁盘中。如果用户希望数据被立刻写入文件所在的磁盘中时，可以使用函数 FlushFileBuffers() 将数据强制写入文件中。该函数原型如下：

```
BOOL FlushFileBuffers(HANDLE hFile);
```

该函数的唯一参数 hFile 表示被操作文件的对象句柄。例如，将上面示例程序中的数据立刻写入文件，代码如下：

```
01  ...                                         //省略部分代码
02   if(::ReadFile(handle,&buffer,100,i,NULL)) //读取文件数据到指定缓冲区中
03  {
04      str.Format("实际读取到%d\n",i);          //格式化字符串
05      MessageBox(str);
06      ::WriteFile(handle,str.GetBuff(1),sizeof(str),i,NULL);
07      //将字符串写入文件中
08      ::FlushFileBuffers(handle);             //强制向文件中写入数据
09  }
10  ...                                         //省略部分代码
```

通过以上代码，程序会将缓冲区中的数据立刻写入指定文件中。这样做可以避免数据的丢失，加强了数据的安全性。

用户关闭文件的操作可以通过 API 函数 CloseHandle()，该函数可以关闭任何对象的句柄。其原型如下：

```
BOOL CloseHandle(HANDLE hObject );
```

该函数只有一个参数，即需要关闭的对象句柄。例如，用户操作完文件后，需要关闭该文件，使用该函数进行文件的关闭操作。代码如下：

```
01  ...                                         //省略部分代码
02  handle=::CreateFile("C:\\例子.txt", 0,
03      FILE_SHARE_DELETE| FILE_SHARE_READ|FILE_SHARE_WRITE,
04      NULL, CREATE_ALWAYS,
05      FILE_ATTRIBUTE_ARCHIVE|FILE_ATTRIBUTE_SYSTEM,NULL);
06      //创建文件
07  ...                                         //省略部分代码
08  CloseHandle(handle);                        //关闭对象句柄
09  ...                                         //省略部分代码
```

如果用户使用的文件创建函数是 MFC 中库函数，同样可以使用函数 CloseHandle()进行关闭。因为在每个对象中均包含了一个表示该对象句柄的变量 m_hWnd。例如，用户使用 CFile 类创建文件，然后使用该函数进行关闭，代码如下：

```
01  CFile file("C:\例子.txt",CFile:modeReadWrite);      //创建文件对象
02  ...                                                 //省略部分代码
```

```
03  CloseHandle(file.m_hWnd);                                    //关闭对象句柄
```

通过本节的学习，用户应该了解并能够使用 API 函数进行基本的文件操作编程。由于本章中的实例程序只涉及一些基本的 API 函数，所以，在这里不再赘述。如果用户愿意继续学习其他作用的 API 函数，可以翻阅一些关于 API 函数讲解的参考书。

10.3　内存映射文件

内存映射文件是与虚拟内存相似的一种内存地址空间，只有在程序需要使用时才会将该空间中的内容提交给物理磁盘。使用内存映射文件不但能减少读取和写入文件的时间，还可以避免对文件的多次输入输出操作和为文件操作频繁地申请内存缓冲区。

1. 相关函数

用户在实际编程时，可以使用 API 函数 CreateFileMapping()打开或者创建内存映射文件对象。该函数原型如下：

```
HANDLE CreateFileMapping(
    HANDLE hFile,
    LPSECURITY_ATTRIBUTES lpFileMappingAttributes,
    DWORD flProtect,
    DWORD dwMaximumSizeHigh,
    DWORD dwMaximumSizeLow,
    LPCTSTR lpName
);
```

该函数如果调用成功，则返回新创建的内存映射文件句柄；否则，将返回 0。其中，参数及含义如下：

- 参数 hFile 表示需要映射的文件对象句柄。如果该文件对象句柄已经存在，那么函数将建立该文件的内存映射对象。否则，函数将建立一个共享内存。
- 参数 lpFileMappingAttributes 将指定该内存映射文件的安全属性，在这里设置为 NULL。
- 参数 flProtect 指定内存映射文件的保护类型，其取值如表 10.8 所示。

表 10.8　内存映射文件的保护类型

取　值	意　义
PAGE_READONLY	设置该内存映射文件为只读
PAGE_READWRITE	设置该内存映射文件为可读写

- 参数 dwMaximumSizeHigh 和 dwMaximumSizeLow 共同指定该内存映射文件的长度，若函数创建共享内存，则需要为这两个参数指定值。否则，将两个参数均设置为 0，表示创建的内存映射文件长度与磁盘上已经存在的文件长度一样。
- 参数 lpName 表示创建的内存映射文件名。

当该内存映射文件创建成功以后，其他进程或者程序可以调用函数 OpenFileMapping()根据内存映射文件名打开已经存在的内存映射文件。函数 OpenFileMapping()原型如下：

```
HANDLE OpenFileMapping(
    DWORD dwDesiredAccess,
    BOOL bInheritHandle,
    LPCTSTR lpName
);
```

该函数调用成功，将返回打开的内存映射文件对象的句柄；否则，返回 0。参数含义如下：

- 参数 dwDesiredAccess 指定打开内存映射文件的保护类型。取值如表 10.9 所示。

表 10.9　内存映射文件的保护类型

取　　值	意　　义
FILE_MAP_WRITE	以可写属性打开该内存映射文件
FILE_MAP_READ	以可读属性打开该内存映射文件

- 参数 bInheritHandle 指定该函数返回的句柄是否可以被继承。
- 参数 lpName 指定将要打开的内存映射文件的文件名。

例如，用户创建并打开文件名为 lymlrl 的内存映射文件，代码如下：

```
01  ...                                              //省略部分代码
02  HANDLE handle;
03  handle= CreateFileMapping(hFile,NULL, PAGE_READWRITE,0,0,"lymlrl");
04  //创建命名的共享内存
05  ::OpenFileMapping(FILE_MAP_WRITE| FILE_MAP_READ,false,"lymlrl");
06  //打开该共享内存
07  ...                                              //省略部分代码
```

以上代码创建了一个名称为 lymlrl 的共享内存，并在创建后将其打开。当用户打开内存映射文件成功后，需要对该内存映射文件进行存取操作，那么用户需要得到该内存映射文件的内存地址。实现该功能的 API 函数是 MapViewOfFile()，该函数原型如下：

```
LPVOID MapViewOfFile(
  HANDLE hFileMappingObject,          //内存映射文件的对象句柄
  DWORD dwDesiredAccess,              //指定保护类型
  DWORD dwFileOffsetHigh,             //从文件的指定地址开始映射
  DWORD dwFileOffsetLow,              //指定映射停止的文件指针位置
  DWORD dwNumberOfBytesToMap          //需要映射的字节数，若为 0 则映射整个文件
);
```

如果该函数调用成功，则返回内存映射文件的内存地址；否则，将返回 NULL。当用户不再使用该内存映射文件时，应将其对象关闭。实现映射文件对象关闭的函数是 UnmapViewOfFile()。该函数原型如下：

```
BOOL UnmapViewOfFile(
  LPCVOID lpBaseAddress
);
```

该函数调用成功，则返回 true；否则，返回 false。其参数 lpBaseAddress 表示内存映射文件的内存地址。

2．示例代码

用户通过 10.3 节中对内存映射文件的介绍以及相关的编程操作函数的讲解，对内存映

射文件的作用和操作已经有了初步的认识。在本节中将通过编写一个内存映射文件实例，向用户进一步介绍内存映射文件的编程操作。例如，用户向一个共享内存中写入数据后，再关闭该内存映射文件。代码如下：

```
01  #include <windows.h>
02  #include <stdio.h>
03
04  int main()
05  {
06      //创建文件
07      HANDLE create_file = CreateFile("happy.txt",
08              GENERIC_READ | GENERIC_WRITE ,NULL,NULL,OPEN_EXISTING,
09                          FILE_ATTRIBUTE_NORMAL,NULL);
10      if( create_file == INVALID_HANDLE_VALUE )
11      {
12          printf("文件创建失败");
13          return 0;
14      }
15
16      //创建内存映射对象
17      HANDLE handle_file = CreateFileMapping(create_file,NULL,
18              PAGE_READWRITE,0,20,"happy");
19      if(handle_file == NULL)
20      {
21          int error_num = GetLastError();
22          printf("内存映射对象创建失败，错误代码%d",error_num);
23          return 0;
24      }
25      //释放文件句柄
26      CloseHandle(create_file);
27
28      //打开内存映射对象
29      HANDLE handle_map = OpenFileMapping(
30              FILE_MAP_WRITE | FILE_MAP_READ,false,"happy");
31      //获取对象起始地址
32      LPVOID address_mapfile = MapViewOfFile(handle_map,
33              FILE_MAP_WRITE,0,0,0);
34
35      //写入数据
36      strcpy((char *)address_mapfile,"what are you doing here?");
37      printf("%s",address_mapfile);
38
39      //撤销映射
40      UnmapViewOfFile(address_mapfile);
41      CloseHandle(handle_map);
42      return 0;
43  }
```

用户从代码中可以看到，使用内存映射文件进行数据输入输出时可以使用数据复制函数 strcpy()实现数据的保存，减少程序对文件的访问。

10.4　文件传输服务器实例

通过前面的学习，用户已经对文件在客户端和服务器端之间进行传输的基本原理及方法有了了解。在本节中，将通过编写服务器代码向用户详细讲解服务器接收文件数据和发送文件数据功能的具体实现方法。

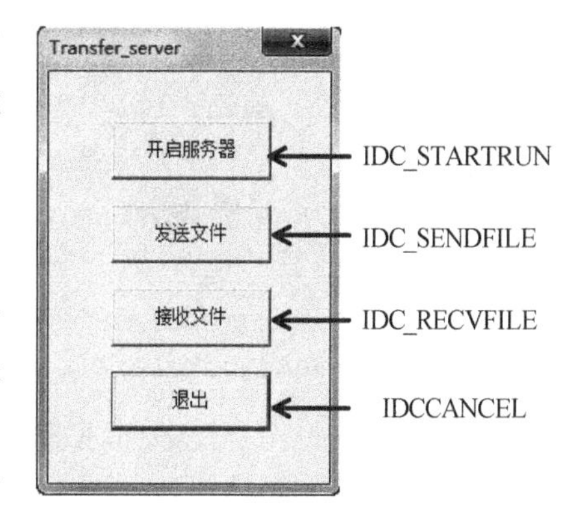

图 10.1　程序界面设计

1．准备工作

在 VC 中创建基于对话框的应用程序，命名为 Transfer_server。在对话框界面上添加 4 个按钮，程序界面设计如图 10.1 所示。

在类 CTransfer_serverDlg 中添加成员变量，如下所示。

```
01  class CTransfer_serverDlg : public CDialog
02  {
03  ...                                      //省略
04  //Implementation
05  protected:
06      HICON m_hIcon;
07      SOCKET  socket_server;               //用于将 IP 与端口绑定
08      SOCKET  socket_client;               //用于与客户端通信
09  ...                                      //省略
10  };
```

2．开启服务器

“开启服务器”按钮的消息响应函数 OnStartrun()编写如下：

```
01  void CTransfer_serverDlg::OnStartrun()
02  {
03      //TODO: Add your control notification handler code here
04      //加载 socket 库
05      WORD    ver = MAKEWORD(2,0);
06      WSADATA wsadata;
07      if( WSAStartup(ver,&wsadata) )
08      {
09          MessageBox("socket 库加载失败");
10          return;
11      }
12
13      //创建 socket
14      socket_server = socket(AF_INET,SOCK_STREAM,IPPROTO_TCP);
15      if( INVALID_SOCKET == socket_server)
16      {
17          MessageBox("socket 创建失败");
18          socket_server = NULL;
19          return;
20      }
21
22      //绑定 IP 和端口
23      sockaddr_in addr_server;
24      memset(&addr_server,0,sizeof(sockaddr_in));
25      addr_server.sin_family = AF_INET;
26      addr_server.sin_port = htons(3000);
27      addr_server.sin_addr.S_un.S_addr = inet_addr("127.0.0.1");
28      if(bind(socket_server,(sockaddr *)&addr_server,
29                                sizeof(sockaddr)) )
```

```
30        {
31            MessageBox("绑定服务器出错");
32            return;
33        }
34
35        //监听来自客户端的连接
36        listen(socket_server,5);
37
38        //设置异步套接字
39        WSAAsyncSelect(socket_server,this->m_hWnd,WM_SOCKET,FD_ACCEPT);
40
41        MessageBox("服务器开启成功");
42    }
```

响应函数实现的功能是加载 socket 库、创建 socket、绑定 IP 地址和端口、监听来自客户端的连接和设置异步套接字。绑定的端口和 IP 地址分别为 3000 和 127.0.0.1。运行效果如图 10.2 所示。

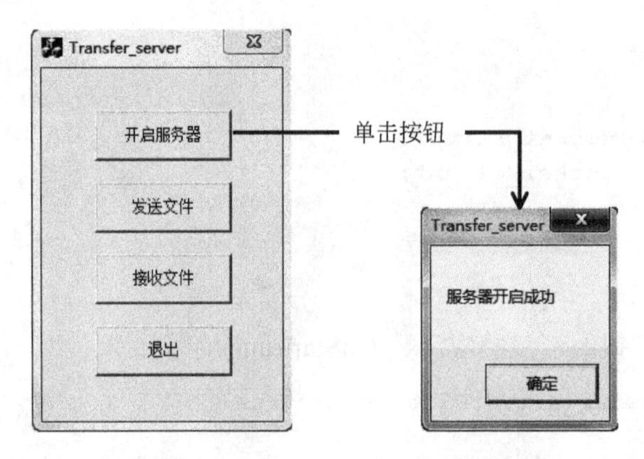

图 10.2　程序运行效果及提示信息

3．自定义消息的响应

在 Transfer_serverDlg.h 文件中添加如下代码：

```
01  #define     WM_SOCKET   WM_USER + 100        //自定义消息
02  ...                                          //省略
03  class CTransfer_serverDlg : public CDialog
04  {
05      //{{AFX_MSG(CTransfer_serverDlg)
06      virtual BOOL OnInitDialog();
07      afx_msg void OnSysCommand(UINT nID, LPARAM lParam);
08      afx_msg void OnPaint();
09      afx_msg HCURSOR OnQueryDragIcon();
10      afx_msg void OnStartrun();
11      //添加响应函数声明
12      afx_msg void OnSocket(WPARAM wParam,LPARAM lParam);
13      afx_msg void OnSendfile();
14      afx_msg void OnRecvfile();
15      virtual void OnCancel();
16      //}}AFX_MSG
17  };
```

代码中分别定义了消息 WM_SOCKET，以及响应自定义消息的函数 OnSocket()。在

Transfer_serverDlg.cpp 中添加代码如下：

```
01  ...                                                 //省略
02  BEGIN_MESSAGE_MAP(CTransfer_serverDlg, CDialog)
03      //{{AFX_MSG_MAP(CTransfer_serverDlg)
04      ON_WM_SYSCOMMAND()
05      ON_WM_PAINT()
06      ON_WM_QUERYDRAGICON()
07      ON_BN_CLICKED(IDC_STARTRUN, OnStartrun)
08      ON_MESSAGE(WM_SOCKET,OnSocket)                  //添加消息映射
09      ON_BN_CLICKED(IDC_SENDFILE, OnSendfile)
10      ON_BN_CLICKED(IDC_RECVFILE, OnRecvfile)
11      //}}AFX_MSG_MAP
12  END_MESSAGE_MAP()
13  ...                                                 //省略
14  void CTransfer_serverDlg::OnSocket(WPARAM wParam,LPARAM lParam)
15  {                                                   //编写自定义消息的响应函数
16      //接收连接消息
17      if(lParam == FD_ACCEPT)
18      {
19          sockaddr_in addr_client;
20          memset(&addr_client,0,sizeof(sockaddr_in));
21          int length_addr = sizeof(sockaddr_in);
22          socket_client = accept(socket_server,
23                      (sockaddr *)&addr_client,&length_addr);
24          MessageBox("建立连接成功");
25      }
26  }
```

代码中分别添加了自定义消息与响应函数的映射、响应函数 OnSocket()的实现。函数 OnSocket()中处理了接收来自客户端连接的消息 FD_ACCEPT，通过函数 accept()接收来自客户端的连接请求并创建用于与客户端交流的套接字 socket_client。当有客户端连接服务器时，运行效果如图 10.3 所示。

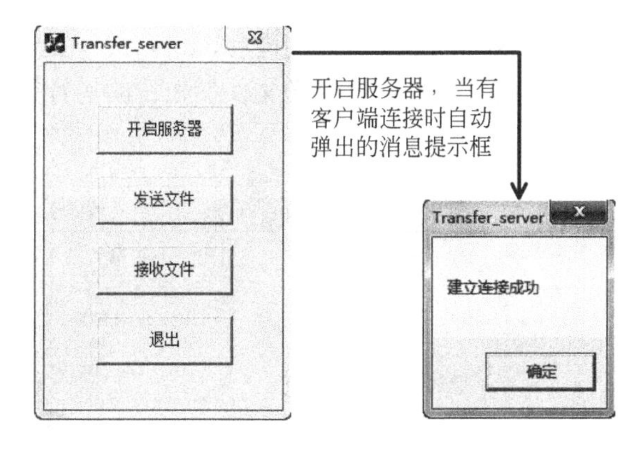

图 10.3　有客户端连接时的运行效果

4．发送文件

添加“发送文件”按钮的消息响应函数 OnSendfile()，代码编写如下：

```
01  void CTransfer_serverDlg::OnSendfile()
02  {
```

```
03      //TODO: Add your control notification handler code here
04
05      //文件打开对话框
06      CFileDialog send_dlg(TRUE);
07      if( IDOK == send_dlg.DoModal() )
08      {
09          //获取文件路径
10          CString path_name = send_dlg.GetPathName();
11
12          //创建 CFile
13          CFile file_context(path_name,CFile::modeRead);
14          char context[256] = "";
15
16          //读取文件内容
17          while( file_context.Read(context,255) )
18          {
19              //发送文件内容
20              if( SOCKET_ERROR == send(socket_client,context,255,NULL) )
21              {
22                  MessageBox("文件内容发送失败");
23                  return;
24              }
25              memset(context,0,256);      //清除原有内容，以便放入新的内容
26          }
27
28          //文件关闭
29          file_context.Close();
30          MessageBox("文件发送完毕");
31      }
32  }
```

响应函数定义了文件对话框类 CFileDialog 的变量 send_dlg，构造函数的参数传递了 TRUE，用类的成员函数 DoModal()来显示“打开”对话框。用户可以选择要发送的文件，再单击“打开”对话框上的“打开”按钮。定义 CFile 类的对象 file_context 打开要发送的文件，用类 CFile 的成员函数 Read()读取文件的内容，用套接字发送读取的内容，最后关闭文件对象打开的文件，显示提示信息。“发送文件”按钮的运行效果如图 10.4 所示。

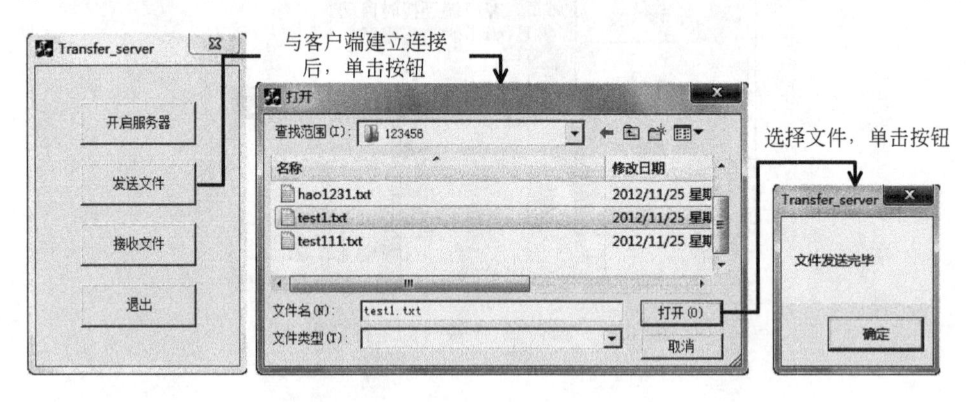

图 10.4　程序运行效果及提示信息

5．接收文件

添加“接收文件”按钮的消息响应函数 OnRecvfile()，代码编写如下：

```
01  void CTransfer_serverDlg::OnRecvfile()
02  {
03      //TODO: Add your control notification handler code here
04
05      //“另存为”对话框
06      CFileDialog recv_dlg(false);
07      if(IDOK == recv_dlg.DoModal())
08      {
09          CString file_path = recv_dlg.GetPathName();
10
11          //在指定文件路径出创建文件
12          CFile file_recv(file_path,
13                      CFile::modeCreate|CFile::modeWrite);
14
15          //接收文件内容
16          if(socket_client)
17          {
18              char recv_context[256] = "";
19              while(recv(socket_client,recv_context,255,NULL))
20              {
21                  //填写内容
22                  file_recv.Write(recv_context,strlen(recv_context));
23                  if(strlen(recv_context)<255)
24                      break;
25              }
26          }
27          //文件关闭
28          file_recv.Close();
29          MessageBox("文本保存完毕");
30      }
31  }
```

响应函数定义了文件对话框类 CFileDialog 的变量 recv_dlg，构造函数的参数传递了 false，用类的成员函数 DoModal()来显示“另存为”对话框。用户可以选择要保存文件的位置，再单击“另存为”对话框上的“保存”按钮。定义 CFile 类的对象 file_recv 在指定的路径下创建文件，用套接字接收文件的内容，用类 CFile 的成员函数 Write()写入文件，最后关闭文件对象打开的文件，显示提示信息。“接收文件”按钮的运行效果如图 10.5 所示。

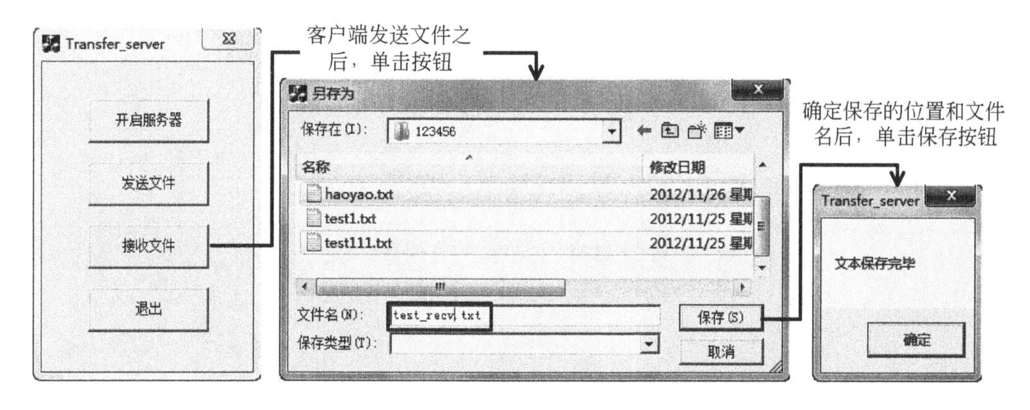

图 10.5　程序运行效果及提示信息

6. 退出

添加“退出”按钮的消息响应函数 OnCancel()，代码编写如下：

```
01  void CTransfer_serverDlg::OnCancel()
02  {
03      //TODO: Add extra cleanup here
04
05      closesocket(socket_server);          //关闭服务器 socket
06      closesocket(socket_client);          //关闭与客户端的连接 socket
07      WSACleanup();                        //卸载 socket 库
08      CDialog::OnCancel();
09  }
```

响应函数负责程序的收尾工作和关闭程序。

10.5　文件传输客户端实例

客户端程序的编写与服务器端程序的编写十分相似，也具有发送和接收文件的功能，本节将不再详细讲解。

1. 准备工作

在 VC 中创建基于对话框的应用程序，命名为 Transfer_client。在对话框界面上添加 4 个按钮，程序界面设计如图 10.6 所示。

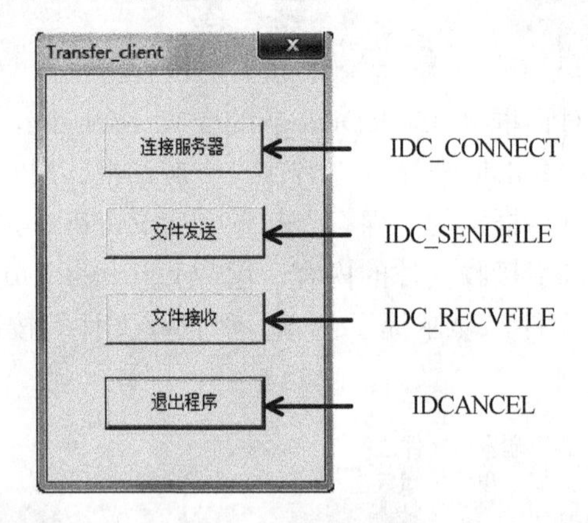

图 10.6　程序界面设计

在类 CTransfer_clientDlg 中添加成员变量，如下所示：

```
01  class CTransfer_clientDlg : public CDialog
02  {
03  ...                                  //省略
04  //Implementation
05  protected:
06      HICON m_hIcon;
07      SOCKET  socket_client;           //客户端 socket
```

```
08  ...                                       //省略
09  };
```

2. 连接服务器

添加“连接服务器”按钮的消息响应函数 OnConnect()，代码编写如下：

```
01  void CTransfer_clientDlg::OnConnect()
02  {
03      //TODO: Add your control notification handler code here
04  
05      //加载 socket 库
06      WORD    ver = MAKEWORD(2,0);
07      WSADATA wsadata;
08  
09      if( WSAStartup(ver,&wsadata) )
10      {
11          MessageBox("socket 库加载失败");
12          return;
13      }
14  
15      //创建 socket
16      socket_client = socket(AF_INET,SOCK_STREAM,IPPROTO_TCP);
17      if( INVALID_SOCKET == socket_client)
18      {
19          MessageBox("socket 创建失败");
20          socket_client = NULL;
21          return;
22      }
23  
24      //连接服务器
25      sockaddr_in addr;
26      memset(&addr,0,sizeof(sockaddr_in));
27      addr.sin_family = AF_INET;
28      addr.sin_port   = htons(3000);
29      addr.sin_addr.S_un.S_addr = inet_addr("127.0.0.1");
30      if( connect(socket_client,(sockaddr *)&addr,sizeof(sockaddr)) )
31      {
32          MessageBox("服务器连接失败");
33          return;
34      }
35      MessageBox("连接服务器成功");
36  }
```

响应函数实现的功能是加载 socket 库、创建 socket、连接服务器。运行效果如图 10.7 所示。

3. 发送文件

添加“文件发送”按钮的消息响应函数 OnSendfile()，代码编写如下：

```
01  void CTransfer_clientDlg::OnSendfile()
02  {
03      //TODO: Add your control notification handler code here
04  
05      //文件打开对话框
06      CFileDialog send_dlg(TRUE);
07      if( IDOK == send_dlg.DoModal() )
08      {
09          //获取文件路径
```

```
10          CString path_name = send_dlg.GetPathName();
11
12          //创建 CFile
13          CFile file_context(path_name,CFile::modeRead);
14          char context[256] = "";
15
16          //读取文件内容
17          while( file_context.Read(context,255) )
18          {
19              //发送文件内容
20              if( SOCKET_ERROR == send(socket_client,context,255,NULL) )
21              {
22                  MessageBox("文件内容发送失败");
23                  return;
24              }
25              memset(context,0,256);
26          }
27
28          //文件关闭
29          file_context.Close();
30          MessageBox("文件发送完毕");
31      }
32  }
```

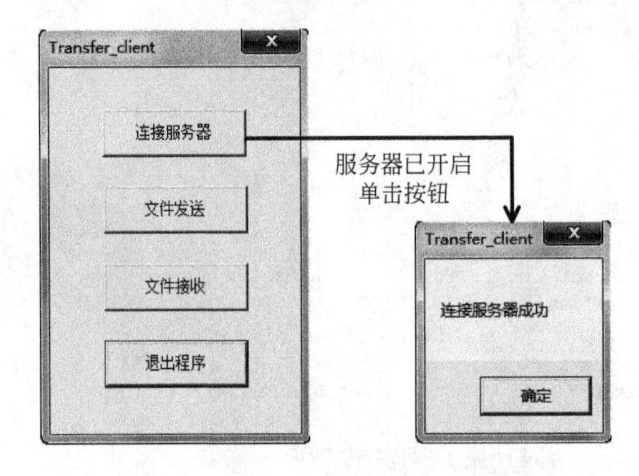

图 10.7　程序运行效果及提示信息

客户端“文件发送”按钮的运行效果与服务器“发送文件”按钮的运行效果相同。

4. 接收文件

添加按钮“文件接收”的消息响应函数 OnRecvfile()，代码编写如下：

```
01  void CTransfer_clientDlg::OnRecvfile()
02  {
03      //TODO: Add your control notification handler code here
04
05      //指定文件保存路径
06      CFileDialog recv_dlg(false);
07      if(IDOK == recv_dlg.DoModal())
08      {
09          CString file_path =recv_dlg.GetPathName();
10
11          //在指定文件路径出创建文件
```

```
12          CFile file_recv(file_path,
13                      CFile::modeCreate | CFile::modeWrite);
14
15          //接收文件内容
16          if(socket_client)
17          {
18              char recv_context[256] = "";
19              while( recv(socket_client,recv_context,255,NULL) )
20              {
21                  //填写内容
22                  file_recv.Write(recv_context,strlen(recv_context));
23                  if(strlen(recv_context) < 255)
24                      break;
25              }
26          }
27          //文件关闭
28          file_recv.Close();
29          MessageBox("文本保存完毕");
30      }
31  }
```

客户端“文件接收”按钮的运行效果与服务器“接收文件”按钮的运行效果相同。

5. 退出程序

添加“退出程序”按钮的消息响应函数 OnCancel()，代码编写如下：

```
01  void CTransfer_clientDlg::OnCancel()
02  {
03      //TODO: Add extra cleanup here
04
05      closesocket(socket_client);
06      WSACleanup();
07      CDialog::OnCancel();
08  }
```

响应函数负责程序的收尾工作和关闭程序。

10.6　小　　结

在本章中，主要向用户介绍了网络文件传输器的基本原理，结合实例程序分别介绍了文件传输器的服务器与客户端。在服务器和客户端的功能实现中，主要讲述了服务器的基本功能，并在 VC 开发环境下，通过编写其功能代码向用户讲解服务器端的功能实现。

第 11 章　Q 版聊天软件

本章将向读者介绍一种类似 QQ 的聊天软件。应用的场景是：一个服务器程序，多个客户端程序，客户端可以和任意与它连接在同一服务器上的客户端交流。本章将详细介绍 Q 版聊天软件的实现。

11.1　设计软件通讯时的消息格式

本章的实例程序要求多个客户端与服务器端建立连接。客户端之间发送的任何消息都是经由服务器端来转发的。

服务器端接收到客户端发来的消息是一串字符，那么服务器要如何判别消息是由哪个客户端发过来的，又要发送到哪个客户端那里去。客户端同样需要从来自服务器端的字符串中得知消息是哪个客户端发送过来的，哪部分是内容。

为了解决服务器与客户端的困惑，笔者选择在简单的字符串中加入一些标识字段，而程序就是通过标识字段来得知所需要的信息。

1．发送给谁？To的加入

To 用来标识要接收信息的客户端名称，以“\r\n”表示名称结束。例如，构造如下字符串信息：

```
To:client_1\r\n
```

2．谁发送的信息？From的加入

From 用来标识发送此信息的客户端名称，以“\r\n”表示名称结束。例如，构造如下字符串信息：

```
From:client_2\r\n
```

3．谁连接了服务器？我可以和谁说话？List的加入

List 是由服务器向客户端发送信息所包含的标识字段，不同客户端名用“,”（英文逗号）隔开，以“\r\n”表示结束。例如，构造如下字符串信息：

```
List:client_1,client_2,client_3,\r\n
```

每个客户端都有维护一个图像列表框，它是用来显示已登录服务器的其他客户端的名称，便于客户端选择与谁会话。

4．客户端信息的主要内容，Context的加入

Context 用来标识信息的主要内容，以“\r\n.\r\n”表示结束。例如，构造如下字符串信息：

```
Context:Where are you?\r\n.\r\n
```

客户端发送的主要信息有可能包含“\r\n”，所以采用了罕见的“\r\n.\r\n”标识结束。

11.2　Q 版聊天服务器端

服务器是整个聊天功能实现的核心，因为客户端在很多地方需要得到服务器的帮助，服务器的功能是转发消息、通知客户端都有谁“在线”或者“离线”了。

11.2.1　工程创建及界面设计

在 VC 中创建基于对话框的应用程序，命名为 QQ_server，主窗体的设计如图 11.1 所示。

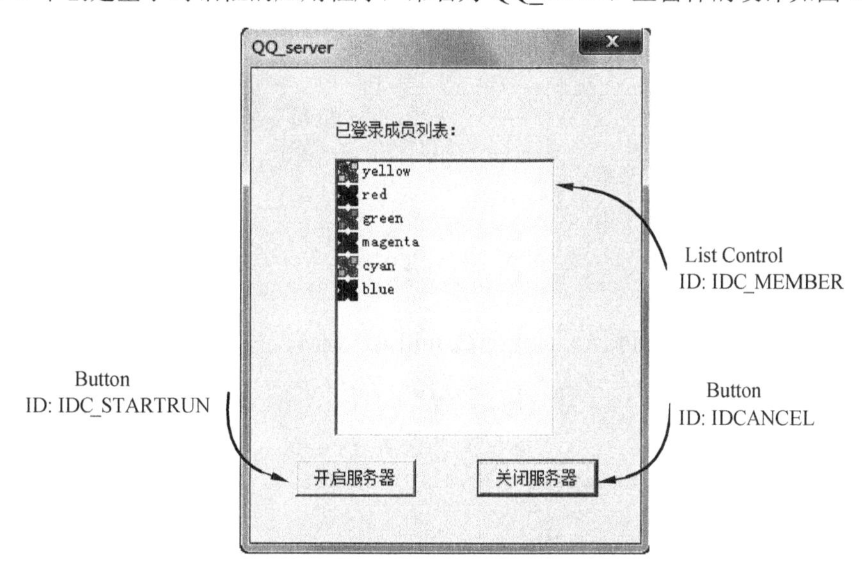

图 11.1　服务器主窗体设计界面

从程序的设计界面也可以看出，用户对服务器的两种操作：开启和关闭。服务器的功能解析如图 11.2 所示。

图 11.2 中左半部分展示了服务器的各项主要功能，右半部分是对部分主要功能的详细说明。图中还涉及一些由笔者封装的函数，在后面将会一一说明。

11.2.2　对话框的初始化

服务器的界面中包含了一个列表控件，用来显示已连接的客户端名称和头像。列表控

件的初始化是在主对话框的 OnInitDialog()函数中完成的。

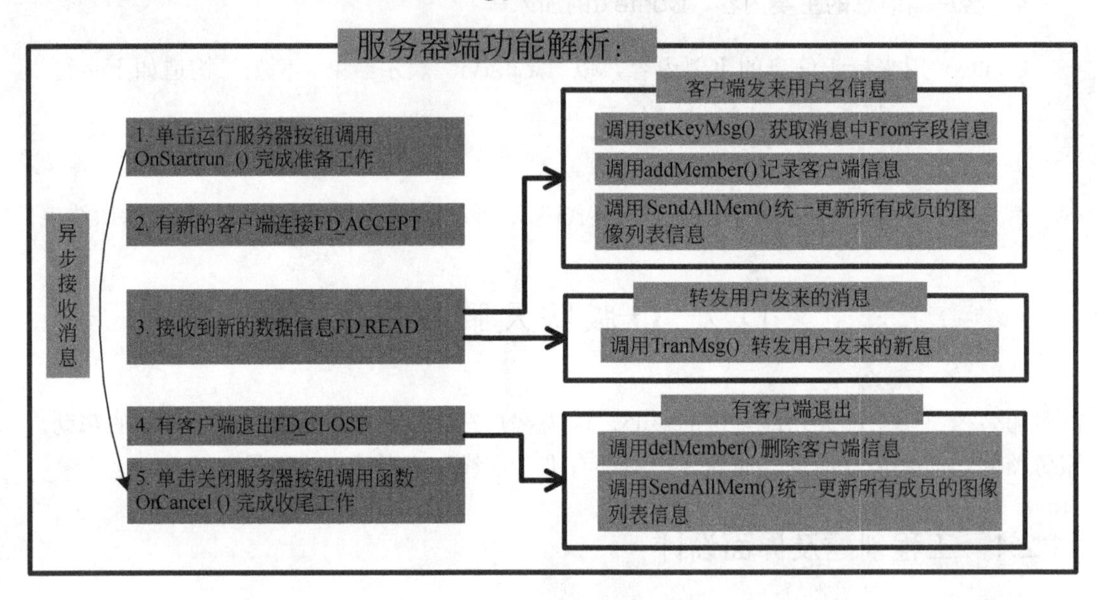

图 11.2　服务器功能解析图

```
01 BOOL CQQ_serverDlg::OnInitDialog()
02 {
03     CDialog::OnInitDialog();
04     ...                                    //省略向导自动生成的代码
05     //TODO: Add extra initialization here
06     //初始化图像列表框
07     InitListView();
08 
09     return TRUE;  //return TRUE  unless you set the focus to a control
10 }
```

为了使程序简洁，笔者封装了一个函数 InitListView()，具体实现如下：

```
01 void CQQ_serverDlg::InitListView()
02 {
03     //创建图像列表
04     m_imagelist.Create(32,32,ILC_COLOR32,5,5);
05     //添加图像
06     for(int i = 0;i < 5;i++)
07     {
08         m_imagelist.Add( LoadIcon(AfxGetInstanceHandle(),
09                 MAKEINTRESOURCE(129+i)) );
10     }
11     //关联到列表控件中
12     m_memlist.SetImageList(&m_imagelist,LVSIL_SMALL);
13 }
```

函数定义为主对话框类 CQQ_serverDlg 的公有成员函数。m_imagelist 为类 CQQ_serverDlg 的保护数据成员，类型为 CImageList；m_memlist 为列表控件关联的变量。工程中预先导入了 5 个图标资源，ID 为 IDI_ICON1~IDI_ICON5。在 Resource.h 文件中查找对应 ID 的整数值，如图 11.3 所示，然后依据整数值在循环中为图像列表添加图像。

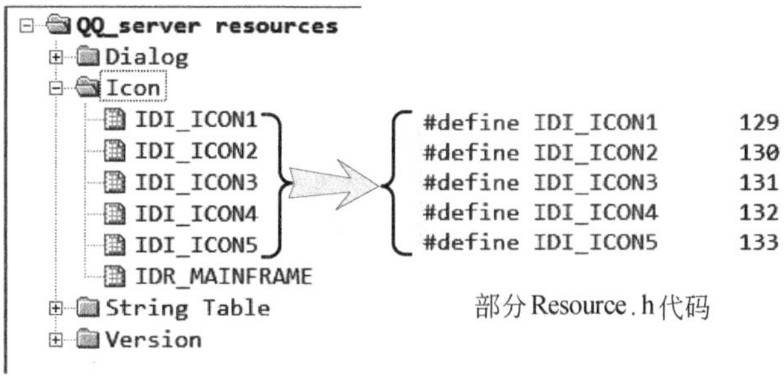

图 11.3　图标资源以及对应的整数值

调用类 CImageList 的成员函数 Create(32,32,ILC_COLOR32,5,5)初始化图像列表，包含 5 个长宽为 32 个像素，色深为 32 位的图像。成员函数 Add()以图标资源的句柄为参数，将图标资源加入到图像列表中。

11.2.3　服务器的开启和关闭

为“开启服务器”按钮添加消息响应函数 OnStartrun()，代码如下：

```
01  void CQQ_serverDlg::OnStartrun()
02  {
03      //TODO: Add your control notification handler code here
04      //加载套接字库
05      WORD    ver = MAKEWORD(2,0);
06      WSADATA wsadata;
07      if( WSAStartup(ver,&wsadata) )
08      {
09          AfxMessageBox("加载套接字库失败");
10          return;
11      }
12
13      //创建基于 TCP 的套接字，socket_server 为类 CQQ_serverDlg 的保护成员
14      socket_server = socket(AF_INET,SOCK_STREAM,NULL);
15      if( INVALID_SOCKET == socket_server )
16      {
17          AfxMessageBox("创建套接字失败");
18          return;
19      }
20
21      //获取主机的 ip 地址
22      char host_name[20] = "";
23      gethostname(host_name,20);
24      hostent *tent = gethostbyname(host_name);
25      in_addr ip_addr;
26      memmove(&ip_addr,tent->h_addr_list[0],4);
27
28      //绑定端口号和 ip
29      sockaddr_in addr;
30      addr.sin_family = AF_INET;
31      addr.sin_port   = htons(3050);       //默认设置的端口号
32      addr.sin_addr   = ip_addr;
33      if( bind(socket_server,(sockaddr *)&addr,sizeof(sockaddr)) )
```

```
34      {
35          AfxMessageBox("绑定端口号和 ip 出错");
36          return;
37      }
38
39      //监听
40      listen(socket_server,5);
41
42      //设置异步套接字
43      if( SOCKET_ERROR == WSAAsyncSelect(socket_server,
44          this->m_hWnd,WM_SOCKET, FD_ACCEPT | FD_CLOSE | FD_READ) )
45      {
46          AfxMessageBox("异步套接字设置出错");
47          return;
48      }
49
50      //提示信息
51      AfxMessageBox("服务器启动成功");
52      //禁用“开启服务器”按钮
53      GetDlgItem(IDC_STARTRUN)->EnableWindow(false);
54  }
```

就像前面章节一样我们要加载套接字库、创建基于 TCP 的套接字、获取主机的 IP 地址、绑定端口号和 IP、监听、设置异步套接字。本章选择对 FD_ACCEPT、FD_CLOSE、和 FD_READ 进行处理。在所有的操作都执行成功后，程序会弹出消息框提示用户“服务器启动成功”，为防止“开启服务器”按钮会再次被点击，代码的最后选择对按钮做禁用处理。程序的运行效果如图 11.4 所示。

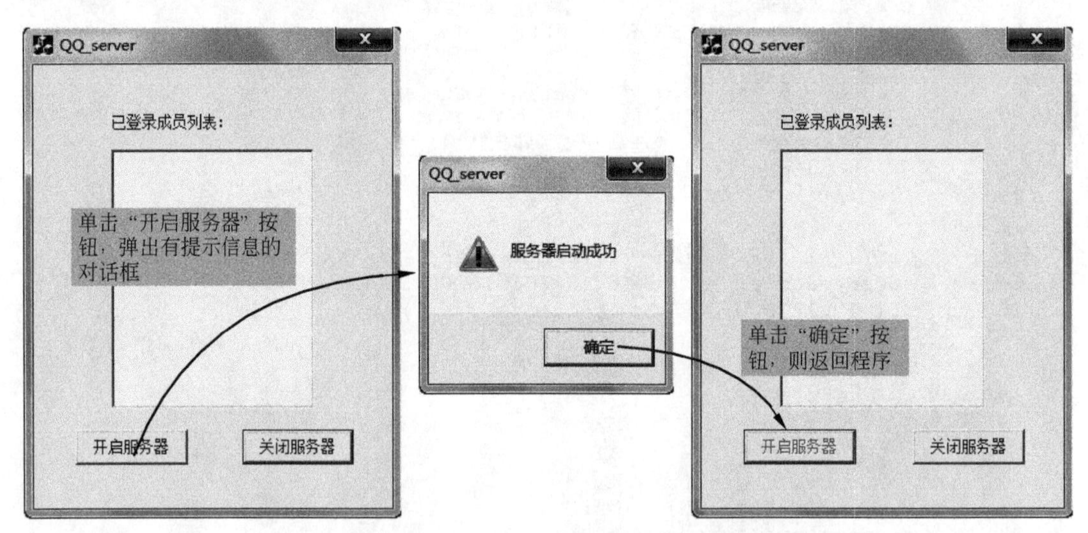

图 11.4　开启服务器的运行效果

为“关闭服务器”按钮添加消息响应函数 OnCancel()，代码如下：

```
01  void CQQ_serverDlg::OnCancel()
02  {
03      //TODO: Add extra cleanup here
04      closesocket(socket_server);
05      WSACleanup();
06
```

```
07      CDialog::OnCancel();
08  }
```

函数完成了关闭套接字和卸载套接字库的功能。

11.2.4　自定义客户端信息结构

服务器需要保存与服务器建立连接的客户端的名称和套接字信息。把结构定义在 CQQ_serverDlg 类的头文件中，如下：

```
//自定义结构
struct client_info
{
    BOOL    isUsed;
    CString name;
    SOCKET  user_socket;
};
```

成员 isUsed 用来标识此结构是否被使用了。在类 CQQ_serverDlg 中预先定义一个保护的结构数组变量 info[5]类型为 client_info。

1. 添加客户端信息

在类 CQQ_serverDlg 中定义公有成员函数 addMember()，用来对 info[5]结构数组进行填充操作。

```
01  //向客户端成员列表中添加成员
02  BOOL CQQ_serverDlg::addMember(CString name,SOCKET sock)
03  {
04      for(int i=0;i<5;i++)
05      {
06          if(info[i].isUsed == false)
07          {
08              info[i].isUsed      = true;
09              info[i].name        = name;
10              info[i].user_socket = sock;
11
12              //添加图像列表成员
13              AddListMem(name,i);
14              return true;
15          }
16      }
17      AfxMessageBox("客户端成员列表已满");
18      return false;
19  }
```

函数 addMember()以客户端名称 name 和与客户端建立连接的套接字 sock 为参数，填充数组中的结构。函数 addMember()中用到了笔者封装的另一个函数 AddListMem()，在之后的内容中会进行讲解。

2. 删除客户端信息

在类 CQQ_serverDlg 中定义公有成员函数 delMember()，用来对 info[5]结构数组进行删除操作。

```
01  //删除客户端成员列表中的成员
02  BOOL CQQ_serverDlg::delMember(SOCKET sock)
03  {
04      for(int i=0;i<5;i++)
05      {
06          if(info[i].isUsed == true && info[i].user_socket == sock)
07          {
08              //删除列表控件成员
09              LVFINDINFO  findInfo;
10              findInfo.flags = LVFI_PARTIAL | LVFI_STRING;
11              findInfo.psz   = info[i].name.GetBuffer(0);
12              int index = m_memlist.FindItem(&findInfo);
13              m_memlist.DeleteItem(index);
14
15              info[i].isUsed      = false;
16              info[i].name        = "";
17              info[i].user_socket= 0;
18
19              return true;
20          }
21      }
22      AfxMessageBox("没有找到该成员");
23      return false;
24  }
```

函数 delMember()以与客户端建立连接的套接字 sock 为参数，删除数组中的客户端信息结构。

函数 delMember()完成的功能还包括删除列表控件成员。实现方法是通过列表控件成员的名称调用类 CListCtrl 的成员函数 FindItem()找到成员在列表控件中的索引，依据索引调用成员函数 DeleteItem()删除列表控件成员。

11.2.5　其他封装函数

为了使程序更加有条理、代码的规模更小些，还可以尝试封装以下函数。

1．维护列表控件

在类 CQQ_serverDlg 中定义公有成员函数 AddListMem()，用来向列表框控件中添加成员。函数的实现如下：

```
01  //向列表框控件中添加成员
02  void CQQ_serverDlg::AddListMem(CString name,int index)
03  {
04      LVITEM lvitem;
05      memset(&lvitem,0,sizeof(LVITEM));
06      lvitem.mask = LVIF_IMAGE | LVIF_TEXT;
07      lvitem.iItem = index;
08      lvitem.pszText = name.GetBuffer(0);
09      lvitem.iImage = index;
10
11      m_memlist.InsertItem(&lvitem);
12  }
```

函数 AddListMem()以客户端名称 name 和客户端信息保存在数组中的位置 index 为参数。调用类 CListCtrl 的成员函数 InsertItem()将客户端名称和选择的图标插入到列表控件中。

2. 解析客户端信息

在类 CQQ_serverDlg 中定义公有成员函数 getKeyMsg()，用来从客户端发送过来的大段信息中挑选感兴趣的信息。

```
01  //对接收到的数据依据标识字段进行筛选
02  CString CQQ_serverDlg::getKeyMsg(CString recv_msg,CString keyword)
03  {
04      int index_start = 0,index_end = 0;
05      int index = 0;
06      CString str_temp = "";
07  
08      //获取 To 字段标识的信息
09      if("To" == keyword)
10      {
11          index_start = recv_msg.Find("To:");
12          index_end   = recv_msg.Find("\r\n",index_start);
13          for(index = index_start+3;index < index_end;index++)
14          {
15              str_temp += recv_msg.GetAt(index);
16          }
17          return str_temp;
18      }
19  
20      //获取 From 字段标识的信息
21      if("From" == keyword)
22      {
23          index_start = recv_msg.Find("From:");
24          index_end   = recv_msg.Find("\r\n",index_start);
25          for(index = index_start+5;index < index_end;index++)
26          {
27              str_temp += recv_msg.GetAt(index);
28          }
29          return str_temp;
30      }
31  
32      return "";
33  }
```

函数 getKeyMsg()以接收自客户端的信息 recv_msg 和感兴趣的字段 keyword 为参数。返回相应字段标识的信息。

函数 getKeyMsg()中调用了类 CString 的两个成员函数 Find()和 GetAt()。前者用来在字符串中找到感兴趣子串的位置，后者用来获取指定位置处的字符。

3. 向客户端发送消息

在类 CQQ_serverDlg 中定义公有成员函数 sendMemName()，用来向指定的客户端发送成员名信息。

```
01  //发送成员名信息
02  void CQQ_serverDlg::SendMemName(SOCKET sock,CString name)
03  {
04      //构造信息
```

```
05      CString str_temp = "";
06      str_temp  = "List:";
07      str_temp += name;
08      str_temp += "\r\n";
09
10      if( SOCKET_ERROR == send(sock,str_temp,
11                          str_temp.GetLength(),NULL) )
12      {
13          AfxMessageBox("成员名信息发送出错");
14          return;
15      }
16  }
```

函数 sendMemName()以与客户端连接的套接字 sock 和要发送的成员名信息 name 为参数，完成构造信息和发送信息的功能。

在类 CQQ_serverDlg 中定义公有成员函数 SendAllMem()，用来向已经与服务器端建立连接的所有客户端发送其余客户端名称的信息。客户端则用这个信息更新自己维护的列表控件。函数的代码如下：

```
01  //向所有列表控件成员发送成员名信息
02  void CQQ_serverDlg::SendAllMem()
03  {
04      CString name_list = "";
05      //获取列表控件成员数目
06      int count = m_memlist.GetItemCount();
07
08      for(int i=0;i<5;i++)
09      {
10          if(info[i].isUsed == true)
11          {
12              //格式化名字列表
13              for(int j=0;j<count;j++)
14              {
15                  //获取列表控件指定索引处成员名
16                  CString name = m_memlist.GetItemText(j,0);
17                  if(info[i].name != name)
18                  {
19                      name_list += name;
20                      name_list += ",";
21                  }
22              }
23              //调用自定义函数发送成员名信息
24              SendMemName(info[i].user_socket,name_list);
25              //清空，因为还要填入新的内容
26              name_list = "";
27          }
28      }
29  }
```

函数 SendAllMem()不需要参数，它会构造要发送的成员名信息，然后调用自定义函数 SendMemName()来完成剩下的构造和发送信息功能。

4．转发消息

在类 CQQ_serverDlg 中定义公有成员函数 TransMsg()，用来转发客户端发送过来的信息。代码如下：

```
01  //转发用户发来的消息
02  void CQQ_serverDlg::TransMsg(CString recv_msg)
03  {
04      //取出 To 包含的信息
05      CString to_name = getKeyMsg(recv_msg,"To");
06
07      //查找对应的 socket
08      SOCKET  sock_temp = -1;
09      for(int i=0;i<5;i++)
10      {
11          if(info[i].isUsed == true && info[i].name == to_name)
12          {
13              sock_temp = info[i].user_socket;
14              break;
15          }
16      }
17
18      //转发消息
19      if( SOCKET_ERROR == send(sock_temp,recv_msg,
20                              recv_msg.GetLength(),NULL) )
21      {
22          AfxMessageBox("消息转发出错");
23          return;
24      }
25  }
```

函数 TransMsg()的功能实现过程：取出由 To 标识的字段信息，然后从维护的客户端信息结构中找到对应的 socket，向此 socket 连接的客户端发送服务器接收到的信息。

11.2.6 自定义响应函数

开启服务器时设置了异步套接字，并选择对自定义消息 WM_SOCKET 中的 FD_ACCEPT、FD_CLOSE、FD_READ 进行处理。

我们用函数 OnSocket()对自定义消息进行响应。如何添加自定义消息，以及如何关联自定义消息的响应函数在前面章节已讲过多次，在这里读者可以自己完成这部分代码的添加。

这里我们先写出响应函数 OnSocket()的框架，代码如下：

```
01  void CQQ_serverDlg::OnSocket(WPARAM wParam,LPARAM lParam)
02  {
03      SOCKET      sock_temp = -1;         //临时存储套接字
04      sockaddr_in addr;
05      int         len = sizeof(sockaddr_in);
06      char        buf_recv[256] = "";     //临时存储接收到的信息
07      CString     str_name = "";
08
09      switch(lParam)
10      {
11      case FD_ACCEPT:     //接受客户端的连接请求
12
13          break;
14
15      case FD_CLOSE:      //接收客户端关闭连接消息
16
```

```
17          break;
18
19      case FD_READ:          //接收并读取客户端发来的消息
20
21          break;
22      }
23  }
```

接下来我们分别实现对这些消息的处理。

1．接受客户端连接请求FD_ACCEPT

调用函数 accept()完成接收连接请求的操作，代码如下：

```
case FD_ACCEPT:
    sock_temp = accept(socket_server,(sockaddr *)&addr,&len);
    if( INVALID_SOCKET == sock_temp)
    {
        AfxMessageBox("接收客户端的连接请求失败");
        return;
    }
    break;
```

2．接收客户端关闭连接消息FD_CLOSE

当客户端关闭时会断开与服务器的连接，此时服务器会收到包含 FD_CLOSE 的 WM_SOCKET 消息，消息处理如下：

```
01  case FD_CLOSE:
02      sock_temp = (SOCKET)wParam;
03      if(!delMember(sock_temp))
04      {
05          return;
06      }
07      //统一更新所有成员的图像列表信息
08      SendAllMem();
09      break;
```

通过参数 wParam 来确定关闭连接的客户端，然后调用自定义的函数 delMember()删除数组 info 中此客户端的信息，最后调用自定义函数 SendAllMem()向所有还与服务器端连接的客户端发送成员信息。客户端用此信息更新自己的列表控件成员。

3．接收并读取客户端发来的消息FD_READ

按照约定客户端会向服务器发送两种信息，一种是以 From 开头和标识的信息，服务器用此信息记录客户端的名称；另一种是以 To 开头和标识的信息，服务器会转发此类消息。消息处理如下：

```
01  case FD_READ:
02      sock_temp = (SOCKET)wParam;
03
04      //接收客户端发来的信息
05      if( SOCKET_ERROR == recv(sock_temp,buf_recv,256,NULL) )
06      {
07          AfxMessageBox("接收客户端名称出错");
```

```
08          return;
09      }
10
11      //若发来的是用户名信息
12      if(buf_recv[0] == 'F')
13      {
14          str_name = getKeyMsg(buf_recv,"From");
15          //添加成员
16          if( !addMember(str_name,sock_temp) )
17          {
18              return;
19          }
20          //统一更新所有成员的图像列表信息
21          SendAllMem();
22          return;
23      }
24
25      //若发来的是要用来转发的信息
26      TransMsg(buf_recv);
27      return;
28      break;
```

处理过程为先接收消息，然后判断要对消息做怎样的处理。

（1）若为用户名信息，则要调用函数 getKeyMsg()获取 From 字段标识的信息，调用函数 addMember()将客户端名称保存，调用函数 SendAllMem()向所有与服务器端连接的客户端发送成员信息。客户端用此信息更新自己的列表控件成员。

（2）若为需要转发的消息，则调用函数 TransMsg()转发接收到的信息即可。

11.2.7　QQ_serverDlg.h 文件全观

结合前面的介绍，QQ_serverDlg.h 文件中新加的代码如下：

```
01  //QQ_serverDlg.h : header file
02  //
03  ...
04  #if _MSC_VER > 1000
05  #pragma once
06  #endif // _MSC_VER > 1000
07
08  //自定义消息
09  #define WM_SOCKET   WM_USER + 100
10
11  //自定义结构
12  struct client_info
13  {
14      BOOL    isUsed;
15      CString name;
16      SOCKET  user_socket;
17  };
18  ///////////////////////////////////////////////////////////////////
```

```
19
20 //CQQ_serverDlg dialog
21
22 class CQQ_serverDlg : public CDialog
23 {
24 //Construction
25 public:
26     CQQ_serverDlg(CWnd* pParent = NULL);//standard constructor
27
28     //维护成员列表的函数
29     BOOL    addMember(CString name,SOCKET sock);
30     BOOL    delMember(SOCKET sock);
31
32     //解析接收到的信息
33     CString getKeyMsg(CString recv_msg,CString keyword);
34
35     //向客户端发送消息的函数
36     void    SendMemName(SOCKET sock,CString name);
37     void    SendAllMem();
38     void    TransMsg(CString recv_msg);
39
40     //列表框控件的操作
41     void InitListView();
42     void AddListMem(CString name,int index);
43     ...
44
45 //Implementation
46 protected:
47     HICON           m_hIcon;
48     SOCKET          socket_server;      //服务器套接字
49     client_info     info[5];            //客户端信息结构数组
50     CImageList      m_imagelist;        //图像列表对象
51
52     //Generated message map functions
53     //{{AFX_MSG(CQQ_serverDlg)
54     virtual BOOL OnInitDialog();
55     afx_msg void OnSysCommand(UINT nID, LPARAM lParam);
56     afx_msg void OnPaint();
57     afx_msg HCURSOR OnQueryDragIcon();
58     afx_msg void OnStartrun();
59     virtual void OnCancel();
60     //}}AFX_MSG
61     //自定义的消息响应函数声明
62     afx_msg void OnSocket(WPARAM wParam,LPARAM lParam);
63     DECLARE_MESSAGE_MAP()
64 };
65     ...
```

头文件中主要添加了三部分内容：自定义的消息及处理此消息的响应函数、自定义的保护数据成员、自己封装的公有成员函数。服务器端开启并且与客户端建立连接后的运行效果如图 11.5 所示。

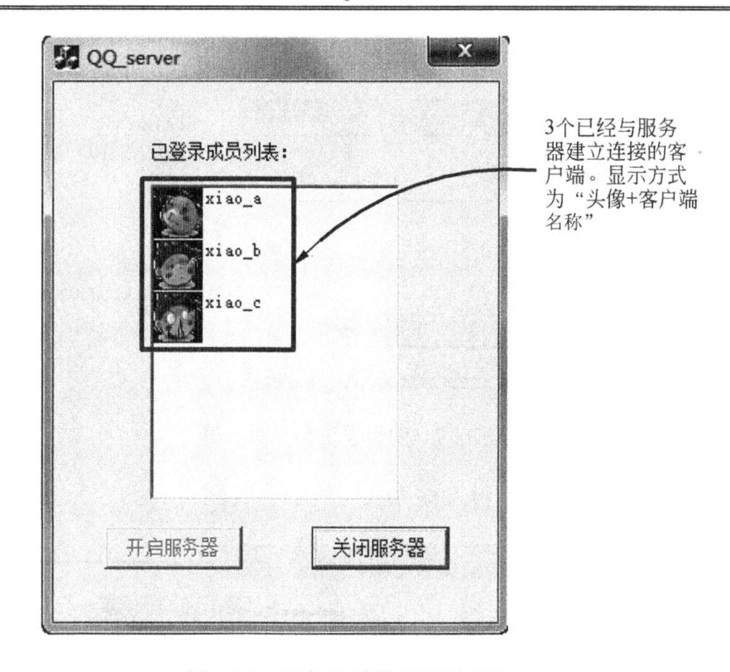

图 11.5　服务器端的运行效果图

11.3　Q 版聊天客户端

客户端是聊天功能应用的主体，只有客户端才能显示别的客户端的消息，也只有客户端才能编辑要发送的消息。

11.3.1　工程创建及界面设计

在 VC 中创建基于对话框的应用程序，命名为 QQ_client，主窗体的设计如图 11.6 所示。

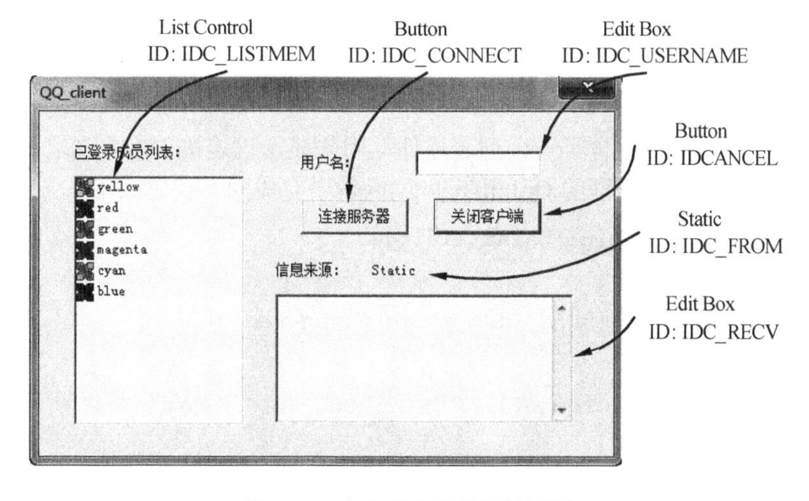

图 11.6　客户端主窗体设计界面

用于编辑要发送的信息的窗体，如图 11.7 所示。

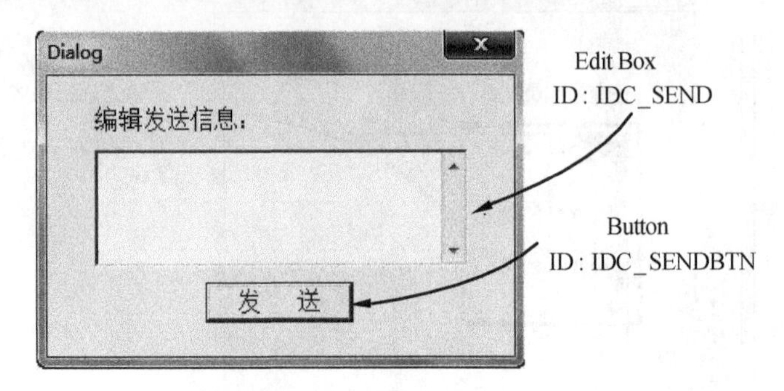

图 11.7　编辑发送信息对话框

客户端的功能的解析，如图 11.8 所示。

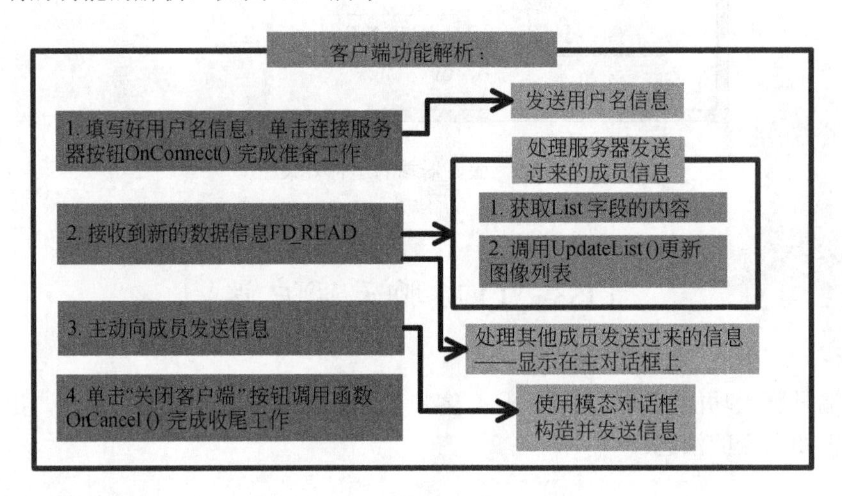

图 11.8　客户端功能解析图

图中左半部分展示了客户端的各项主要功能，右半部分是对部分主要功能的详细说明。图中还涉及一些由笔者封装的函数，在后面将会一一说明。

11.3.2　主对话框的初始化

客户端的界面中同样包含了一个列表控件，用来显示已连接的客户端名称和头像。列表控件的初始化是在主对话框的 OnInitDialog()函数中完成的。代码如下：

```
01  BOOL CQQ_clientDlg::OnInitDialog()
02  {
03      ...
04      //TODO: Add extra initialization here
05
06      //创建图像列表
07      m_imagelist.Create(32,32,ILC_COLOR32,4,4);
08
09      //添加图像
10      for(int i = 0;i < 4;i++)
11      {
```

```
12              m_imagelist.Add( LoadIcon(AfxGetInstanceHandle(),
13                                          MAKEINTRESOURCE(130+i)) );
14          }
15
16          //关联到列表控件中
17          m_listmem.SetImageList(&m_imagelist,LVSIL_SMALL);
18
19          return TRUE;
20          //return TRUE  unless you set the focus to a control
21      }
```

这里并没有向服务器端那样把代码进行封装。m_imagelist 为类 CQQ_clientDlg 的保护数据成员，类型为 CImageList；m_listmem 为列表控件关联的变量。工程中预先导入了 4 个图标资源，ID 为 IDI_ICON1~IDI_ICON4。在 Resource.h 文件中查找对应 ID 的整数值，就像在服务器端做的那样，这里不再详细讲解。然后依据整数值，在循环中为图像列表添加图像。

11.3.3　连接服务器

添加“连接服务器”按钮的消息响应函数 OnConnect()，代码如下：

```
01  void CQQ_clientDlg::OnConnect()
02  {
03      //TODO: Add your control notification handler code here
04
05      //加载套接字库
06      WORD    ver = MAKEWORD(2,0);
07      WSADATA wsadata;
08      if( WSAStartup(ver,&wsadata) )
09      {
10          AfxMessageBox("加载套接字库失败");
11          return;
12      }
13
14      //创建基于 TCP 的套接字
15      socket_client = socket(AF_INET,SOCK_STREAM,NULL);
16      if( INVALID_SOCKET == socket_client )
17      {
18          AfxMessageBox("创建套接字失败");
19          return;
20      }
21
22      //连接服务器
23      sockaddr_in         addr;
24      addr.sin_family     = AF_INET;
25      addr.sin_port       = htons(3050);
26      //默认服务器的 IP 值
27      addr.sin_addr.S_un.S_addr = inet_addr("192.168.0.101");
28
29      if( SOCKET_ERROR == connect(socket_client,
30                          (sockaddr *)&addr,sizeof(sockaddr)) )
31      {
32          AfxMessageBox("服务器连接失败");
33          return;
34      }
35
```

```
36      //发送客户端名信息
37      UpdateData(true);
38      CString str_name = "From:";
39      str_name        += m_username;      //m_username 为编辑框关联的变量
40      str_name        += "\r\n";
41
42      from_name        = m_username;                    //保存客户端名称
43      GetDlgItem(IDC_USERNAME)->EnableWindow(false); //禁用用户名输入框
44
45      if( SOCKET_ERROR == send(socket_client,
46                 str_name,str_name.GetLength(),NULL) )
47      {
48          AfxMessageBox("名称信息发送出错");
49          return;
50      }
51
52      //设置异步套接字
53      if( SOCKET_ERROR == WSAAsyncSelect(socket_client,
54                              this->m_hWnd,WM_SOCKET,FD_READ) )
55      {
56          AfxMessageBox("异步套接字设置出错");
57          return;
58      }
59
60      //提示信息
61      AfxMessageBox("连接服务器成功");
62      //禁用“连接服务器”按钮
63      GetDlgItem(IDC_CONNECT)->EnableWindow(false);
64  }
```

函数 OnConnect()同样要完成加载套接字库、创建基于 TCP 的套接字、连接服务器、发送客户端名称信息、设置异步套接字的功能。有以下几点需要说明：

（1）程序默认服务器的 IP 地址为 192.168.0.101，端口为 3050。

（2）用户首先需要填写“用户名”编辑框，然后单击“连接服务器”按钮。

（3）正常情况下，单击按钮完成连接后，“用户名”编辑框和“连接服务器”按钮都会被禁用，防止用户再次编辑和再次单击。运行效果如图 11.9 所示。

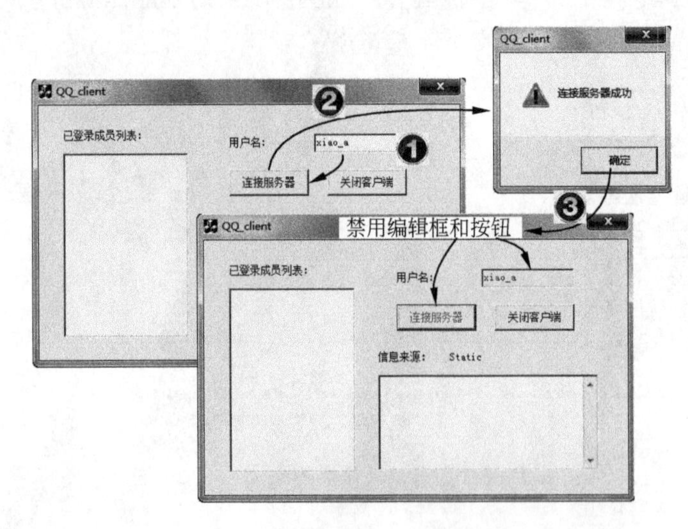

图 11.9　单击“连接服务器”按钮程序运行效果

11.3.4　自定义封装函数

为了使程序看起来更有条理，减少代码的编写量，我们需要自己封装一些经常会用到的代码。

1. 解析接收到的信息

在类 CQQ_clientDlg 中定义公有成员函数 getKeyMsg()，用来从接收到的大段信息中挑选感兴趣的信息。

```
01  //对接收到的信息进行解析
02  CString CQQ_clientDlg::getKeyMsg(CString recv_msg,CString keyword)
03  {
04      int index_start = 0,index_end = 0;
05      int index = 0;
06      CString str_temp = "";
07
08      //获取 From 字段标识的信息
09      if("From" == keyword)
10      {
11          index_start = recv_msg.Find("From:");
12          index_end   = recv_msg.Find("\r\n",index_start);
13          for(index = index_start+5;index < index_end;index++)
14          {
15              str_temp += recv_msg.GetAt(index);
16          }
17          return str_temp;
18      }
19
20      //获取 List 字段标识的信息
21      if("List" == keyword)
22      {
23          index_start = recv_msg.Find("List:");
24          index_end   = recv_msg.Find("\r\n",index_start);
25          for(index = index_start+5;index < index_end;index++)
26          {
27              str_temp += recv_msg.GetAt(index);
28          }
29          return str_temp;
30      }
31
32      //获取 Context 字段标识的信息
33      if("Context" == keyword)
34      {
35          index_start = recv_msg.Find("Context:");
36          index_end   = recv_msg.Find("\r\n.\r\n",index_start);
37          for(index = index_start+8;index < index_end;index++)
38          {
39              str_temp += recv_msg.GetAt(index);
40          }
41          return str_temp;
42      }
43
44      return "";
45  }
```

函数 getKeyMsg()以接收到的信息 recv_msg 和感兴趣的字段 keyword 为参数，返回相应字段标识的字符串。同样，函数运用了类 CString 的成员函数 Find()和 GetAt()，在前面已有介绍。对比服务器的 getKeyMsg()函数，可以发现他们感兴趣的字段是不同的。

2．列表控件成员的添加

在类 CQQ_clientDlg 中定义公有成员函数 AddMem()，用来添加列表控件成员，代码如下：

```
01  //往列表控件中添加成员
02  void CQQ_clientDlg::AddMem(CString name)
03  {
04      LVITEM lvitem;
05      memset(&lvitem,0,sizeof(LVITEM));
06      lvitem.mask = LVIF_IMAGE | LVIF_TEXT;
07      lvitem.pszText = name.GetBuffer(0);
08      lvitem.iImage = index_image % 4;    //循环使用 4 幅图片
09
10      m_listmem.InsertItem(&lvitem);
11      index_image++;
12  }
```

函数 AddMem()以客户端的名称 name 为参数，m_listmem 是列表控件关联的变量，调用类 CListCtrl 的成员函数 InsertItem()完成添加成员的功能。index_image 是类 CQQ_clientDlg 的公有成员变量。

3．更新列表控件成员

在类 CQQ_clientDlg 中定义公有成员函数 UpdateList()，用来更新列表控件的成员，代码如下：

```
01  void CQQ_clientDlg::UpdateList(CString MemList)
02  {
03      //先删除原来的列表控件成员
04      int nCount = m_listmem.GetItemCount(); //获取列表控件成员数
05      for (int j=0; j < nCount; j++)
06      {
07          m_listmem.DeleteItem(0);
08      }
09
10      //添加新的成员
11      index_image = 0;                              //初始化图片索引
12      CString name;
13
14      for(int i=0;i<MemList.GetLength();i++)
15      {
16          if(MemList.GetAt(i) == ',' )
17          {
18              AddMem(name);
19              name = "";
20              continue;
21          }
22          name += MemList.GetAt(i);
23      }
24  }
```

函数 UpdateList()以名字串 MemList 为参数，实现的功能如下：

（1）为了方便，每次更新时会首先将列表控件的所有成员删除。在这里用类 CListCtrl 的成员函数 GetItemCount()计算成员总数，然后调用成员函数 DeleteItem()依次全部删除。

（2）用户名字符串的形式是“client_a,client_b,clientc,”。函数会以“,”为标识取出所有的用户名字符串，再调用自定义的函数 AddMem()将用户名字符串添加到列表控件中。

11.3.5　自定义响应函数

同样，我们需要在 CQQ_clientDlg 类的头文件中定义消息 WM_SOCKET 和响应函数 OnSocket()，此处不再列出操作过程，用户可以自己完成。设置异步套接字时我们选择对消息中的 FD_READ 进行处理。

```
01  void CQQ_clientDlg::OnSocket(WPARAM wParam,LPARAM lParam)
02  {
03      char buff_recv[512] = "";
04      CString str_temp;
05
06      switch(lParam)
07      {
08      case FD_READ:
09
10          //接收信息
11          if( SOCKET_ERROR == recv(socket_client,buff_recv,512,NULL) )
12          {
13              AfxMessageBox("信息接收失败");
14              return;
15          }
16
17          //处理服务器发送过来的列表控件成员信息
18          if(buff_recv[0] == 'L')
19          {
20              str_temp = getKeyMsg(buff_recv,"List");
21
22              //更新列表控件成员
23              UpdateList(str_temp);
24              return;
25          }
26
27          //处理其他成员发送过来的信息
28          if(buff_recv[0] == 'T')
29          {
30              //获取发送者信息
31              str_temp = getKeyMsg(buff_recv,"From");
32              to_name  = str_temp;//to_name 是 CQQ_clientDlg 的公有成员变量
33              SetDlgItemText(IDC_FROM,to_name);
34
35              //获取信息内容
36              str_temp = getKeyMsg(buff_recv,"Context");
37              SetDlgItemText(IDC_RECV,str_temp);
38
39              return;
40          }
```

```
41              break;
42          }
43  }
```

客户端按照约定会接收到两类信息，一类是服务器发送过来的以 List 开头的字符串——列表控件成员信息；另一类是由服务器转发的以 To 开头的信息——其他客户端发送过来的信息。功能的实现如下：

（1）对应以 List 开头的字符串，会首先调用函数 getKeyMsg()取出字段 List 标识的字符串，然后调用函数 UpdateList()更新列表控件的成员。

（2）对应以 To 开头的字符串，会首先调用函数 getKeyMsg()取出字段 From 标识的字符串，调用函数 SetDlgItemText()将获取的信息，显示在主对话框的 Static 控件上，然后再调用函数 getKeyMsg()取出字段 Context 标识的字符串，显示在主对话框的文本编辑控件上。

当已经有两个客户端 xiao_a 和 xiao_b 与服务器端建立连接，第三个客户端 xiao_c 与服务器建立连接后的运行效果如图 11.10 所示。

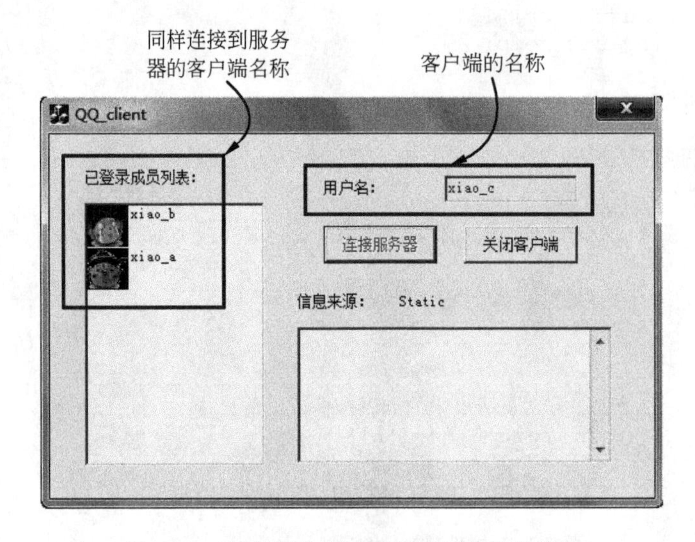

图 11.10　连接服务器后更新了列表控件成员

双击“已登录成员列表”中的 xiao_a，弹出编辑发送消息对话框，如图 11.11 所示。

图 11.11　编辑发送信息对话框

单击“发送”按钮，发送消息，客户端 xiao_a 的界面如图 11.12 所示。

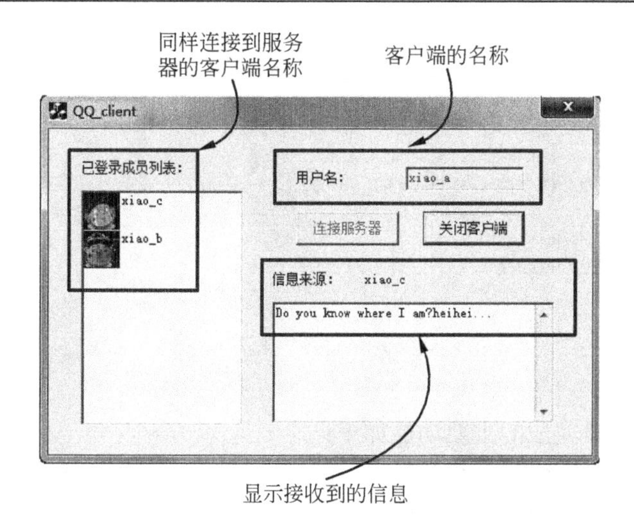

图 11.12　客户端 xiao_a 的界面

11.3.6　发送信息对话框

我们需要新建一个对话框，ID 为 IDD_TALK，用来编辑要发送的信息。为对话框定义一个类，命名为 CTalkDlg。为类添加两个保护的成员变量，如下：

```
class CTalkDlg : public CDialog
{
...
//Implementation
protected:
    CQQ_clientDlg   *pParent;         //用来保存父窗口的指针
    SOCKET          socket_client;    //用来保存客户端的套接字
...
};
```

类中用到了自定义的类 CQQ_clientDlg，所以需要在 TalkDlg.h 中做如下声明：

```
class CQQ_clientDlg;
```

在 TalkDlg.cpp 中包含文件 QQ_clientDlg.h，如下：

```
#include "QQ_clientDlg.h"
```

1. 对话框的初始化

在类 CTalkDlg 的 OnInitDialog()函数中添加如下代码：

```
01  BOOL CTalkDlg::OnInitDialog()
02  {
03      CDialog::OnInitDialog();
04
05      //TODO: Add extra initialization here
06
07      //获取父窗口指针
08      pParent = (CQQ_clientDlg *)GetParent();
```

```
09      //获取父窗口成员变量
10      socket_client = pParent->socket_client;
11
12      CString str_msg = "发送信息到：";
13      str_msg += pParent->to_name;
14      this->SetWindowText(str_msg);
15
16      //清空文本框
17      SetDlgItemText(IDC_SEND,"");
18
19      return TRUE;
20      //return TRUE unless you set the focus to a control
21  }
```

OnInitDialog()函数完成的主要功能如下：

（1）调用了函数 GetParent()获取父窗口的句柄指针，保存在 pParent 中。

（2）使用获取的指针得到客户端的套接字，保存在 socket_client 中。

（3）构造了字符串调用了函数 SetWindowText()修改对话框的标题。

2．发送编辑的信息

添加“发送”按钮的消息响应函数 OnSendbtn()，代码如下：

```
01  void CTalkDlg::OnSendbtn()
02  {
03      //TODO: Add your control notification handler code here
04
05      //构造信息
06      CString send_msg = "To:";           //接收信息的客户端
07      send_msg += pParent->to_name;
08
09      send_msg += "\r\nFrom:";            //发送信息的客户端
10      send_msg += pParent->from_name;
11
12      send_msg += "\r\nContext:";         //发送信息的主要内容
13      UpdateData(true);
14      send_msg += m_send;
15      send_msg += "\r\n.\r\n";
16
17      if( SOCKET_ERROR == send(socket_client,
18                send_msg,send_msg.GetLength(),NULL) )
19      {
20          int err_code = WSAGetLastError();
21      }
22
23      CDialog::OnCancel();        //发完消息关闭对话框
24  }
```

函数 OnSendbtn()根据客户端提供的信息构造了要发送的信息，然后调用函数 send()发送信息。发完消息后会关闭对话框。

3．调用发送信息对话框

对话框是在用户双击客户端列表控件的成员时被调用的，应用类向导添加双击列表控件的消息响应函数 OnDblclkListmem()，代码如下：

```
01  void CQQ_clientDlg::OnDblclkListmem(NMHDR* pNMHDR, LRESULT* pResult)
02  {
03      //TODO: Add your control notification handler code here
04
05      //获取用户双击选择的成员的位置
06      POSITION pos = m_listmem.GetFirstSelectedItemPosition();
07      if (pos == NULL)    //用户点击的是空白处
08      {
09          AfxMessageBox("No items were selected!\n");
10          return;
11      }
12      else
13      {
14          //获取列表成员的索引
15          int nItem = m_listmem.GetNextSelectedItem(pos);
16
17          //获取指定索引的成员名
18          to_name = m_listmem.GetItemText(nItem,0);
19
20          //显示发送信息对话框
21          m_dlg.DoModal();
22      }
23
24      *pResult = 0;
25  }
```

函数 OnDblclkListmem()完成的主要功能是获取用户双击处的客户端名称、显示发送信息对话框。m_dlg 是类 CQQ_clientDlg 的保护成员变量，类型为 CTalkDlg，所以要在类 CQQ_clientDlg 的头文件中加入文件包含，如下：

```
#include "TalkDlg.h"
```

11.3.7　QQ_clientDlg.h 文件全观

结合前面的介绍，QQ_clientDlg.h 文件中新加的代码如下：

```
01  //QQ_clientDlg.h : header file
02  //
03  ...
04  #include "TalkDlg.h"
05
06  //自定义消息
07  #define WM_SOCKET WM_USER+100
08
09  ////////////////////////////////////////////////////////////////////
10  /////////
11  //CQQ_clientDlg dialog
12
13  class CQQ_clientDlg : public CDialog
14  {
15  //Construction
16  public:
17      CQQ_clientDlg(CWnd* pParent = NULL);   //standard constructor
18
19      //解析信息
20      CString getKeyMsg(CString recv_msg,CString keyword);
21
```

```
22      //对列表控件的操作
23      void AddMem(CString name);
24      void UpdateList(CString MemList);
25
26  public:
27      SOCKET      socket_client;
28      CString     from_name;          //保存用户名信息
29      CString     to_name;            //保存接收者信息
30
31  //Dialog Data
32      //{{AFX_DATA(CQQ_clientDlg)
33      enum { IDD = IDD_QQ_CLIENT_DIALOG };
34      CListCtrl   m_listmem;
35      CString m_username;
36      //}}AFX_DATA
37  ...
38  //Implementation
39  protected:
40      HICON       m_hIcon;
41      CImageList  m_imagelist;
42      int         index_image;
43      CTalkDlg    m_dlg;
44
45      //Generated message map functions
46      //{{AFX_MSG(CQQ_clientDlg)
47      virtual BOOL OnInitDialog();
48      afx_msg void OnSysCommand(UINT nID, LPARAM lParam);
49      afx_msg void OnPaint();
50      afx_msg HCURSOR OnQueryDragIcon();
51      afx_msg void OnConnect();
52      virtual void OnCancel();
53      afx_msg void OnDblclkListmem(NMHDR* pNMHDR, LRESULT* pResult);
54      //}}AFX_MSG
55      //自定义消息的响应函数
56      afx_msg void OnSocket(WPARAM wParam,LPARAM lParam);
57      DECLARE_MESSAGE_MAP()
58  };
59  ...
```

头文件中主要添加了 3 部分内容：自定义的消息及处理此消息的响应函数、自定义的保护数据成员和公有数据成员、自己封装的公有成员函数。

11.4　小　　结

本章主要讲解了 Q 版聊天软件客户端和服务器端的实现过程。服务器端作为中介转发客户端的消息，服务器自身还维护了一张“表格”，记录了与服务器端连接的客户端的名称和套接字信息。另外还定义了一种数据传输的“规则”，利于服务器端和客户端从接收到的信息中各取所需。

第 12 章　聊　天　室

聊天室就是有好多人坐在一间大屋子里共同聊天，谁都可以发言，谁都可以听到别人说的话，当然也允许窃窃私语。本章就实现了这样一个 C/S 模式的聊天室软件，模拟了现实中的聊天室，只是声音变成了文字，大房间变成了客户端软件。这样做的好处是，可以不受地点的约束，在任何地方都可以加入到聊天室中。

12.1　聊天室功能简介

本节读者将看到本章的示例演示，并简要说明怎样使用这个聊天室，以及聊天室实现的效果。

12.1.1　开启聊天室服务器

既然示例是基于 C/S 模式的，那么聊天室服务器肯定是首先被开启的，如图 12.1 所示。

图 12.1　聊天室服务器

单击“开启服务器”按钮，会有信息提示框弹出，如果成功开启服务器的话，按钮会被禁用，如图 12.2 所示。

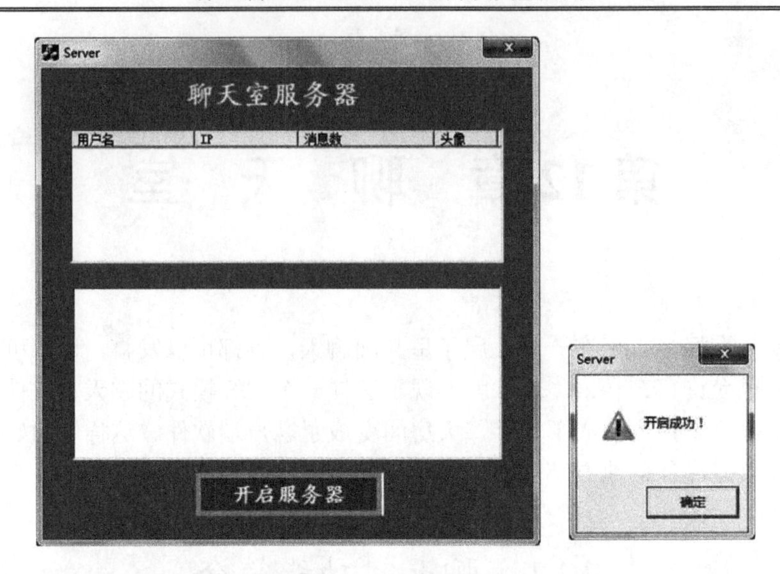

图 12.2　服务器开启成功

接下来等待聊天室客户端的连接就可以了。

12.1.2　登录聊天室

进入聊天室前，聊友需要输入一些信息，包括服务器的 IP 地址、登录的聊友名和登录后的头像。“登录”对话框如图 12.3 所示。

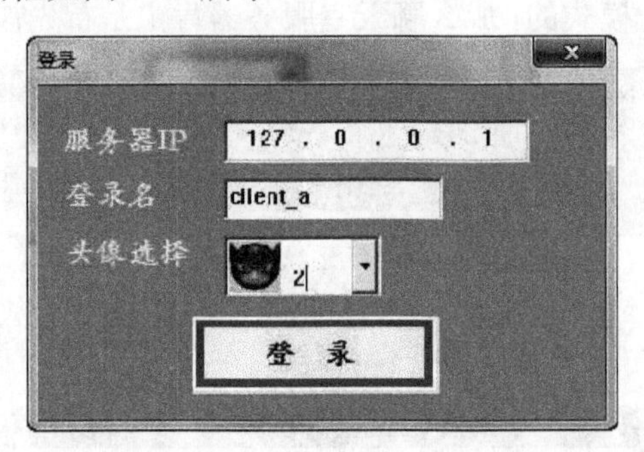

图 12.3　“登录”对话框

12.1.3　聊天对话框

成功登录聊天室的话就可以开始聊天了，如图 12.4 所示。

对话框左边的图像列表用来显示已经登录聊天室的聊友信息；右上方的文本框用来记录聊天的信息；右下方的文本框用来编写要发送的信息，只要单击“发送”按钮就可以发送信息了。

当然，也可以找人单独聊天，只要用鼠标双击图像列表上的聊友，“私聊”复选框会被设置选中，那么你发的信息就只有聊友可以看到了。当不想继续“私聊”的时候，取消“私聊”复选框的复选就可以了，如图 12.5 所示。

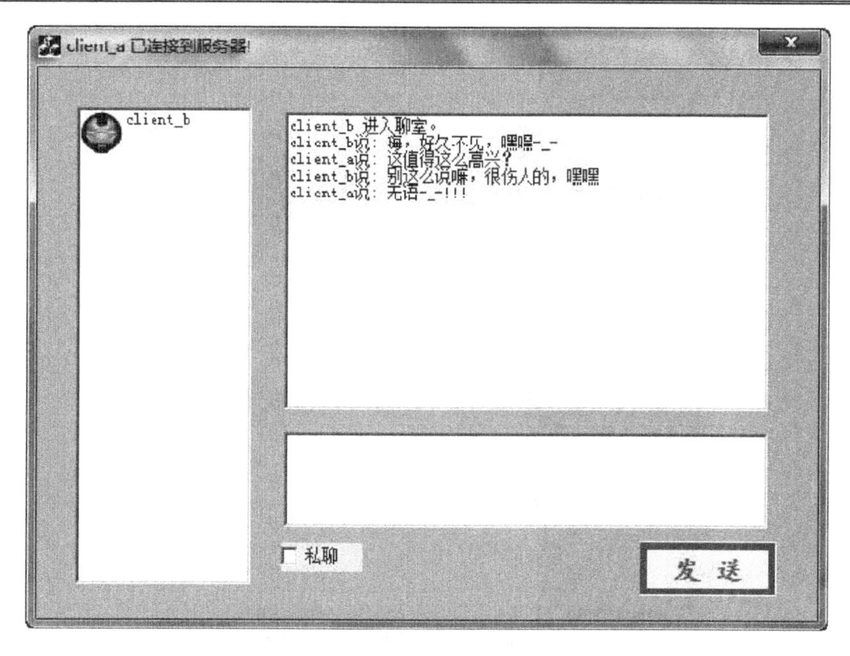

图 12.4　聊天对话框

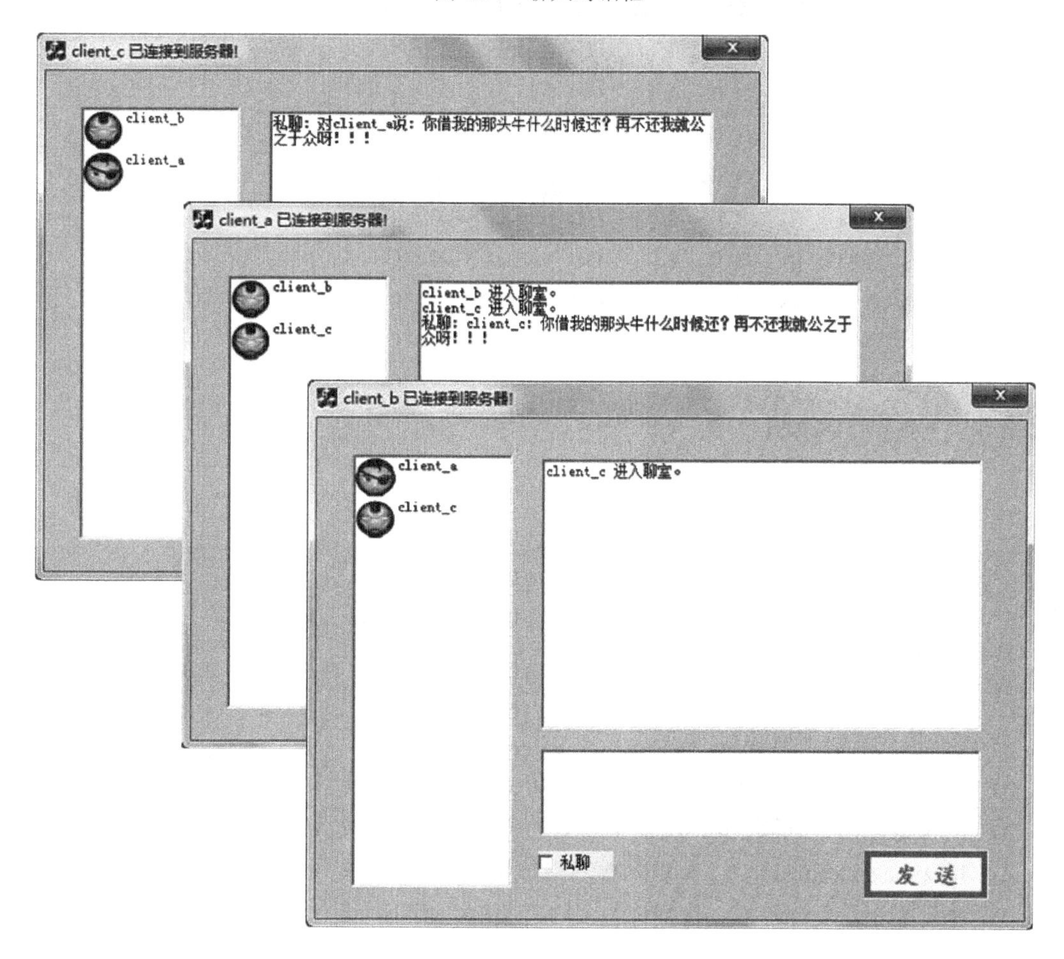

图 12.5　私聊

聊天室服务器也会记录一些信息，包括已登录的聊友、聊友的公聊内容，聊友的登录和退出信息，如图 12.6 所示。

图 12.6　聊天室服务器

12.2　CSocket 简介

CSocket 继承于 CAsyncSocket，后者对 Win API 套接字进行了很好的封装。使用这些成员函数完成网络通信，会容易许多。

12.2.1　创建 Socket

类成员函数 Create()的原型如下：

```
BOOL Create(
  UINT          nSocketPort          = 0,
  int           nSocketType          = SOCK_STREAM,
  LPCTSTR       lpszSocketAddress    = NULL
);
```

参数及其含义如下所述。

- nSocketPort：指定用于 Socket 的端口号。
- nSocketType：指定 Socket 的类型，包括 SOCK_STREAM 和 SOCK_DGRAM。
- lpszSocketAddress：包含要建立网络连接的 Socket 的 IP 地址字符串，可以赋值 NULL，表示将侦听来自任何 IP 地址的连接请求。

函数返回非 0 表示创建成功。

12.2.2　侦听连接请求

类成员函数 Listen()的原型如下：

```
BOOL Listen(
  int      nConnectionBacklog = 5
);
```

参数 nConnectionBacklog 表示等待连接的队列的最大长度。函数返回非 0 表示开始侦听。

12.2.3　接受连接请求

类成员函数 Accept()的原型如下：

```
virtual BOOL Accept(
  CAsyncSocket&    rConnectedSocket,
  SOCKADDR*        lpSockAddr          = NULL,
  int*             lpSockAddrLen       = NULL
);
```

参数及其含义如下所述。

- ❑ rConnectedSocket：一个可用于连接的新 Socket 的引用。
- ❑ lpSockAddr：结构 SOCKADDR 的指针，该结构用来保存 IP 地址和网络协议。
- ❑ lpSockAddrLen：参数 lpSockAddr 所指向内存块的大小。

结构 SOCKADDR 的定义如下：

```
struct sockaddr {
  unsigned short   sa_family;
  char             sa_data[14];
};
```

参数及其含义如下所述。

- ❑ sa_family：保存网络地址协议。
- ❑ sa_data[14]：所有不同网络地址结构的最大长度。

通常情况下使用结构 SOCKADDR_IN 代替结构 SOCKADDR，前者专用于 TCP/IP 套接字，它们有相同的大小，使用时直接强制转换就可以了。SOCKADDR_IN 的结构定义如下：

```
struct sockaddr_in{
  short            sin_family;
  unsigned short   sin_port;
  struct in_addr   sin_addr;
  char             sin_zero[8];
};
```

参数及其含义如下所述。

- ❑ sin_family：地址协议，必须为 AF_INET。
- ❑ sin_port：IP 端口号。

- ❑ sin_addr：IP 地址。
- ❑ sin_zero[8]：这是没有用到的部分，只是为了和结构 SOCKADDR 大小一致才加上的。

12.2.4　发送信息

类成员函数 Send()的原型如下：

```
virtual int Send(
   const void*  lpBuf,
   int          nBufLen,
   int          nFlags = 0
);
```

参数及其含义如下所述。

- ❑ lpBuf：包含将要发送数据的缓存指针。
- ❑ nBufLen：数据的大小，即字节数。
- ❑ nFlags：指定调用的方式，默认赋值为 0。

如果信息发送成功，函数会返回发送的字节数，否则返回 SOCKET_ERROR。

12.2.5　接收信息

类成员函数 Receive()的原型如下：

```
virtual int Receive(
   void*     lpBuf,
   int       nBufLen,
   int       nFlags = 0
);
```

参数及其含义如下所述。

- ❑ lpBuf：指向接收数据的缓存。
- ❑ nBufLen：缓存的大小，即字节数。
- ❑ nFlags：指定调用的方式，默认赋值 0。

如果信息接收成功，函数会返回接收的字节数，否则返回 SOCKET_ERROR。

12.3　我们约定个协议

通过套接字发送和接收的只是字符串，要想赋予字符串不同的含义，就需要约定一些“标记”，加到字符串中。0x 是十六进制数的标志，0x10 相当于十进制的 16。

1．聊友初次加入聊天室

协议信息格式：0x11 聊友头像号聊友名。如 client_a 初次加入第一次发信息，构造信息如下：

```
0x110x05client_a
```

2．已登录聊友信息

协议信息格式：0x31 聊友头像号聊友名。如 client_b 是已登录的聊友，构造信息如下：

```
0x310x01client_b
```

3．群聊信息

协议信息格式：0x21 聊友名：想说的话。如 client_a 想公开发言："Hello,everyone!"。构造信息如下：

```
0x21client_a: Hello everyone
```

4．私聊信息

协议信息格式：0x51 对方聊友名（在第 100 个字节处开始）聊友名：想说的话。如 client_a 想和 client_c 私聊，说："nice to meet you"。构造信息如下：

```
0x51client_c    (空)   (第 100 个字节处)client_a:nice to meet you
```

5．聊友退出聊天室

协议信息格式：0x41 聊友名信息。如 client_a 退出聊天室，构造信息如下：

```
0x41client_a
```

12.4　灵活可靠的控件

本章示例用到了多个有趣的控件或类，本节将分别讲解这些示例程序的"部件"。

12.4.1　位图按钮

位图按钮在 MFC 中的类是 CBitmapButton，它继承于 CButton，位图按钮与父类的区别是按钮上可以显示图片。按钮可以有 4 种状态，即按下、弹起、被选中和不可用，每一种状态都可以用一张图像来表示。资源编辑器中没有 CBitmapButton 相关的控件，所以我们需要自己创建，并为按钮设置 BS_OWNERDRAW 样式，即自绘类型。创建位图按钮的方法会因位置不同而有较大区别。

1．在窗口的客户区中

（1）在窗口的客户区创建位图按钮的方法如下：

- 为按钮准备 1~4 个位图（弹起状态的位图是必需的，其他的位图可以不添加）。
- 构造 CBitmapButton 对象。
- 用构造的对象创建一个位图按钮。
- 当位图按钮被创建了以后，调用成员函数 LoadBitmaps()载入位图资源。

（2）建立基于单文档的应用程序，命名为 BMPBTNWnd，在向导的第 4 步，取消 3 个复选框的选择，这 3 个复选框分别是 Docking toolbar、Initial status bar 和 Printing and print preview，如图 12.7 所示。取消 3 个复选框的选择可以使向导为我们生成的程序更加简洁，当没有了工具栏和状态栏的时候，精力可以集中到要解决的问题上。

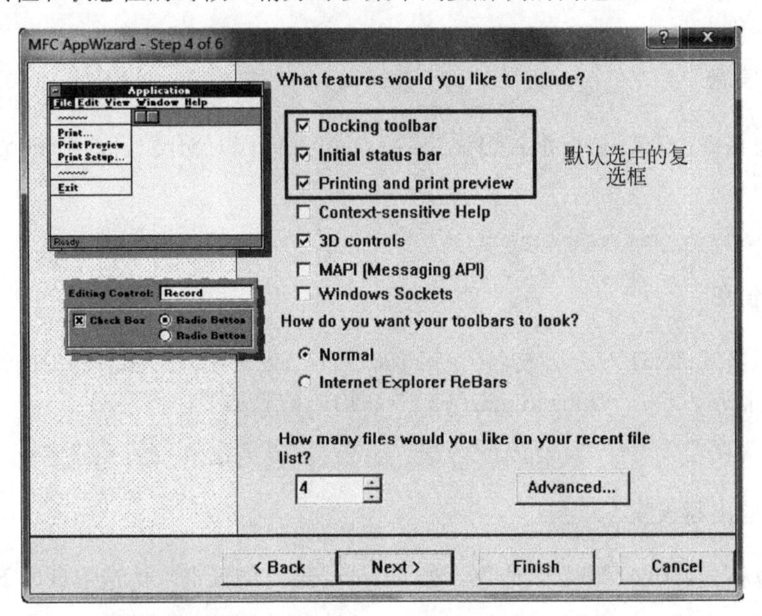

图 12.7 向导对话框的设置

按步骤先往工程中导入 4 幅按钮位图，如图 12.8 所示。

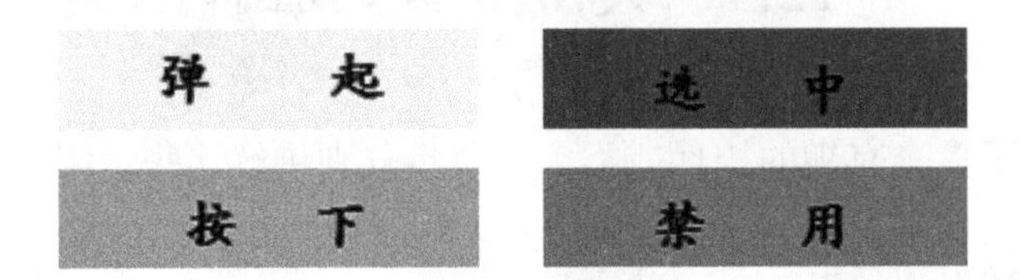

图 12.8 按钮位图

修改位图的 ID 分别为 IDB_BIT_UP、IDB_BIT_DOWN、IDB_BIT_FOCUS 和 IDB_BIT_DISABLE。

（3）在类 CBMPBTNWndView 中添加保护的成员，如下：

```
01  class CBMPBTNWndView : public CView
02  {
03  ...
04  protected:
05      CBitmapButton   m_bmpBtn;
06      BOOL            m_flag;
07  ...
08  };
```

在视图类的构造函数中初始化成员变量 m_flag，如下：

```
CBMPBTNWndView::CBMPBTNWndView()
```

```
{
    // TODO: add construction code here
    m_flag = FALSE;
}
```

给视图类添加消息 WM_CREATE 的响应函数，即创建视图的时候同时创建位图按钮，如下：

```
01  int CBMPBTNWndView::OnCreate(LPCREATESTRUCT lpCreateStruct)
02  {
03      if (CView::OnCreate(lpCreateStruct) == -1)
04          return -1;
05
06      // TODO: Add your specialized creation code here
07      m_bmpBtn.Create("bmpBtn",WS_CHILD|WS_VISIBLE|BS_OWNERDRAW,
08          CRect(20,20,190,60),this,NULL);
09
10      m_bmpBtn.LoadBitmaps(IDB_BIT_UP,IDB_BIT_DOWN,IDB_BIT_FOCUS,
11                              IDB_BIT_DISABLE);
12      return 0;
13  }
```

成员函数 Create()继承自类 CButton，用来创建按钮控件，原型如下：

```
virtual BOOL Create(
   LPCTSTR       lpszCaption,
   DWORD         dwStyle,
   const RECT&   rect,
   CWnd*         pParentWnd,
   UINT          nID
);
```

参数及其含义如下所述。

- lpszCaption：按钮上文本字符串的指针。
- dwStyle：按钮控件的样式。
- rect：指定按钮控件的大小和位置。
- pParentWnd：指向父窗口的句柄。
- nID：指定按钮控件的 ID。按钮是我们动态创建的，所以 ID 设为 NULL。

成员函数 LoadBitmaps()用于载入位图资源，原型如下：

```
BOOL LoadBitmaps(
   LPCTSTR lpszBitmapResource,
   LPCTSTR lpszBitmapResourceSel = NULL,
   LPCTSTR lpszBitmapResourceFocus = NULL,
   LPCTSTR lpszBitmapResourceDisabled = NULL
);
BOOL LoadBitmaps(
   UINT nIDBitmapResource,
   UINT nIDBitmapResourceSel = 0,
   UINT nIDBitmapResourceFocus = 0,
   UINT nIDBitmapResourceDisabled = 0
);
```

从函数的原型来看，可以知道位图既可以通过资源 ID 导入，又可以通过资源名导入。

（4）编辑菜单项，即新加入一个菜单“禁用按钮”，如图 12.9 所示。

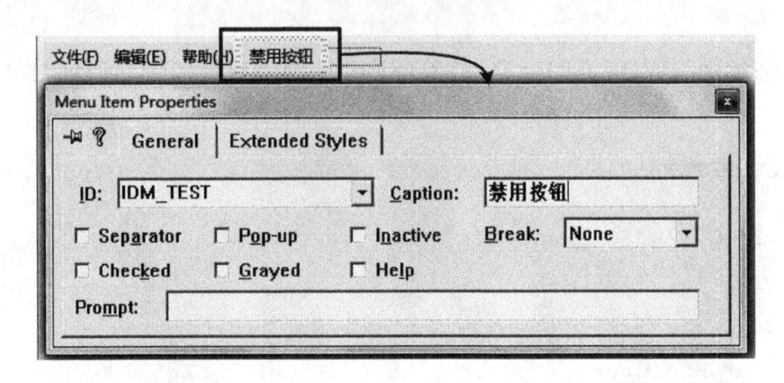

图 12.9　添加菜单项

在视图类中处理“禁用按钮”菜单的单击事件，如图 12.10 所示。

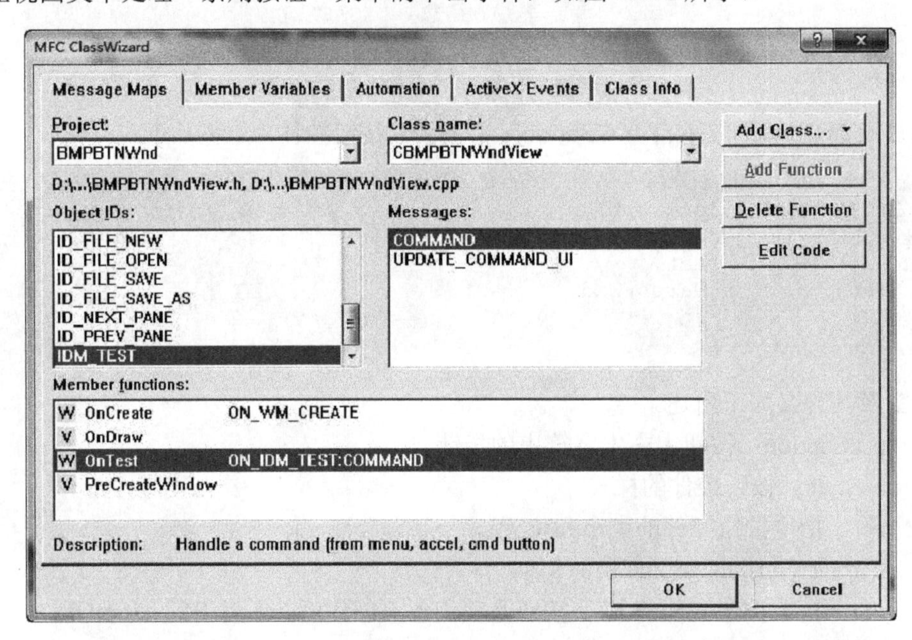

图 12.10　用 ClassWizard 添加事件处理函数

在响应函数中，添加如下代码：

```
01  void CBMPBTNWndView::OnTest()
02  {
03      // TODO: Add your command handler code here
04
05      m_bmpBtn.EnableWindow(m_flag);
06      m_flag = !m_flag;
07  }
```

响应函数用来设置按钮的“禁用”与“可用”。

（5）运行程序，运行效果如图 12.11 所示。

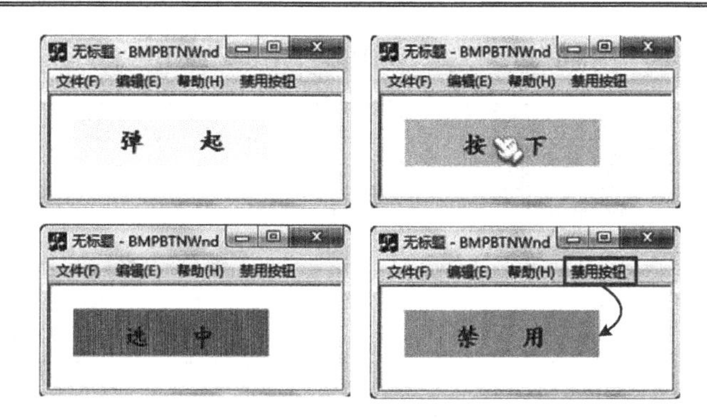

图 12.11　程序的运行效果

2. 在对话框中创建位图按钮

（1）在对话框中创建位图按钮的方法如下：

- 同样需要导入 1~4 张位图。
- 在对话框中创建一个按钮，并设置按钮的 Styles 为自绘类型，按钮的位置是位图的位置，可以不设置按钮的大小，因为它会依据位图的大小自动改变大小。
- 若按钮控件的标题设置为 BMPBTN，那么按钮控件的 ID 必须为 IDC_BMPBTN。
- 修改位图资源的 ID，命名规则是控件标题追加功能字母 U、D、F 和 X，并用引号引起来，分别表示图片用于按钮状态“弹起”、“按下”、“选中”和“禁用”状态。如"BMPBTNU"、"BMPBTND"、"BMPBTNF"和"BMPBTNX"。
- 为对话框添加成员变量，类型为 CBitmapButton。
- 在对话框初始化的时候，调用类 CBitmapButton 的成员函数 AutoLoad()。

（2）创建基于对话框的应用程序，命名为 BMPBTNDlg，设计对话框如图 12.12 所示。

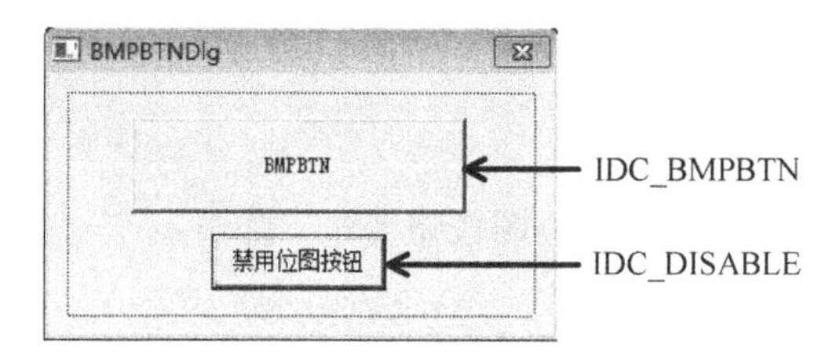

图 12.12　对话框设计

给 ID 为 IDC_BMPBTN 的按钮设置自绘属性，如图 12.13 所示。

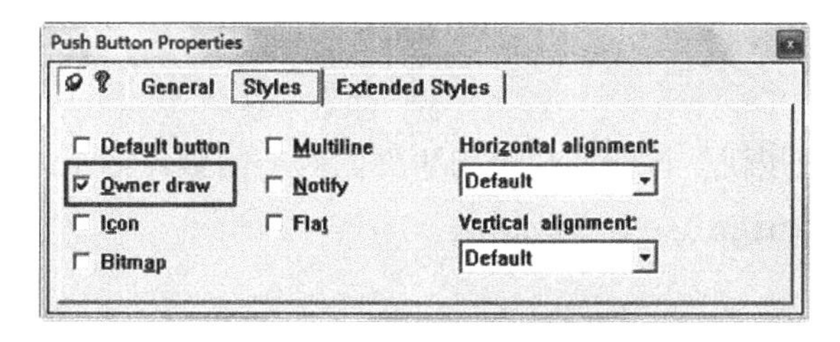

图 12.13　设置按钮的自绘属性

导入之前用过的 4 张位图，修改 ID 如图 12.14 所示，其他位图的修改方法也是这样。

ID 分别为"BMPBTNU"、"BMPBTND"、"BMPBTNF"和"BMPBTNX"。

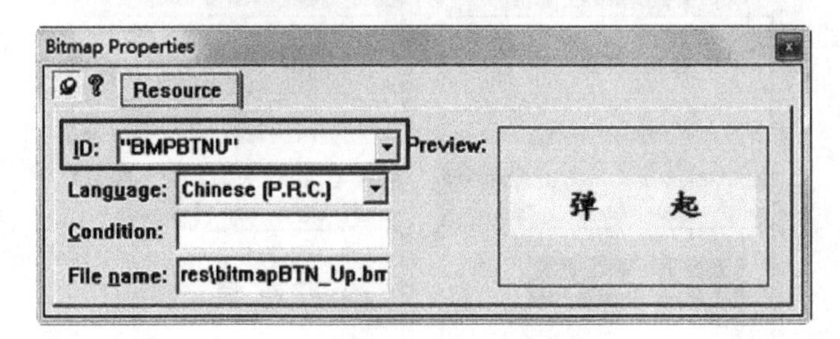

图 12.14　修改位图 ID

（3）为对话框类添加两个成员变量，如下：

```
01  class CBMPBTNDlgDlg : public CDialog
02  {
03  ...
04  // Implementation
05  protected:
06      HICON m_hIcon;
07  
08      CBitmapButton   m_bmpBtn;
09      BOOL            m_flag;
10  ...
11  };
```

在对话框的构造函数中给变量赋值，如下：

```
01  CBMPBTNDlgDlg::CBMPBTNDlgDlg(CWnd* pParent /*=NULL*/)
02      : CDialog(CBMPBTNDlgDlg::IDD, pParent)
03  {
04  ...
05      m_hIcon = AfxGetApp()->LoadIcon(IDR_MAINFRAME);
06  
07      m_flag = FALSE;
08  }
```

在对话框的初始化函数中，设置位图按钮变量，如下：

```
01  BOOL CBMPBTNDlgDlg::OnInitDialog()
02  {
03  ...
04      // TODO: Add extra initialization here
05  
06      m_bmpBtn.AutoLoad(IDC_BMPBTN,this);
07  
08      return TRUE;
09  }
```

（4）为“禁用位图按钮”按钮添加单击事件的响应函数，如下：

```
01  void CBMPBTNDlgDlg::OnDisable()
02  {
03      // TODO: Add your control notification handler code here
04  
05      m_bmpBtn.EnableWindow(m_flag);
06      m_flag = !m_flag;
07  }
```

（5）运行程序，效果如图 12.15 所示。

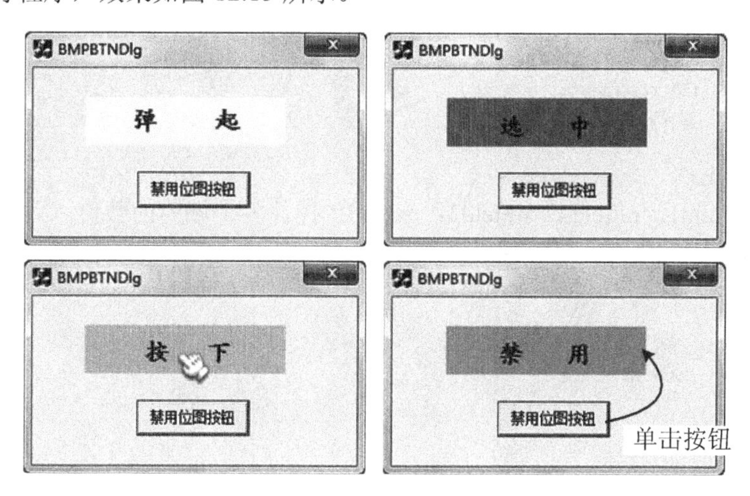

图 12.15　程序运行效果

12.4.2　IP 地址编辑框

在 VC++6.0 的工具箱中有一个控件，名称为 IP Address，如图 12.16 所示。

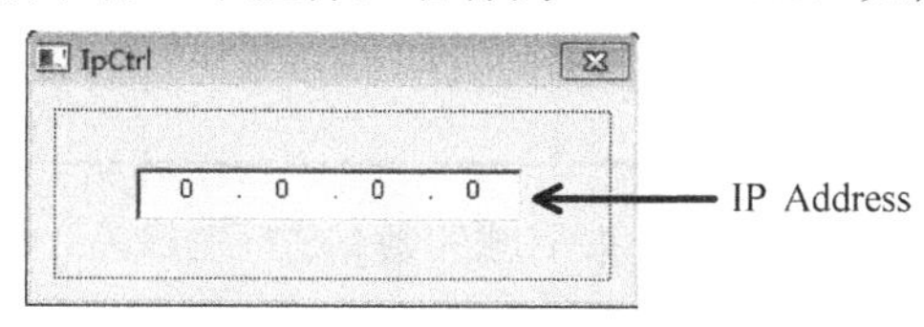

图 12.16　IP 地址编辑框控件

编辑框被 3 个点隔开，在每个“0”的位置处可以填写 0~255 的数字，其他的内容都不被允许输入。在 MFC 中它的控件类是 CIPAddressCtrl。

1．常用成员函数

（1）函数 GetAddress()用于从 IP 控件的 4 个域中获取 IP 地址，4 个域与控件的对应关系如图 12.17 所示。

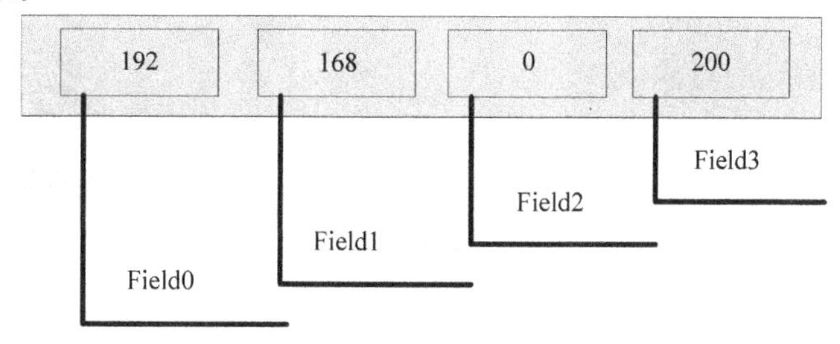

图 12.17　IP 控件的域

函数原型如下：

```
int GetAddress(
  BYTE&    nField0,
  BYTE&    nField1,
  BYTE&    nField2,
  BYTE&    nField3
);
```

参数含义如下：

nField0、nField1、nField2、nField3：来自 IP 控件各个域中的数值。每个参数是 8 个二进制位的 BYTE 型。

或：

```
int GetAddress(
  DWORD&   dwAddress
);
```

参数含义如下：

dwAddress：DWORD 型，32 个二进制位，每 8 个位保存域中的一个数值，具体的存放如表 12.1 所示。

表 12.1　dwAddress各个位与域的对应关系

域	包含域的位
0	24~31
1	16~23
2	8~15
3	0~7

两个函数的返回值都是 IP 控件中非空域的数量。

（2）函数 IsBlank()用来检测 IP 控件中是否所有域都为空，该函数无参数，原型如下：

```
BOOL IsBlank() const;
```

函数返回非零时，表示所有域都为空。

（3）函数 SetAddress()用来为 IP 控件的 4 个域赋值，有两个同名函数，原型如下：

```
void SetAddress(
  BYTE     nField0,
  BYTE     nField1,
  BYTE     nField2,
  BYTE     nField3
);
void SetAddress(
  DWORD    dwAddress
);
```

与函数 GetAddress()的参数一样，但是功能正好相反。该函数无返回值。

（4）函数 SetFieldRange()用来为指定的域赋值，原型如下：

```
void SetFieldRange(
  int      nField,
  BYTE     nLower,
  BYTE     nUpper
);
```

参数及其含义如下：

- nField：指定域号，即 0~3 中的一个。
- nLower：域中可以填写的最小值。
- nUpper：域中可以填写的最大值。

（5）函数 ClearAddress()用来清空 IP 控件的内容，原型如下：

```
void ClearAddress( );
```

函数不需要参数，直接调用就可以了。

（6）函数 SetFieldFocus()用来设置键盘焦点在 IP 控件的哪个域中，原型如下：

```
void SetFieldFocus(
  WORD nField
);
```

参数含义如下：

nField：从 0 开始的要被设置焦点的域，若值大于 3，那么焦点会停留在第一个空白的域上，若所有的域都不为空，那么焦点被设置在 0 号域上。

2. 使用方法举例

（1）在 VC 中建立基于对话框的应用程序，命名为 IpCtrl，为了程序的简洁，我们在向导的第 2 步取消对 About box 的复选，如图 12.18 所示。

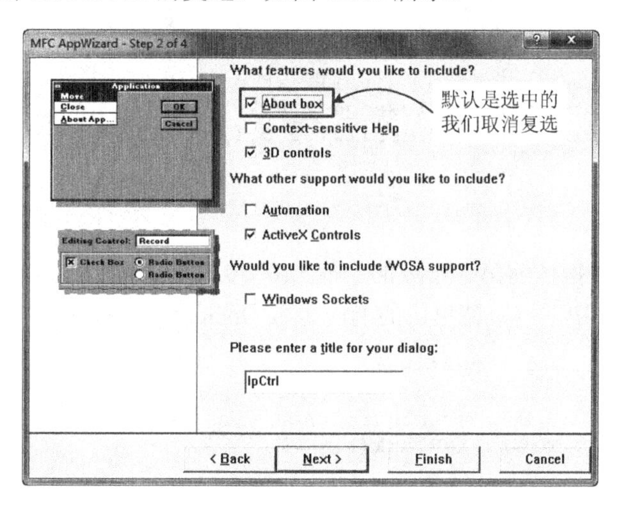

图 12.18　工程向导设置

拖动控件，设计对话框如图 12.19 所示。

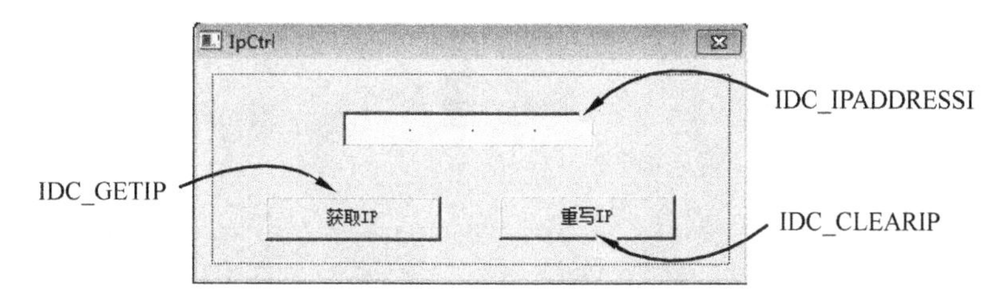

图 12.19　对话框界面设计

（2）为 IP 控件添加成员变量，命名为 m_ipAddress，如图 12.20 所示。

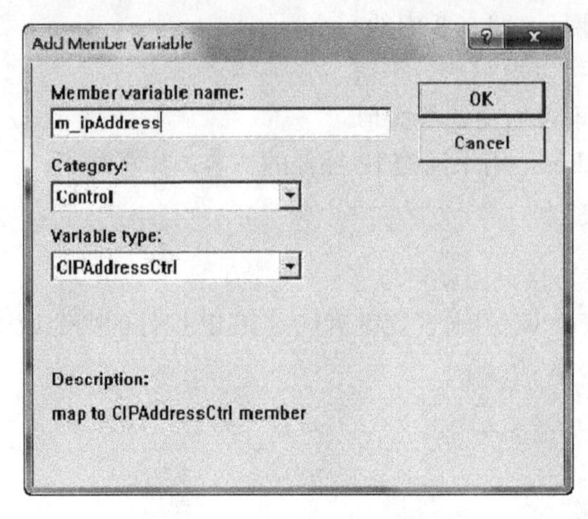

图 12.20　添加成员变量

在对话框的初始化函数 OnInitDialog()中，填写如下代码：

```
01 BOOL CIpCtrlDlg::OnInitDialog()
02 {
03     CDialog::OnInitDialog();
04
05     SetIcon(m_hIcon, TRUE);          // Set big icon
06     SetIcon(m_hIcon, FALSE);         // Set small icon
07
08     // TODO: Add extra initialization here
09     m_ipAddress.SetFieldRange(2,0,20);
10     m_ipAddress.SetAddress(127,0,0,1);
11
12     return TRUE;
13 }
```

函数中设置了 IP 控件的第 3 个域的取值为 0~20，并设置默认的 IP 地址为 127.0.0.1。

（3）添加“获取 IP”按钮被单击的响应函数 OnGetip()，如下：

```
01 void CIpCtrlDlg::OnGetip()
02 {
03     // TODO: Add your control notification handler code here
04     if(m_ipAddress.IsBlank())
05     {
06         AfxMessageBox("忘记填写了吧...");
07         return;
08     }
09
10     BYTE f0,f1,f2,f3;
11     if(4 != m_ipAddress.GetAddress(f0,f1,f2,f3) )
12     {
13         AfxMessageBox("有忘记填写的地方哦...");
14         return;
15     }
16
17
18     CString strIp;
19     strIp.Format("%d:%d:%d:%d",f0,f1,f2,f3);
20     AfxMessageBox(strIp);
```

```
21   }
```

响应函数 OnGetip()首先检查 IP 控件是否全为空，并弹出提示信息，如图 12.21 所示。

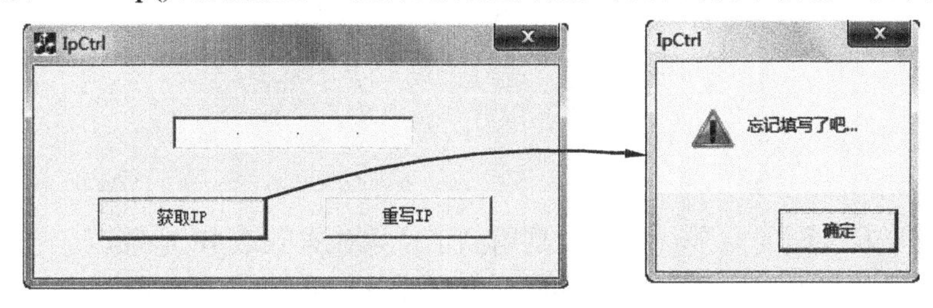

图 12.21　没填写 IP 地址就单击按钮

只填写部分信息就单击“获取 IP”按钮的话，也会提示出错，如图 12.22 所示。

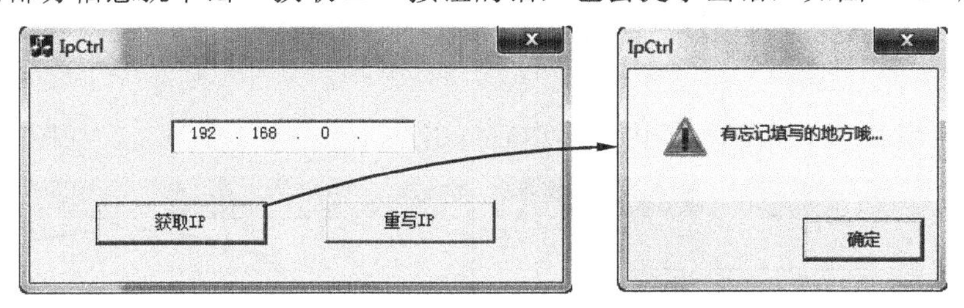

图 12.22　信息填写不全就单击按钮

信息填写全部准确无误的话，用信息框显示输入的 IP 地址，如图 12.23 所示。

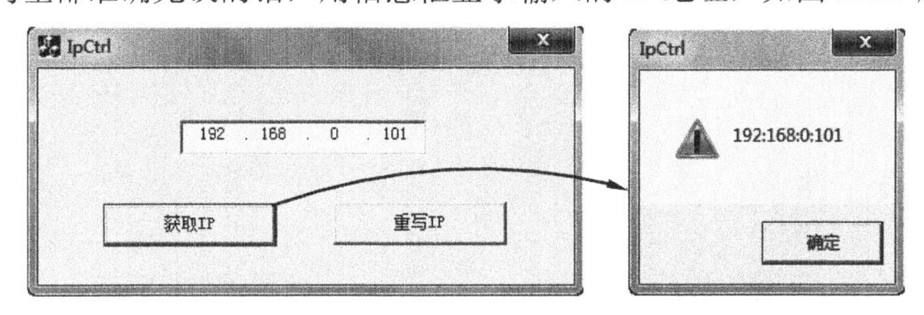

图 12.23　准确填写 IP 地址后单击按钮

响应函数 OnGetip()的编写也可以如下：

```
01  void CIpCtrlDlg::OnGetip()
02  {
03      // TODO: Add your control notification handler code here
04      if(m_ipAddress.IsBlank())
05      {
06          AfxMessageBox("忘记填写了吧...");
07          return;
08      }
09
10      DWORD   f;
11      if( 4 != m_ipAddress.GetAddress(f) )
12      {
13          AfxMessageBox("有忘记填写的地方哦...");
14          return;
15      }
```

```
16
17      CString strIp;
18      strIp.Format("%d:%d:%d:%d",
19                  (f & 0xFF000000) >> 24,
20                  (f & 0x00FF0000) >> 16,
21                  (f & 0x0000FF00) >> 8,
22                  (f & 0x000000FF)    );
23      AfxMessageBox(strIp);
24  }
```

功能和效果和上面的完全一样，但是用到了位操作来获取 IP 地址。

（4）添加“重写 IP”按钮被单击的响应函数 OnClearip()，如下：

```
01  void CIpCtrlDlg::OnClearip()
02  {
03      // TODO: Add your control notification handler code here
04      m_ipAddress.ClearAddress();
05      m_ipAddress.SetFieldFocus(0);
06  }
```

函数先清空 IP 控件所填写的内容，然后将焦点设置在第 1 个域上，如图 12.24 所示。

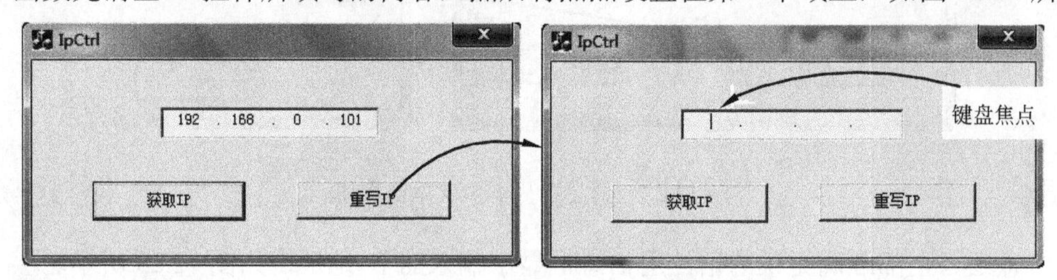

图 12.24　重写 IP

12.4.3　列表控件

工具箱中还有一个常用控件，名称为 List Control，如图 12.25 所示。

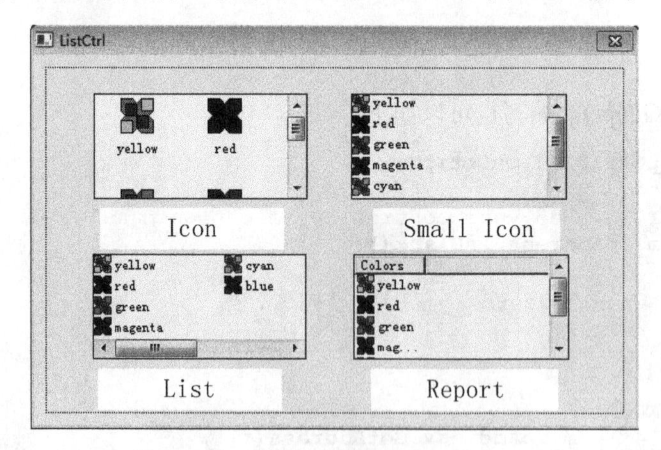

图 12.25　列表控件及其 4 种样式

在 MFC 中，它的控件类是 CListCtrl，用来显示图标和标签项的集合。

1. 常用成员函数

（1）函数 InsertItem()用来向列表框中插入新的一项，它有 4 个重载的函数，原型分别如下：

```
int InsertItem(
   const LVITEM* pItem
);
```

唯一的一个参数 pItem，是结构 LVITEM 的指针，部分结构如下：

```
typedef struct _LVITEM {
    UINT      mask;
    int       iItem;
    int       iSubItem;
     ...
    LPTSTR    pszText;
    int       cchTextMax;
    int       iImage;
    LPARAM    lParam;
     . . .
} LVITEM, *LPLVITEM;
```

各成员含义如下所述。

- mask：设置标识位，用来指定结构的哪些成员需要填充数据或哪些成员会被请求。
- iItem：该结构所记录的列表控件的项。
- iSubItem：列表控件项的子项，如 Report 样式下，iItem 指定行，iSubItem 指定列。其他样式不需要 iSubItem，它会被设置为 0。
- pszText：标签的文本。
- cchTextMax：pszText 所指向缓冲区的大小，包括了串结束符 NULL。
- iImage：关联的图像列表中图像的索引号。
- lParam：为列表控件项指定的 32 位值，本章示例会多次用到。

函数通过参数结构描述的信息来插入列表项。

```
int InsertItem(
   int       nItem,
   LPCTSTR   lpszItem
);
int InsertItem(
   int       nItem,
   LPCTSTR   lpszItem,
   int       nImage
);
```

参数及其含义如下所述。

- nItem：插入列表项位置的索引。
- lpszItem：列表项标签文本的指针。
- nImage：关联的图像列表中图像的索引。

这两个函数比较常用，它们满足了我们大部分的需求。

```
int InsertItem(
   UINT      nMask,
```

```
    int         nItem,
    LPCTSTR     lpszItem,
    UINT        nState,
    UINT        nStateMask,
    int         nImage,
    LPARAM      lParam
);
```

这个函数的参数与第一个函数中的结构 LVITEM 成员类似，此处不再介绍。

（2）函数 SetImageList()为列表控件分配一个图像列表，原型如下：

```
CImageList* SetImageList(
    CImageList*         pImageList,
    int                 nImageListType
);
```

参数及其含义如下所述。

- pImageList：被分配的图像列表的指针。
- nImageListType：图像列表的类型，取值可以是 LVSIL_NORMAL、LVSIL_SMALL 和 LVSIL_STATE。

函数返回先前分配的图像列表的指针。

（3）函数 FindItem()用来查找包含指定字符的列表项，原型如下：

```
int FindItem(
    LVFINDINFO*    pFindInfo,
    int            nStart = -1
) const;
```

参数及其含义如下所述。

- nStart：开始查找的列表项位置，可以指定-1，表示从列表项的第一项开始，查找时不包括指定的起始位置。
- pFindInfo：一个包含要查找项信息的结构 LVFINDINFO。结构定义如下：

```
typedef struct tagLVFINDINFO {
    UINT            flags;
    LPCTSTR         psz;
    LPARAM          lParam;
    POINT           pt;
    UINT            vkDirection;
} LVFINDINFO, *LPFINDINFO;
```

各成员的含义如下所述。

- flags：执行查找的类型。例子会用到的值 LVFI_PARTIAL 表示列表项标签以参数 psz 指定的字符串起始，LVFI_STRING 表示查找的依据是列表项的标签。
- psz：字符串的指针，在 flags 中指定了 LVFI_PARTIAL 和 LVFI_PARTIAL 时才可用。
- lParam：当 flags 中设置了 LVFI_PARAM 时可用，表示将与列表项结构 LVITEM 中的成员 lParam 进行比较。
- pt：当 flags 中设置了 LVFI_NEARESTXY 时可用，起始查找的点的位置为 POINT 结构变量。
- vkDirection：当 flags 中设置了 LVFI_NEARESTXY 时可用，用虚拟键值指定查找

的方向，支持的虚拟键值包括 VK_LEFT、VK_RIGHT、VK_UP、VK_DOWN、VK_HOME、VK_END、VK_PRIOR 和 VK_NEXT。

函数查找匹配列表项成功会返回列表项的索引，没找到时返回-1。

（4）函数 DeleteItem()用来删除列表控件中指定的列表项，原型如下：

```
BOOL DeleteItem(
   int nItem
);
```

参数 nItem 就是要删除的列表项的索引。

（5）函数 GetFirstSelectedItemPosition()用来获取被选中列表项的位置，原型如下：

```
POSITION GetFirstSelectedItemPosition( ) const;
```

函数返回 NULL 表示没有列表项被选中。

（6）函数 GetNextSelectedItem()用来获取指定位置处列表项的索引，原型如下：

```
int GetNextSelectedItem(
   POSITION&     pos
) const;
```

参数 pos 既作为输入，也作为输出，可能来源于函数 GetFirstSelectedItemPosition()或本身的调用，即聊友下一个列表项选择的位置。

（7）函数 GetNextItem()用来查找具有指定属性的列表项，原型如下：

```
int GetNextItem(
   int   nItem,
   int   nFlags
) const;
```

参数及其含义如下所述。

- nItem：开始查找的列表项位置，可以指定-1，表示从列表项的第一项开始，查找时不包括指定的起始位置。
- nFlags：起始列表项与要查找列表项的几何关系，它可以是 LVNI_ABOVE、LVNI_ALL、LVNI_BELOW、LVNI_TOLEFT 或 LVNI_TORIGHT。

（8）函数 InsertColumn()用来向列表控件中插入新的一列，原型如下：

```
int InsertColumn(
   int                 nCol,
   const LVCOLUMN*     pColumn
);
int InsertColumn(
   int                 nCol,
   LPCTSTR             lpszColumnHeading,
   int                 nFormat = LVCFMT_LEFT,
   int                 nWidth = -1,
   int                 nSubItem = -1
);
```

参数及其含义如下所述。

- nCol：新列的索引号。
- pColumn：结构 LVCOLUMN 的指针，此结构包含新列的属性。
- lpszColumHeading：新列标题字符串的指针。

- nFormat：指定列的对齐方式，可以是 LVCFMT_LEFT、LVCFMT_RIGHT 或 LVCFMT_CENTER。
- nWidth：指定列的宽度，为-1 时表示没有指定宽度，单位是像素。
- nSubItem：列子项的索引，为-1 表示没有子项。

（9）函数 SetItemText()用来改变列表控件项或子项的标签，原型如下：

```
BOOL SetItemText(
   int        nItem,
   int        nSubItem,
   LPCTSTR    lpszText
);
```

参数及其含义如下所述。

- nItem：列表项所在的行。
- nSubItem：列表项所在的列。
- lpszText：指向文本标签的指针。

（10）函数 DeleteAllItems()用于删除所有的列表项，原型如下：

```
BOOL DeleteAllItems( );
```

函数返回非 0 时，表示操作成功。

（11）函数 GetItemCount()用于获取列表控件列表项总数，原型如下：

```
int GetItemCount( ) const;
```

函数返回列表项总数。

2．使用方法举例

（1）建立基于对话框的应用程序，命名为 ListCtrl，设计对话框界面如图 12.26 所示。

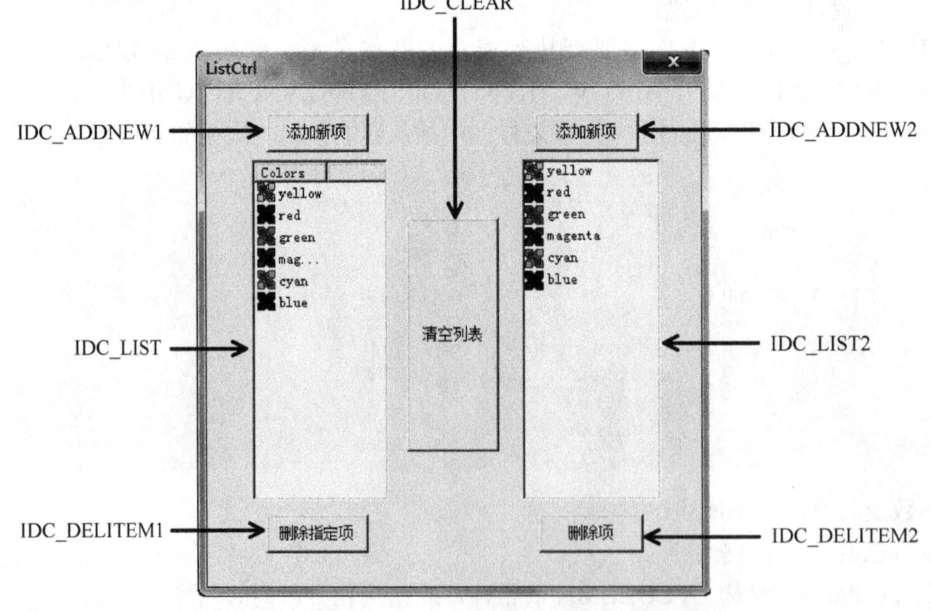

图 12.26　对话框界面设计

其中，ID 为 IDC_LIST 的列表控件的 Styles 设置为 Report，ID 为 IDC_LIST2 的列表控件的 Styles 设置为 Small Icon，如图 12.27 所示。

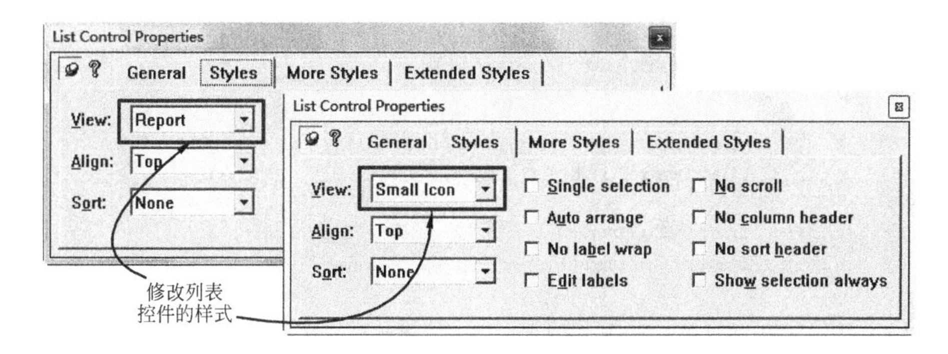

图 12.27　列表控件属性对话框

（2）分别为两个列表控件添加成员变量，如表 12.2 所示。

表 12.2　列表控件ID与变量名

控件 ID	类型	变量名
IDC_LIST	CListCtrl	m_list
IDC_LIST2	CListCtrl	m_list2

为工程插入 6 个图标资源，如图 12.28 所示，图标的大小是 32*32。

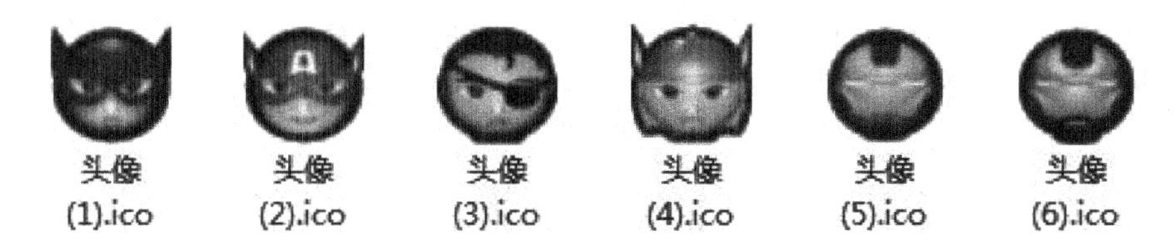

图 12.28　插入的图标资源

在工程的初始化函数 OnInitDialog()中，添加如下代码：

```
01  BOOL CListCtrlDlg::OnInitDialog()
02  {
03      CDialog::OnInitDialog();
04
05      SetIcon(m_hIcon, TRUE);          // Set big icon
06      SetIcon(m_hIcon, FALSE);         // Set small icon
07
08      // TODO: Add extra initialization here
09
10      //初始化图像列表
11      HICON   hImage[6];
12      for(int i = 0;i < 6;i++)
13      {
14          hImage[i] = AfxGetApp()->LoadIcon(IDI_ICON1 + i);
15      }
```

```
16
17      m_imagelist.Create(32,32,ILC_COLOR32,6,6);
18
19      for(int j = 0;j < 6;j++)
20      {
21          m_imagelist.Add(hImage[j]);
22      }
23
24      m_list.SetImageList(&m_imagelist,LVSIL_SMALL);
25      m_list2.SetImageList(&m_imagelist,LVSIL_SMALL);
26
27      m_list.InsertColumn(0,"头像",LVCFMT_LEFT,50);
28      m_list.InsertColumn(1,"名称",LVCFMT_LEFT,100);
29
30      return TRUE;
31  }
```

其中 m_imagelist 是类 CListCtrlDlg 的保护成员，如下：

```
01  class CListCtrlDlg : public CDialog
02  {
03  ...
04  // Implementation
05  protected:
06      HICON m_hIcon;
07
08      CImageList m_imagelist;
09  ...
10  };
```

初始化函数 OnInitDialog()创建了图像列表，并向其中添加了 6 个图标，将两个列表控件与图像列表建立了关联后，又设置了样式为 Report 的列表控件的标题头，效果如图 12.29 所示。

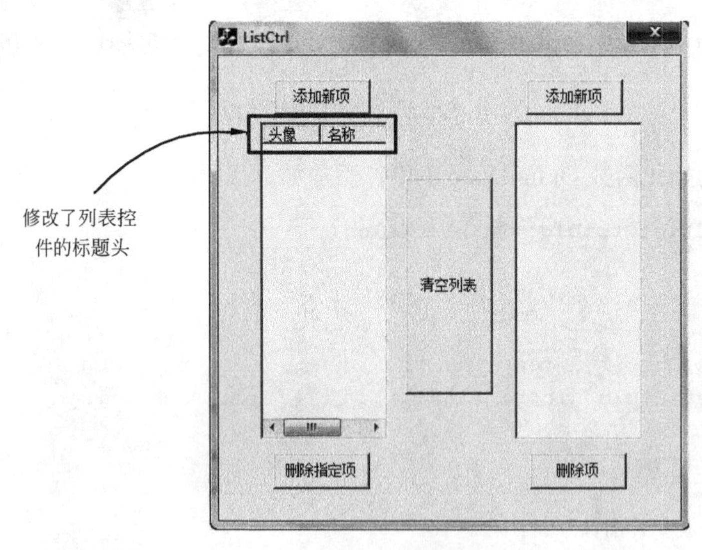

图 12.29　工程初始化效果

（3）为类 CListCtrlDlg 添加两个保护的成员变量 count1 和 count2，如下：

```
01  class CListCtrlDlg : public CDialog
```

```
02 {
03 ...
04 // Implementation
05 protected:
06     HICON m_hIcon;
07
08     int count1,count2;
09 ...
10 };
```

并在类的构造函数中完成初始化，如下：

```
01 CListCtrlDlg::CListCtrlDlg(CWnd* pParent /*=NULL*/)
02     : CDialog(CListCtrlDlg::IDD, pParent)
03 {
04     m_hIcon = AfxGetApp()->LoadIcon(IDR_MAINFRAME);
05
06     count1 = count2 = 0;
07 }
```

给两个名称都是“添加新项”的按钮编写单击的响应函数，如下：

```
01 void CListCtrlDlg::OnAddnew1()
02 {
03     // TODO: Add your control notification handler code here
04
05     CString strName;
06     strName.Format("Name%d",count1);
07
08     LVITEM  lvitem;
09     memset(&lvitem,0,sizeof(LVITEM));
10     lvitem.mask = LVIF_IMAGE;//LVIF_IMAGE | LVIF_TEXT;
11     lvitem.iItem = count1;
12     lvitem.iImage = count1 % 6;
13
14     m_list.InsertItem(&lvitem);
15     m_list.SetItemText(count1,1,strName.GetBuffer(0));
16     count1++;
17 }
```

响应函数为列表控件的“头像”列插入了循环的图像，为“名称”列插入了规范命名的字符串。如下：

```
01 void CListCtrlDlg::OnAddnew2()
02 {
03     // TODO: Add your control notification handler code here
04
05     CString strName;
06     strName.Format("Name%d",count2);
07
08     m_list2.InsertItem(count2,strName.GetBuffer(0),count2 % 6);
09     count2++;
10 }
```

这个响应函数更简单，只用了一个函数就完成了循环图像和规范字符串的插入。运行效果如图 12.30 所示。

如果代码中缺少图像循环的机制，不断单击“添加新项”按钮的结果是耗尽所有图像资源，如图 12.31 所示。

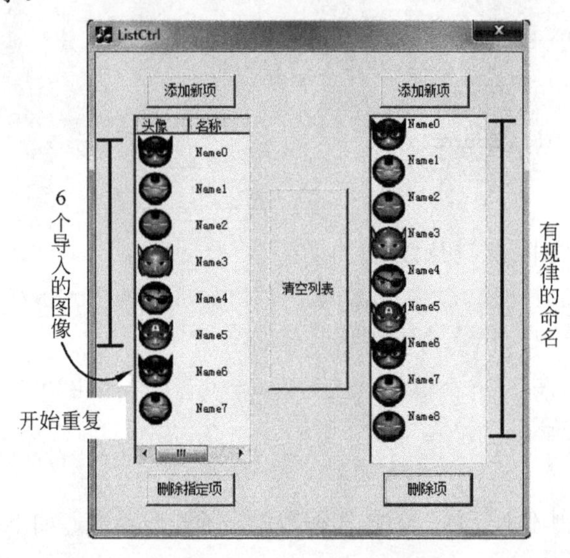

图 12.30　“添加新项”按钮的运行效果图

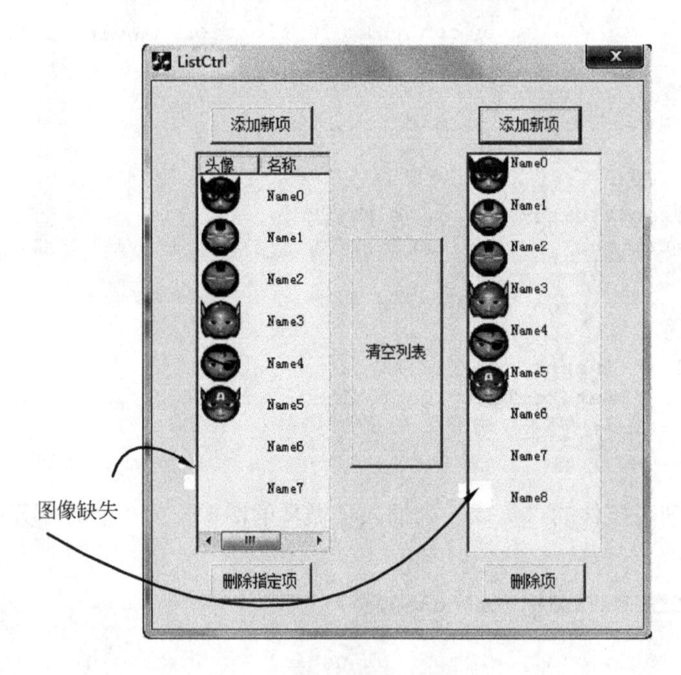

图 12.31　插入的新项不完整

（4）“删除指定项”按钮的功能是，当选中列表控件中的某一项时再单击“删除指定项”按钮，被选中的列表项会被删除，响应函数编写如下：

```
01 void CListCtrlDlg::OnDelitem1()
02 {
03     // TODO: Add your control notification handler code here
04
05     POSITION pos = m_list.GetFirstSelectedItemPosition();
06     while(pos)
```

```
07        {
08            int index = m_list.GetNextSelectedItem(pos);
09            m_list.DeleteItem(index);
10            count1--;
11        }
12    }
```

可以看出，当没有列表项被选中的时候，单击“删除指定项”按钮不会有任何反应。编写单击“删除项”按钮的消息响应函数如下：

```
01  void CListCtrlDlg::OnDelitem2()
02  {
03      // TODO: Add your control notification handler code here
04      if(count2 >= 0)
05      {
06          CString strName;
07          strName.Format("Name%d",count2-1);
08
09          LVFINDINFO findInfo;
10          memset(&findInfo,0,sizeof(findInfo));
11          findInfo.flags = LVFI_PARTIAL | LVFI_STRING;
12          findInfo.psz = strName.GetBuffer(0);
13
14          int f = m_list2.FindItem(&findInfo);
15          if( -1 != f)
16          {
17              m_list2.DeleteItem(f);
18          }
19
20          count2--;
21      }
22  }
```

“删除项”按钮完成的操作与“删除指定项”按钮完成的操作不同，它会逆序删除列表中已有的项。两个按钮的单击效果如图 12.32 所示。

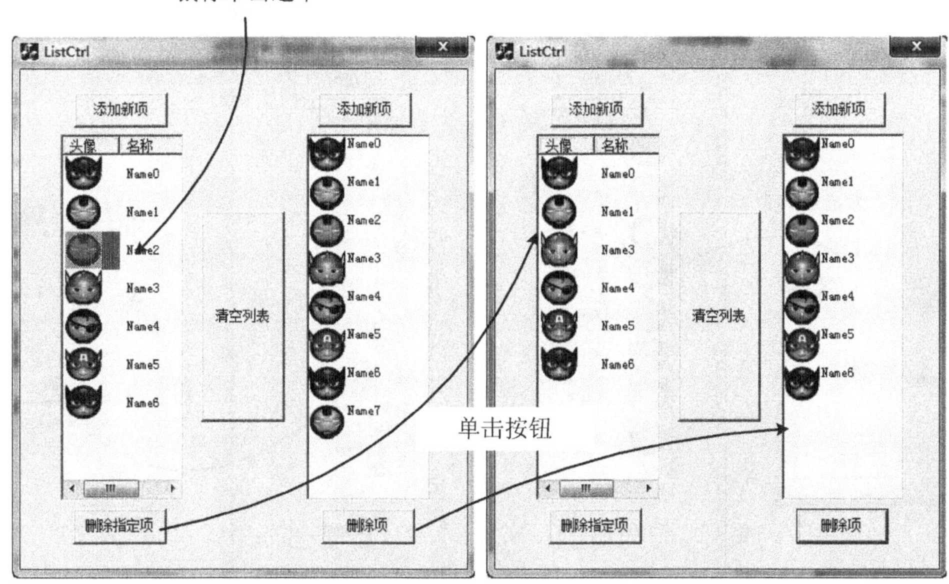

图 12.32　删除列表项的运行效果

（5）对于对话框左边的列表框，我们添加“双击”的响应函数，如下：

```
01 void CListCtrlDlg::OnDblclkList(NMHDR* pNMHDR, LRESULT* pResult)
02 {
03     // TODO: Add your control notification handler code here
04 
05     int index = m_list.GetNextItem(-1,LVNI_SELECTED);
06     if( -1 != index )
07     {
08         CString strSay;
09         strSay.Format("选中第%d 项",index+1);
10         AfxMessageBox(strSay);
11     }
12     *pResult = 0;
13 }
```

函数会在弹出的对话框中显示选中的列表项位置。我们为右边的列表框添加“单击”的响应函数，原理甚至是代码与左面的列表框都是一样的，只是响应的时机不同而已，代码如下：

```
01 void CListCtrlDlg::OnClickList2(NMHDR* pNMHDR, LRESULT* pResult)
02 {
03     // TODO: Add your control notification handler code here
04 
05     int index = m_list2.GetNextItem(-1,LVNI_SELECTED);
06     if( -1 != index )
07     {
08         CString strSay;
09         strSay.Format("选中第%d 项",index+1);
10         AfxMessageBox(strSay);
11     }
12     *pResult = 0;
13 }
```

“单击”和“双击”两个列表框的运行效果如图 12.33 所示。

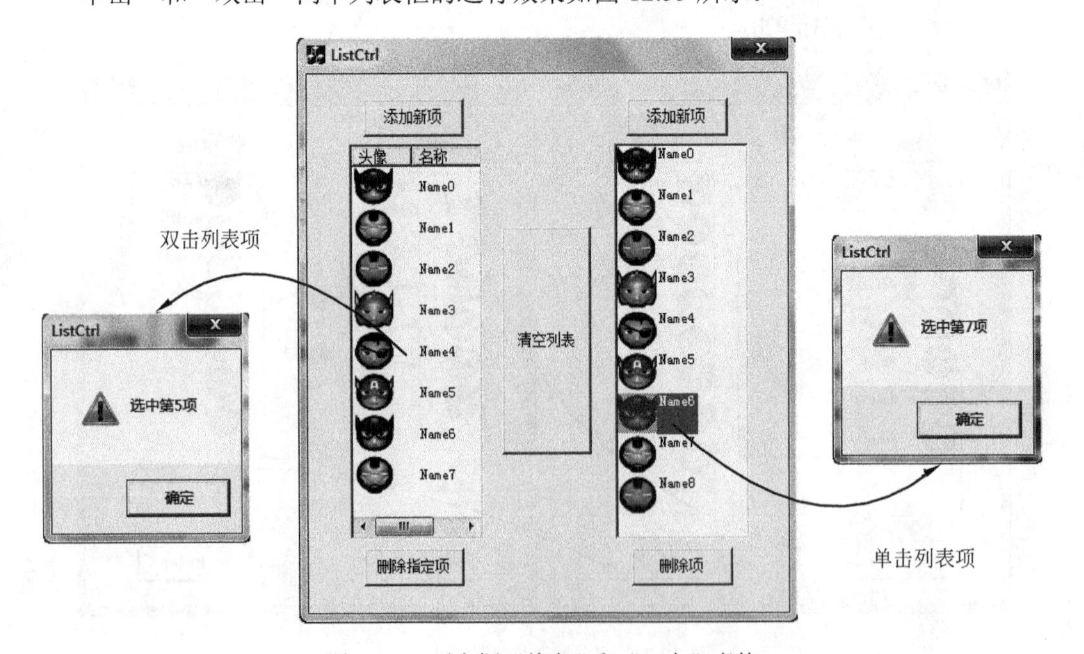

图 12.33　列表框“单击”和“双击”事件

（6）添加“清空列表”按钮单击事件的响应函数，如下：

```
01  void CListCtrlDlg::OnClear()
02  {
03      // TODO: Add your control notification handler code here
04
05      m_list.DeleteAllItems();
06      count1 = 0;
07      m_list2.DeleteAllItems();
08      count2 = 0;
09  }
```

函数同时清空了两个列表框中的所有列表项。

12.4.4　图像组合框控件

我们经常使用组合框，但是对于图像组合框就显得陌生了许多，它们实现效果的不同在于组合框只能插入文本，而图像组合框还可以插入图像。简单来说，图像组合框是个功能被扩展了的组合框，它提供了对图像列表的支持。它在工具箱的右下角，名称是 Extend Combo Box，在 MFC 中封装的类是 CComboBoxEx。

1．常用成员函数

函数 InsertItem()用来向图像组合框中插入项，原型如下：

```
int InsertItem(
   const COMBOBOXEXITEM*    pCBItem
);
```

参数 pCBItem 是结构 COMBOBOXEXITEM 的常指针变量，结构的定义如下：

```
typedef struct {
    UINT          mask;
    INT_PTR       iItem;
    LPTSTR        pszText;
    int           cchTextMax;
    int           iImage;
    int           iSelectedImage;
    int           iOverlay;
    int           iIndent;
    LPARAM        lParam;
} COMBOBOXEXITEM, *PCOMBOBOXEXITEM;
```

各结构成员含义如下所述。

- mask：一些位标志，用来指定结构中的哪些属性或操作是可用的，必须填充。
- iItem：从 0 开始的项索引。
- pszText：项的标签文本指针。
- cchTextMax：保存标签文本的内存大小。
- iImage：从 0 开始的图像索引（图像保存在图像列表中，而组合框事先已经与图像列表建立了关联）
- iSelectedImage：同样是图像列表中的图像索引，当项被选中时显示。
- iOverlay：用于覆盖原图像的图像索引，或者说由两个图像组合成一个新的图像。

- iIndent：显示项位置的缩进。
- lParam：为项指定的一个 DWORD 类型的值。

若函数 InsertItem()插入成功，函数 InsertItem()会返回项的索引，即位置。

2．使用方法举例

（1）在 VC 中建立基于对话框的应用程序，命名为 ComboExCtrl，对话框的设计界面如图 12.34 所示。

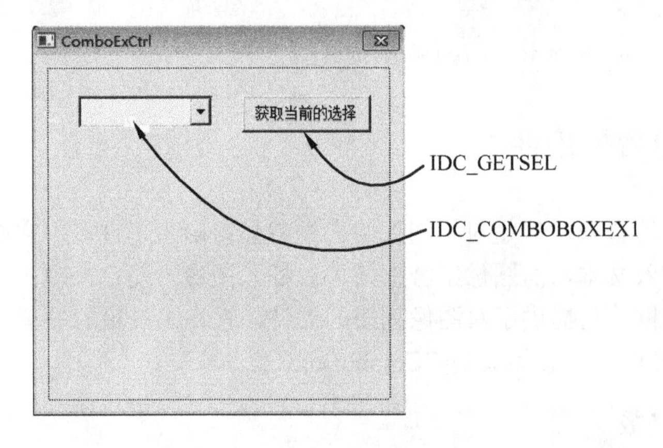

图 12.34　对话框界面设计

为图像组合框添加成员变量 m_comboEx，类型为 CComboBoxEx，同样导入 12.4.3 节用到的 6 个图标图像。

（2）在对话框的初始化函数中添加如下代码：

```
01 BOOL CComboExCtrlDlg::OnInitDialog()
02 {
03     CDialog::OnInitDialog();
04
05     SetIcon(m_hIcon, TRUE);          // Set big icon
06     SetIcon(m_hIcon, FALSE);         // Set small icon
07
08     // TODO: Add extra initialization here
09
10     m_imagelist.Create(32,32,ILC_COLOR16,6,6);
11     for(int i = 0;i < 6;i++)
12     {
13         m_imagelist.Add(
14             LoadIcon( AfxGetInstanceHandle(),
15                         MAKEINTRESOURCE(IDI_ICON1+i ) )     );
16     }
17     m_comboEx.SetImageList(&m_imagelist);
18
19     for(int j = 0;j < 6;j++)
20     {
21         CString strName;
22         strName.Format("Image%d",j);
23
24         COMBOBOXEXITEM comboEx;
25         memset(&comboEx,0,sizeof(comboEx));
26         comboEx.mask = CBEIF_IMAGE | CBEIF_TEXT
27                             | CBEIF_SELECTEDIMAGE;
```

```
28            comboEx.iItem = j;
29            comboEx.pszText = strName.GetBuffer(0);
30            comboEx.iImage = j;
31            comboEx.iSelectedImage = j;
32
33            int index = m_comboEx.InsertItem(&comboEx);
34            ASSERT(index == j);
35        }
36        m_comboEx.SetCurSel(0);
37
38        return TRUE;
39    }
```

m_imagelist 是定义在类 CComboExCtrlDlg 中的保护成员变量，类型为 CImageList。函数 OnInitDialog()首先将 6 个图标资源插入到图像列表中，然后将图像列表与图像组合框联系起来，最后给图像组合框插入了 6 个包含图像和标签的项，如图 12.35 所示。单击组合框的下拉按钮，弹出所有的项，如图 12.36 所示。

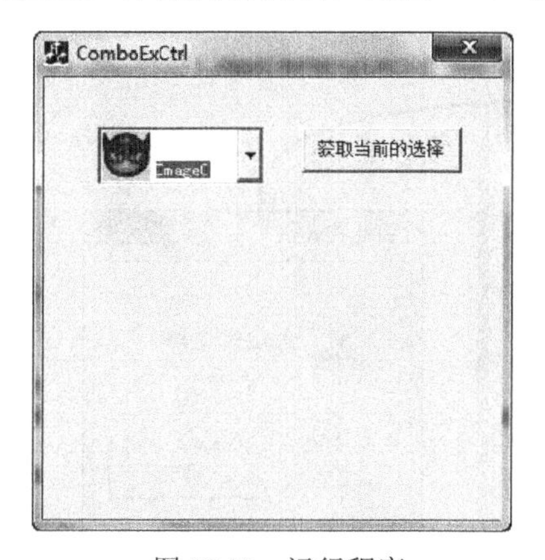

图 12.35 运行程序

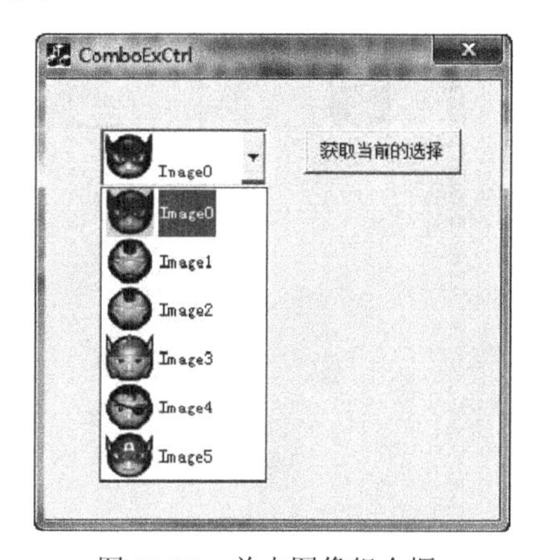

图 12.36 单击图像组合框

提醒：不仅需要为各项设置图像和标签，还要设置被选中时的图像，否则图像组合框的表现会比较奇怪，如图 12.37 所示。

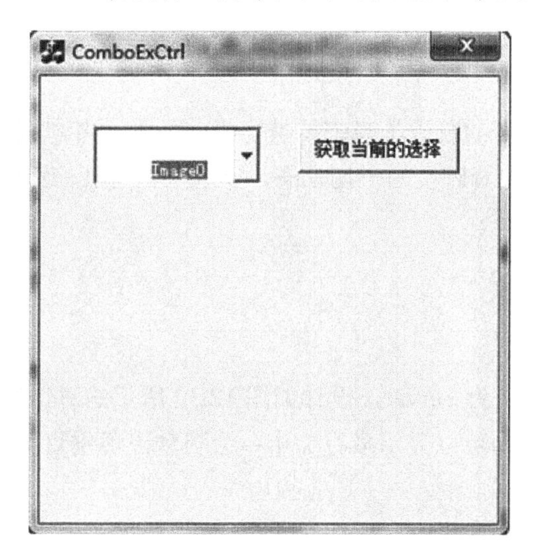

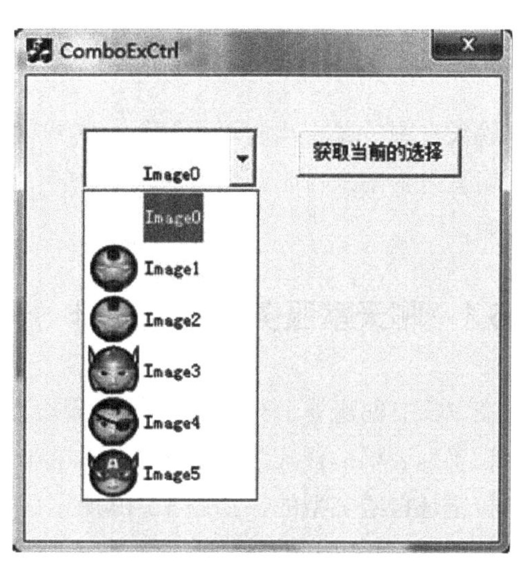

图 12.37 比较奇怪的图像组合框

（3）添加单击“获取当前的选择”按钮的响应函数，如下：

```
01  void CComboExCtrlDlg::OnGetsel()
02  {
03      // TODO: Add your control notification handler code here
04
05          int index = m_comboEx.GetCurSel();
06
07          CString strSel;
08          strSel.Format("当前选中第%d 项",index+1);
09          AfxMessageBox(strSel);
10  }
```

函数会获取聊友单击的项，并用信息对话框显示出来，如图 12.38 所示。

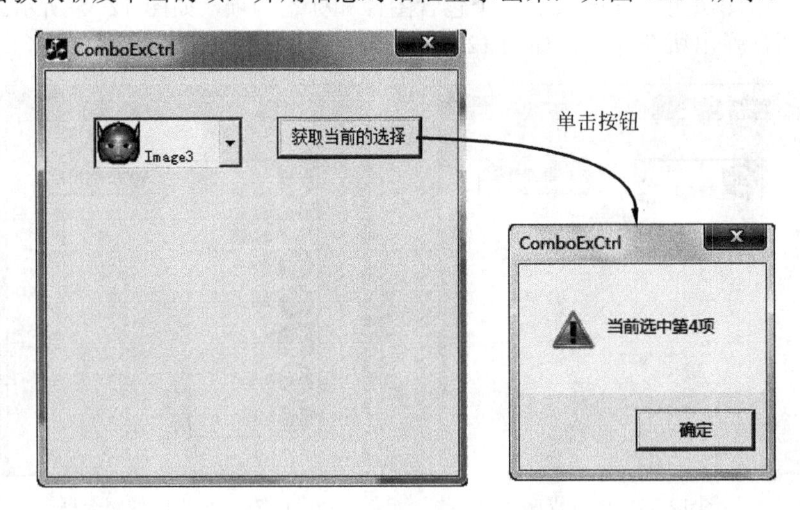

图 12.38　单击按钮运行效果

12.5　聊天室服务器

聊天室服务器相当于“总管”，客户端发送的聊天消息都要被它提前处理，客户端接收的信息也全部来自服务器。这个“总管”维护着聊友的一切动态，如进入、退出、公聊、私聊等。

12.5.1　聊天室服务器界面设计

在 VC 中创建基于对话框的应用程序，命名为 Server，设计如图 12.39 所示的对话框。

设置列表框的样式为 Report；文本框设置为可以显示多行文本；会自动出现垂直滚动条；按钮是自绘类型的，如图 12.40 所示。

为控件添加关联变量，变量类型和变量名如图 12.41 所示。

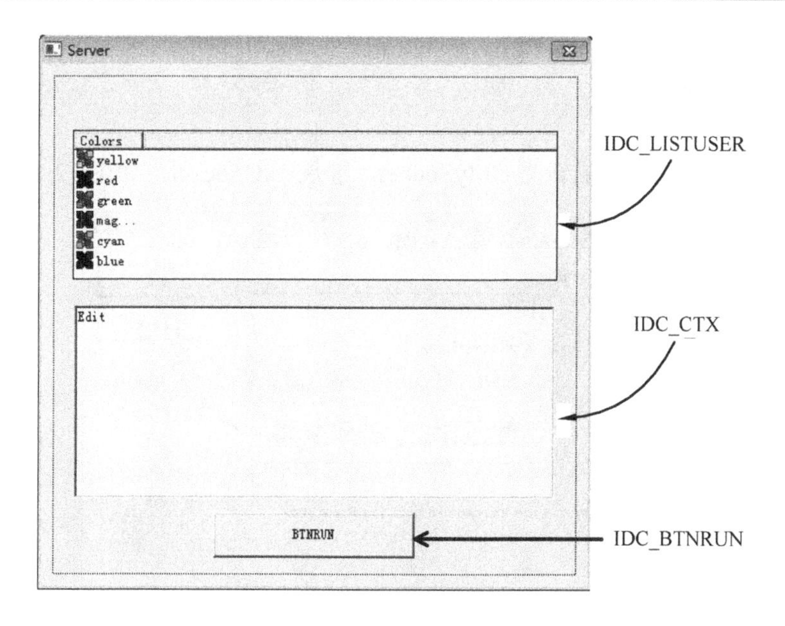

图 12.39　对话框设计

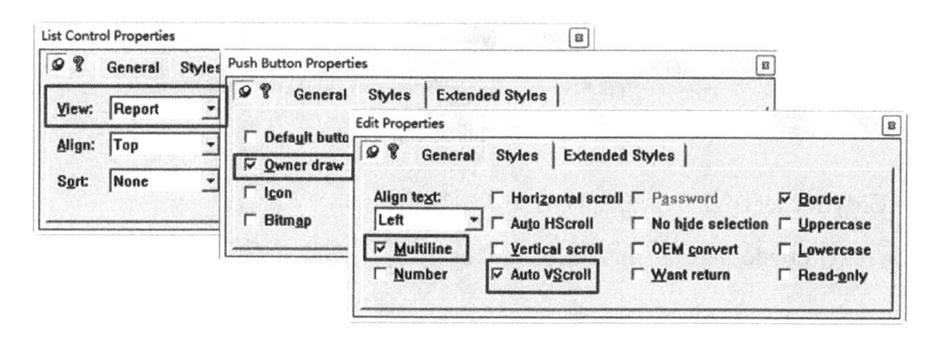

图 12.40　控件样式设置

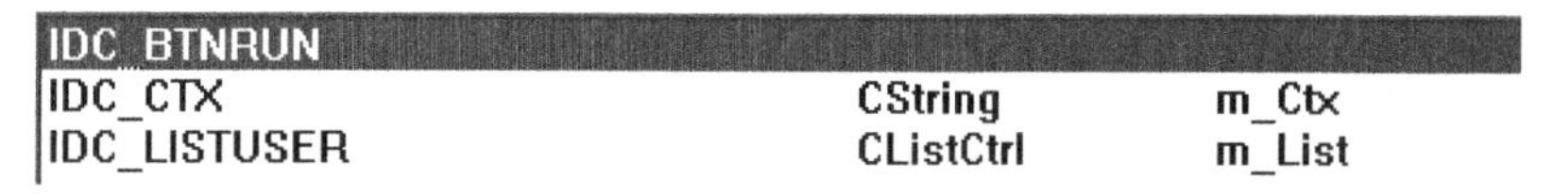

图 12.41　添加关联变量

为工程导入事先做好的服务器背景和按钮位图，修改位图 ID 分别为 IDB_SBACK、BTNRUNU、BTNRUND 和 BTNRUNX，如图 12.42 和图 12.43 所示。

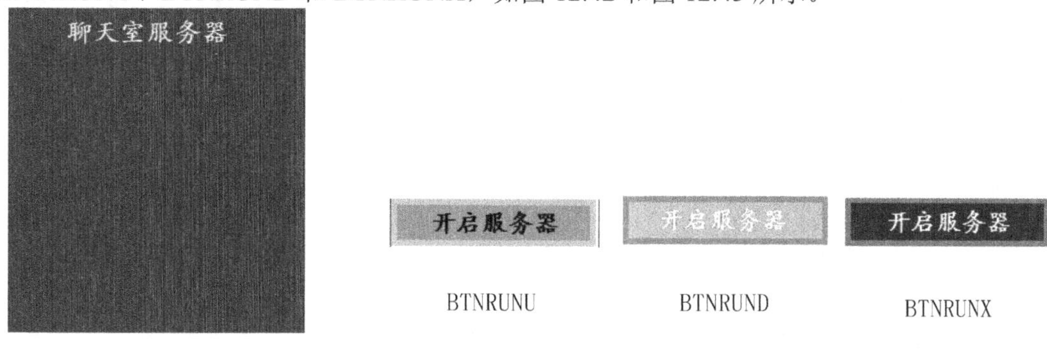

图 12.42　服务器背景　　　　图 12.43　按钮位图

12.5.2　添加套接字类

（1）使用向导为工程添加新类 CMySocket，继承于 CSocket，如图 12.44 所示。

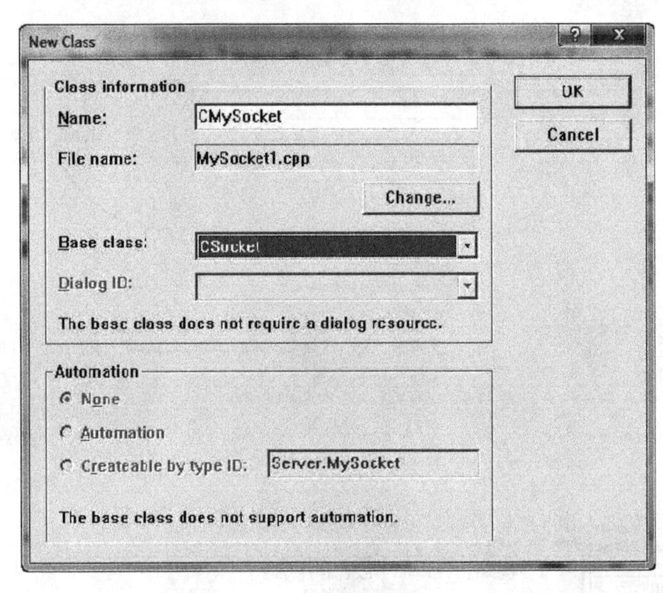

图 12.44　添加新类 CMySocket

为类 CMySocket 添加 3 个公有成员变量，如下：

```
01  class CMySocket : public CSocket
02  {
03  ...
04  // Attributes
05  public:
06      //保存关联窗口
07      CWnd    *pWnd;
08      //保存消息发送条数
09      ULONG   m_Total;
10      //保存聊友名
11      CString m_Player;
12  ...
13  };
```

并在类 CMySocket 的构造函数中完成初始化，如下：

```
01  CMySocket::CMySocket()
02  {
03      pWnd = NULL;
04      m_Total = 0;
05  }
```

（2）重载继承于类 CSocket 的 3 个虚函数，如图 12.45 所示。

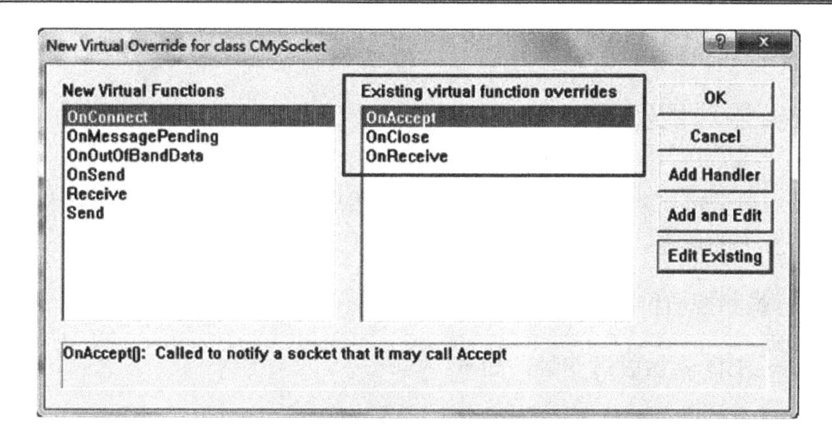

图 12.45　重载父类虚函数

3 个虚函数 OnAccept()、OnClose()和 OnReceive()被调用的时机分别是有连接请求到来、连接关闭和有通信数据到达。在函数中拦截这些状态，然后发送消息到即将由我自己定义的处理函数中。3 个重载函数的编写如下：

```
01  void CMySocket::OnAccept(int nErrorCode)
02  {
03      // TODO: Add your specialized code here and/or call the base class
04      if(pWnd)
05          pWnd->SendMessage(SOCKET_EVENT,(WPARAM)this,ACCEPT);
06  
07      CSocket::OnAccept(nErrorCode);
08  }
09  
10  void CMySocket::OnClose(int nErrorCode)
11  {
12      // TODO: Add your specialized code here and/or call the base class
13      if(pWnd)
14          pWnd->SendMessage(SOCKET_EVENT,(WPARAM)this,CLOSE);
15  
16      CSocket::OnClose(nErrorCode);
17  }
18  
19  void CMySocket::OnReceive(int nErrorCode)
20  {
21      // TODO: Add your specialized code here and/or call the base class
22      m_Total++;
23      if(pWnd)
24          pWnd->SendMessage(SOCKET_EVENT,(WPARAM)this,RETR);
25  
26      CSocket::OnReceive(nErrorCode);
27  }
```

（3）在类 CMySocket 的头文件中，定义消息 SOCKET_EVENT 和一些枚举常量，如下：

```
01  #define SOCKET_EVENT        WM_USER + 1001
02  enum {ACCEPT = 0,SEND = 1,RETR = 2,CLOSE = 3};
```

为类添加公有成员函数 AttachCWnd()，绑定 Socket 和窗体，代码编写如下：

```
01  void CMySocket::AttachCWnd(CWnd *pW)
02  {
03      pWnd = pW;
```

```
04 }
```

12.5.3　服务器功能实现

服务器开启时要绑定本地 IP 地址和端口号，然后才能开始侦听来自客户端的连接，还要解析客户端发来的信息，了解意图后做出约定的反应。

1．设置背景和按钮位图

为类 CServerDlg 添加成员变量，如下：

```
01 class CServerDlg : public CDialog
02 {
03 ...
04 public:
05     CMySocket           m_socket;
06     CCriticalSection    m_csList;
07     CBitmapButton       m_bnRun;
08 
09 // Implementation
10 protected:
11     HICON               m_hIcon;
12     CBitmap             m_bmBack;
13     CBrush              m_brBack;
14 ...
15 };
```

m_csList 是临界区对象，用于修改列表控件项时独占列表控件，需要在类的头文件中加入包含临界区的头文件的命令。同时包含类 CMySocket 的头文件，如下：

```
#include <afxmt.h>
#include "MySocket.h"
```

在对话框的初始化函数中，编写如下代码：

```
01 BOOL CServerDlg::OnInitDialog()
02 {
03     CDialog::OnInitDialog();
04 
05     SetIcon(m_hIcon, TRUE);         // Set big icon
06     SetIcon(m_hIcon, FALSE);        // Set small icon
07 
08     // TODO: Add extra initialization here
09 
10     //修改主对话框的背景
11     m_brBack.DeleteObject();
12     m_bmBack.DeleteObject();
13     m_bmBack.LoadBitmap(IDB_SBACK);
14     m_brBack.CreatePatternBrush(&m_bmBack);
15 
16     //位图按钮
17     m_bnRun.AutoLoad(IDC_BTNRUN,this);
18 
19     //初始化列表控件的列标头
20     m_List.InsertColumn(0,"用户名",LVCFMT_LEFT,120);    //第一列表头
21     m_List.InsertColumn(1,"IP",LVCFMT_LEFT,100);        //第二列表头
22     m_List.InsertColumn(2,"消息数",LVCFMT_LEFT,130);    //第三列表头
```

```
23      m_List.InsertColumn(3,"头像",LVCFMT_LEFT,60);         //第四列表头
24
25      return TRUE;
26  }
```

函数设置了对话框背景、按钮图片和列表控件的列表头。这样还不足以让对话框的背景显示出来，为对话框添加消息 WM_CTLCOLOR 的响应函数，如图 12.46 所示。

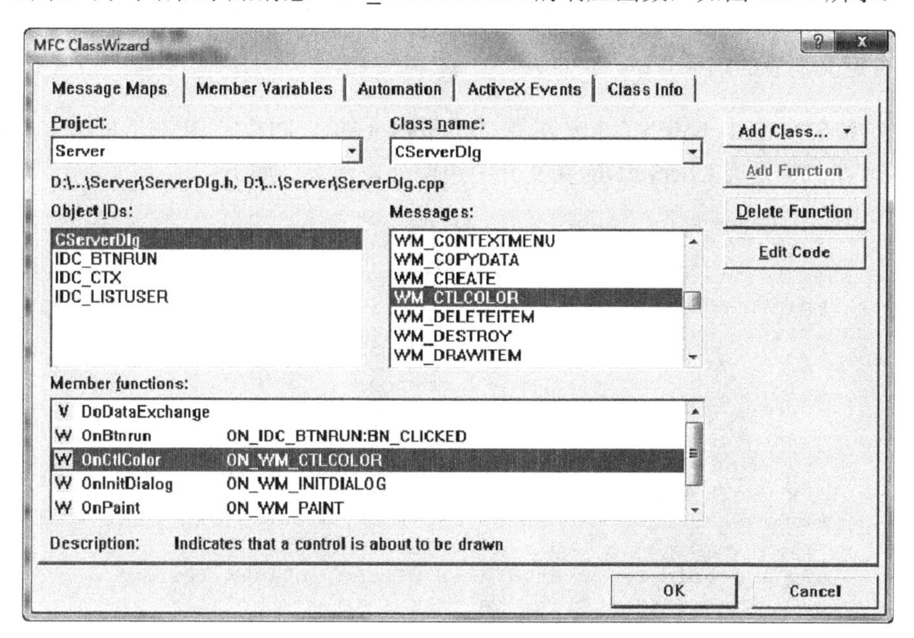

图 12.46　添加消息响应函数

为响应函数 OnCtlColor()添加代码，实现对话框背景图像的修改，如下：

```
01  HBRUSH CServerDlg::OnCtlColor(CDC* pDC, CWnd* pWnd, UINT nCtlColor)
02  {
03      HBRUSH hbr = CDialog::OnCtlColor(pDC, pWnd, nCtlColor);
04      // TODO: Change any attributes of the DC here
05      if(nCtlColor == CTLCOLOR_DLG)
06      {
07          return m_brBack;
08      }
09      // TODO: Return a different brush if the default is not desired
10      return hbr;
11  }
```

2．开启服务器

当鼠标单击“开启服务器”按钮时启动聊天室服务器，按钮的响应函数编写如下：

```
01  void CServerDlg::OnBtnrun()
02  {
03      // TODO: Add your control notification handler code here
04
05      m_socket.AttachCWnd(this);
06      BOOL isTrue = m_socket.Create(0x8123,SOCK_STREAM);
07      if(isTrue)
08      {
09          m_socket.Listen();
```

```
10          AfxMessageBox("开启成功！");
11          GetDlgItem(IDC_BTNRUN)->EnableWindow(FALSE);
12          return;
13      }
14      AfxMessageBox("不好意思，出了点问题...");
15  }
```

响应函数创建了 Socket，并且开始侦听来自任何 IP 地址的连接请求。

3．自定义消息的响应

（1）消息 SOCKET_EVENT 定义在类 CMySocket 的头文件中，在对话框中定义消息的处理函数，在对话框类 CServerDlg 头文件中声明处理函数，如下：

```
01  class CServerDlg : public CDialog
02  {
03  ...
04  // Implementation
05  protected:
06  ...
07      // Generated message map functions
08      //{{AFX_MSG(CServerDlg)
09      virtual BOOL OnInitDialog();
10      afx_msg void OnPaint();
11      afx_msg HCURSOR OnQueryDragIcon();
12      afx_msg HBRUSH OnCtlColor(CDC* pDC, CWnd* pWnd, UINT nCtlColor);
13      //}}AFX_MSG
14      afx_msg void OnSocket(WPARAM wParam, LPARAM lParam);
15      DECLARE_MESSAGE_MAP()
16  };
```

在对话框类 CServerDlg 的实现文件中添加消息响应，如下：

```
BEGIN_MESSAGE_MAP(CServerDlg, CDialog)
    //{{AFX_MSG_MAP(CServerDlg)
    ON_WM_PAINT()
    ON_WM_QUERYDRAGICON()
    ON_WM_CTLCOLOR()
    //}}AFX_MSG_MAP
    ON_MESSAGE(SOCKET_EVENT,OnSocket)
END_MESSAGE_MAP()
```

然后编写处理函数 OnSocket()，如下：

```
01  void CServerDlg::OnSocket(WPARAM wParam, LPARAM lParam)
02  {
03      CMySocket   *sock = (CMySocket*)wParam;
04      CMySocket   *c;
05
06      SOCKADDR_IN sockAddr;
07      int         nSize = sizeof(sockAddr);
08      BOOL        res;
09
10      switch(lParam)
11      {
12      //新的连接消息
13      case ACCEPT:
14          //创建一个新的 SOCKET
15          c = new CMySocket;
```

```
16              //将连接绑定到本窗体
17              c->AttachCWnd(this);
18
19              //主 SOCKET 指派新创建的 SOCKET 与客户端通信
20              res = sock->Accept(*c,(SOCKADDR *)&sockAddr,&nSize);
21              if(res == FALSE)
22              {
23                  MessageBox("Accept Error!");
24              }
25              break;
26
27          //连接关闭消息
28          case CLOSE:
29              ClosePlayer(sock);              //关闭连接
30              break;
31
32          //收到数据消息
33          case RETR:
34              ParserPkt(sock);                //解析消息
35              break;
36          }
37  }
```

响应消息 SOCKET_EVENT 的处理函数依据参数 lParam 判断是哪一类消息，然后交给不同的代码段或者函数来处理。

（2）函数 ClosePlayer()是定义在类 CServerDlg 中的公有成员函数，用来关闭与退出聊天室聊友的连接，实现代码如下：

```
01  void CServerDlg::ClosePlayer(CMySocket *from)
02  {
03      int     i , msg_len;
04      char    out_msg[200];
05
06      msg_len = sprintf(out_msg," %s 退出聊天室\r\n",from->m_Player) + 1;
07
08      //保存退出命令和聊友名
09      char    nbuf[100];
10
11      m_csList.Lock();                //锁定列表控件，即独占
12
13      //删除退出聊友的信息
14      for(i = 0; i < m_List.GetItemCount(); i++)
15      {
16          if(m_List.GetItemData(i) == (DWORD)from)
17          {
18              //删除套接字
19              delete from;
20
21              //聊友退出的命令
22              nbuf[0] = 0x41;
23              m_List.GetItemText(i,0,nbuf + 1, 100);
24
25              //删除退出聊友在列表中的信息
26              m_List.DeleteItem(i);
27              break;
28          }
29      }
```

```
30
31      //将聊友退出消息发送给各个聊友
32      for(i = 0; i < m_List.GetItemCount(); i++)
33      {
34          CMySocket *s;
35
36          s = (CMySocket*)m_List.GetItemData(i);
37
38          s->Send(nbuf,100);                          //发送消息
39      }
40
41      m_csList.Unlock();
42
43      Append(out_msg);                                //自定义函数
44  }
```

函数 ClosePlayer()功能的实现过程是，依据传入的参数 from，遍历列表控件上的列表项，按协议构造聊友退出信息，删除列表项后再给所有的剩余聊友发送聊友退出信息。

类 CCriticalSection 的成员函数 Lock()用来获取对临界区的访问，函数 Unlock()用来释放临界区对象。

类 CListCtrl 的成员函数 GetItemText()用来获取列表项的文本，原型如下：

```
int GetItemText(
   int           nItem,
   int           nSubItem,
   LPTSTR        lpszText,
   int           nLen
) const;
CString GetItemText(
   int           nItem,
   int           nSubItem
) const;
```

重载函数的参数及其含义如下所述。

- nItem：列表控件列表项的索引号。
- nSubItem：列表项的子项索引号。
- lpszText：指向将用来保存文本的内存空间。
- nLen：内存空间的长度。

类 CListCtrl 的成员函数 GetItemData()，用于获取列表项被应用程序指定的 32 位数值，原型如下：

```
DWORD_PTR GetItemData(
   int        nItem
) const;
```

参数 nItem 就是列表项的索引号。函数返回的是 32 位的数值。

（3）函数 ParserPkt()同样定义在类 CServerDlg 中，为公有成员，实现代码比较长，我们按功能分开来讲解，功能如图 12.47 所示。

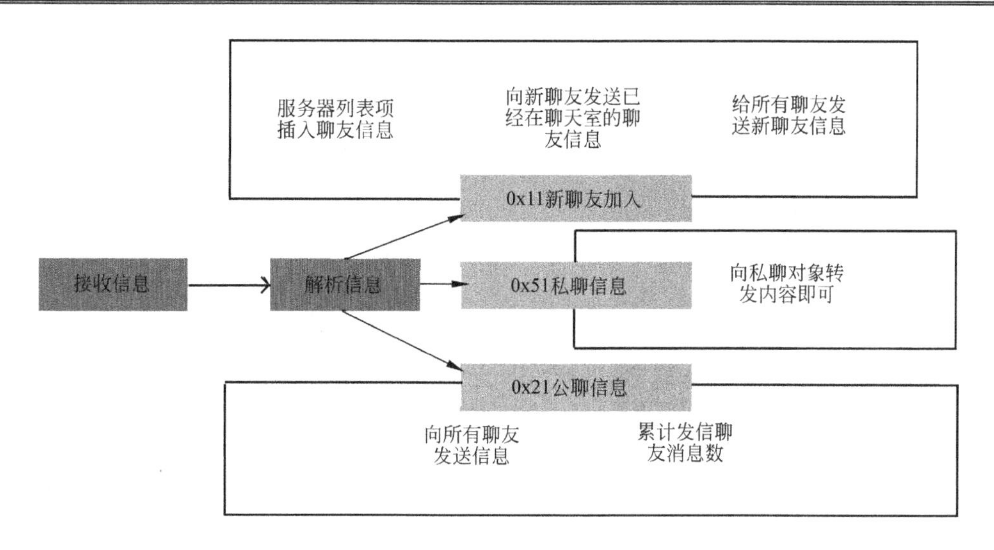

图 12.47　解析函数功能分解

接收到 Socket 携带的信息后，首先判断是否为“聊友初次加入聊天室”信息，是的话就要获取聊友的姓名、IP 地址、端口号、图像号和 Socket，并将这些信息插入到列表控件中。

```
01  void CServerDlg::ParserPkt(CMySocket *from)
02  {
03      char SendBuff[4096];          //发送缓冲
04      char ShowBuff[4096];          //显示缓冲
05      char nbuf[100];               //临时缓冲区
06
07      //初始化各缓冲区
08      memset(SendBuff,0,4096);
09      memset(ShowBuff,0,4096);
10      memset(nbuf,0,100);
11
12      int len;                      //记录发送长度
13      int item;                     //列表序号
14      char pic[2];                  //图像序号
15      CMySocket *s1;                //发送一般消息的 Socket
16      CMySocket *s;                 //发送聊友进入信息的 Socket
17
18      //读取数据
19      len = from->Receive(SendBuff,4096);
20      if(len < 1)
21      {
22          AfxMessageBox("消息解析--接收消息 Error");
23          return;
24      }
25
26      //0x11---服务器接受聊友进入聊天室
27      if(SendBuff[0] == 0x11)
28      {
29          CString ipaddr;               //IP 字符串
30          UINT port;                    //端口号
31
32          //取得与该套接字链接的对方的 IP 地址、端口号
```

```
33          from->GetPeerName(ipaddr,port);
34          //与 SOCKET 通信的聊友的称谓
35          from->m_Player = SendBuff + 2;
36
37          //头像序号处理——数字转换为 ascii 中的数字，1 的 ascii 码值为 0x30
38          pic[0] = SendBuff[1] + 0x30;
39          pic[1] = '\0';
40
41          //向列表中插入一项
42          m_csList.Lock();
43
44          item = m_List.InsertItem(0,SendBuff+2);
45          m_List.SetItemData(item,(DWORD)from);
46          m_List.SetItemText(item,1,ipaddr);
47          m_List.SetItemText(item,3,pic);
48
49          m_csList.Unlock();
50
51          //群发消息
52          ...
53      }
54      else if(SendBuff[0] == 0x51)
55      {
56          //私聊信息
57          ...
58      }
59      else
60      {
61          //公聊信息
62          ...
63      }
64      ...
65  }
```

类 CAsyncSocket 的成员函数 GetPeerName()，用来获取建立连接的那端的 IP 地址和端口号，原型如下：

```
BOOL GetPeerName(
  CString&     rPeerAddress,
  UINT&        rPeerPort
);
```

参数及其含义如下所述。

- rPeerAddress：接收点分的 IP 地址组成的字符串。
- rPeerPort：保存端口号。

函数返回非 0，表示获取成功。

类 CListCtrl 的成员函数 SetItemData()，用于为指定列表项设置 32 位数值，原型如下：

```
BOOL SetItemData(
  int           nItem,
  DWORD_PTR     dwData
);
```

参数及其含义如下所述。

- nItem：要设置的列表项。
- dwData：要指定的 32 位数值。

函数返回非 0，表示设置成功。

其次，判断如果是“聊友初次加入聊天室”信息，那么服务器还会向所有早加入聊天室的聊友原封不动地转发信息，然后给新加入的聊友发送已登录的聊友信息，代码如下：

```
01  void CServerDlg::ParserPkt(CMySocket *from)
02  {
03      //变量声明
04      ...
05
06      //0x11---服务器接受聊友进入聊天室
07      if(SendBuff[0] == 0x11)
08      {
09          //添加列表项
10          ...
11
12          //s1 中保存新加入聊友的 socket
13          s1 = (CMySocket*)m_List.GetItemData(item);
14
15          //通知所有聊友有新聊友加入
16          m_csList.Lock();
17
18          for(item = 0; item < m_List.GetItemCount(); item++)
19          {
20              s = (CMySocket*)m_List.GetItemData(item);
21              len = sprintf(ShowBuff ," %s 进入聊室\r\n",from->m_Player);
22              Sleep(200);
23
24              //发送图标号和聊友名
25              if( s != from )
26              {
27                  //发送指令为 0x11 的信息
28                  s->Send(SendBuff,len+1);
29
30                  //向新聊友发送已登录聊友信息
31                  //获取图标号
32                  m_List.GetItemText(item,3,&pic[0],2);
33                  //0x31---已登录聊友信息
34                  nbuf[0] = 0x31;
35                  nbuf[1] = pic[0];
36                  //获取聊友名
37                  m_List.GetItemText(item,0,nbuf+2,100);
38                  len = strlen(nbuf);
39                  s1->Send(nbuf,len+1);
40              }
41              else
42              {
43                  //新聊友消息加 1
44                  char tot[10];
45                  sprintf(tot,"%u",from->m_Total);
46                  //设置第 2 列，消息数列
47                  m_List.SetItemText(item,2,tot);
48              }
49          }
50
51          m_csList.Unlock();
52      }
53      else if(SendBuff[0] == 0x51)
```

```
54      {
55          //私聊信息
56          ...
57      }
58      else
59      {
60          //公聊信息
61          ...
62      }
63      ...
64  }
```

若解析发现是私聊信息的话，按照信息提供的聊友名，遍历列表项找到 Socket 连接，然后只转发消息的内容到私聊聊友就可以了，代码如下：

```
01  void CServerDlg::ParserPkt(CMySocket *from)
02  {
03      //变量声明
04      ...
05  
06      //0x11---服务器接受聊友进入聊天室
07      if(SendBuff[0] == 0x11)
08      {
09          //添加列表项
10          ...
11  
12          //群发消息
13          ...
14      }
15      //私聊信息
16      else if(SendBuff[0] == 0x51)
17      {
18          char pName[100],bName[100];
19          memset(pName,0,100);
20          memset(bName,0,100);
21  
22          //按照私聊的聊友名查找
23          strcpy(pName,SendBuff +1);
24          for(item = 0; item < m_List.GetItemCount(); item++)
25          {
26              m_List.GetItemText(item,0,bName,100);
27              if(0 == strcmp(pName,bName))
28              {
29                  s = (CMySocket*)m_List.GetItemData(item);
30                  //直接发送了文本内容
31                 s->Send(SendBuff + 99 ,len);
32              }
33          }
34      }
35      else    //向所有聊友转发消息
36      {
37          //公聊信息
38          ...
39      }
40      ...
41  }
```

若解析发现是公聊信息，需要向所有的聊友转发消息，再累计发送消息聊友的消息数目，代码如下：

```
01  void CServerDlg::ParserPkt(CMySocket *from)
02  {
03      //变量声明
04      ...
05
06      //0x11---服务器接收聊友进入聊天室
07      if(SendBuff[0] == 0x11)
08      {
09          //添加列表项
10          ...
11
12          //群发消息
13          ...
14      }
15      else if(SendBuff[0] == 0x51)    //根据聊友名转发了
16      {
17          //私聊信息
18      }
19      //公聊信息
20      else    //向所有聊友转发消息
21      {
22          m_csList.Lock();
23
24          for(item = 0; item < m_List.GetItemCount(); item++)
25          {
26              s = (CMySocket*)m_List.GetItemData(item);
27              s->Send(SendBuff,len);
28
29              //消息数累计
30              if(s == from)
31              {
32                  char tot[10];
33                  sprintf(tot,"%u",from->m_Total);
34                  m_List.SetItemText(item,2,tot);
35              }
36          }
37          memcpy(ShowBuff,SendBuff+1,4096);
38
39          m_csList.Unlock();
40      }
41
42      Append(ShowBuff);                   //自定义函数
43  }
```

函数 Append()定义在 CServerDlg 中，用来维护服务器自己文本框消息的显示，消息包括聊友加入、退出，聊友公聊的内容。函数的实现如下：

```
01  void CServerDlg::Append(char *msg)
02  {
03      //读取消息框中所有的消息
04      m_Ctx += msg;
05      UpdateData(FALSE);
06  }
```

即将信息内容追加到文本框内容，然后显示出来。

12.6　聊天室客户端

客户端是聊友发信和收信的载体，可以通过它来了解聊天室里来了哪些聊友，他们在讨论什么。也是通过它来实现在聊天室里向所有人发言，或者和特定的聊友说些悄悄话。

12.6.1　聊天室客户端界面设计

（1）在 VC 中建立基于对话框的应用程序，命名为 Client，主对话框即聊天窗体的设计如图 12.48 所示。

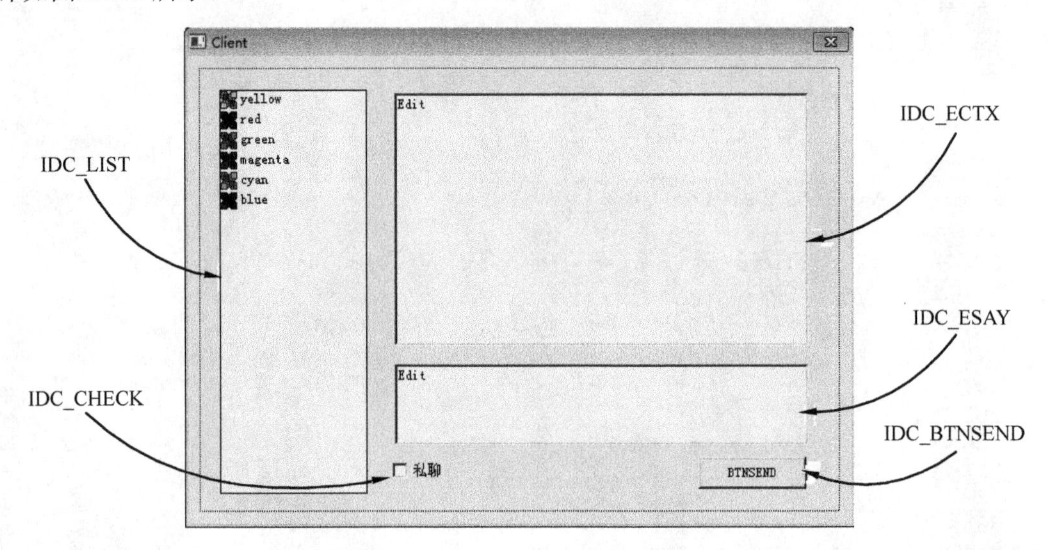

图 12.48　聊天窗体界面设计

其中，图像列表框样式设置为 Small Icon，两个编辑框的样式都设置为多行和自动垂直滚动条，按钮样式设置为自绘，如图 12.49 所示。

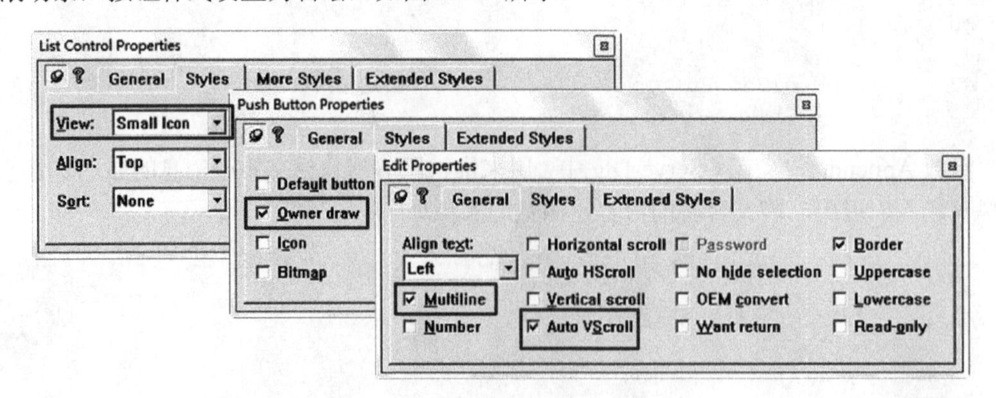

图 12.49　控件样式设置

为控件添加关联变量，变量类型和变量名如图 12.50 所示。

IDC_BTNSEND		
IDC_CHECK	BOOL	m_check
IDC_ECTX	CString	m_ectx
IDC_ESAY	CString	m_esay
IDC_LIST	CListCtrl	m_list

图 12.50　关联变量

（2）添加一个对话框，修改 ID 为 IDD_LOGIN，“登录”对话框界面的设计如图 12.51 所示。

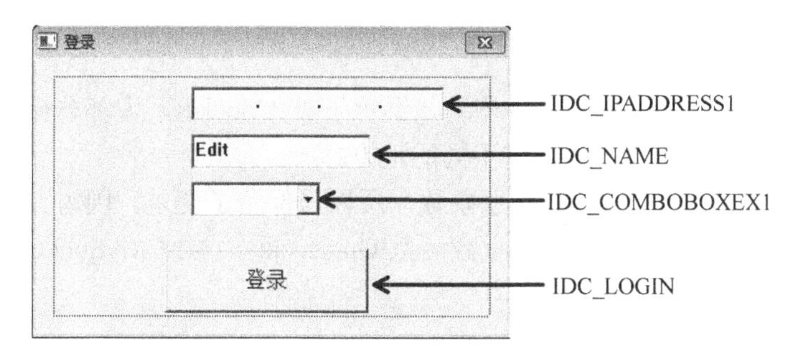

图 12.51　“登录”对话框界面设计

为 4 个控件关联变量，变量类型和变量名如图 12.52 所示。

IDC_COMBOBOXEX1	CComboBoxEx	m_Photo
IDC_IPADDRESS1	CIPAddressCtrl	m_IP
IDC_LOGIN	CBitmapButton	m_bnLogin
IDC_NAME	CString	m_name

图 12.52　关联变量

（3）为工程导入“登录”对话框和主对话框的背景，如图 12.53 所示。其中，左侧的图为“登录”对话框的背景，右侧的图为主对话框的背景，该图为纯色的。

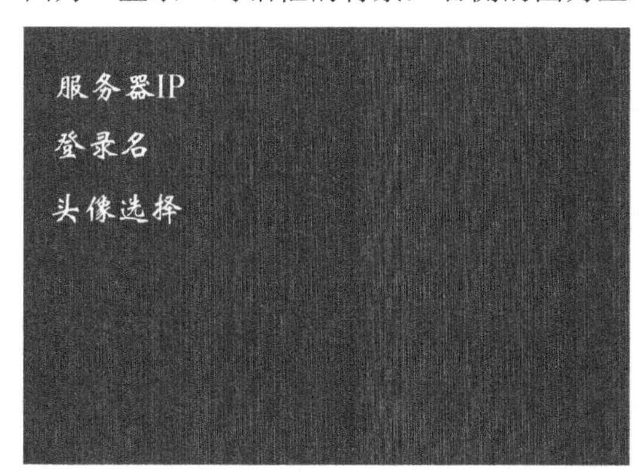

图 12.53　“登录”对话框和主对话框背景图

修改背景图 ID 分别为 IDB_LOGBACK 和 IDB_CBACK，再导入“登录”和“发送”按钮的位图，如图 12.54 所示。

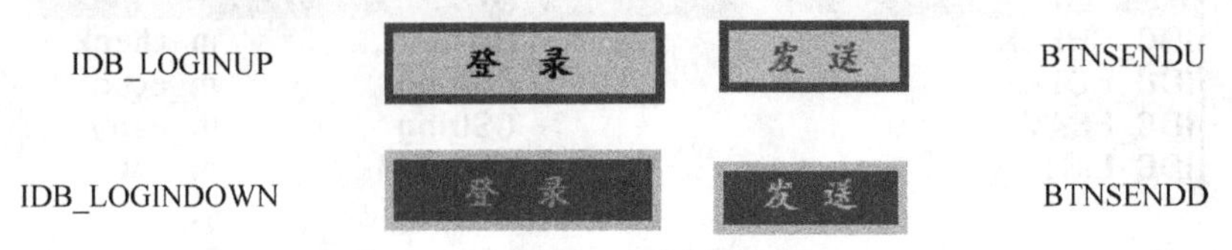

图 12.54　按钮位图

12.6.2　添加套接字类

客户端同样需要添加新类 CMySocket，继承于类 CSocket，大部分操作和服务器端的类 CMySocket 相似，本节将讲解与它不同的地方。

客户端没有必要记录聊友名和消息条数，所以只保留了变量。因为客户端不会接收来自其他客户端的连接请求，所以不必重载函数 OnAccept()，类 CMySocket 的头文件如下：

```
01  class CMySocket : public CSocket
02  {
03  // Attributes
04  public:
05      CWnd *pWnd;
06  ...
07  // Operations
08  public:
09      CMySocket();
10      virtual ~CMySocket();
11      void AttachCWnd(CWnd *pWnd);
12  ...
13  // Overrides
14  public:
15      // ClassWizard generated virtual function overrides
16      //{{AFX_VIRTUAL(CMySocket)
17      public:
18      virtual void OnClose(int nErrorCode);
19      virtual void OnReceive(int nErrorCode);
20      //}}AFX_VIRTUAL
21  ...
22  };
```

其他的操作同 12.5.2 节。包括自定义消息 SOCKET_EVENT、重载虚函数 OnClose() 和 OnReceive()、发送消息 SOCKET_EVENT 给处理函数、使用公有成员函数 AttachCWnd() 实现 Socket 和窗口的绑定。

12.6.3　客户端功能实现

客户端需要与服务器端建立连接，发送不管是公聊还是私聊的信息，当然也要接收和解析服务器发来的一切信息，包括新聊友的加入、旧聊友的退出、聊天室里大家公开说的话等。

1. “登录”对话框

（1）为对话框关联基于 CDialog 的类，命名为 CLogDlg，添加变量如下：

```
01  class CLogDlg : public CDialog
02  {
03  ...
04  public:
05      char            m_ipAddr[16];   //保存 IP
06      CImageList      m_imageList;
07      int             m_imgNum;       //记录图像号码
08
09  // Implementation
10  protected:
11      CBitmap m_bmBack;
12      CBrush  m_brBack;
13  ...
14  };
```

（2）为对话框添加消息 WM_INITDIALOG 的响应函数 OnInitDialog()，并且在函数中添加如下代码：

```
01  BOOL CLogDlg::OnInitDialog()
02  {
03      CDialog::OnInitDialog();
04      // TODO: Add extra initialization here
05
06      //设置对话框背景
07      m_bmBack.DeleteObject();
08      m_brBack.DeleteObject();
09      m_bmBack.LoadBitmap(IDB_LOGBACK);
10      m_brBack.CreatePatternBrush(&m_bmBack);
11
12      m_IP.SetWindowText("127.0.0.1");
13      m_bnLogin.LoadBitmaps(IDB_LOGINUP,IDB_LOGINDOWN);
14
15      //初始化图像列表
16      m_imageList.Create(32, 32, ILC_COLOR16, 6, 6);
17      for(int i = 0; i < 6; i++)
18      {
19          m_imageList.Add(
20              LoadIcon(AfxGetInstanceHandle(),MAKEINTRESOURCE(132 + i))
21              );
22      }
23
24      //为图像组合框关联图像列表
25      m_Photo.SetImageList(&m_imageList);
26
27      //将图像插入到组合框中
28      for(i=0; i<m_imageList.GetImageCount(); i++)
29      {
30          COMBOBOXEXITEM cbi ={0};
31          CString str;
32          int nItem;
33
```

```
34          cbi.mask = CBEIF_IMAGE|CBEIF_SELECTEDIMAGE | CBEIF_TEXT;
35          cbi.iItem = i;
36          str.Format(_T("%2d"), i+1);
37          cbi.pszText = str.GetBuffer(0);
38          cbi.cchTextMax = str.GetLength();
39          cbi.iImage = i;
40          cbi.iSelectedImage = i;
41
42          //为组合框添加新项目
43          nItem = m_Photo.InsertItem(&cbi);
44          ASSERT(nItem == i);
45      }
46
47      //设置当前的选择
48      m_Photo.SetCurSel(0);
49      return TRUE;
50  }
```

初始化函数的功能实现过程是，设置对话框背景、初始化图像列表并关联到图像组合框、预先为图像组合框插入了选项，最后设置图像组合框，默认选择第一项。

（3）为对话框添加消息 WM_CTLCOLOR 的响应函数 OnCtlColor()，并在函数中添加如下代码：

```
01  HBRUSH CLogDlg::OnCtlColor(CDC* pDC, CWnd* pWnd, UINT nCtlColor)
02  {
03      HBRUSH hbr = CDialog::OnCtlColor(pDC, pWnd, nCtlColor);
04      // TODO: Change any attributes of the DC here
05
06      if(nCtlColor == CTLCOLOR_DLG)
07      {
08          return m_brBack;
09      }
10
11      // TODO: Return a different brush if the default is not desired
12      return hbr;
13  }
```

这样的话，对话框的背景就会被设置为我们事先载入的位图。

（4）添加单击“登录”按钮的响应函数 OnLogin()，如下：

```
01  void CLogDlg::OnLogin()
02  {
03      // TODO: Add your control notification handler code here
04
05      UpdateData(TRUE);
06      m_imgNum = m_Photo.GetCurSel();
07      m_IP.GetWindowText(m_ipAddr,16);
08
09      //成功获取到信息后关闭对话框
10      OnOK();
11  }
```

函数将获取聊友填写的信息，然后保存在类的变量中。

2. 主对话框背景和按钮位图设置

为主对话框类 CClientDlg 添加成员变量，如下：

```
01  class CClientDlg : public CDialog
02  {
03  ...
04  public:
05      CString     m_Name;          //保存聊友名
06      CImageList  m_ImageList;
07      int         m_curIndex;
08
09      CMySocket       m_socket;
10      CBitmap         m_bmBack;
11      CBrush          m_brBack;
12      CBitmapButton   m_bSend;
13
14  // Implementation
15  protected:
16      HICON m_hIcon;
17
18      CString pName[100];          //保存聊友名数组
19      int curNum;
20  ...
21  };
```

在主对话框初始化函数 OnInitDialog()中设置背景图像、按钮位图，为图像列表加载图像，如下：

```
01  BOOL CClientDlg::OnInitDialog()
02  {
03      CDialog::OnInitDialog();
04      // TODO: Add extra initialization here
05
06      //设置对话框背景
07      m_bmBack.DeleteObject();
08      m_brBack.DeleteObject();
09      m_bmBack.LoadBitmap(IDB_CBACK);
10      m_brBack.CreatePatternBrush(&m_bmBack);
11
12      //添加按钮位图
13      m_bSend.AutoLoad(IDC_BTNSEND,this);
14
15      //载入图标头像
16      HICON myIcon[6];
17      int i;
18      for( i=0;i<6;i++)
19      {
20          myIcon[i] = AfxGetApp()->LoadIcon(IDI_ICON1 + i);
21      }
22
23      //创建图像列表
24      m_ImageList.Create(32, 32, ILC_COLOR32, 6, 6);
25      for( i=0; i < 6; i++)
26      {
27          m_ImageList.Add(myIcon[i]);
28      }
29      m_list.SetImageList(&m_ImageList, LVSIL_SMALL);
30
31      ...
32      return TRUE;
33  }
```

为主对话框添加消息 WM_CTLCOLOR 的响应函数 OnCtlColor()，完成主对话框背景的绘制，如下：

```
01 HBRUSH CClientDlg::OnCtlColor(CDC* pDC, CWnd* pWnd, UINT nCtlColor)
02 {
03     HBRUSH hbr = CDialog::OnCtlColor(pDC, pWnd, nCtlColor);
04 
05     // TODO: Change any attributes of the DC here
06     if(nCtlColor == CTLCOLOR_DLG)
07     {
08         return m_brBack;
09     }
10     // TODO: Return a different brush if the default is not desired
11     return hbr;
12 }
```

3．校验登录信息

主对话框初始化函数 OnInitDialog()会调用“登录”对话框，获取输入信息，校验输入信息，代码如下：

```
01 BOOL CClientDlg::OnInitDialog()
02 {
03     CDialog::OnInitDialog();
04     // TODO: Add extra initialization here
05     ...
06 
07 tryagain:
08     //先弹出登录对话框
09     CLogDlg ld;
10     if(ld.DoModal() != IDOK)          //没有按确认键
11     {
12         PostQuitMessage(0);           //退出程序
13         return TRUE;
14     }
15 
16     //输入信息校验
17     if(strlen(ld.m_ipAddr) == 0)
18     {
19         MessageBox("请输入服务器地址!");
20         goto tryagain;
21     }
22     if(ld.m_name.IsEmpty())
23     {
24         MessageBox("请输入你的称谓!");
25         goto tryagain;
26     }
27     m_Name = ld.m_name;
28     char im = ld.m_imgNum + 1;
29 
30     ...
31     return TRUE;
32 }
```

这里用到了跳转语句 goto，跳转的目标标签是 tryagain。

4．连接聊天室服务器，初次发送信息

根据聊友填写的 IP 地址与服务器建立连接，构造聊友向服务器发送的第一条信息，即

“初次加入聊天室”，代码如下：

```
01  BOOL CClientDlg::OnInitDialog()
02  {
03      CDialog::OnInitDialog();
04      // TODO: Add extra initialization here
05      ...
06
07      CString msg;
08      DWORD   err;
09
10      m_socket.AttachCWnd(this);
11      if(m_socket.Create() == FALSE)           //自动完成 SOCKET 的初始化
12      {
13          err = GetLastError();
14          msg.Format("创建 Socket 失败!\r\n 错误代码:%d",err);//sprintf 相同
15          goto msgbox;
16      }
17
18      //设置对话框的标题
19      SetWindowText("正在连接到服务器...");
20
21      if(m_socket.Connect(ld.m_ipAddr,0x8123) == FALSE)
22      {
23          err = GetLastError();
24          msg.Format("连接服务器失败! \r\n 错误代码:%d",err);
25  msgbox:
26          MessageBox(msg);
27          PostQuitMessage(0);                 //退出
28          return TRUE;
29      }
30
31      char    pkt[200];
32      sprintf(pkt,"%s 已连接到服务器!",m_Name);
33
34      //再次设置对话框的标题
35      SetWindowText(pkt);
36      Sleep(1000);
37
38      //功能码，登入聊天室
39      pkt[0] = 0x11;
40      pkt[1] = im;                            //头像号码
41      strncpy(pkt+2,m_Name,98);
42
43      //发送
44      int l = strlen(pkt)+1;
45      if(m_socket.Send(pkt,l) == FALSE)
46      {
47          MessageBox("发送数据错误!");
48      }
49      return TRUE;
50  }
```

5. 自定义消息的响应

使用与服务器添加自定义消息同样的方法，添加消息 SOCKET_EVENT 的处理函数 OnSocket()，并编写如下代码，功能如图 12.55 所示。

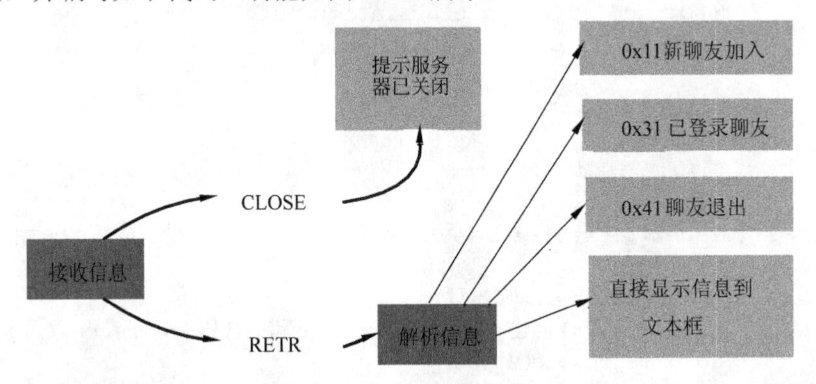

图 12.55　消息响应函数功能分解

```
01 void CClientDlg::OnSocket(WPARAM wParam, LPARAM lParam)
02 {
03     char    pkt[4096];
04     memset(pkt,0,4096);
05 
06     LVFINDINFO   info;
07     LVITEM lvitem;
08 
09     switch(lParam)
10     {
11     case RETR:
12         m_socket.Receive(pkt,4096);
13 
14         switch(pkt[0])
15         {
16         case 0x11:                          //新加入聊友
17             pName[curNum] = pkt +2;
18             curNum++;
19             m_ectx += pkt + 2;
20             m_ectx += " 进入聊室。\r\n";
21 
22             lvitem.mask = LVIF_IMAGE|LVIF_TEXT;
23             lvitem.iItem = curNum;
24             lvitem.pszText = pkt + 2;
25             lvitem.iImage = pkt[1] - 1;
26             m_list.InsertItem(&lvitem);
27 
28             break;
29 
30         case 0x31:                          //已登录聊友
31             pName[curNum] = pkt +2;
32             curNum++;
33 
34             lvitem.mask = LVIF_IMAGE|LVIF_TEXT;
35             lvitem.iItem = curNum;
36             lvitem.pszText = pkt + 2;
37             lvitem.iImage = pkt[1] - 0x31;
38             m_list.InsertItem(&lvitem);
```

```
39              break;
40
41          case 0x41:                      //有聊友退出聊天室
42              m_ectx += pkt + 1;
43              m_ectx += " 退出聊室\r\n";
44
45              info.flags = LVFI_PARTIAL|LVFI_STRING;
46              info.psz   = pkt + 1;
47              int item;
48              item = m_list.FindItem(&info);
49              if(item != -1)
50              {
51                  m_list.DeleteItem(item);
52              }
53              break;
54
55          default:            //对于没有任何命令的消息，直接显示在文本框中
56              m_ectx += pkt + 1;
57          }
58
59          UpdateData(false);
60          break;
61
62      case CLOSE:
63          MessageBox("服务器已关闭!");
64      }
65  }
```

6. 发送聊天信息

想要和指定的聊友私聊时，只需双击聊友的头像，此时私聊的复选框会被设置为选中，当不想继续私聊时可以取消复选框的选择。添加双击列表框的响应函数 OnDblclkList()，如下：

```
01  void CClientDlg::OnDblclkList(NMHDR* pNMHDR, LRESULT* pResult)
02  {
03      // TODO: Add your control notification handler code here
04
05      m_curIndex   =m_list.GetNextItem(-1,   LVNI_SELECTED);
06      if(m_curIndex == -1)
07      {
08          AfxMessageBox("还没有选择私聊的聊友...");
09          return;
10      }
11      m_check =true;
12      UpdateData(false);
13
14      *pResult = 0;
15  }
```

在发信的文本框编辑要发送的信息，然后单击“发送”按钮即可。现在添加单击按钮响应函数 OnBtnsend()，如下：

```
01  void CClientDlg::OnBtnsend()
02  {
03      // TODO: Add your control notification handler code here
04
05      UpdateData();
```

```
06       char    pkt[4096];
07       int     len;
08
09       memset(pkt,0,sizeof(pkt));
10       if(m_check)
11       {
12           //私聊信息
13           pkt[0] = 0x51;
14           strcpy(pkt + 1,pName[m_curIndex]);
15           len = sprintf(pkt + 100 ,"私聊: %s: %s\r\n",m_Name,m_esay);
16           m_socket.Send(pkt,len + 100);
17
18           sprintf(pkt + 100 ,"私聊: 对%s 说: %s\r\n",
19                               pName[m_curIndex],m_esay);
20           m_ectx += pkt +100;
21           m_esay.Empty();          //清空发信文本框
22       }
23       else
24       {
25           //群发信息
26           pkt[0] = 0x21;
27           len = sprintf(pkt+1,"%s 说: %s\r\n",m_Name,m_esay);
28           m_socket.Send(pkt,len + 1);
29           m_esay.Empty();
30       }
31       UpdateData(FALSE);
32   }
```

响应函数依据复选框变量 m_check 判断“公聊”还是“私聊”，然后依据协议来构造要发送到聊天室服务器的信息。

12.7　小　　结

本章主要向读者介绍了一个简单的聊天室的开发过程，包括预先约定协议、分别构建客户端和服务器端、通过 CSocket 建立网络连接收发信息等。本章还讲解了 3 个标准的控件、一个标准的 MFC 类和 5 个小的应用实例，当它们被应用在聊天室的构建时，才使得聊天室有了生动的头像和背景。

第3篇　Visual C++串口通信开发

第 13 章　串口通信基础

在日常生活中，计算机串口对于用户而言，有着非常广泛的用途。例如，工业控制、计算机串口通信等。串口通信编程是实现这些用途的最好途径。在本章将向用户介绍串口通信编程的基础知识，以及串口通信数据的校验方法等。

13.1　串口通信基本概念

用户需要进行串口编程，必须对串口通信的一些基本概念以及通信数据传输的方式等非常地熟悉。因此，本节主要介绍一些关于串口通信方面的基础知识。

13.1.1　串口通信概述

串口通信是指用户通过计算机串口实现计算机与计算机之间的通信。一般情况下，串口均是按位（bit）进行发送和接收数据。计算机串口常用于远距离传输信号或者数据。串口通信编程中，最重要的参数包括波特率、数据位、停止位等。当两台计算机通过串口进行通信时，必须将这些参数设置为相同，否则，两台计算机将不能进行数据通信。

1. 波特率

波特率是指用户每秒钟通过串口进行数据传输的位个数。波特率在计算机串口通信中，是一个非常重要的参数，常被用于衡量通信的速度。例如，用户在进行串口编程时，将波特率设置为 9600，表示串口每秒钟传输的数据个数为 9600 B。

注意：用户在使用串口进行通信时，波特率可以为任何值。但是，用户在设置波特率时，应该综合分析之后再进行设置。默认情况下，波特率为 9600。

波特率也可以用来描述串口通信的距离。一般情况下，波特率越大，其数据传输距离越短。如果用户需要进行远距离数据传输时，需要将波特率设置得较小。

2. 数据位

数据位是指在计算机串口通信中，用来描述实际传输数据位的参数。其中，实际传输的数据位包括开始位、停止位、数据位，以及奇偶校验位。这些数据位均包含在一个数据包中进行传输。

3. 停止位

停止位是指计算机发送或接收的每个数据包的最后一位。因为计算机通信数据都是在传输电缆中进行传输的，所以计算机发送的数据会受到计算机时钟的影响，导致停止位不能简单的被用于表示数据传输的结束。

如果用户设置的停止位位数越多，则其数据传输的速率会越慢。这是由于计算机串口数据传输的特点是按位进行传输的。

注意：用户在实际编程时，为了避免停止位与用户所传输的数据位相同，造成数据传输的混乱。所以，用户需要将串口数据的停止位的位数增多。

4．奇偶校验位

奇偶校验位在串口通信中，是一种最简单的检错方式。其中包含了两种校验方法：奇位校验和偶位校验。当然，在串口通信中，没有校验位也是允许的。用户在进行串口编程时，必须设置至少一个检验位，以确保用户传输的数据的完整性和准确性。

注意：偶校验和奇校验的基本原理是相同的，只需检测数据中的“1”或“0”的个数值是偶数还是奇数。

13.1.2　单工、半双工和全双工的定义

一般，根据串口数据的传输方向，可以将串口通信方式大致分为单工、半双工和全双工。用户在使用串口进行编程时，必须需要知道串口的通信方式。所以，在本节中，将向用户介绍单工、半双工和全双工的基本定义。

1．单工

单工是指在串口通信中，通信数据只能由一端向另一端进行单向传输。一般，串口单工通信方式常应用在工业控制方面。例如，工业计算机通过串口，从传感器中获取采样数据等。具体的单工通信方式如图 13.1 所示。

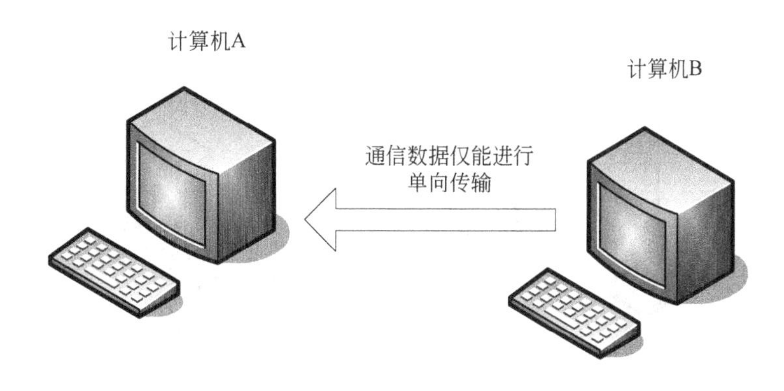

图 13.1　串口通信的单工通信方式

注意：如果串口采用单工通信方式进行通信，通信数据仅能从计算机 B 到计算机 A。数据传输方向不能逆转。目前，这种通信方式已经很少应用在实际项目的开发中。

2．半双工

半双工通信是指串口数据可以从通信的一端传输到另一端，而该数据传输方向也可以进行逆转。但是，计算机在串口通信的半双工方式下，并不能同时发送和接收数据。所以，用户采用半双工方式进行串口通信时，只能允许一个方向上的数据传输。半双工通信方式如图 13.2 所示。

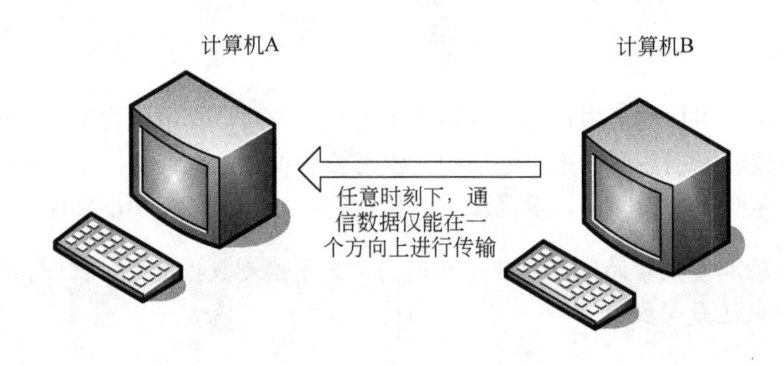

图 13.2　串口通信的半双工通信方式

注意：在串口通信中，采用半双工方式进行数据传输时，用户需要使用两根数据传输线。但是在任意时刻，这两根数据传输线只能允许其中一根存传输数据。

3．全双工

全双工是指在任意时刻下，串口通信数据可同时在传输线路上进行双向传输。使用该通信方式时，用户需要使用两根数据传输线，一根数据传输线发送数据，而另一根数据传输线接收数据。这种通信方式已经广泛使用到实际的项目开发中。全双工通信方式如图 13.3 所示。

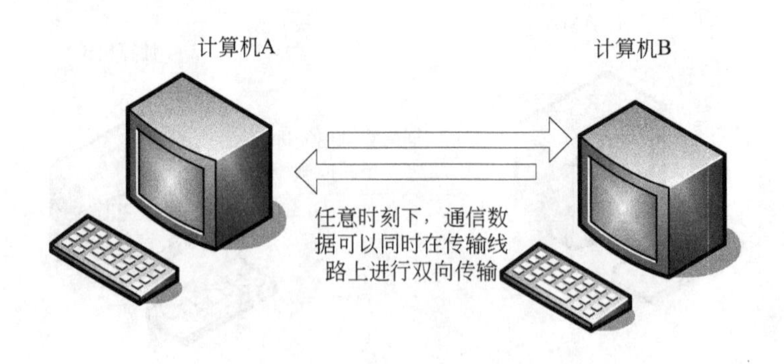

图 13.3　串口通信的全双工通信方式

在本节中，向用户介绍了单工、半双工，以及全双工串口通信方式的基本工作原理。用户在进行串口编程时，首先要规定串口的通信方式。

13.1.3　同步方式与异步方式

在串口通信中，除了 13.1.2 节介绍的单工等通信方式以外，串口的通信方式还可以分为同步方式和异步方式。本节将介绍这两种通信方式的基本原理和区别。

1．同步方式

同步通信方式是指在串口通信编程中，用户从串口读取或者写入数据时，其线程函数会发生阻塞。当用户使用同步方式传输数据时，程序会在该操作上等待，直到该操作有返回值返回为止。

用户使用同步方式传输数据是将数据一个一个地进行传输。但是，在同步方式下，不允许传输的数据之间存在空位。所以，数据在进行同步传输前，必须填充空数据位。一般，进行同步传输时，均以同步字符作为数据的开始。如果接收方接收到该同步字符，则将其之后的数据认为是实际传输的数据进行处理。

串口通信的同步方式按照同步字符的不同，可以分为面向字符、面向比特等同步方式。面向字符的同步方式是按照一定的格式进行数据传输，该格式如表 13.1 所示。

表 13.1　面向字符的同步方式数据格式

SYN	SOH	标题	STX	数据块	ETB/ETX	块校验

用户通过表 13.1 所示的数据格式，可以看到在同步方式下传输数据所使用的全部控制字符，这些控制字符的意义如表 13.2 所示。

表 13.2　串口同步控制字符意义

控制字符	意　义	控制字符	意　义
SYN	同步字符	数据块	实际传输的数据
SOH	开始标题标识	ETB	标识数据块传输结束
标题	包含发送方地址以及接收方地址	ETX	标识全部数据传输结束（包括多个数据块）
STX	实际传输数据标识	块校验	整个数据的校验码

面向字符的同步方式，最大的缺点在于当数据发送时，如果实际数据与同步字符相同，则接收方将无法识别数据的完整性和准确性。

如果用户采用面向比特的同步方式进行数据传输，则需要使用特定的八位二进制数作为传输数据的开始或者结束标志。其数据格式如表 13.3 所示。

表 13.3　面向比特的同步传输方式数据格式

01111110	A	B	C	D	01111110

在该数据格式中，是以二进制数 01111110 作为数据的开始和结束标志。其中，数据格式中，各个字节的含义如下：

- A 表示接收方的地址字节。当接收方接收到数据后，会检查这个地址，若地址字节的第 1 位为 0，则表示其后面是一个地址字节。若为 1，则表示该字节后面是最后一个地址字节。

注意：地址字节的位数必须是 8 的整数倍。

- B 表示控制字节。表示传输数据的类型。若控制字节的第 1 位为 0，则表示该字节后还有一个字节，并且这个字节也是控制字节。
- C 表示实际传输的数据。
- D 表示循环冗余校验位。

在本小节中，主要介绍同步传输方式的基本原理以及数据格式等。通过本小节的学习，用户可以学会构造用于进行同步传输的串口数据。

2. 异步方式

异步传输方式与同步传输方式恰好相反。异步传输方式是指程序可以将传输数据的处理交给一个线程或者进程完成，而程序本身则可以进行其他数据的处理。该传输方式是一种非阻塞方式。用户在实际编程时，可以将其视为一种多线程工作方式。

采用异步传输方式传输数据的发送方可以在任意时刻将数据发出，而接收方也可以在任意时刻接收数据。因此，在串口通信时，采用异步传输方式可以提高程序的运行效率。

注意：异步传输方式是以字符为单位进行数据传输的。

13.1.4　串口通信的应用方向

目前，由于串口能进行远距离数据传输，所以串口通信的应用方向十分广泛，常用作工业控制、工业通信、数据传输等。

通过串口，计算机可以实现控制一台或多台下位机，实现计算机控制自动化。这样，用户不但可以节约成本，还可以最大限度地发挥计算机的作用。

在科技日益发达的当今时代，计算机串口会越来越多地应用到各个行业中。因此，用户学习计算机串口编程显得尤为重要。

13.2　常用数据校验法

在 13.1 节中，已经介绍了一些串口编程的基础知识。本节将主要介绍在串口通信中，最为常用的两种数据校验方法，分别是奇偶校验和循环冗余校验。

13.2.1　奇偶校验

在串口通信中，其通信数据会受到外部干扰，导致数据的完整性和准确性遭到破坏。因此，用户为了使通信数据完整、准确地到达接收方，需要使用一些校验数据的方法。其中，最为简单的一种方法便是奇偶校验法，但是该方法仅能检错，而不能纠错。所以，当用户检查到错误时，只有要求发送方重新发送数据。一般，在奇偶校验法中，包含了奇校验和偶校验两种。

1. 奇校验

奇校验法是指在通信数据中，数据位 1 的个数应该为奇数。此时，通信数据的校验位为 0，否则为 1。当接收方接收到数据后，将各个数据位 1 相加。若相加后和为奇数，则表示通信数据完整而且正确，否则，通信数据出现错误，接收方需要向数据发送方请求数据重发。

例如，用户定义通信数据为 11011110，其中最后一位为奇校验位。用户将这个数据相加后，其和为偶数 6。但是，其校验位却为 0，表示该数据在传输过程中，受到了外界的干扰。此时，由于奇偶校验法只能检错而不能进行纠错，所以接收方只能要求发送方重新发送该数据，如图 13.4 所示。

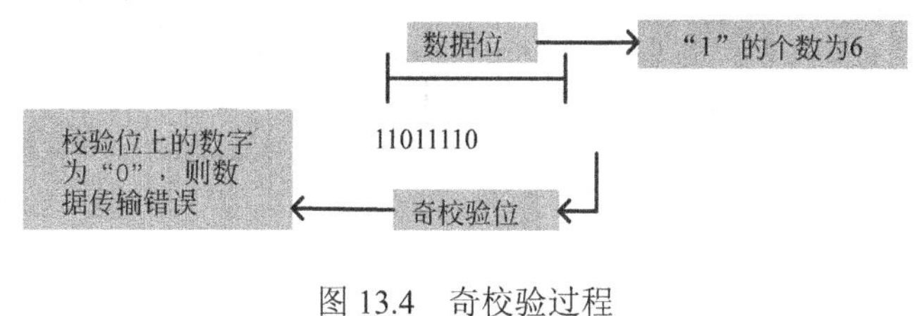

图 13.4　奇校验过程

2. 偶校验

偶校验法是指在通信数据中，数据位 1 的个数应该为偶数个。此时，通信数据的校验位应该设置为 0，否则需要设置为 1。当接收方接收到该数据后，同样是将各个数据位相加。若相加后其和为偶数，则表示通信数据完整而且正确，否则，该通信数据出现错误，接收方需要向数据发送方请求数据重发。

例如，用户定义一个通信数据为 01101100，其中最后一位是偶校验位。此时，用户将该数据的各个数据位进行相加，其和为偶数 4。由于该通信数据的校验位为 0，所以，接收方接收到的数据完整而正确，如图 13.5 所示。

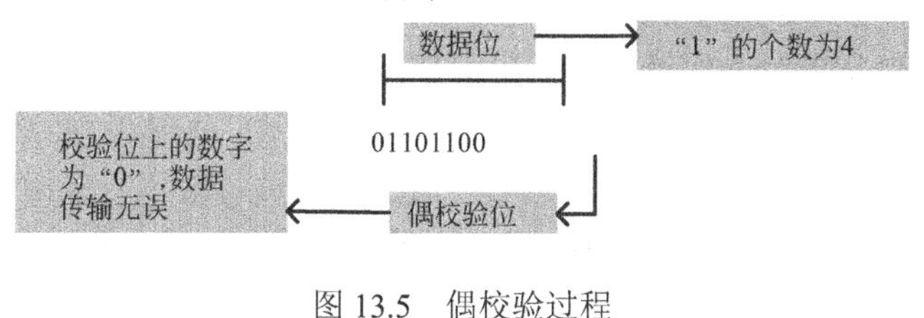

图 13.5　偶校验过程

13.2.2　循环冗余校验

一般情况下，在使用串口通信时，为了能够对数据进行检错并纠错，用户都会在数据校验中广泛采用循环冗余校验这一方法。在本节中，将介绍在串口通信中常用的循环校验法。

循环冗余校验码由两部分组成，前一部分是信息码，也就是需要校验的信息，后一部分则是校验码。如果循环冗余校验码的总长度为 n，而信息码长度为 k，则可以将其称为（n,k）码。

下面是依据信息码和生成码计算循环冗余校验码的实例。

信息码：110111；生成码：11001；求：循环冗余校验码和要发送的码字。

生成码的位数为 5，所以要对信息码做左移 5-1=4 位的操作，然后对新的信息码和生成码做模二运算。模二运算等同于位运算中的异或运算。

（1）被除数逐位除完时，最后得到比除数少一位的余数，即所求得的循环冗余校验码，如图 13.6 中的步骤①所示。

（2）信息码与循环冗余校验码发生或运算，如图 13.6 中的步骤②所示。

（3）所得到的最后的结果即为将要发送的码字，如图 13.6 中的步骤③所示。

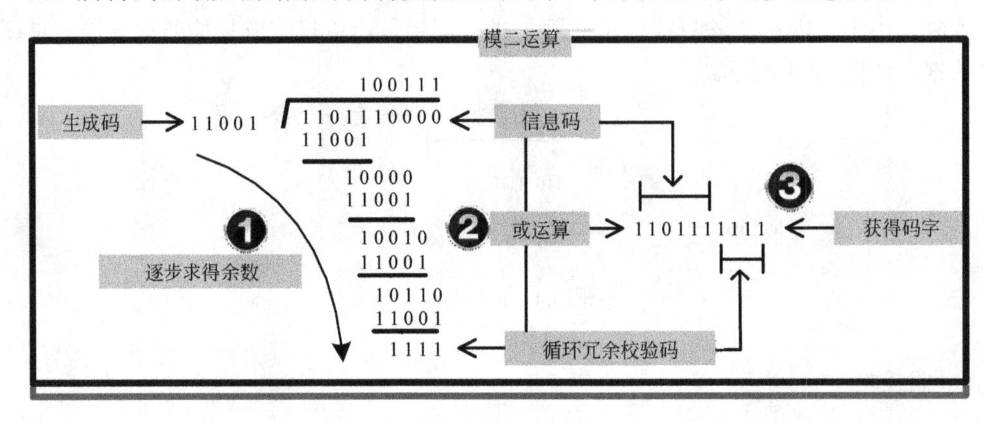

图 13.6　模二运算过程

码字会被发送到网络的另一端。用接收的码字与生成码做模二运算，余数为零时表示信息传输正确无误。

13.3　小　　结

在本章中，主要从串口通信编程的角度介绍了串口通信编程中将使用或者遇到的一些基本概念，并且使用图例重点讲解了串口通信的几种模式。读者从这些通信模式中可以清楚地看到通过串口进行通信的基本过程，以及通过串口进行数据传输时，一些常用的数据校验方法。在第 14 章中，将讲解实现串口通信程序设计实例的过程。

第 14 章　串口通信编程应用

如今，越来越多的用户将计算机串口应用到实际生产和生活中。利用串口进行数据通信，不但可以实现远距离数据传输，还可以轻松实现数据的检错与纠错。用户在 VC 中，实现串口通信编程可以使用 MFC 中的串口控件或者 Windows API 函数。在本章将介绍这两种实现方法，假定用户在同一台计算机上虚拟了两个串口 COM2 和 COM4 并且相互连通。

14.1　MFC 串口控件编程

在 MFC 类库中，用户可以使用串口控件实现串口编程。该控件相当于用户自定义的类，其中的每个功能都是由该类中的成员函数实现的。在 VC 开发环境中，用户可以在项目中插入串口控件，然后再为其关联一个类名。本节将主要介绍如何使用 MFC 串口控件实现串口通信编程。

14.1.1　VC 中应用 MSComm 控件编程步骤

用户在 VC 开发环境中，使用 MSComm（串口）控件进行编程，必须首先将该控件添加到用户的工程项目中。因此，本节主要讲解在已创建的实例工程中，插入串口控件的基本步骤。

1．创建工程

在 VC 中，用户需要创建基于对话框的实例工程，工程名为“MFC 控件串口编程”。

2．向工程中添加串口控件

用户在工程名为“MFC 控件串口编程”的实例工程中，可以通过菜单插入串口控件。

首先，选择 Project|Add to project|Components and Controls Gallery 命令，打开 Components and Controls Gallery 对话框，选中 Registered ActiveX Controls 文件夹，如图 14.1 所示。

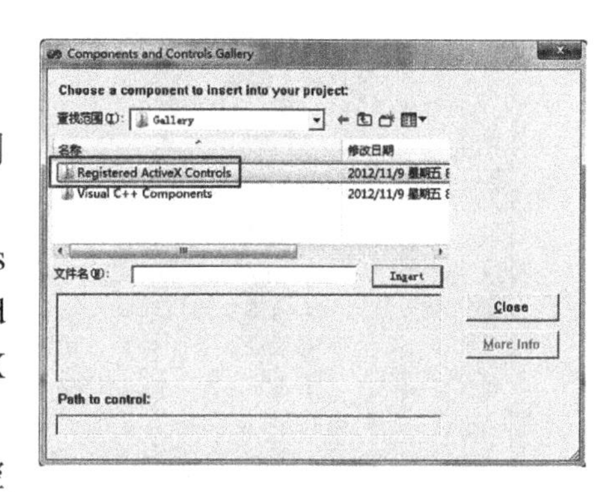

图 14.1　添加串口控件

在用户的计算机没有注册 MSCOMM32.OCX 控件的情况下，是不能使用该控件的。此时，用户只能通过运行命令“regsvr32+控件的完整路径名”完成控件的注册，如图 14.2 所示。

如果该命令执行成功，会弹出控件注册成功对话框，如图 14.3 所示。

通过以上步骤，用户已经在项目工程中成功地添加了 MFC 串口控件。接下来，便可以为该控件关联串口控件类 CMSComm，并使用该类中的成员函数完成串口通信功能。

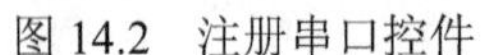
图 14.2　注册串口控件

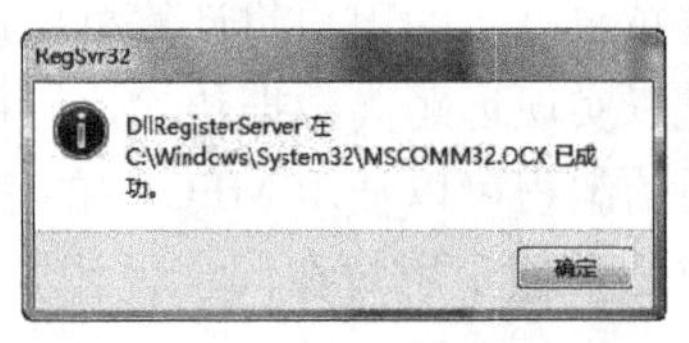

图 14.3　提示控件注册成功

14.1.2　MSComm 控件类

在 MFC 中，串口控件的类名为 CMSComm。用户在程序中可以使用该类的构造函数创建该类的实例对象。然后，使用该对象调用其成员函数实现串口的相关功能。有关串口类成员函数的讲解将在 14.1.3 节进行。本节将主要讲解 CMSComm 类的相关定义和使用该类的方法。

1．CMSComm类头文件

用户在使用 CMSComm 类前，需要对该类中的相关变量和成员函数进行比较细致的了解。所以，在本节中将专门介绍 CMSComm 类的头文件的具体定义。该头文件定义如下：

```
01  class CMSComm : public CWnd
02  {
03  protected:
04      DECLARE_DYNCREATE(CMSComm)                        //动态创建宏
05  public:
06      ...                                               //省略部分定义
07      virtual BOOL Create(LPCTSTR lpszClassName,LPCTSTR lpszWindowName,
08       DWORD dwStyle, const RECT& rect,CWnd* pParentWnd, UINT nID,
09                                 CCreateContext* pContext = NULL)
10      {
11          return CreateControl(GetClsid(), lpszWindowName, dwStyle,
12                                              rect, pParentWnd, nID);
13      }
14      //创建串口控件对象
15      BOOL Create(LPCTSTR lpszWindowName, DWORD dwStyle,
16          const RECT& rect, CWnd* pParentWnd, UINT nID,
17          CFile* pPersist = NULL, BOOL bStorage = FALSE,
18          BSTR bstrLicKey = NULL)
19      {
20          return CreateControl(GetClsid(), lpszWindowName, dwStyle,
21           rect, pParentWnd, nID, pPersist, bStorage, bstrLicKey);
22      }
23  public:
```

```
24      void SetCommID(long nNewValue);
25      long GetCommID();
26      void SetCommPort(short nNewValue);              //设置串口号码
27      short GetCommPort();                            //获得串口号码
28      void SetCTSHolding(BOOL bNewValue);             //设置 CTS 的状态
29      BOOL GetCTSHolding();
30      void SetDSRHolding(BOOL bNewValue);             //设置 DSR 的状态
31      BOOL GetDSRHolding();
32      void SetDTREnable(BOOL bNewValue);              //设置 DTR 的状态
33      BOOL GetDTREnable();
34      void SetHandshaking(long nNewValue);            //设置通信握手方式
35      long GetHandshaking();                          //获取通信握手方式
36      void SetInBufferSize(short nNewValue);          //设置输入缓冲区大小
37      short GetInBufferSize();                        //获取输入缓冲区大小
38      void SetInBufferCount(short nNewValue);
39      short GetInBufferCount();
40      void SetBreak(BOOL bNewValue);              //设置是否包含停止位
41      BOOL GetBreak();
42      void SetInputLen(short nNewValue);          //设置读取接收数据的字节数
43      short GetInputLen();                        //获取读取接收数据的字节数
44      void SetNullDiscard(BOOL bNewValue);
45      BOOL GetNullDiscard();
46      void SetOutBufferSize(short nNewValue);         //设置输出缓冲区的长度
47      short GetOutBufferSize();                       //获取输出缓冲区的长度
48      void SetOutBufferCount(short nNewValue);
49      short GetOutBufferCount();
50      void SetParityReplace(LPCTSTR lpszNewValue);
51      CString GetParityReplace();
52      void SetPortOpen(BOOL bNewValue);
53                                      //打开或关闭串口，设置为 TRUE 表示打开
54      BOOL GetPortOpen();             //串口是否已打开，如果为 TRUE 表示打开
55      void SetRThreshold(short nNewValue);
56      //设置串口缓冲区中的字符数，以便产生事件
57      short GetRThreshold();
58      void SetSettings(LPCTSTR lpszNewValue);
59      //设置串口，如设置为 9600,n,8,1
60      CString GetSettings();
61      void SetSThreshold(short nNewValue);    //若为 0，则表示发送数据
62      short GetSThreshold();
63      void SetOutput(const VARIANT& newValue);
64      //一个非常重要的函数，用于写串口
65      VARIANT GetOutput();
66      void SetInput(const VARIANT& newValue);
67      //一个非常重要的函数，用于读串口
68      VARIANT GetInput();
69      void SetCommEvent(short nNewValue);
70      short GetCommEvent();                       //获得串口事件
71      void SetEOFEnable(BOOL bNewValue);          //设置结束标志位
72      BOOL GetEOFEnable();                        //获得结束标志位
73      void SetInputMode(long nNewValue);          //设置接收模式
74      long GetInputMode();                        //获取接收模式
75      ...                                         //省略部分成员函数
76  };
```

在串口类的头文件中，列出了比较常用的 CMSComm 类成员函数。其中，用户需要特别注意串口类对象的创建、初始化串口，以及串口参数设置等。

🔔注意：串口控件类的成员函数说明请参考上面的该类定义代码。

2．使用CMSComm类

在上面的小节中，介绍了 CMSComm 类的头文件。在该类的头文件中，可以看到主要的成员函数声明等。在本小节中，将在程序中使用该类进行相关的串口操作，并介绍这些操作的方法。

（1）要使用 CMSComm 类，必须在程序中包含该类的头文件。代码如下：

```
#include "MSComm.h"                       //包含 CMSComm 类头文件
...                                       //省略部分代码
```

（2）在程序中创建该类的实例对象。代码如下：

```
...                                       //省略部分代码
CMSComm comm;                             //定义 CMSComm 类对象
```

当用户成功定义 CMSComm 类对象以后，便可以使用该对象调用类中的成员函数进行相关的操作了。

14.1.3　MSComm 控件串行通信编程方法

在程序中，用户可以使用已经定义好的 CMSComm 类对象，对该类中的成员函数进行调用以实现串口功能。在本节中，主要介绍该类中常用的一些成员函数的原型和使用方法。

1．设置串口参数

首先，用户需要使用串口类对象调用函数 SetCommPort()设置将打开的串口号。该函数原型如下：

```
void SetCommPort(short nNewValue); //设置串口号码
```

该函数的作用是指定或设置将打开的串口号码。参数 nNewValue 表示设置的串口号。例如，用户在程序中使用串口 COM1 进行串口通信，则设置串口号的代码如下：

```
...                                             //省略部分代码
comm. SetCommPort(1);                           //设置串口号为"COM1"
```

然后，用户需要设置通过串口接收数据的类型。实现该功能的函数是 SetInputMode()，其原型如下：

```
void SetInputMode(long nNewValue);              //设置接收数据的类型
```

该函数的作用是设置通过串口接收数据的类型。参数 nNewValue 的取值决定了接收数据的类型，其取值如表 14.1 所示。

表 14.1　串口接收数据类型的取值

取　值	含　义
0	表示接收数据的类型是文本类型
1	表示接收的数据类型为二进制类型

例如，用户需要通过串口接收二进制数据，则应该将参数指定为 1。代码如下：

```
...                                          //省略部分代码
comm. SetInputMode(1);                       //设置接收数据的类型
```

注意：当用户设置串口数据接收类型时，为了更完整地接收数据，应该使用二进制数据类型进行接收。

用户设置串口的相关参数，可以调用函数 SetSettings()来实现。该函数原型如下：

```
void SetSettings(LPCTSTR lpszNewValue);
```

参数 lpszNewValue 表示与该串口相关的参数，其顺序依次是波特率、奇偶校验、数据位数、停止位数。例如，使用该函数设置串口的相关参数，代码如下：

```
CString str="9600,n,8,1";                    //定义并初始化参数字符串
comm.SetSettings(str);                       //设置串口参数
```

在上面的程序中，用户将波特率设置为 9600（默认值），n 表示无校验位，数据位为 8，停止位为 1。其中，设置奇偶校验位的取值如表 14.2 所示。

表 14.2　设置奇偶校验位的取值

取　值	含　义
n	无校验位
e	偶校验位
o	奇校验位

当串口缓冲区中接收到数据时，串口控件会产生串口事件。但是，用户可以通过调用函数 SetRThreshold()设置是否产生该事件。其原型如下：

```
void SetRThreshold(short nNewValue);
```

该函数的功能是由参数 nNewValue 的取值决定的。如果该参数取值为 0，则表示不产生串口事件。如果取值为 1，则表示每接收到一个字符就会产生串口事件。例如，用户调用该改函数设置是否产生串口事件，代码如下：

```
...                                     //省略部分代码
comm.SetRThreshold(1);                  //设置是否产生串口事件
```

在程序中，用户设置串口为每接收到一个字符就产生串口事件。接下来，用户需要设置读取串口数据时，从串口缓冲区中所读取的字节数。实现设置读取数据字节数的函数是 SetInputLen()。函数原型如下：

```
void SetInputLen(short nNewValue);
```

参数 nNewValue 表示用户需要从接收数据中读取的字节数。如果该参数为 0，则表示用户希望将串口缓冲区中的数据全部读取。

2．打开串口

用户设置完串口的相关参数以后，便可以调用函数 SetPortOpen()将串口打开。该函数

原型如下：

```
void SetPortOpen(BOOL bNewValue);
```

该函数的作用是打开串口。参数 bNewValue 表示是否打开串口，若为 true，则表示打开串口。与该函数相对应的函数是 GetPortOpen()，其作用是判断当前串口是否处于打开状态。如果当前串口处于打开状态，该函数会返回 true，否则，返回 false。

例如，用户完成串口的参数设置后，调用该函数打开端口，代码如下：

```
01  ...                                   //省略部分代码
02  if(!m_Comm.GetPortOpen())             //判断串口是否已经打开
03  {
04          m_Comm.SetPortOpen(TRUE);     //如果处于关闭状态，则将端口打开
05  }
06  else                                  //如果串口处于打开状态，则提示用户串口已
                                            经打开
07  {
08      MessageBox("串口已经打开");        //提示用户串口已经打开
09  }
```

注意：用户在进行串口编程时，应当养成良好的习惯。在打开一个串口前，必须使用函数 GetPortOpen()判断当前串口的状态是打开还是关闭的。然后，再调用函数 SetPortOpen()决定是否打开串口。

3．发送串口数据

如果用户成功打开串口，那么便可以通过该串口向另一方发送数据了。在 MFC 中，用户可以调用函数 SetOutput()进行数据的发送。该函数的原型如下：

```
void SetOutput(const VARIANT& newValue);
```

该函数的作用是通过串口发送数据。参数 newValue 表示将要发送的数据，其类型必须强制转换为 COleVariant 类型，否则，数据发送将失败。例如，用户调用该函数进行数据发送，代码如下：

```
...                                         //省略部分代码
char array[100];                            //定义发送字符数组
comm.SetOutput(COleVariant(array));         //发送指定字符数组
```

注意：当用户使用该函数进行数据发送时，必须将这些数据强制转换为 COleVariant 类型。

4．接收串口数据

在 MFC 中，当串口缓冲区中有数据到来时，串口控件会发送一个串口消息到指定的窗口，并由窗口类中的对应消息响应函数进行处理。因此，用户接受串口数据的操作应该在串口消息响应函数中进行。

用户需要为串口控件添加串口消息的响应函数，如图 14.4 所示。

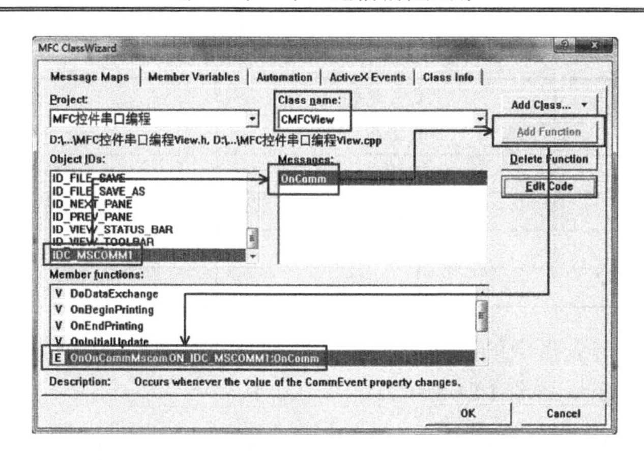

图 14.4　添加串口消息响应函数

注意：当用户使用 MFC 串口控件进行串口通信编程时，必须遵循本节中所讲述的串口编程过程。

通过本节关于串口控件编程的学习，用户已经掌握了一般情况下使用串口控件进行编程的基本步骤。所以，在 14.1.4 节中将介绍基于对话框的串口控件实例编程。

14.1.4　在基于对话框的程序中使用 MSComm 控件

在上面的小节中，已经讲解了串口控件的添加、创建以及使用等方法。所以，在本节中，将利用 14.1.1 节中所创建的对话框实例工程，讲解在基于对话框的应用程序中如何使用 MSComm（串口）控件。

1．设计界面

首先，用户可以使用鼠标在面板中放置控件并调整其位置，如图 14.5 所示。

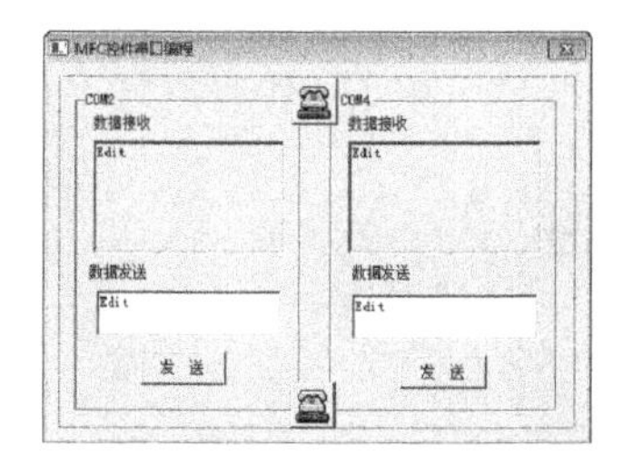

图 14.5　实例程序界面设计

然后，实例程序界面中的各主要控件 ID、属性以及作用。如表 14.3 所示。

表 14.3　控件ID、属性以及作用

控　件　ID	属　　性	作　　用
IDC_RECV1	编辑框	接收数据
IDC_RECV2	编辑框	接收数据
IDC_SEND1	编辑框	编辑发送的数据

续表

控　件　ID	属　　性	作　　用
IDC_SEND2	编辑框	编辑发送的数据
IDC_SENDBTN1	按钮	发送数据
IDC_SENDBTN2	按钮	发送数据
IDC_MSCOMM1	串口控件	连接串口 COM2
IDC_MSCOMM2	串口控件	连接串口 COM4

用户可以参考随书光盘中的实例界面，然后对比下表 14.3 中所示的各个控件 ID 及其作用等。控件关联的变量如图 14.6 所示。

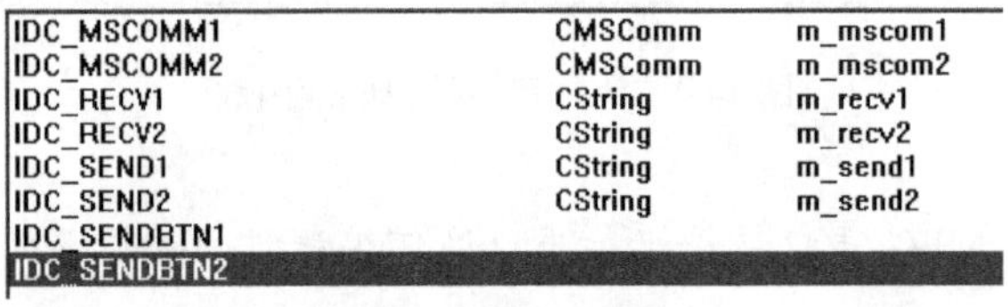

IDC_MSCOMM1	CMSComm	m_mscom1
IDC_MSCOMM2	CMSComm	m_mscom2
IDC_RECV1	CString	m_recv1
IDC_RECV2	CString	m_recv2
IDC_SEND1	CString	m_send1
IDC_SEND2	CString	m_send2
IDC_SENDBTN1		
IDC_SENDBTN2		

图 14.6　控件关联的变量

2．程序的初始化

在对话框的 OnInitDialog()函数中完成对串口 COM2 和 COM4 的初始化。

```
01 BOOL CMFCDlg::OnInitDialog()
02 {
03     CDialog::OnInitDialog();
04     ...                                     //省略部分代码
05     // TODO: Add extra initialization here
06     //初始化 COM2
07     m_mscom1.SetCommPort(2);                //COM2
08    m_mscom1.SetInBufferSize(1024);          //设置输入缓冲区的大小 Bytes
09    m_mscom1.SetOutBufferSize(512);          //设置输入缓冲区的大小 Bytes
10     if(!m_mscom1.GetPortOpen())             //打开串口
11     {
12         m_mscom1.SetPortOpen(true);
13     }
14 
15     m_mscom1.SetInputMode(1);                    //设置输入方式为二进制方式
16     m_mscom1.SetSettings("9600,n,8,1");          //设置波特率等参数
17     m_mscom1.SetRThreshold(1);                   //为 1 表示有一个字符即引发事件
18     m_mscom1.SetInputLen(0);
19 
20     //初始化 COM4
21     m_mscom2.SetCommPort(4);                //COM4
22    m_mscom2.SetInBufferSize(1024);          //设置输入缓冲区的大小，Bytes
23    m_mscom2.SetOutBufferSize(512);          //设置输入缓冲区的大小，Bytes
24     if(!m_mscom2.GetPortOpen())             //打开串口
25     {
26         m_mscom2.SetPortOpen(true);
27     }
28 
29     m_mscom2.SetInputMode(1);                    //设置输入方式为二进制方式
30     m_mscom2.SetSettings("9600,n,8,1");          //设置波特率等参数
```

```
31      m_mscom2.SetRThreshold(1);              //为 1 表示有一个字符即引发事件
32      m_mscom2.SetInputLen(0);
33
34      return TRUE;  // return TRUE  unless you set the focus to a control
35  }
```

3．发送串口数据

分别添加单击“发送”按钮的消息响应函数 OnSendbtn1()和 OnSendbtn2()。

```
01  void CMFCDlg::OnSendbtn1()
02  {
03      // TODO: Add your control notification handler code here
04      UpdateData(TRUE);
05      CByteArray sendArr;
06      WORD wLen;
07      //获得发送数据长度
08      wLen=m_send1.GetLength();
09      //给变量 sendArr 设置长度
10     sendArr.SetSize(wLen);
11      //把数据赋给 CByteArray 类型变量用于发送数据
12      for(int i=0;i<wLen;i++)
13      {
14          sendArr.SetAt(i,m_send1.GetAt(i));
15      }
16      //发送数据
17     m_mscom1.SetOutput(COleVariant(sendArr));
18  }
19
20  void CMFCDlg::OnSendbtn2()
21  {
22      // TODO: Add your control notification handler code here
23      UpdateData(TRUE);
24      CByteArray sendArr;
25      WORD wLen;
26      //获得发送数据长度
27      wLen=m_send2.GetLength();
28      //给变量 sendArr 设置长度
29     sendArr.SetSize(wLen);
30      //把数据赋给 CByteArray 类型变量用于发送数据
31      for(int i=0;i<wLen;i++)
32      {
33          sendArr.SetAt(i,m_send2.GetAt(i));
34      }
35      //发送数据
36     m_mscom2.SetOutput(COleVariant(sendArr));
37  }
```

4．接收串口数据

按照 14.1.3 节所介绍的方法为串口控件添加串口消息的响应函数 OnOnCommMsComm1()和 OnOnCommMsComm2()。

```
01  void CMFCDlg::OnOnCommMscomm1()
02  {
03      // TODO: Add your control notification handler code here
04      UpdateData(TRUE);
05      //定义一些临时变量
```

```
06      VARIANT variant_inp;
07      COleSafeArray safearray_inp;
08     long i=0;
09      int len;
10      BYTE rxdata[1000];
11
12      switch(m_mscom1.GetCommEvent())
13      {
14      case 2:                     //表示接收缓冲区内有字符
15              {
16                  //读取缓冲区数据
17                  variant_inp=m_mscom1.GetInput();
18                  //将 VARIANT 型变量值赋给 ColeSafeArray 类型变量
19                  safearray_inp=variant_inp;
20                  //获得数据长度
21                  len=safearray_inp.GetOneDimSize();
22                  //将数据保存到字符数组中
23                 for(i=0;i<len;i++)
24                  {
25                      safearray_inp.GetElement(&i,&rxdata[i]);
26                  }
27                  //字符串结束
28                  rxdata[i]='\0';
29              }
30              m_recv1 += rxdata;
31              UpdateData(false);
32              break;
33          default:
34              break;
35      }
36  }
37
38  void CMFCDlg::OnOnCommMscomm2()
39  {
40      // TODO: Add your control notification handler code here
41      UpdateData(TRUE);
42      //定义一些临时变量
43      VARIANT variant_inp;
44      COleSafeArray safearray_inp;
45     long i=0;
46      int len;
47      BYTE rxdata[1000];
48
49      switch(m_mscom2.GetCommEvent())
50      {
51      case 2:     //表示接收缓冲区内有字符
52              {
53                  //读取缓冲区数据
54                  variant_inp=m_mscom2.GetInput();
55                  //将 VARIANT 型变量值赋给 ColeSafeArray 类型变量
56                 safearray_inp=variant_inp;
57                  //获得数据长度
58                 len=safearray_inp.GetOneDimSize();
59                  //将数据保存到字符数组中
60                 for(i=0;i<len;i++)
61                  {
62                      safearray_inp.GetElement(&i,&rxdata[i]);
63                  }
64                  //字符串结束
```

```
65                  rxdata[i]='\0';
66              }
67              m_recv2+= rxdata;
68              UpdateData(false);
69              break;
70          default:
71              break;
72      }
73  }
```

在 Release 下编译并运行程序，程序的运行效果如图 14.7 所示。

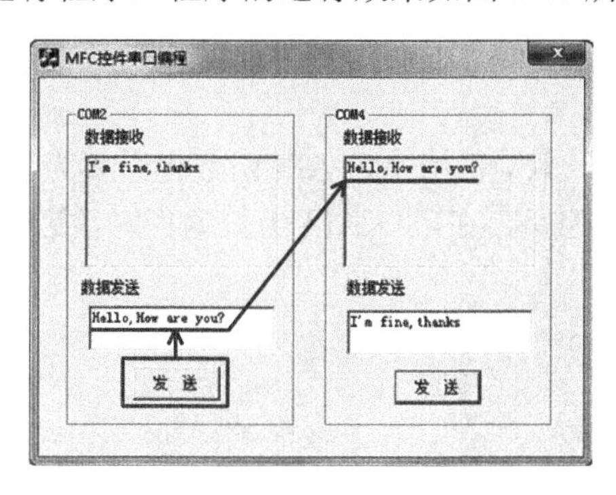

图 14.7　程序运行效果

14.2　串口 API 编程

在 14.1 节中，讲解了在 VC 开发平台中，使用串口控件进行串口通信编程的基本步骤以及方法等。但是，在 Windows 平台下进行串口编程还可以使用 API（应用程序接口）函数实现。在本节中，将主要以串口 API 函数为主进行串口编程，并向用户讲解其原理和方法。

14.2.1　Windows API 串口编程概述

在 Windows 平台下，串口其实可以被视为一种特殊的文件。串口操作可以被视为一种文件操作。

用户在实际编程时，可以使用文件相关的 API 函数，例如，CreateFile()、ReadFile()，以及 WriteFile()等对串口进行关联或者操作。用户可以使用函数 CreateFile()关联串口 COM1 并返回其句柄供后续操作使用。代码如下：

```
01  HANDLE hModem;                                        //定义串口句柄
02  ...                                                   //省略部分代码
03  hModem=CreateFile("COM1",GENERIC_READ|GENERIC_WRITE,0,0,
04      OPEN_EXISTING,FILE_ATTRIBUTE_NORMAL,0);          //关联串口并返回其句柄
05  ...                                                   //省略部分代码
```

在代码中，函数 CreateFile()将创建与串口 COM1 相关联的文件，并返回其句柄，用户便可以使用该函数返回的文件句柄进行串口的相关操作。

△注意：用户在创建与指定串口相关联的文件成功之后，还需要调用相关的 API 函数或者结构体为串口设置相应的参数值。

14.2.2　API 串口编程中用到的结构及相关概念说明

用户使用串口 API 函数进行串口通信编程时，需要用到一些相关的结构体或者是函数。在本节中，将介绍这些结构体的定义、成员变量以及函数用法等。

1．串口编程相关结构体

与前面所讲的串口控件一样，使用串口 API 函数也需要为串口设置相关的参数，例如，波特率、校验方式等参数。但是，在串口 API 函数编程时，这些参数均被封装到了一个结构体中。该结构体定义如下：

```
typedef struct _DCB {
    DWORD DCBlength;              //该结构的大小
    DWORD BaudRate;               //波特率
    DWORD fBinary: 1;             //是否选择停止位
    DWORD fParity: 1;             //是否产生串口事件
    DWORD fOutxCtsFlow:1;         //CTS 是否有效
    DWORD fOutxDsrFlow:1;         //DSR 是否有效
    DWORD fDtrControl:2;          //DTR 是否有效
    DWORD fDsrSensitivity:1;      //检测 DSR 是否接收到字符
    DWORD fTXContinueOnXoff:1;    //设置数据接收类型
    DWORD fOutX: 1;               //设置是否在数据到来时启动流控制
    DWORD fInX: 1;                //设置是否在发送数据时启动流控制
    DWORD fErrorChar: 1;          //是否使用奇偶校验替换错误
    DWORD fNull: 1;               //是否将接收到的数据设置为空
    DWORD fRtsControl:2;          //RTS 流控制
    DWORD fAbortOnError:1;        //是否强行终止发生的错误
    DWORD fDummy2:17;             //该参数保留
    WORD wReserved;               //不使用，必须设置为 0
    WORD XonLim;                  //根据该变量值确定发送数据最低的字节数
    WORD XoffLim;                 //指定发送数据的最小值
    BYTE ByteSize;                //串口数据位大小
    BYTE Parity;                  //指定串口事件的类型
    BYTE StopBits;                //设置停止位
    char XonChar;                 //接收和发送数据时，均需要设置该参数
     char XoffChar;               //接收和发送数据时，均需要设置该参数
     char ErrorChar;              //指定错误字符的替换值
    char EofChar;                 //数据结束字符
    char EvtChar;                 //设置事件字符
    WORD wReserved1;              //保留，以备使用
} DCB;
```

用户在实际编程时，需要填充该结构体以便设置串口的参数。在该结构体中，用户仅需要使用其中的几个即可，例如，串口的波特率、停止位等。其中，参数波特率（BaudRate）的取值如表 14.4 所示。

表 14.4　参数波特率的常用取值

参 数 取 值	含　　义
CBR_110	表示将波特率设置为 110
CBR_300	表示将波特率设置为 300
CBR_1200	表示将波特率设置为 1200
CBR_2400	表示将波特率设置为 2400
CBR_4800	表示将波特率设置为 4800
CBR_9600	表示将波特率设置为 9600
CBR_14400	表示将波特率设置为 14400
CBR_19200	表示将波特率设置为 19200
CBR_38400	表示将波特率设置为 38400

在表 14.4 中，已经向用户列举了部分常用的关于波特率的取值。在实际编程时，用户可以根据需要为串口选择合适的波特率。如果串口的波特率选择不合适，用户不但不能达到程序的预期效果，反而会使程序的稳定性受到影响。

参数停止位（StopBits）的取值如表 14.5 所示。

表 14.5　参数停止位的常用取值

参 数 取 值	含　　义
ONESTOPBIT	指定 1 个停止位
ONE5STOPBITS	指定 1.5 个停止位
TWOSTOPBITS	指定 2 个停止位

如果用户将该参数取值为 ONESTOPBIT，则表示用户将通信数据的停止位设置为 1B。例如，用户将通信数据的停止位设置为 1B。代码如下：

```
01  DCB dcb;                          //定义 DCB 结构体变量
02  dcb.DCBlength=sizeof(dcb);        //将该结构体的大小赋予成员变量
03  dcb.StopBits=ONESTOPBIT;          //设置数据的停止位为 1B
04  ...                               //省略部分代码
```

用户在编写程序时，应该首先定义该结构体的变量，然后，将该结构体的大小赋予变量 DCBlength，才能继续填充该结构体中的成员变量。例如，用户使用该结构体设置串口参数，代码如下：

```
01  ...                                  //省略部分代码
02  DCB dcb;
03  dcb.DCBlength=sizeof(dcb);           //将该结构体的大小赋予成员变量
04  dcb.BaudRate=9600;                   //指定串口数据传输的波特率
05  ...                                  //省略部分代码
```

当用户将该结构体的各个常用变量填充完成之后，便可以调用相关的 API 函数进行串口参数设置了。

注意：关于相关功能的 API 函数将在以下内容中讲解。

在串口编程中，还有一个重要的结构体，即通信超时结构体。其具体定义如下：

```
typedef struct _COMMTIMEOUTS {
```

```
    DWORD ReadIntervalTimeout;              //数据读取超时设置
    DWORD ReadTotalTimeoutMultiplier;       //数据读取时间系数
    DWORD ReadTotalTimeoutConstant;         //数据读取时间常量
    DWORD WriteTotalTimeoutMultiplier;      //数据发送时间超时设置
    DWORD WriteTotalTimeoutConstant;        //数据发送时间常量
} COMMTIMEOUTS,*LPCOMMTIMEOUTS;
```

该结构体的主要作用是设置串口数据通信操作的超时设置。其中的成员变量都是以毫秒为单位。在通信过程中的总超时时间计算公式为：总超时=时间系数×要求读/写的字符数+时间常量。

例如，如果要读入 10 个字符，那么数据读取操作的总超时时间的计算公式为"ReadTotalTimeoutMultiplier * 10+ReadTotalTimeoutConstant"。从中可以看出，间隔超时和总超时的设置是不相关的，这可以方便串口通信程序灵活地设置各种超时时间间隔。

如果所有写数据超时的参数均设置为 0，表示不使用该超时时间间隔；如果 ReadIntervalTimeout 为 0，表示不使用数据读取超时；如果 ReadTotalTimeoutMultiplier 和 ReadTotalTimeoutConstant 都为 0，则表示不使用数据读取的总超时；如果数据读取间隔超时被设置成 MAXDWORD，并且将数据读取总超时设为 0，那么，用户在读取一次输入缓冲区中的数据后，不管是否读入了要求的字符，该读取操作都会被立即停止。

注意： 一般情况下，用户是不需要设置该结构体中的任何变量的，仅使用其默认超时间隔即可。但是，在一些对于时间要求非常严格的时候，用户需要对该结构体进行详细的设置。

2．串口编程的相关API函数

在本节中，将向用户重点介绍一些常用的串口 API 函数，并且将使用这些 API 函数进行程序示例的编写，使用户能够更深入地理解这些函数的用法。

用户使用函数 CreateFile()创建与指定串口相关联的文件，然后可以使用该函数返回的文件句柄进行串口参数设置。

```
01 HANDLE hModem;                                        //定义串口句柄
02 hModem=CreateFile("COM1",GENERIC_READ|GENERIC_WRITE,0,0,
03      OPEN_EXISTING,FILE_FLAG_OVERLAPPED,0); //关联串口并返回其句柄
```

再使用函数 GetCommState()获取当前 COM1 中 DCB 的配置，对 DCD 进行适当的修改，便可以调用函数 SetCommState()为串口指定这些参数了。两个函数的原型如下：

```
BOOL GetCommState(HANDLE hFile, LPDCB lpDCB );
BOOL SetCommState(HANDLE hFile, LPDCB lpDCB );
```

SetCommState()函数的作用是为串口指定相应的参数。其中，两个函数的参数的含义如下：

- 参数 hFile 表示与串口相关联的文件句柄，也就是用户使用函数 CreateFile()时，所返回的句柄值。
- 参数 lpDCB 是指向结构体 DCB 的变量指针。

例如，用户使用这两个函数为串口设置相关的参数，其代码如下：

```
01 ...                                               //省略部分代码
```

```
02  BOOL istrue;                               //定义布尔变量
03  GetCommState(hModem,&dcb);
04  dcb.BaudRate = 9600;
05  dcb.ByteSize = 8;
06  dcb.fParity = FALSE;
07  dcb.StopBits = ONESTOPBIT;
08  istrue=SetCommState(hModem, &dcb);         //调用函数进行参数设置
09  if(istrue)                                 //判断串口参数是否设置成功
10  {
11      MessageBox("串口参数设置成功！");      //若参数设置成功，则提示用户
12  }
13  else
14  {
15      MessageBox("串口参数设置失败！请重试"); //若参数设置失败，则提示用户重试
16  }
```

如果用户还需要为串口设置操作超时的时间间隔，那么实现该功能的 API 函数是 SetCommTimeouts()。该函数原型如下：

```
BOOL SetCommTimeouts(HANDLE hFile,LPCOMMTIMEOUTS lpCommTimeouts);
```

该函数的作用是为串口设置指定的操作超时间隔。其参数含义如下：

- ❑ 参数 hFile 表示与指定串口相关联的文件句柄。
- ❑ 参数 lpCommTimeouts 表示指向超时时间间隔结构体变量的指针。

例如，用户为串口设置操作超时时间间隔。代码如下：

```
01  ...                                        //省略部分代码
02  COMMTIMEOUTS con;                          //定义结构体变量
03  con.ReadIntervalTimeout=1000;              //设置串口数据读取的超时时间
04  BOOL istrue;                               //定义布尔变量
05  istrue= SetCommTimeouts(hModem, &con);     //调用函数进行参数设置
06  if(istrue)                                 //判断串口参数是否设置成功
07  {
08      MessageBox("超时时间设置成功！");      //若参数设置成功，则提示用户
09  }
10  else
11  {
12      MessageBox("超时时间设置失败！请重试"); //若参数设置失败，则提示用户重试
13  }
14  ...                                         //省略部分代码
```

在上面的代码中，用户将串口数据的读取超时时间设置为 10 ms。其表示当有数据到达串口缓冲区后，读取数据的线程开始从缓冲区中读取数据。如果在 10 ms 内，该线程未能读取到任何数据，那么线程将返回。

如果用户没有为程序设置操作超时时间间隔，那么程序将可能发生假死现象。其实，这就是网络套接字中的异步模式。

接下来，用户需要为串口缓冲区指定大小，实现该功能的 API 函数是 SetupComm()。函数原型如下：

```
BOOL SetupComm(HANDLE hFile, DWORD dwInQueue,DWORD dwOutQueue);
```

该函数将为指定的串口缓冲区指定大小。其部分参数含义如下：

- ❑ 参数 dwInQueue 表示接收数据的缓冲区大小。

- 参数 dwOutQueue 表示发送数据的缓冲区大小。

例如，用户将串口的接收和发送数据缓冲区大小分别设置为 1024 和 512。代码如下：

```
SetupComm(hModem,1024,512);                    //设置各数据缓冲区的大小
```

在代码中，用户使用函数 SetupComm()将指定的串口数据缓冲区大小分别设置为 1024 和 512。

用户使用串口缓冲区前，应该调用函数 PurgeComm()清除串口缓冲区中的所有内容。该函数原型如下：

```
BOOL PurgeComm(HANDLE hFile,DWORD dwFlags);
```

该函数执行成功将返回 true；否则，函数将返回 false。其参数含义如下：

- 参数 hFile 表示与串口相关联的文件句柄。
- 参数 dwFlags 表示串口缓冲区清除标志值。该标志值如表 14.6 所示。

表 14.6　串口缓冲区清除标志值

取　值	含　义
PURGE_TXABORT	禁止向接收缓冲区中写入数据
PURGE_RXABORT	禁止向发送缓冲区中写入数据
PURGE_TXCLEAR	清除接收缓冲区中的内容
PURGE_RXCLEAR	清除发送缓冲区中的内容

例如，用户将前面所指定的串口缓冲区中的内容清除。代码如下：

```
01  ...                                              //省略部分代码
02  BOOL istrue;                                     //定义布尔变量
03  istrue=PurgeComm(hModem,
04      PURGE_TXABORT| PURGE_RXABORT| PURGE_TXCLEAR| PURGE_RXCLEAR);
05                                  //调用函数对缓冲区内容进行清除
06  if(istrue)                      //判断清除是否成功
07  {
08      MessageBox("缓冲区数据清除成功！");          //若参数设置成功，则提示用户
09  }
10  else
11  {
12      MessageBox("缓冲区数据清除失败！请重试");//若参数设置失败，则提示用户重试
13  }
14  ...                                          //省略部分代码
```

注意：用户使用函数 PurgeComm()清除串口缓冲区中的内容时，必须同时为其指定标志 PURGE_TXABORT| PURGE_RXABORT，防止程序继续向缓冲区中读取或写入数据。

在本节中，主要向用户讲解了在串口通信编程中，常用的结构体和函数的原型与使用方法等。同时，这些函数也是串口通信编程流程中的重要步骤。关于串口事件方面的知识，将在 14.2.3 节中向用户进行讲解。

14.2.3　OVERLAPPED 异步 I/O 重叠结构

在前面的小节中，用户均使用异步模式创建与串口关联的文件，并对该文件进行读取

和写入操作等。用户在编程时，使用异步模式对文件进行操作，可以大大提高程序运行的效率。异步编程与结构体 OVERLAPPED 有着密切的关系。所以，在本节中，将介绍并讲解该结构体的定义和用法。

当用户在创建文件或其他操作对象时，为其指定了相应的属性标志 FILE_FLAG_OVERLAPPED，则表示该操作对象是基于异步模式进行操作的。那么，在后续的对象操作中，都是基于异步模式进行。结构体 OVERLAPPED 的定义原型如下：

```
typedef struct _OVERLAPPED {                //结构体 OVERLAPPED 定义
   DWORD  Internal;
   DWORD  InternalHigh;
   DWORD  Offset;
   DWORD  OffsetHigh;
   HANDLE hEvent;
} OVERLAPPED;
```

结构体 OVERLAPPED 中，有 5 个参数，其作用及含义介绍如下。

- 参数 Internal　由操作系统保留，表示与操作系统相关的状态。
- 参数 InternalHigh　表示发送或接收等所操作数据的长度。
- 参数 Offset　表示文件操作开始的位置。
- 参数 OffsetHigh　表示文件操作的字节偏移量。
- 参数 hEvent　表示文件操作后，将触发的事件句柄。

例如，用户在异步模式下，创建一个文件。代码如下：

```
01  HANDLE hModem;                  //定义串口句柄
02  hModem=CreateFile("COM1",GENERIC_READ|GENERIC_WRITE,0,
03                     0,OPEN_EXISTING,FILE_FLAG_OVERLAPPED,0);
04                                  //创建异步模式文件并关联串口，返回其句柄
```

在代码中，用户创建与串口相关联的文件时，将其属性设置为 FILE_FLAG_OVERLAPPED，表示创建的该文件为异步访问模式。

异步访问模式的文件创建成功之后，用户使用函数 ReadFile()和 WriteFile()操作该异步模式文件时，都需要将这两个函数设置为异步模式。例如，用户使用这两个函数以异步模式对文件进行读写操作。代码如下：

```
01  ...                                                   //省略部分代码
02  char buffer[coms. cbInQue]={0};                       //定义并初始化缓冲区
03  DWORD data;                                           //存放实际读取到的字节数
04  OVERLAPPED *over;                                     //定义结构体指针变量
05  BOOL flag=ReadFile(hModem,&buffer,coms.cbInQue,data,&over);
06  //读取缓冲区中的数据
07  if(!flag)                                         //判断数据读取操作是否成功
08  {
09      MessageBox("数据读取成功!");                  //提示用户数据读取成功
10  }
11  else
12  {
13      MessageBox("数据读取失败!");                  //若数据读取失败，则提示用户
14  }//写入缓冲区中的数据
15  BOOL f=WriteFile(hModem,&buffer, data,data1,&over);
16  if(!f)                                            //判断数据写入是否成功
17  {
```

```
18      MessageBox("数据写入成功!");                    //若数据写入成功，则提示用户
19  }
20  else
21  {
22      MessageBox("数据写入失败!");                    //若数据写入失败，则提示用户
23  }
24  ...                                                 //省略部分代码
```

在上面的代码中，用户使用函数 ReadFile()和 WriteFile()分别对文件进行读、写操作。但是，值得注意的是，在设置参数时，最后一个参数一定不能为 NULL。否则，这两个函数将不能以异步模式对文件进行读写。

串口的读写需要事件信号量。

```
HANDLE CreateEvent(
    LPSECURITY_ATTRIBUTES lpEventAttributes,
    BOOL bManualReset,
    BOOL bInitialState,
    LPCTSTR lpName);
```

参数的作用及含义介绍如下。

- ❑ 参数 lpEventAttributes　指向一个 SECURITY_ATTRIBUTES 结构，决定返回的句柄是否可以被子进程继承。
- ❑ 参数 bManualReset　指定是否手动重置事件对象信号。为 TRUE 时，需要手动设置事件对象的有无信号状态；为 FALSE 则由系统自动重置事件对象信号。
- ❑ 参数 bInitialState　指定初始事件对象的信号状态。TRUE 为有信号；FALSE 为无信号。
- ❑ 参数 lpName　为事件命名，指向一个以 NULL 结尾的字符串。

例如，在异步模式下创建一个事件对象：

```
//创建一个初始无信号、需要手动重置信号状态的匿名事件对象
HANDLE hEvent = CreateEvent(NULL,TRUE,FALSE,NULL);
```

函数 WaitForSingleObject()在事件为有信号状态时才会执行，否则会挂起。函数的声明如下：

```
DWORD WaitForSingleObject(
    HANDLE hHandle,
    DWORD dwMilliseconds);
```

hHandle 表示事件对象的句柄，dwMilliseconds 指定超时的时间，函数返回可能是事件对象变为有信号状态，也可能是因为等待时间超过 dwMilliseconds 所设置的时间。

14.2.4　Win32 API 串口通信编程的一般流程

用户在前面的学习中，已经对串口编程的相关过程以及方法有了进一步的了解。所以，本节将具体地介绍在 Win32 环境下，使用 API 函数进行串口通信编程的一般流程。

1．打开串口

当程序初始化时，用户需要打开串口并创建与该串口相关联的文件。代码如下：

```
01  HANDLE hModem;                                      //定义串口句柄
```

```
02  hModem=CreateFile("COM1",GENERIC_READ|GENERIC_WRITE,0,0,
03      OPEN_EXISTING,FILE_FLAG_OVERLAPPED,0);      //关联串口并返回其句柄
```

注意：用户在使用函数 CreateFile()创建与串口相关联的文件时，必须将该文件的相关属性设置为 FILE_FLAG_OVERLAPPED，否则，用户所创建的文件将不能实现异步操作。

2. 设置串口参数

用户可以先调用函数 GetCommState()获取系统当前对串口的设置，对结构体 DCB 进行修改，然后调用函数 SetCommState()设置串口的参数。代码如下：

```
01  DCB dcb;
02  GetCommState(handleFile,&dcb);
03  dcb.BaudRate = 9600;
04  dcb.ByteSize = 8;
05  dcb.fParity = FALSE;
06  dcb.StopBits = ONESTOPBIT;
07  BOOL isTrue;
08  isTrue = SetCommState(handleFile,&dcb);
09  if(isTrue == FALSE)
10  {
11      MessageBox("串口参数设置失败");
12      return FALSE;
13  }
```

3. 设置操作超时时间间隔

用户设置完串口的相关参数后，应该对串口操作的时间间隔进行设置。这样，当串口操作的时间间隔超出用户所设置的时间时，操作函数将被强制返回，避免程序假死。其代码如下：

```
01  COMMTIMEOUTS con;                                   //定义结构体变量
02  con.ReadIntervalTimeout=1000;                       //设置串口数据读取的超时时间
03  BOOL istrue;                                        //定义布尔变量
04  istrue= SetCommTimeouts(hModem, &con);              //调用函数进行参数设置
05  if(istrue)                                          //判断串口参数是否设置成功
06  {
07      MessageBox("超时时间设置成功！");         //若参数设置成功，则提示用户成功
08  }
09  else
10  {
11      MessageBox("超时时间设置失败！请重试");//若参数设置失败，则提示用户重试
12  }
```

在程序中，用户主要是依靠结构体 COMMTIMEOUTS 中的成员变量 ReadIntervalTimeout 对串口操作的超时时间间隔进行设置的。

4. 设置串口缓冲区

现在，用户可以调用函数对串口的数据缓冲区进行设置，实现其功能的 API 函数是 SetupComm()。代码如下：

```
SetupComm(hModem,1024,512);                         //设置各数据缓冲区的大小
```

当用户在程序退出或者其他原因，不再需要使用串口缓冲区时，应该将其中的内容进行清除操作并析构该缓冲区，否则，当下次再使用时，程序将发生错误。代码如下：

```
01  BOOL istrue;                                    //定义布尔变量
02  istrue=PurgeComm(hModem, PURGE_TXABORT| PURGE_RXABORT|
03          PURGE_TXCLEAR|PURGE_RXCLEAR);   //调用函数对缓冲区内容进行清除
04  if(istrue)                                      //判断清除是否成功
05  {
06      MessageBox("缓冲区数据清除成功！");      //若参数设置成功，则提示用户成功
07  }
08  else
09  {
10      MessageBox("缓冲区数据清除失败！请重试");//若参数设置失败，则提示用户重试
11  }
```

5．读写串口

通过以上几个步骤，关于串口的相关参数设置以及串口事件指定等操作已经基本完成，那么用户便可以用函数 ReadFile()和 WriteFile()对串口进行读写操作了。

在本节中，主要介绍了基于 API 函数进行串口通信编程的基本流程，并结合前面所讲解的程序实例代码向用户讲解每个步骤的编程方法等。

14.2.5　Win32 API 同步串口编程实例

在前面的小节中，讲解的串口操作等均是基于异步模式的。所以，为了使用户将异步和同步模式区分开来，本节将讲解同步模式下的串口编程。

1．基本概念

同步模式是指程序中的代码是以顺序执行的，即后面的程序必须等待前面的程序全部执行并返回后，才能继续执行。例如，用户使用函数 ReadFile()对文件进行读取操作，只要该函数正在进行数据读取并没有返回时，后面的程序只能等待其返回。

用户使用这种模式编写的程序具有很大的局限性，容易造成程序的假死，从而破坏程序界面的友好性。因此，一般情况下，不建议用户使用这种模式进行编程。

2．程序创建

在 VC 中创建基于对话框的应用程序，命名为“API 同步串口编程”。界面设计如图 14.8 所示。

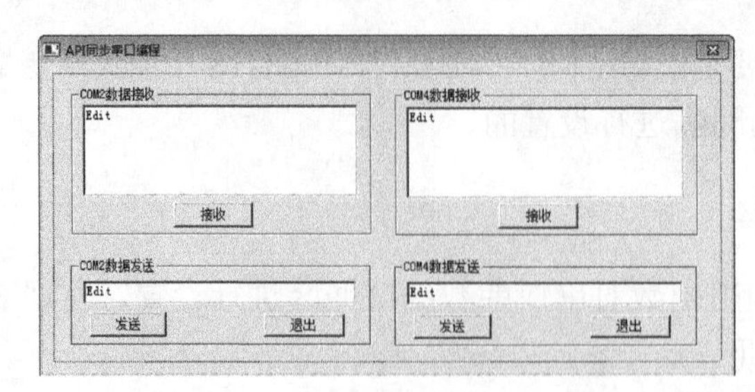

图 14.8　程序界面设计

实例程序界面中的各主要控件 ID、属性以及作用如表 14.7 所示。

表 14.7　控件ID、属性以及作用

控　件　ID	属　　性	作　　用
IDC_RECV	编辑框	COM2 接收数据
IDC_RECV2	编辑框	COM4 接收数据
IDC_SEND	编辑框	编辑在 COM2 发送的数据
IDC_SEND2	编辑框	编辑在 COM4 发送的数据
IDC_SENDBTN	按钮	在 COM2 写入数据
IDC_SENDBTN2	按钮	在 COM4 写入数据
IDC_RECVBTN	按钮	接收来自 COM4 的数据
IDC_RECVBTN2	按钮	接收来自 COM2 的数据
IDCANCLE	按钮	退出程序
IDCANCLE2	按钮	退出程序

用户可以参考随书光盘中的实例界面，然后对比表 14.7 中所示的各个控件 ID 及其作用等。控件 ID 及其关联的变量如图 14.9 所示。

IDC_RECV	CString	m_recv
IDC_RECV2	CString	m_recv2
IDC_RECVBTN		
IDC_RECVBTN2		
IDC_SEND	CString	m_send
IDC_SEND2	CString	m_send2
IDC_SENDBTN		
IDC_SENDBTN2		
IDCANCEL		
IDCANCEL2		

图 14.9　控件 ID 及其关联的变量

在 CAPIDlg 的类中添加两个被保护的数据成员，即两个文件句柄。

```
class CAPIDlg : public CDialog
{
    ...                                         //省略部分代码
protected:
    HICON m_hIcon;
    HANDLE handleFile;
    HANDLE handleFile2;
    ...                                         //省略部分代码
}
```

3．对话框初始化

在对话框的 OnInitDialog()函数中添加对 COM2 的初始化代码。

```
01  BOOL CAPIDlg::OnInitDialog()
02  {
03      CDialog::OnInitDialog();
04      ...                             //省略部分代码
05      SetIcon(m_hIcon, TRUE);         // Set big icon
06      SetIcon(m_hIcon, FALSE);        // Set small icon
07
08      // TODO: Add extra initialization here
09      //初始化 COM2
10      //获取文件句柄
```

```
11        handleFile = CreateFile("COM2",GENERIC_READ | GENERIC_WRITE,0,0,
12            OPEN_EXISTING,0,0);          //建立同步串口
13        if(handleFile == INVALID_HANDLE_VALUE)
14        {
15            MessageBox("Error in CreateFile");
16            return FALSE;
17        }
18
19        //串口参数设置
20        DCB dcb;
21        GetCommState(handleFile,&dcb);
22        dcb.BaudRate = 9600;
23        dcb.ByteSize = 8;
24        dcb.fParity = FALSE;
25        dcb.StopBits = ONESTOPBIT;
26        BOOL isTrue;
27        isTrue = SetCommState(handleFile,&dcb);
28        if(isTrue == FALSE)
29        {
30            MessageBox("串口参数设置失败");
31            return FALSE;
32        }
33
34        //设置串口超时
35        COMMTIMEOUTS    timeous;
36        timeous.ReadIntervalTimeout = 1000;     //读取间隔超时设置为 1 秒
37        isTrue = SetCommTimeouts(handleFile,&timeous);
38        if(isTrue == FALSE)
39        {
40            MessageBox("串口超时设置失败");
41            return FALSE;
42        }
43
44        //设置各缓冲区的大小
45        SetupComm(handleFile,1024,1024);
46        //清除缓冲区的内容
47        isTrue = PurgeComm(handleFile,PURGE_TXABORT |
48             PURGE_RXABORT | PURGE_TXCLEAR | PURGE_RXCLEAR);
49        if(isTrue == FALSE)
50        {
51            MessageBox("清除缓冲区操作失败");
52            return FALSE;
53        }
54        ...                                  //省略初始化 COM4 的代码
55        return TRUE;
56    }
```

初始化 COM4 的代码同初始化 COM2 的代码完全一样，只是创建的句柄是 COM4 的，在此不再列出。

4．发送数据

双击对话框中 COM2 处的“发送”按钮，添加消息响应函数 OnSendbtn()的代码如下：

```
01    void CAPIDlg::OnSendbtn()
02    {
03        // TODO: Add your control notification handler code here
04        UpdateData(true);
05        DWORD   dwError;
```

```
06       COMSTAT comstat;
07       ClearCommError(handleFile,&dwError,&comstat);
08       DWORD   dword;
09       BOOL isTrue = WriteFile(handleFile,
10           m_send.GetBuffer(1),m_send.GetLength() + 1,&dword,0);
11       if(isTrue)
12       {
13           MessageBox("发送成功");
14       }
15   }
```

同理，添加对话框中 COM4 处的“发送”按钮的消息响应函数，请用户自主编写。

5. 接收数据

双击对话框中 COM2 处的“接收”按钮，添加消息响应函数 OnRecvbtn()的代码如下：

```
01   void CAPIDlg::OnRecvbtn()
02   {
03       // TODO: Add your control notification handler code here
04       char    buff[1024];
05       DWORD   dword;
06       BOOL isTrue = ReadFile(handleFile,buff,1024,&dword,0);
07       if(isTrue)
08       {
09           MessageBox("读取成功");
10       }
11       PurgeComm(handleFile,PURGE_RXABORT | PURGE_RXCLEAR |
12            PURGE_TXABORT | PURGE_TXCLEAR);         //清除缓冲区的内容
13       m_recv = buff;
14       UpdateData(false);
15   }
```

同理，添加对话框中 COM4 处的“接收”按钮的消息响应函数，与此类似。

6. 关闭文件句柄

双击对话框中 COM2 处的“退出”按钮，为消息响应函数 OnCancel()添加如下代码：

```
01   void CAPIDlg::OnCancel()
02   {
03       // TODO: Add extra cleanup here
04       if(handleFile)
05           CloseHandle(handleFile);
06       if(handleFile2)
07           CloseHandle(handleFile2);
08
09       CDialog::OnCancel();
10   }
11   //COM4 处“退出”按钮的消息响应函数
12   void CAPIDlg::OnCancel2()
13   {
14       // TODO: Add your control notification handler code here
15       if(handleFile)
16           CloseHandle(handleFile);
17       if(handleFile)
18           CloseHandle(handleFile2);
19
20       CDialog::OnCancel();
21   }
```

在 Release 下编译连接程序，程序的运行效果如图 14.10 所示。

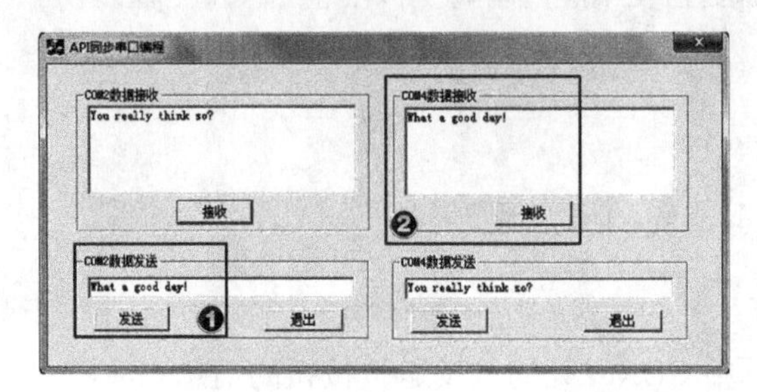

图 14.10　程序运行效果

14.2.6　Win32 API 异步串口编程实例

本节将结合前面所讲的知识讲解使用 API 函数进行异步串口编程的相关方法。

1．程序创建

在 VC 中创建基于对话框的应用程序，命名为“API 异步串口编程”，界面设计如图 14.11 所示。

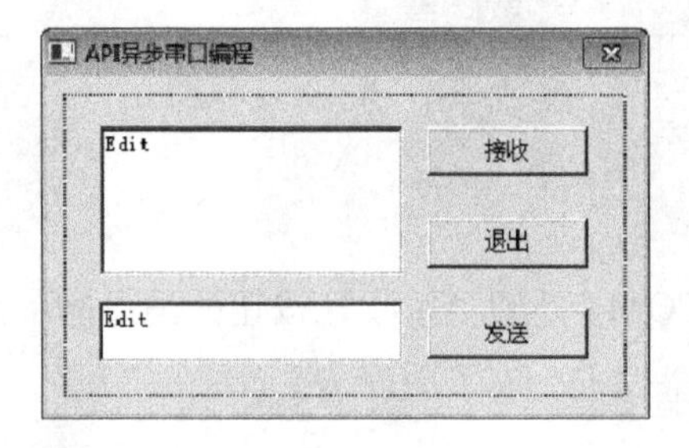

图 14.11　程序界面设计

实例程序界面中的各主要控件 ID、属性以及作用如表 14.8 所示。

表 14.8　控件ID、属性以及作用

控　件　ID	属　　性	作　　用
IDC_RECV	编辑框	显示接收的数据
IDC_SEND	编辑框	编辑将要发送的数据
IDC_SENDBTN	按钮	发送数据
IDC_RECVBTN	按钮	接收数据
IDCANCLE	按钮	退出程序

控件 ID 及其关联的变量如图 14.12 所示。

控件 ID	类型	变量
IDC_RECV	CString	m_recv
IDC_RECVBTN		
IDC_SEND	CString	m_send
IDC_SENDBTN		
IDCANCEL		

图 14.12　控件 ID 及其关联的变量

在类 CAPIDlg 中添加被保护的成员变量，即打开的文件句柄。

```
01  class CAPIDlg : public CDialog
02  {
03  // Construction
04  public:
05      CAPIDlg(CWnd* pParent = NULL);  // standard constructor
06      ...                              //省略部分代码
07  // Implementation
08  protected:
09      HICON m_hIcon;
10      HANDLE handleFile;
11      ...                              //省略部分代码
12  };
```

2．对话框初始化

在对话框的 OnInitDialog()函数中添加对 COM2 的初始化代码：

```
01  BOOL CAPIDlg::OnInitDialog()
02  {
03      CDialog::OnInitDialog();
04      ...                                      //省略部分代码
05      // TODO: Add extra initialization here
06      //获取文件句柄
07      handleFile = CreateFile("COM2",GENERIC_READ | GENERIC_WRITE,0,0,
08          OPEN_EXISTING,FILE_FLAG_OVERLAPPED,0); //重叠方式
09      if(handleFile == INVALID_HANDLE_VALUE)
10      {
11          MessageBox("Error in CreateFile");
12          return FALSE;
13      }
14
15      //串口参数设置
16      DCB dcb;
17      GetCommState(handleFile,&dcb);
18      dcb.BaudRate = 9600;
19      dcb.ByteSize = 8;
20      dcb.fParity = FALSE;
21      dcb.StopBits = ONESTOPBIT;
22      BOOL isTrue;
23      isTrue = SetCommState(handleFile,&dcb);
24      if(isTrue == FALSE)
25      {
26          MessageBox("串口参数设置失败");
27          return FALSE;
28      }
29
30      //设置串口超时
31      COMMTIMEOUTS    timeous;
32      timeous.ReadIntervalTimeout = 2000;     //读取间隔超时设置为 2 秒
33      isTrue = SetCommTimeouts(handleFile,&timeous);
34      if(isTrue == FALSE)
35      {
36          MessageBox("串口超时设置失败");
37          return FALSE;
38      }
39
40      //设置各缓冲区的大小
```

```
41      SetupComm(handleFile,1024,1024);
42      //清除缓冲区的内容
43      isTrue = PurgeComm(handleFile,PURGE_TXABORT | PURGE_RXABORT |
44                      PURGE_TXCLEAR | PURGE_RXCLEAR);
45      if(isTrue == FALSE)
46      {
47          MessageBox("清除缓冲区操作失败");
48          return FALSE;
49      }
50
51      return TRUE;  // return TRUE  unless you set the focus to a control
52  }
```

在初始化函数中依次完成了打开串口、设置串口参数、设置操作超时时间间隔和设置串口缓冲区，以及清除缓冲区内容的操作。

3．发送串口数据

双击对话框中的“发送”按钮，添加消息响应函数 OnSendbtn()，代码如下：

```
01  void CAPIDlg::OnSendbtn()
02  {
03      // TODO: Add your control notification handler code here
04      OVERLAPPED over;
05      memset(&over,0,sizeof(OVERLAPPED));
06      //创建事件，自动且初始无信号
07      over.hEvent = CreateEvent(NULL,TRUE,FALSE,NULL);
08      DWORD   dwError;
09      COMSTAT comstat;
10      //清除端口错误
11      ClearCommError(handleFile,&dwError,&comstat);
12      UpdateData(true);
13      DWORD   dword;
14      BOOL isTrue = WriteFile(handleFile,m_send.GetBuffer(1),
15                  m_send.GetLength() + 1,&dword,&over);
16      if(!isTrue)
17      {
18          if(GetLastError() == ERROR_IO_PENDING)
19          {
20              WaitForSingleObject(over.hEvent,1000);
21          }//串口写操作完毕后，事件会有信号
22      }
23  }
```

4．接收串口数据

双击“接收”按钮，添加消息响应函数 OnRecvbtn()，代码如下：

```
01  void CAPIDlg::OnRecvbtn()
02  {
03      // TODO: Add your control notification handler code here
04
05      OVERLAPPED  over;
06      memset(&over,0,sizeof(OVERLAPPED));
07      over.hEvent = CreateEvent(NULL,TRUE,FALSE,NULL);
08
09      DWORD   dwError;
10      COMSTAT comstat;
11      ClearCommError(handleFile,&dwError,&comstat);
```

```
12        char buff[1024];
13        DWORD   dword;
14        BOOL isTrue = ReadFile(handleFile,buff,1024,&dword,&over);
15        if(!isTrue)
16        {
17            if(GetLastError() == ERROR_IO_PENDING)
18            {
19                WaitForSingleObject(handleFile,2000);
20            }
21        }
22
23        PurgeComm(handleFile,PURGE_RXABORT | PURGE_RXCLEAR |
24                  PURGE_TXABORT | PURGE_TXCLEAR);
25        m_recv = buff;
26        UpdateData(false);
27    }
```

5. 关闭串口

双击“退出”按钮，添加消息响应函数 OnCancel()，代码如下：

```
01  void CAPIDlg::OnCancel()
02  {
03      // TODO: Add extra cleanup here
04      if(handleFile)
05          CloseHandle(handleFile);
06      CDialog::OnCancel();
07  }
```

编译并运行程序。另新建一个类似的工程打开串口 COM4，同时运行两个程序，运行效果如图 14.13 所示。

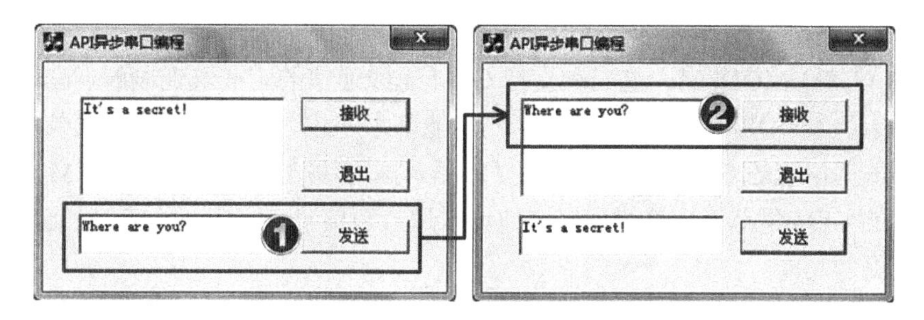

图 14.13　程序运行效果

14.3　小　　结

本章通过实例程序各个功能的实现步骤讲解关于串口编程的相关知识。在实例程序中，分别通过使用 MFC 串口控件和串口 API 函数介绍了这两种方法的使用步骤等。通过本章的学习用户可以学习到串口编程的一般流程，以及相关函数和控件的使用方法等，应当能够独立进行串口实例程序的编写、调试等。

第 15 章　VC 发送手机短信

在这个信息化快速发展的社会环境下，商业竞争越来越激烈。越来越多的企业在开发自己的短信平台，以求得到更快捷的信息或服务。一般情况下，开发者会选择使用 VC 平台与短信猫进行短信平台的开发。因此，在本章中，将向用户介绍短信猫相关的基本知识及其二次开发接口等相关内容。

15.1　短信猫介绍

用户在 VC 平台下开发短信平台时，短信猫是必不可少的硬件设施。所以，用户必须了解短信猫及其种类。当然在开发时，作为程序员，最关心的还是短信猫的生产商所提供的二次开发接口。因此，在本节中，将向用户介绍短信猫的种类，以及二次开发接口等相关知识。

15.1.1　短信猫简介

短信猫（GSM MODEM）是一种支持 GSM 无线通信的工业级调制解调器，其功能与用户日常所用的 MODEM（调制解调器）的功能基本一致。一般情况下，短信猫的核心部分是基于德国西门子的 GSM 模块。用户只需插入国内移动通信运营商的 SIM 卡后，即可接入运营商的 GSM 网络中。这样，用户便可以通过短信猫，实现无线 GSM 通话、收发短信、传输数据等功能。

如果将短信猫与手机相比较，短信猫的核心模块与手机的核心模块一样。当短信猫接通电源以后，其内置软件便开始运行工作。如果用户将某个移动运营商的 SIM 卡插入到短信猫中。那么，短信猫完全和手机一样，被接入到移动通信网络中进行工作。

计算机可以通过串口或 USB 接口通过专用的连接线连接短信猫，通过一系列的指令，实现与短信猫的数据通信。例如，收发短信、拨打电话以及收发传真等。只是在本章实例中，仅需要使用其发短信的功能。所以，用户若想使用其他功能只要学会相关指令即可。

短信猫与手机最大的区别，在于手机有自带的屏幕、键盘和应用软件，而短信猫则需要用户根据其二次开发接口进行相关的驱动和控制。当前，用户在实际开发中所使用的短信猫，其外型结构有很多种，但是核心技术都是一样的，如图 15.1 所示。

注意： 图 15.1 中所示外型结构的短信猫是基于 USB 接口的一款短信猫。关于短信猫接口方面的知识将在 15.1.2 节中介绍。

15.1.2　短信猫分类

虽然短信猫的核心技术基本相同，但是根据短信猫使用的接口和短信猫中接口模块的不同，短信猫也可以分为不同的种类。如果按照短信猫使用的接口来分类，短信猫可以分为串口短信猫、USB 接口短信猫等；如果按照短信猫中接口模块多少来分类，短信猫可分为单口短信猫和短信猫池两种。因此，在本节中将简单介绍这几种短信猫。

1．串口短信猫

串口短信猫是指该类短信猫与计算机之间的数据通信是通过串口进行传输的。其接口外型如图 15.2 所示。

图 15.1　常用短信猫外型结构

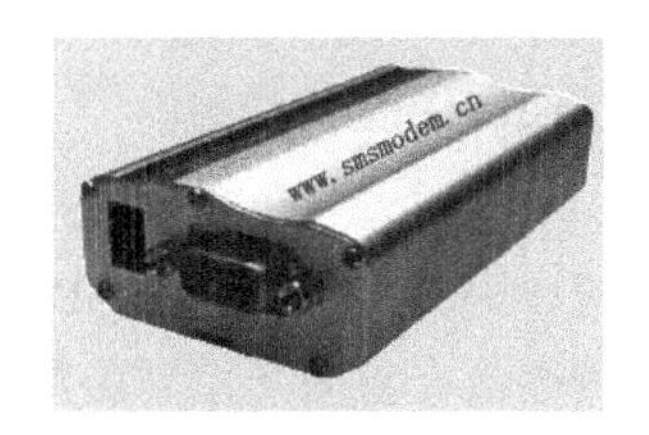

图 15.2　串口短信猫外型结构

当用户使用串口短信猫与计算机相结合，开发短消息平台时，开发人员可以通过计算机串口向短信猫发送 AT 指令完成数据通信等操作。

2．USB接口短信猫

USB 接口短信猫是指该类短信猫与计算机之间的数据通信是通过 USB 接口进行传输的。其接口外型如图 15.1 所示。

由于 USB 接口属于即插即用的计算机接口。所以，使用 USB 接口的短信猫时，其操作步骤非常简单，仅需要将短信猫插入计算机的 USB 接口即可实现数据通信。从价格上讲，USB 短信猫的市场价格也比较便宜。在这里，建议用户在开发时选择 USB 接口的短信猫。

3．单口短信猫

单口短信猫是指在短信猫中，用户只能插入一张 SIM 卡，进行单个通道的数据通信，如图 15.3 所示。如果用户希望通过不同的通道发送和接收多个数据，那么应该采用多口的短信猫进行开发。

4．短信猫池

短信猫池是指该类短信猫具有多个通道，可以插入多张 SIM 卡，并且能够同时发送和接收多个数据，如图 15.4 所示。

如图 15.4 所示，短信猫池具有多个数据传输通道，可以插入多张 SIM 卡，并且每个通道都具有各自的数据传输天线。如果用户开发的短消息平台需要以不同的号码群发短消息，那么应该使用该类型的短信猫进行平台开发。

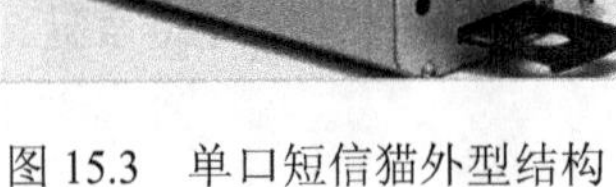

图 15.3　单口短信猫外型结构

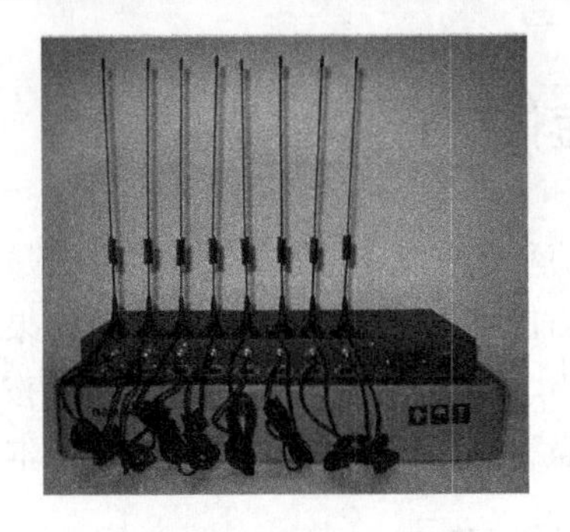

图 15.4　短信猫池外型结构

在本节中，主要介绍了短信猫的几种类型及外型结构。通过本节知识的学习，用户对短信猫的类型应该有大致的了解。

15.1.3　短信猫开发接口

短信猫开发接口（GSM MODEM SDK）是指程序员编程与短信猫进行数据通信时，短信猫的生产商为程序员提供的一系列函数或者控件等。一般情况下，短信猫的生产商为程序员提供了 4 种开发接口模式。这 4 种开发接口模式分别为使用 AT 指令、短信猫二次开发包、短信猫通信中间件以及第三方提供的短信网关。在本节中，将介绍这 4 种开发接口模式。

1．使用AT指令

AT 指令是指一种基于调制解调器的命令语言。一般情况下，该指令是从一个终端设备或者是数据终端设备向终端适配器、数据电路终端设备发送的指令。计算机通过向终端设备发送 AT 指令可以实现控制其功能的作用。例如，当用户需要获取插入短信猫中的 SIM 的相关信息时，便可以使用 AT 指令实现。其指令代码如下：

```
AT+CCID                                                //获取短信猫中的 SIM 卡相关信息
```

在 AT 指令中，均以字符 AT 作为指令开始。上面的指令 AT+CCID 表示读者将使用该指令获取短信猫中插入的 SIM 卡的标识，而这个命令将使短信猫中相应的模块读取 SIM 卡上的 EF-CCID 标识文件。

注意：在这里仅仅是为了向用户介绍 AT 指令的作用和基本格式。关于该指令的详细讲解将在 15.3 节中进行。

2．短信猫二次开发包

短信猫二次开发包，就是短信猫的生产商提供给上层开发人员的 API 函数。这些 API 函数封装了 AT 指令。

当用户需要使用短信猫中相应的功能时，只需要调用生产商所提供的短信猫二次开发包中的相关 API 函数即可。虽然短信猫的生产商为二次开发封装了底层的 AT 指令，但是用户如果对 AT 指令非常了解，也可以实现自行封装 AT 指令而构造短信猫的二次开发包。

例如，用户将获取短信猫中插入的 SIM 卡的相关信息的 AT 指令封装为一个函数。代码如下：

```
01  void GetSIM()                                   //封装的 AT 指令函数
02  {
03      ...                                         //省略部分代码
04      char data[]={"AT+CCID"};                    //定义 AT 指令字符数组
05      DWORD data;                                 //定义变量保存实际写入的指令大小
06      BOOL istrue;                                //确定指令发送是否成功
07      istrue=WriteFile(handle,&data,sizeof(data),NULL);
08      //将 AT 指令字符通过串口进行发送
09      if(istrue)                                  //判断 AT 指令是否发送成功
10      {
11          MessageBox("获取 SIM 卡信息成功！");//提示读者发送结果
12      }
13      else
14      {
15          MessageBox("获取 SIM 卡信息失败！");
16      }
17  }
```

在上面的代码中，用户可以看到向短信猫发送 AT 命令是通过串口进行传输的，函数 WriteFile()的第 1 个参数 handle 表示串口的句柄。但是，该种发送 AT 指令的方法仅适合于串口型的短信猫。

如果用户使用的短信猫为 USB 接口类型，则需要 RS-232 串口转 USB 接口的转换器实现通过串口发送 AT 指令。

3．短信猫通信中间件

短信猫通信中间件是指一套专门针对数据库接口的短信猫通信软件。用户使用该类型的通信中间件，仅需提交短信队列到数据库即可进行短信收发。因此，无论用户所使用的是哪一种开发语言进行短信猫的二次开发，只需要对其数据库进行读写即可。这种开发简单快速，节约开发成本，是目前最为快捷的一种短信应用开发模式。

4．使用短信网关

短信网关是指由第三方开发的应用程序或提供的程序开发接口。一般情况下，这类短信网关都是基于网页提供给用户使用的。通常，第三方首先将短信操作平台的相关功能集成到网页中。然后，用户便可以使用其提供的网页地址，将相关的数据转换为变量，通过该网页地址传送到网页中的相关参数中。例如，用户假设一个第三方所提供的网页地址为“http://www.smsgate.cn/basic.asp”，而用户将发送的短信相关数据等以参数的形式通过该网址进行传递，则最终构造的网址如下：

```
http://www.smsgate.cn/basic.asp?mob=13778745236&pwd=mypassword&tel=0825
6662151;13558979637&msg=短信内容
```

用户在实际编程时，只需要按照参数的一定顺序构造好该网址，便可以将其打开实现短消息的发送。在构造的网址中，其参数及含义如下：

- 参数 mob 表示用户在第三方处注册的电话号码。该电话号码是用户为了使用第三方所提供的短信网关而注册的，相当于用户名。

- 参数 pwd 表示用户注册时所填写的密码。
- 参数 tel 表示接收短消息的电话号码。如果接收方为多个电话号码，则将各个号码之间使用符合“;”隔开。
- 参数 msg 表示短消息的相关内容。

注意：当用户构造该网址时，必须将各个参数及其参数值之间使用符合“&”连接。

如果用户使用第三方所提供的短信网关，那么，用户在开发短信平台时，不需要再使用短信猫等相关的硬件设备了，而仅仅需要将短消息的相关内容进行组织，构造成第三方所规定的网址后，将其打开即可。这种方法使用简单，易于实现。但是，局限性非常大，用户会受到第三方的一些约束等。

15.2　实现与短信猫的硬件连接

用户使用短信猫时，应该首先确保 PC 与短信猫之间的硬件连接无误，方可进行相关的操作。所以，在本节中，将介绍短信猫相关的硬件设备和实现 PC 与短信猫的硬件连接方法。

15.2.1　短信猫的硬件设备

一般情况下，短信猫的硬件设备较为简单，主要由 3 部分组成。在本节中，将介绍这些硬件设备的外型结构和作用等。

1．短信猫主机

首先，用户应该获得短信猫的主机，这是硬件中最重要的一部分。由于短信猫有两种接口模式。所以，用户可以根据需要选择合适的短信猫主机。例如，选择 USB 接口的短信猫作为短信猫主机，如图 15.5 所示。

图 15.5 中所示的短信猫是 USB 接口模式的。串口模式的短信猫其外型结构如图 15.2 所示。一般情况下，用户选择 USB 接口的短信猫可以节约成本，缩短开发周期等。

图 15.5　USB 接口短信猫

2．电源线与数据传输线

在短信猫与计算机之间需要一根数据线连接，才能实现数据通信。例如，用户使用的短信猫是 USB 接口，则数据线应该选择一根 USB 接口线；如果用户使用的短信猫是串口接口，则数据线选择一根串口线即可。

通常，USB 接口的短信猫可以通过 USB 接口由计算机供电进行工作。所以，用户使用 USB 接口的短信猫时，是不需要另外使用单独的电源线为其供电的。但是，串口模式的短信猫需要用户单独配上相应的电源才能工作。

3．天线

由于短信猫工作时，是无线传输数据信号的，所以，用户使用短信猫时，还需要为其配置相应的天线，如图 15.6 所示。

注意：短信猫的天线可以用来接收或者发送用户需要的数据等。当然，图 15.6 中所示的天线为一般插接式天线。该天线最大的缺点是安装过程较繁杂。

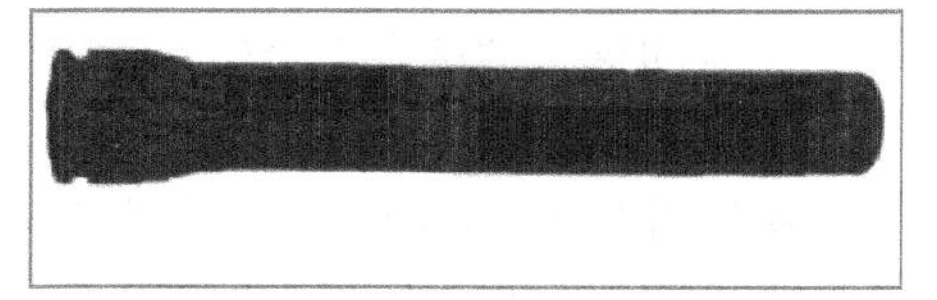

图 15.6　短信猫天线

实际上，短信猫的天线还有一种吸盘式的。安装这种天线比较方便并且快速。使用时，将其吸盘放置在短信猫上即可。其外型结构如图 15.7 所示。

上面所讲的硬件设备基本上就是短信猫的所有设备了。但是，用户进行二次开发还需要短信猫生产商所提供的短信猫二次开发包。

在本节中，主要介绍了短信猫的硬件设备及其外型结构和基本作用等。

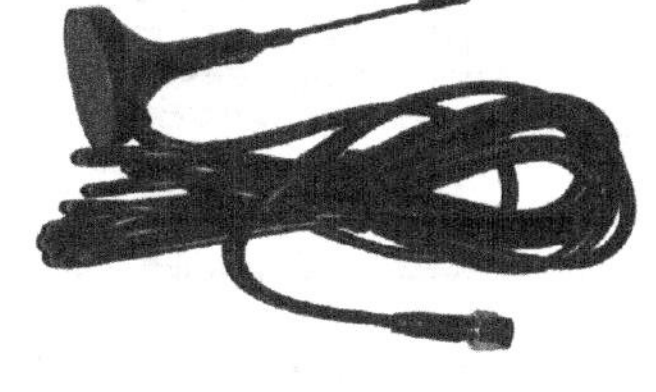

图 15.7　短信猫吸盘天线外型结构

15.2.2　PC 连接短信猫

以 USB 接口短信猫为例，首先安装短信猫的驱动程序，如图 15.8 和图 15.9 所示。

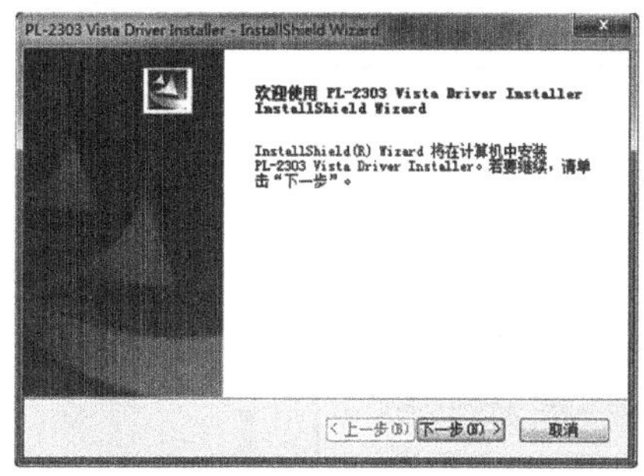

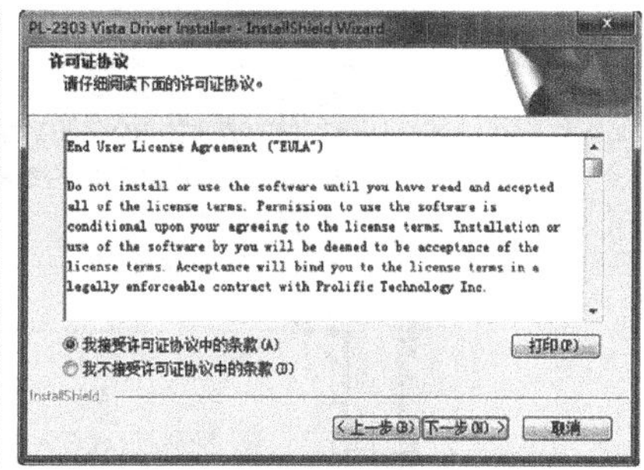

图 15.8　安装驱动程序 1

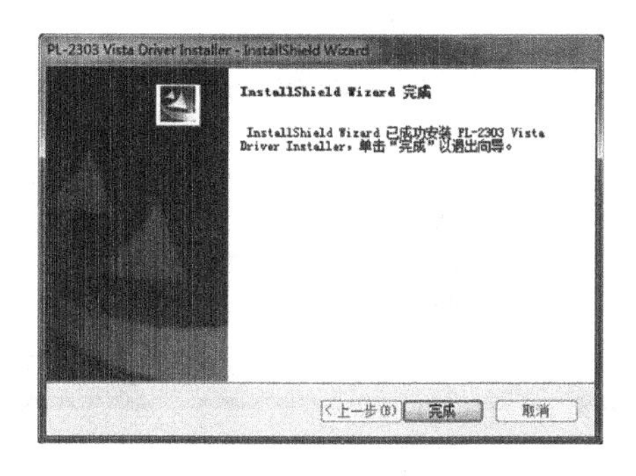

图 15.9　安装驱动程序 2

该驱动是将短信猫上的 USB 接口虚拟转换成了串口，安装好驱动后再接入 USB 接口连接的短信猫设备，此时 Windows 7 系统会自动检测并尝试为设备安装驱动，如图 15.10 所示。

图 15.10　系统尝试安装驱动

系统的这种尝试多半会失败，因为系统优先尝试联网安装驱动，实际上驱动已经被安装在计算机上了，所以需要干预，即单击“跳过从 Windows Update 获得驱动程序软件”链接，然后系统会从计算机上寻找驱动，如图 15.11 和图 15.12 所示。

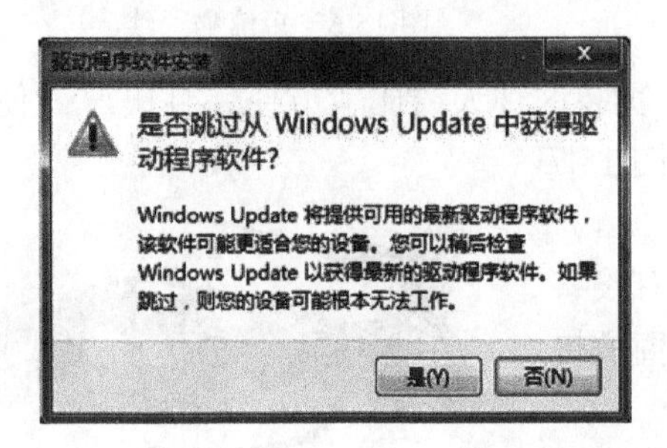

图 15.11　跳过从 Windows Update 获取驱动操作

图 15.12　驱动成功安装

由图 15.12 可知驱动为 USB 接口虚拟的串口号为 COM5，打开系统的设备管理器，如图 15.13 所示，可以到串口 COM5，说明 PC 和短信猫连接成功。

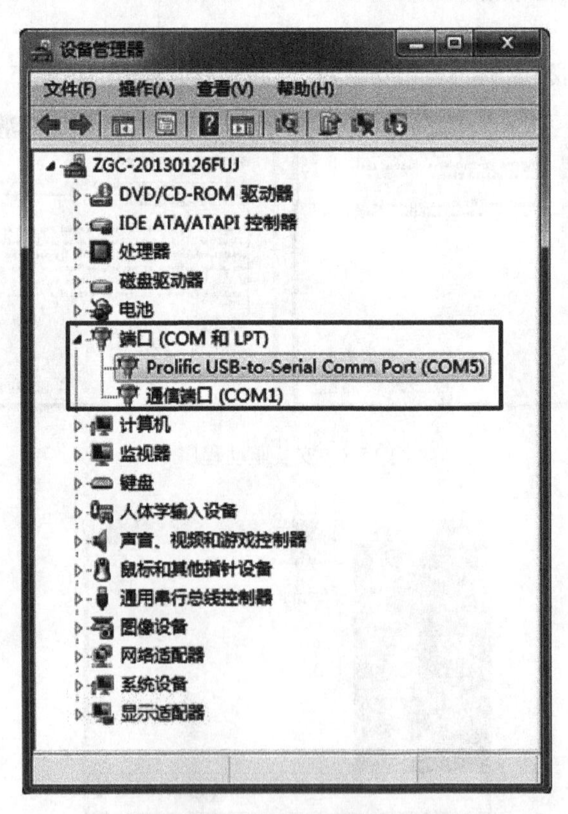

图 15.13　设备管理器

注意：不同的系统需要选择不同的驱动程序，目前知道 Windows XP 和 Windows 7 所需的驱动是不一样的，Windows Vista 和 Windows 7 驱动相同。

15.3　相关 AT 指令介绍

本章在前面的小节中，已经讲解了短信猫的相关硬件以及这些硬件的连接等。用户真正操作短信猫，还需要向其发送相应的指令，这些指令称为“AT 指令”。在本节中，将讲解短信猫中相应功能的 AT 指令代码。

15.3.1　AT 指令介绍

AT 指令是指计算机向其附加的硬件设备发送的相关功能命令，或者是计算机所带的硬件。例如，硬盘读写操作命令等。

通常情况下，用户可以通过选择“开始”|“运行”命令，打开计算机中的“运行”对话框，并在文本框中输入 cmd，单击“确定”按钮，打开“命令运行”对话框，如图 15.14 所示。

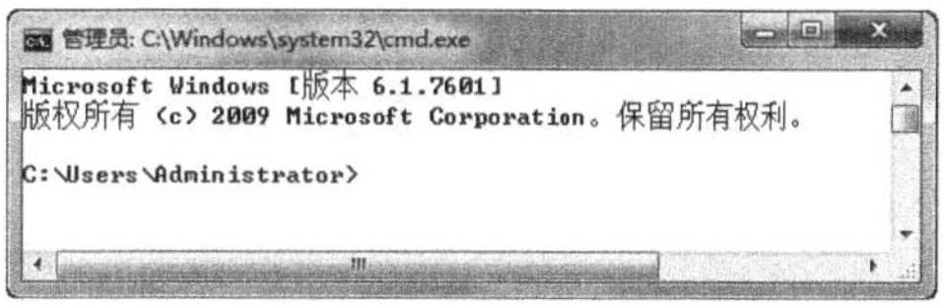

图 15.14 “命令运行”对话框

用户在该窗口的光标处输入“AT+空格+R”，即可阅读 AT 指令的相关帮助信息，如图 15.15 所示。

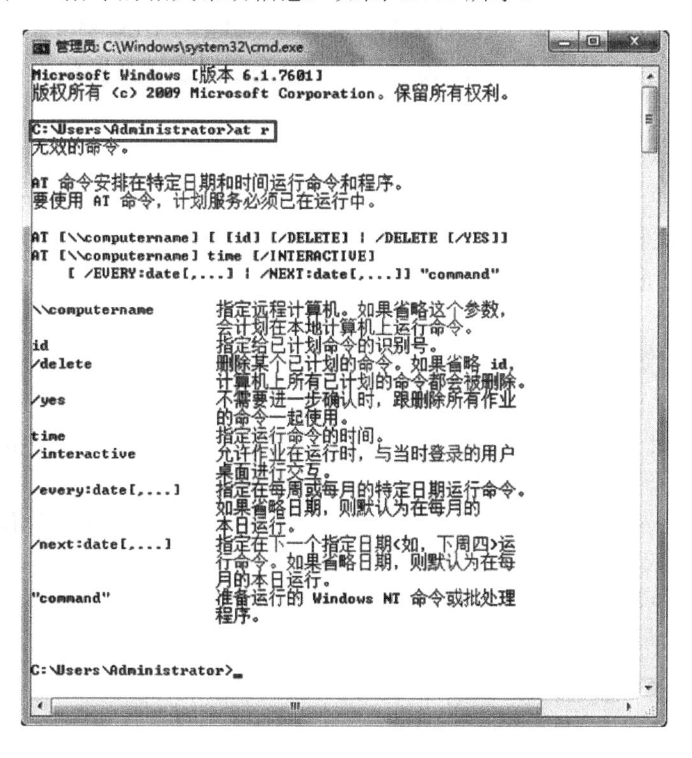

图 15.15　AT 指令的相关帮助信息

注意：AT 指令几乎被所有的计算机及其辅助硬件所支持，并且通过 AT 指令可以利用计算机向任何一种硬件发送相应的 AT 指令以实现相应的功能。

15.3.2　AT 指令

在前面一节中，介绍了 AT 指令的定义、作用及其发送方式等。为了使用户加深对 AT 指令的理解和使用，在本节中将以表格的方式介绍常用的 AT 指令及其功能含义，可以查看附录一。

一般情况下，用户可以方便地使用这些 AT 指令直接操作计算机辅助硬件设备等。例如 15.1.3 所讲示例，用户向短信猫发送 AT 指令，以获取 SIM 卡的序列号，当短信猫接收到该指令以后，会将 SIM 卡的序列号返回。这样，用户程序便可以从串口等数据缓冲区中读取这一数据并显示。

注意：实际使用 AT 指令时，需要结合实际硬件生产商的相关说明文档进行指令的格式化。这是因为不同的硬件生产商可能会有不同的 AT 指令格式。但是，这些 AT 指令格式大体上是一样的。

15.4　短信发送规则

短信猫有 3 种方式发送和接收 SMS 信息：Block Mode、Text Mode 和 PDU Mode。其中 PDU Mode 被所有手机支持，可以使用任何字符集，这也是手机默认的编码方式。

15.4.1　Text 模式

使用 Text 模式收发短信的代码很简单，实现起来也十分容易，这种模式既支持英文短信也支持中文短信的发送。

15.4.2　PDU 模式

PDU（Protocol Data Unit，协议数据单元）模式，支持中文短信，也能发送英文短信。PDU 模式收发短信可以使用 3 种编码：7-bit、8-bit 和 UCS2 编码。

7-bit 编码用于发送普通的 ASCII 字符；8-bit 编码通常用于发送数据消息，比如图片和铃声等；UCS2 编码用于发送 Unicode 字符。在这 3 种编码方式下，PDU 串的用户信息段最大容量分别是 160、140 和 70。这里，将一个英文字母、一个汉字和一个数据字节都视为一个字符。总之最多放 140B，7-bit 编码一个字符占不到 1 B，所以放的信息多一些，UCS2 编码占用 2 B，所以放的信息减少一半。

1．7-bit编码

编码过程如图 15.16 所示。

```
7-bit编码示例
--------------------------------
示例字符串:       1234
编码后字符串:     31D98C06

1234的ASCII码:    49        50        51        52
转换为二进制:     00110001  00110010  00110011  00110100
去掉最高的0位:     0110001   0110010   0110011   0110100

依次补齐:         00110001  11011001  10001100  00000110
转换为十六进制:   31        D9        8C        06
```

图 15.16　7-bit 编码过程

ASCII 码的最高位都是 0，去掉后就剩 7 位，依次将后面字节的后几位补在前面的字节上，重新构成 8 位的数据，即 7-bit 编码。

2．UCS2编码

Unicode 目前普遍采用的是 UCS2 编码，它用 2 B 来编码一个字符，比如汉字“你”的编码是 0x7F60（注意字符编码一般用十六进制来表示，为了与十进制区分，十六进制以 0x 开头）。UCS2 用 2 B 来编码一个字符，2 B 就是 16 位二进制，2^{16}=65536，所以 UCS2 最多能编码 65536 个字符。编码从 0 到 127 的字符与 ASCII 编码的字符一样，比如字母“a”的 Unicode 编码是 0x0061，十进制是 97。而“a”的 ASCII 编码是 0x61，十进制也是 97，事实上 Unicode 对汉字支持不怎么好，这也是没办法的，简体和繁体总共有六七万个汉字，而 UCS2 最多能表示 65536 个，所以 Unicode 只能排除一些几乎不用的汉字，好在常用的简体汉字也不过七千多个。为了能表示所有汉字，Unicode 也有 UCS-4 规范，就是用 4 B 来编码字符，不过现在普遍采用的还是 UCS2。

15.5　超级终端演示信息发送

我们可以通过超级终端来连接短信猫，再用 AT 指令与短信猫交互，实现短信的发送。本章后面要讲解到的示例程序实际上就是模拟了这个过程，使得软件的使用者不必使用 AT 指令，只要单击按钮就能发送短信了。

提示：超级终端是 Windows XP 系统默认提供的工具软件，但是在 Windows 7 下默认不再提供，但是想在 Windows 7 下使用也不是不可能的。如图 15.17 所示为超级终端在 Windows XP 下的位置，依次选择“所有程序”|“附件”|“通讯”|“超级终端”命令，

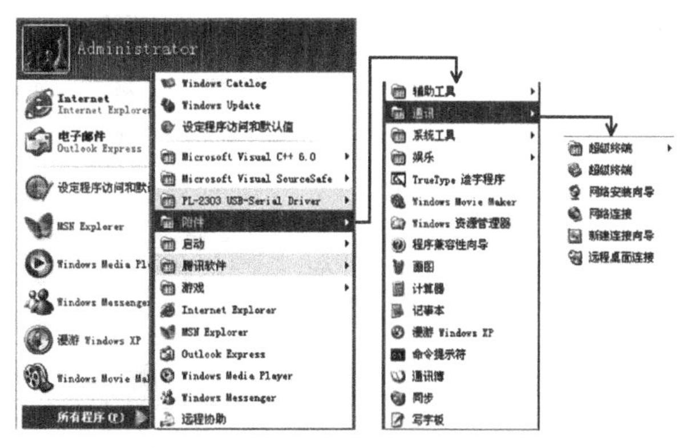

图 15.17　Windows XP 下超级终端的位置

只要找到超级终端这个工具软件所在的位置，然后把它整个复制下来，再复制到 Windows 7 的任意文件夹下就可以使用了，如图 15.18 所示。

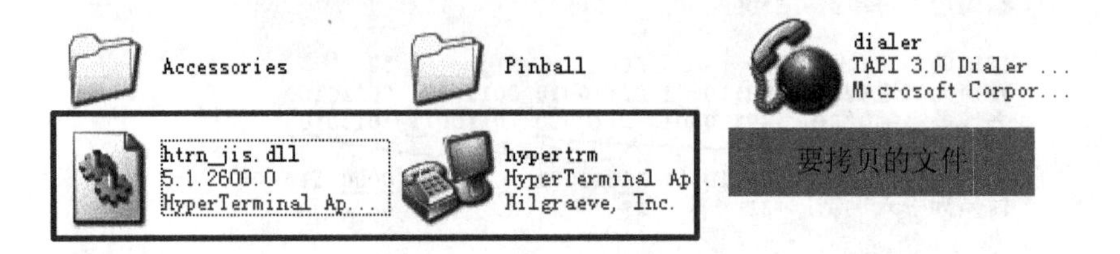

图 15.18　超级终端所在的位置

15.5.1　连接短信猫

双击打开超级终端，如图 15.19 所示，输入任意名称，出现如图 15.20 所示的“连接到”对话框，选择与短信猫连接的串口，这里是 COM5。

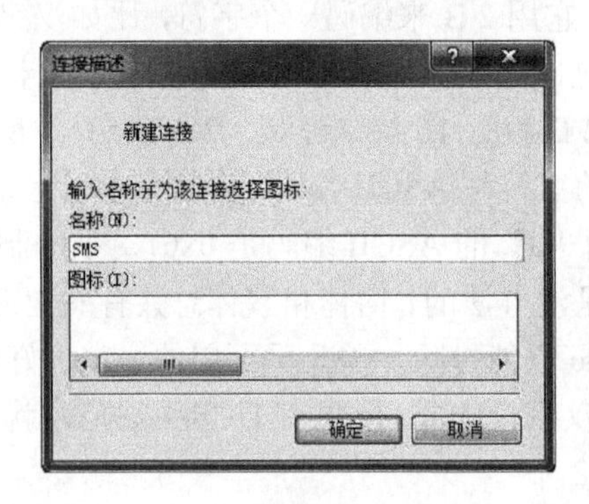

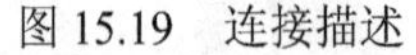
图 15.19　连接描述

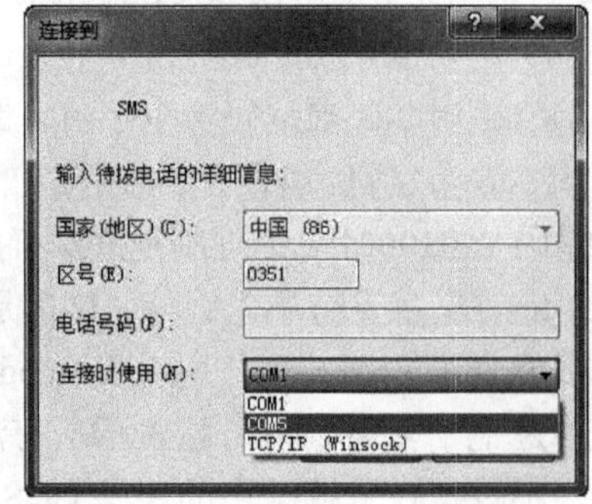

图 15.20　连接串口选择

然后会弹出如图 15.21 所示的“COM5 属性”对话框，单击“还原为默认设置”按钮即可，单击“确定”按钮进入到超级终端主界面，如图 15.22 所示。

图 15.21　“COM5 属性”对话框

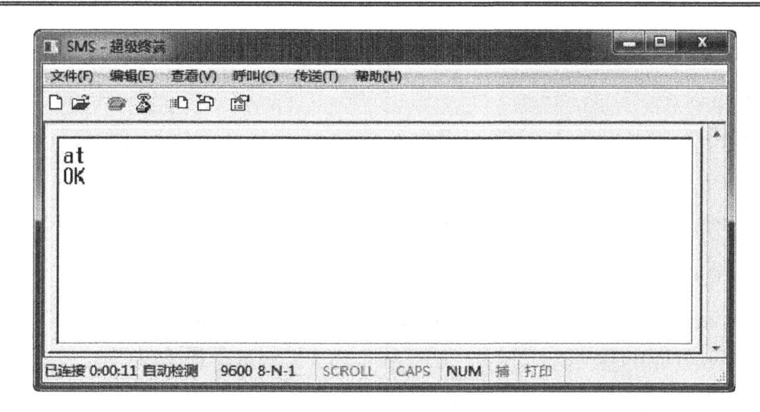

图 15.22　超级终端主界面

输入 AT 指令，返回 OK，则表示连接短信猫成功。

15.5.2　Text 模式演示

1）首先发送英文短信，如图 15.23 所示。

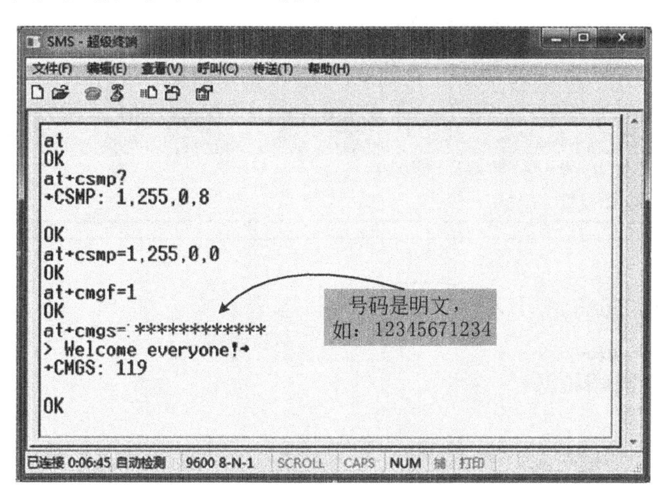

图 15.23　发送英文短信

AT 指令不区分大小写，大小写的指令的含义是一样的。AT+CSMP 用来在文本模式下设置短信文本参数。

```
AT+CSMP=<fo>,<vp/scts>,<pid>,<dcs>
```

参数及其含义介绍如下。

（1）<fo>：参数的各个位如图 15.24 所示。

```
  bit 5 4 3 2 1 0
  ---------------
value 0 0 0 0 0 1
```

图 15.24　<fo>参数的各个位

- 编号 1、0 的两位组合为 0、1 时表示发送方向是手机到消息中心，还有 3 种取值这里不做介绍。
- 编号 2 的位取值为 0 表示后续没有短信息要发送；取值为 1 表示后续还有短信息。
- 编号 3、4 的两位用来表示短信的保留时间，即参数<vp>。
- 编号 5 的位取值为 0 即关闭传送回报，取值为 1 即打开传送回报。

（2）<vp/scts>：保留时间的设置。

- 0～143 对应的保留时间为 (vp+1)*5min，最大为 12h。
- 144～167 对应的保留时间为 12h+(vp−143)*30min，最大为 24h。
- 168～196 对应的保留时间为 (vp−166)*1 天。
- 197～255 对应的保留时间为 (vp−192)*1 星期。

（3）<pid>：默认为 0。

（4）<dcs>：指定发送的是英文还是中文，是前者设置为 0，是后者设置为 8。

AT+CMGF 用来设置文本的发送模式，设为 1 表示为 Text 模式，为 0 表示 PDU 模式。

AT+CMGS 后紧跟接收信息的手机号码，在“>”后输入要发送的英文，再按 Ctrl+Z 组合键即可发送短信。

CMGS：119 表示已发送短信的条数。

2）再来发送中文短信，如图 15.25 所示。

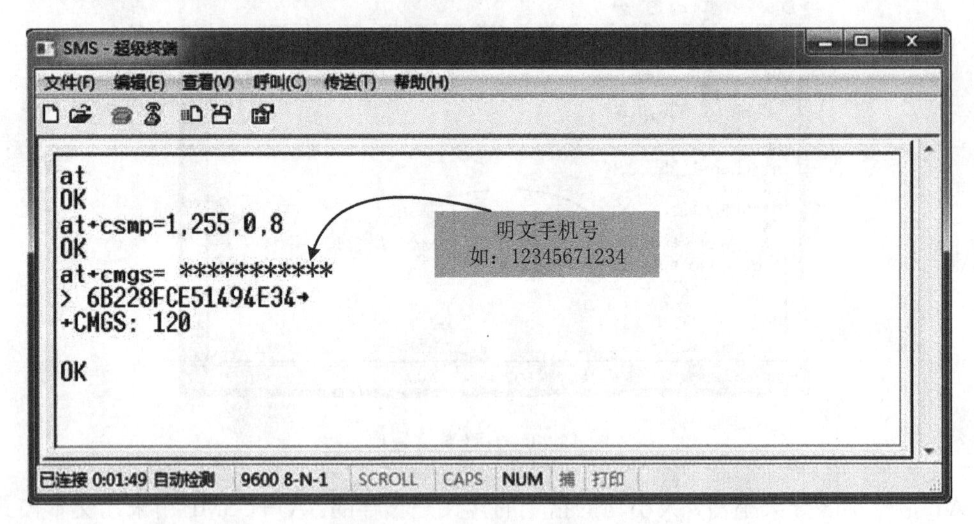

图 15.25　发送中文短信

大部分参数都介绍过了，其中“6B228FCE51494E34”是中文“欢迎光临”Unicode 编码的十六进制表示，即每 4 个十六进制位表示一个汉字。其中，“6B22”表示“欢”。

15.5.3　PDU 模式演示

选择 UCS2 编码可以同时发送中文和英文短信，如图 15.26 所示，发送的短信内容是“你好 ABC”。

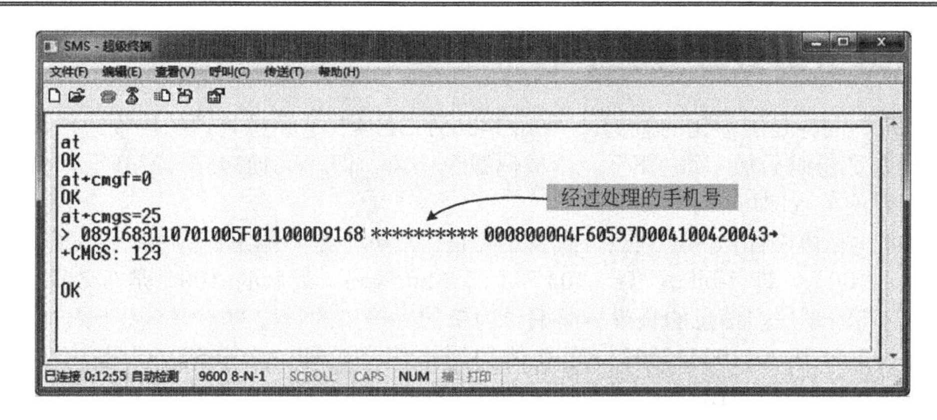

图 15.26　发送中英文短信

图中 AT+CMGS=25 表示从“11000”开始到“0043”字符字节数的一半，即一共有 42 个字符；那行非常长的字符串包含了很多信息，下面来解析下这串字符，如图 15.27 所示。

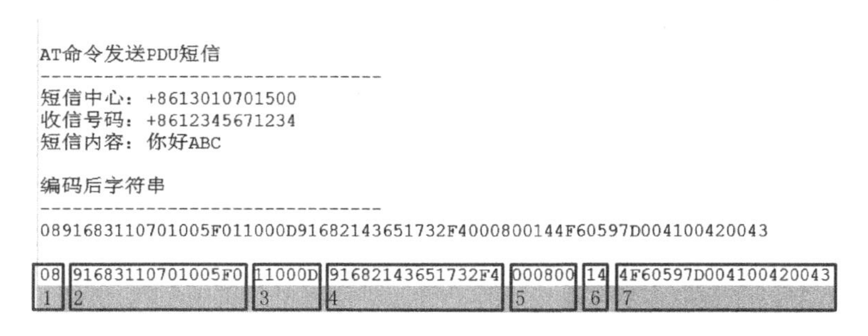

图 15.27　解析发送的字符串

提示：SIM 卡短信中心号码可以通过 AT 指令 AT+CSCA?获取，如图 15.28 所示。其中，返回的字串“+8613010701500”就是短信中心号码了。

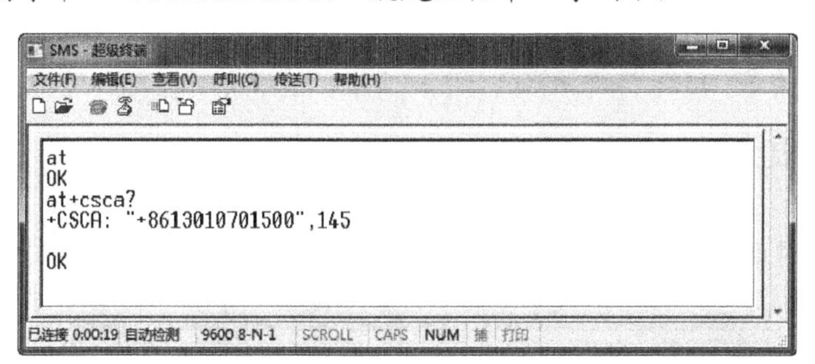

图 15.28　获取短信中心号码

按序号解析图 15.27 中要发送的字符串，下面按图 15.27 中下方标注的序号依次介绍。

1.“08”表示编号为 2 的字符串的长度，用十六进制表示。

2.“91”是短信中心号码类型，即国际化。“683110701005F0”是经过处理的短信中心号码，首先在号码后加字符“F”，凑成偶数个字符，即“8613010701500F”，然后交换奇、偶字符的位置即可。

3.“0D”是接收短信的手机号码的长度，即编号为 4 的字符串的长度，用十六进制表示。

4.“91”同样是国际化的意思。“682143651732F4”是经过处理的接收短信的手机号码，同样要在号码后加字符“F”，凑成偶数个字符，即“8612345671234F”，然后交换奇、偶字符的位置即可。

5.“00”是协议标识，点到点方式发送短信。“08”是数据编码方案，即 UCS2 编码，还可以是 “00”，即 7-bit 编码；“04”，即 8-bit 编码。最后的“00”是有效期。

6.“14”表示用户信息的长度，即编号为 7 的字符串的长度的一半，用十六进制表示。

7.“4F60597D004100420043”是具体的用户信息，即“4F60597D”是“你好”，“004100420043”是“ABC”。

其实，发送的字符串也可以不包括编号为 1 和 2 的字符串，但字符串的前面需要加上“00”，如图 15.29 所示，短信同样成功发送了。

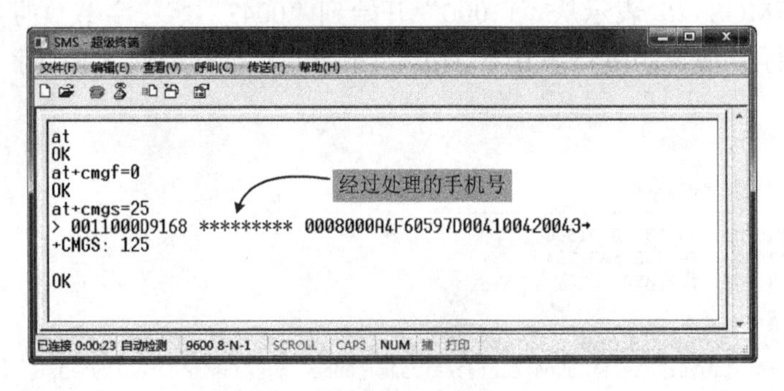

图 15.29　发送短信的另一种方式

15.6　VC 短信发送示例

本节将会以一个示例的开发为主，将前面所讲到的知识应用到程序中，最终会获得一个可以通过短信猫发送短信的对话框程序。

15.6.1　示例展示

示例是基于对话框的应用程序，命名为 test，主对话框界面设计如图 15.30 所示。

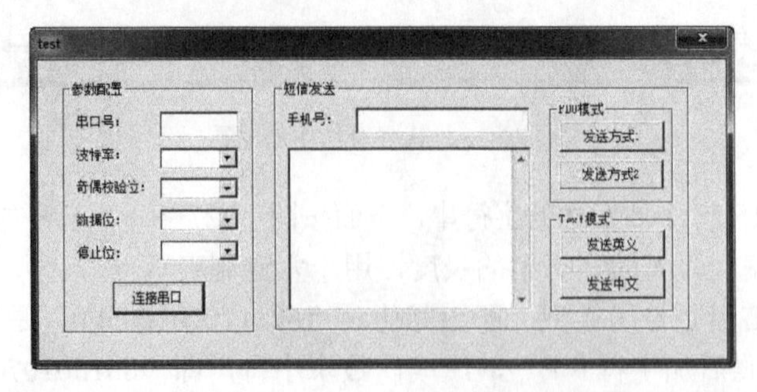

图 15.30　主对话框界面设计

示例程序的操作过程：填写对话框中的“参数配置”信息，再单击“连接串口”按钮，操作成功会弹出两个提示框，如图 15.31 所示。然后再填写对话框中的手机号和短信内容，根据内容和模式选择发送的按钮。

图 15.31　信息提示框

15.6.2　封装串口操作

将串口操作的声明和实现单独放在两个文件中，分别命名为 comm.h 和 comm.cpp。封装可以使程序的代码更加简洁，使用起来也更加方便。

1. 打开串口

在头文件 comm.h 中声明用于打开串口的函数 OpenComm()，在定义文件 comm.cpp 中实现如下：

```
01  BOOL OpenComm(const char* pPort, int nBaudRate, int nParity,
02                                int nByteSize, int nStopBits)
03  {
04      DCB dcb;                        // 串口控制块
05      COMMTIMEOUTS timeouts = {       // 串口超时控制参数
06          100,                        // 读字符间隔超时时间:100ms
07          1,                          //读操作每字符的时间:1ms
08          500,                        // 基本的(额外的)读超时时间:500ms
09          1,                          // 写操作每字符的时间:1ms
10          100};                       // 基本的(额外的)写超时时间:100ms
11
12      hComm = CreateFile(pPort,                   // 串口名称
13              GENERIC_READ | GENERIC_WRITE,       // 读写方式
14              0,                                  // 共享方式：独占
15              NULL,                               // 默认的安全描述符
16              OPEN_EXISTING,                      // 创建方式
17              0,                                  // 不需设置文件属性
18              NULL);                              // 不需参照模板文件
19
20          if(hComm == INVALID_HANDLE_VALUE)
21                      return FALSE;               // 打开串口失败
22
23          GetCommState(hComm, &dcb);              // 取 DCB
24
25          // 修改 DCB
26          dcb.BaudRate = nBaudRate;
```

```
27          dcb.ByteSize = nByteSize;
28          dcb.Parity = nParity;
29          dcb.StopBits = nStopBits;
30
31          SetCommState(hComm, &dcb);          // 设置 DCB
32
33          SetupComm(hComm, 4096, 1024);       // 设置输入输出缓冲区大小
34
35          SetCommTimeouts(hComm, &timeouts); // 设置超时
36
37          return TRUE;
38  }
```

串口通信的函数如 CreateFile ()、GetCommState()等，我们在前面章节中详细讲解过，所以代码中就只是添加了注释。变量 hComm 是全局变量，类型为 HANDLE，用来保存串口设备句柄。函数 OpenComm()需要以下几个参数。

- pPort：串口号。
- nBaudRate：波特率。
- nParity：奇偶校验位。
- nByteSize：数据位。
- nStopBits：停止位。

函数成功打开串口，将返回 TRUE。

2．写入串口

声明和定义串口写入函数 WriteComm()，实现如下：

```
01  int WriteComm(void* pData, int nLength)
02  {
03      DWORD dwNumWrite;   // 串口发出的数据长度
04
05      WriteFile(hComm, pData, (DWORD)nLength, &dwNumWrite, NULL);
06
07      return (int)dwNumWrite;
08  }
```

函数 WriteComm()的参数有以下两个。

- pData：要写入串口的数据。
- nLength：数据的长度。

函数返回实际写入串口的字节数。

3．读取串口

声明和定义串口读取函数 ReadComm()，实现如下：

```
01  int ReadComm(void* pData, int nLength)
02  {
03      DWORD dwNumRead;    // 串口收到的数据长度
04
05      ReadFile(hComm, pData, (DWORD)nLength, &dwNumRead, NULL);
06
07      return (int)dwNumRead;
08  }
```

参数含义和返回值同串口写入函数 WriteComm()。

4. 关闭串口

声明和定义串口关闭函数 CloseComm()，实现如下：

```
01  BOOL CloseComm()
02  {
03      return CloseHandle(hComm);
04  }
```

函数简单地关闭了串口设备句柄。最后来看串口操作头文件 comm.h 里各个函数的声明，如下：

```
01  BOOL OpenComm(const char* pPort, int nBaudRate=57600,
02      int nParity=NOPARITY,int nByteSize=8, int nStopBits=ONESTOPBIT);
03
04  BOOL CloseComm();
05
06  int ReadComm(void* pData, int nLength);
07
08  int WriteComm(void* pData, int nLength);
```

15.6.3　连接串口

“参数配置”中各个控件的 ID 如图 15.32 所示。

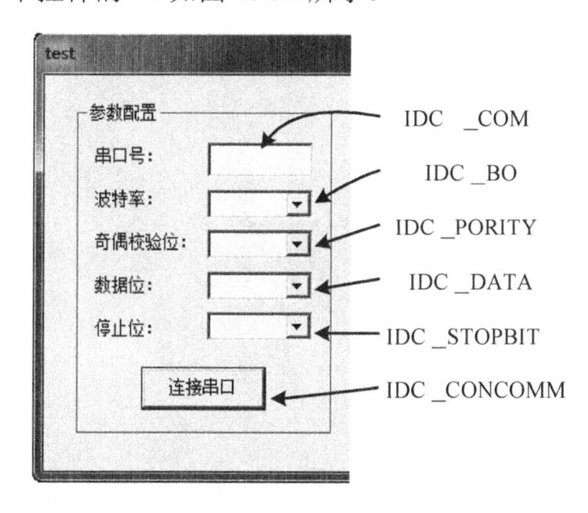

图 15.32　参数配置中控件 ID

为 4 个组合框添加关联变量，类型和变量名如图 15.33 所示。

IDC_BO	CComboBox	m_bo
IDC_DATA	CComboBox	m_data
IDC_PORITY	CComboBox	m_pority
IDC_STOPBIT	CComboBox	m_stopbit

图 15.33　关联变量类型和变量名

设计时，在所有组合框属性的 Data 选项卡中添入相关的数据，如图 15.34 所示。

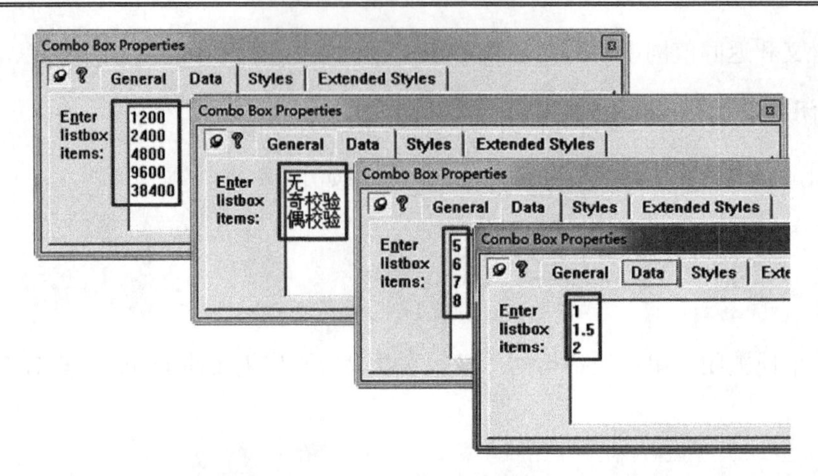

图 15.34　组合框属性 Data 设置

添加单击“连接串口”按钮的响应函数 OnConcomm()，编写代码如下：

```
01  void CTestDlg::OnConcomm()
02  {
03      // TODO: Add your control notification handler code here
04
05      //串口号
06      char numCom[6] = "";
07      GetDlgItemText(IDC_COM,numCom,6);
08
09      //波特率
10      int index_sel = m_bo.GetCurSel();
11      char temp_str[10] = "";
12      m_bo.GetLBText(index_sel,temp_str);
13      int bo = atoi(temp_str);
14
15      //奇偶校验位
16      int pority = m_pority.GetCurSel();
17
18      //数据位
19      index_sel = m_data.GetCurSel();
20      memset(temp_str,0,10);
21      m_data.GetLBText(index_sel,temp_str);
22      int bytebit = atoi(temp_str);
23
24      //停止位
25      index_sel = m_stopbit.GetCurSel();
26      memset(temp_str,0,10);
27      m_stopbit.GetLBText(index_sel,temp_str);
28      int stopbit = 0;
29
30      if(temp_str == "1")
31          stopbit = ONESTOPBIT;
32      else if(temp_str == "1.5")
33          stopbit = ONE5STOPBITS;
34      else if(temp_str == "2")
35          stopbit = TWOSTOPBITS;
36
37      //打开串口
38      if(!OpenComm(numCom,bo,pority,bytebit,stopbit))
39      {
```

```
40            AfxMessageBox("打开串口失败！");
41            return;
42        }
43        AfxMessageBox("串口打开成功");
44
45        //写入数据"at\r"
46        CString command = "at\r";
47        WriteComm(command.GetBuffer(0),command.GetLength());
48
49        //接收返回的数据
50        char recv_comm[40] = "";
51        ReadComm(recv_comm,40);
52
53        //显示读取的信息
54        AfxMessageBox(recv_comm);
55    }
```

响应函数 OnConcomm()为了打开串口，需要获取用户输入的串口号、波特率等信息，然后使用封装好的函数 OpenComm()打开串口。打开成功后，还要通过函数 WriteComm()写入 AT 指令，验证与短信猫的连通情况，返回 OK 表明连接正常。

15.6.4 PDU 模式短信

“短信发送”部分，各个控件 ID 如图 15.35 所示。

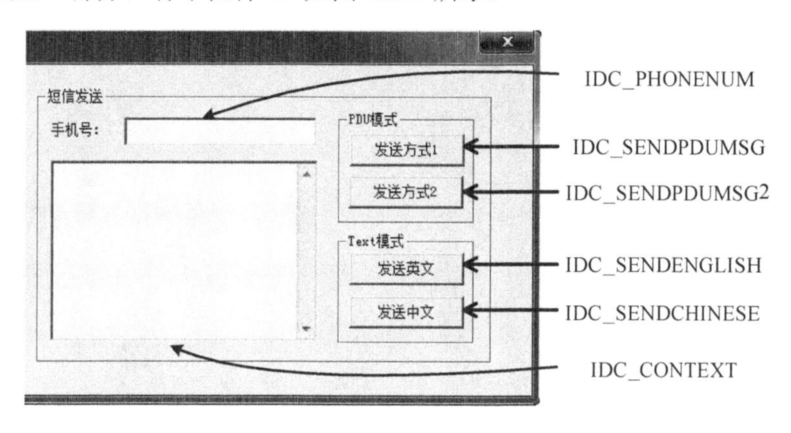

图 15.35　短信发送部分控件 ID

给 ID 为 IDC_PHONENUM 和 IDC_CONTEXT 的两个文本框添加关联变量 m_phonenum 和 m_context，类型为 CString。

1. 发送方式1

添加单击“发送方式 1”按钮的响应函数 OnSendpdumsg()，代码编写如下：

```
01  void CTestDlg::OnSendpdumsg()
02  {
03      // TODO: Add your control notification handler code here
04      UpdateData(true);
05      CString strTemp;
06      char recv_comm[128] = "";
```

```
07
08      //设置发信模式
09      strTemp = "at+cmgf=0\r";
10      WriteComm(strTemp.GetBuffer(0),strTemp.GetLength());
11      ReadComm(recv_comm,128);
12
13      //获取短信中心号码，命令：at+csca?
14      strTemp = "at+csca?\r";
15      WriteComm(strTemp.GetBuffer(0),strTemp.GetLength());
16      memset(recv_comm,0,128);
17      ReadComm(recv_comm,128);
18
19      //提取短信中心号码,以引号为准
20      CString strParse = recv_comm;
21      char serNum[16] = "";
22      int i = 0,j = 0;
23      int index_start,index_end;
24      index_start = strParse.Find('"');                //查找双引号的位置
25      if(index_start != -1)
26      {
27          //查找另一个双引号的位置
28          index_end = strParse.Find('"',index_start+1);
29          if(index_end != -1)
30          {
31              for(j=index_start+1+1;j<index_end;j++)
32              {
33                  serNum[i++] = strParse.GetAt(j);
34              }
35          }
36      }
37
38      //-------格式化短信中心号码
39      //1.末尾追加 F
40      serNum[i] = 'F';
41      CString storeSerNum = serNum;            //保存起来--服务中心号码
42      //2.奇偶交换位置
43      for(i=0;i<=12;i+=2)
44      {
45          char ch;
46          ch = serNum[i];
47          serNum[i] = serNum[i+1];
48          serNum[i+1] = ch;
49      }
50      //3.在前面加"0891"
51      CString afterSerNum = "0891";
52      afterSerNum += serNum;
53
54      //------格式化收信号码
55      //1.加“86”和“F”
56      CString phoneNum = "86";
57      phoneNum += m_phonenum;
58      phoneNum += "F";
59      //2.奇偶交换位置
60      for(i=0;i<=12;i+=2)
61      {
62          char ch1,ch2;
63          ch1 = phoneNum.GetAt(i);
64          ch2 = phoneNum.GetAt(i+1);
65          phoneNum.SetAt(i,ch2);
```

```
66          phoneNum.SetAt(i+1,ch1);
67      }
68
69      //------格式化发信内容
70      //1.字符转换为 Unicode 格式
71      WCHAR   SendContext[64];
72
73      int countChar =
74          MultiByteToWideChar(CP_ACP,0,m_context,-1,SendContext,64);
75      CString strContext;
76      for(i=0;i<countChar-1;i++)
77      {
78          CString strTemp;
79          strTemp.Format("%x",SendContext[i]);
80          strContext += strTemp;
81      }
82      //2.计算串的长度，除 2 后加在最前面,以十六进制形式
83      int len = strContext.GetLength();
84      len = len/2;
85      strTemp.Format("%X",len);
86      CString strFinCon = "";
87      if(len < 16)
88      {
89          strFinCon = "0";
90      }
91      strFinCon += strTemp;
92      strFinCon += strContext;
93
94      //---组合处理
95      strTemp = "11000d91";
96      strTemp += phoneNum;
97      strTemp += "000800";
98      strTemp += strFinCon;
99
100     //通过 AT 命令发送
101     len = strTemp.GetLength();
102     len = len/2;
103     CString strLen;
104     strLen.Format("%d",len);
105     CString sendAt = "at+cmgs=";
106     sendAt += strLen;
107     sendAt += "\r";
108
109     WriteComm(sendAt.GetBuffer(0),sendAt.GetLength());
110     memset(recv_comm,0,128);
111     ReadComm(recv_comm,128);
112
113     CString sendMsg = afterSerNum + strTemp;
114     sendMsg += "\x1a";
115
116     WriteComm(sendMsg.GetBuffer(0),sendMsg.GetLength());
117     memset(recv_comm,0,128);
118     ReadComm(recv_comm,128);
119     AfxMessageBox("短信发送成功~~~");
120 }
```

乍看之下代码是比较长的，实际上主要完成 4 个工作：设置发信模式、获取短信中心号码、发送“AT+CMGS”命令、发送编码后的短信字符串。这里主要介绍函数 MultiByteToWideChar()的作用：将单字节字符映射为宽字节字符。函数原型如下：

```
int MultiByteToWideChar(
  UINT      CodePage,          // code page
  DWORD     dwFlags,           // character-type options
  LPCSTR    lpMultiByteStr,    // string to map
  int       cbMultiByte,       // number of bytes in string
  LPWSTR    lpWideCharStr,     // wide-character buffer
  int       cchWideChar        // size of buffer
);
```

参数及其含义如下：

- CodePage：指定用来执行转换的代码页，代码页其实就是字符集。CP_ACP 是指 ANSI 字符集。
- dwFlags：位标记，用以指出是否使用象形文字替代控制字符，以及如何处理无效字符。
- lpMultiByteStr：指向需要被转换的字符串的指针。
- cbMultiByte：指定参数 lpMultiByteStr 所指字符串的长度，设置为-1 时，表示字符串是以 NULL 结尾的。
- lpWideCharStr：指向用来接收转换后字符串的存储空间的指针。
- cchWideChar：参数 lpWideCharStr 所指存储空间的大小。

函数执行成功，将返回宽字符的个数。中文就属于宽字符，一个汉字在内存中是用 2B 存放的。

2. 发送方式2

单击“发送方式 2”按钮的响应函数，与“发送方式 1”十分相似，只是省去了获取短信中心号码和处理短信中心号码的操作而已，代码修改如下：

```
01  void CTestDlg::OnSendpdumsg2()
02  {
03      // TODO: Add your control notification handler code here
04      UpdateData(true);
05      CString strTemp;
06      char recv_comm[128] = "";
07
08      //设置发信模式
09      strTemp = "at+cmgf=0\r";
10      WriteComm(strTemp.GetBuffer(0),strTemp.GetLength());
11      ReadComm(recv_comm,128);
12
13      //------格式化收信号码
14      //1.加“86”和“F”
15      CString phoneNum = "86";
16      phoneNum += m_phonenum;
17      phoneNum += "F";
18      //2.奇偶交换位置
19      for(int i=0;i<=12;i+=2)
20      {
21          char ch1,ch2;
22          ch1 = phoneNum.GetAt(i);
23          ch2 = phoneNum.GetAt(i+1);
24          phoneNum.SetAt(i,ch2);
25          phoneNum.SetAt(i+1,ch1);
26      }
27
28      //------格式化发信内容
```

```
29      //1.字符转换为 Unicode 格式
30      WCHAR   SendContext[64];
31      int countChar =
32          MultiByteToWideChar(CP_ACP,0,m_context,-1,SendContext,64);
33      CString strContext;
34      for(i=0;i<countChar-1;i++)
35      {
36          CString strTemp;
37          strTemp.Format("%x",SendContext[i]);
38          strContext += strTemp;
39      }
40      //2.计算串的长度，除 2 后加在最前面,以十六进制形式
41      int len = strContext.GetLength();
42      len = len/2;
43      strTemp.Format("%X",len);
44      CString strFinCon = "";
45      if(len < 16)
46      {
47          strFinCon = "0";
48      }
49      strFinCon += strTemp;
50      strFinCon += strContext;
51
52      //---组合处理
53      strTemp = "0011000d91";           //这里前面多加了串“00”
54      strTemp += phoneNum;
55      strTemp += "000800";
56      strTemp += strFinCon;
57
58      //通过 AT 命令发送
59      len = strTemp.GetLength()-2;    //忽略了串“00”，即不计入总字节数
60      len = len/2;
61      CString strLen;
62      strLen.Format("%d",len);
63      CString sendAt = "at+cmgs=";
64      sendAt += strLen;
65      sendAt += "\r";
66
67      WriteComm(sendAt.GetBuffer(0),sendAt.GetLength());
68      memset(recv_comm,0,128);
69      ReadComm(recv_comm,128);
70
71      CString sendMsg = strTemp;
72      sendMsg += "\x1a";
73
74      WriteComm(sendMsg.GetBuffer(0),sendMsg.GetLength());
75      memset(recv_comm,0,128);
76      ReadComm(recv_comm,128);
77      AfxMessageBox("短信发送成功~~~");
78  }
```

函数实际上完成 3 个工作：设置发信模式、发送“AT+CMGS”命令、发送编码后的短信字符串。大部分的代码是与“发送方式 1”是一样的，不过需要注意字节数目的计算。

15.6.5　Text 模式短信

Text 模式发送短信是很简单的，不论中文还是英文。

1．发送英文

添加单击“发送英文”按钮的响应函数 OnSendenglish()，代码编写如下：

```
01  void CTestDlg::OnSendenglish()
02  {
03      // TODO: Add your control notification handler code here
04      UpdateData(true);
05
06      //设置发信模式
07      CString strTemp = "at+cmgf=1\r";
08      WriteComm(strTemp.GetBuffer(0),strTemp.GetLength());
09      char recv_comm[128] = "";
10      ReadComm(recv_comm,128);
11
12      //设置发送英文
13      strTemp = "at+csmp=1,255,0,0\r";
14      WriteComm(strTemp.GetBuffer(0),strTemp.GetLength());
15      memset(recv_comm,0,128);
16      ReadComm(recv_comm,128);
17
18      //手机号码
19      //发送命令 at+cmgs=手机号
20      CString sendNum = "at+cmgs=";
21      sendNum += m_phonenum;
22      sendNum += "\r";
23      WriteComm(sendNum.GetBuffer(0),sendNum.GetLength());
24      ReadComm(recv_comm,128);
25
26      //写入短信内容
27      sendNum = m_context;
28      sendNum += (char)26;    //Ctrl+Z
29      WriteComm(sendNum.GetBuffer(0),sendNum.GetLength());
30      memset(recv_comm,0,128);
31      ReadComm(recv_comm,128);
32
33      AfxMessageBox("短信发送成功~~~");
34  }
```

函数功能的实现，实际上是通过向短信猫发送 3 条 AT 指令、1 串短信内容来实现的，即设置发信模式、设置发信内容为英文（单字节字符）、设置收信手机号码，最后发送可识别的英文文本。

2．发送中文

添加单击“发送中文”按钮的响应函数 OnSendchinese()，代码编写如下：

```
01  void CTestDlg::OnSendchinese()
02  {
03      // TODO: Add your control notification handler code here
04      UpdateData(true);
05
06      //设置发信模式
07      CString strTemp = "at+cmgf=1\r";
08      WriteComm(strTemp.GetBuffer(0),strTemp.GetLength());
09      char recv_comm[128] = "";
10      ReadComm(recv_comm,128);
```

```
11
12        //设置发送中文
13        strTemp = "at+csmp=1,255,0,8\r";
14        WriteComm(strTemp.GetBuffer(0),strTemp.GetLength());
15        memset(recv_comm,0,128);
16        ReadComm(recv_comm,128);
17
18        //发送指令
19        strTemp = "at+cmgs=";
20        strTemp += m_phonenum;
21        strTemp += "\r";
22        WriteComm(strTemp.GetBuffer(0),strTemp.GetLength());
23        memset(recv_comm,0,128);
24        ReadComm(recv_comm,128);
25
26        //字符转换为 Unicode 格式
27        WCHAR   SendContext[64];
28        int countChar =
29            MultiByteToWideChar(CP_ACP,0,m_context,-1,SendContext,64);
30        CString strContext;
31        for(int i=0;i<countChar-1;i++)
32        {
33            CString temp;
34            temp.Format("%x",SendContext[i]);
35            strContext += temp;
36        }
37        strContext += "\x1a";
38        //发送汉字
39        WriteComm(strContext.GetBuffer(0),strContext.GetLength());
40        memset(recv_comm,0,128);
41        ReadComm(recv_comm,128);
42
43        AfxMessageBox("短信发送成功~~~");
44  }
```

与“发送英文”按钮不同的是，发送的中文信息需要编码，然后转换为十六进制的字符串，这样短信猫才能识别。

15.7　小　　结

本章先后介绍了短信猫、AT 指令、短信发送规则，以及超级终端的使用，最后完成了一个可以发送短信的小程序。重点是要把协议规则理清楚，VC 程序的编写才会轻而易举。用户有兴趣的话可以再研究一下收信规则、通过规则等，然后完善示例程序，让其变得更加实用。